Stefan Röhling, Helmut Eifert, Manfred Jablinski

Betonbau
Band 3
Spezialbetone – Anwendungsgebiete – Sichtbeton

Stefan Röhling, Helmut Eifert, Manfred Jablinski

Betonbau

Band 3

Spezialbetone – Anwendungsgebiete – Sichtbeton

Fraunhofer IRB Verlag

Bibliografische Information der Deutschen Nationalbibliothek

Die Deutsche Nationalbibliothek verzeichnet diese Publikation in der
Deutschen Nationalbibliografie; detaillierte bibliografische Daten sind im Internet über
http://dnb.d-nb.de abrufbar.
ISBN (Print): 978-3-8167-8646-7
ISBN (E-Book): 978-3-8167-8763-1

Herstellung: Tim Oliver Pohl
Layout: Daniela Heinemann
Umschlaggestaltung: Martin Kjer
Satz: Mediendesign Späth GmbH, Birenbach
Druck: Gulde Druck GmbH & Co. KG, Tübingen
Für den Druck des Buches wurde chlor- und säurefreies Papier verwendet.

Alle Rechte vorbehalten
Dieses Werk ist einschließlich aller seiner Teile urheberrechtlich geschützt. Jede Verwertung, die über die engen Grenzen des Urheberrechtsgesetzes hinausgeht, ist ohne schriftliche Zustimmung des Fraunhofer IRB Verlages unzulässig und strafbar. Dies gilt insbesondere für Vervielfältigungen, Übersetzungen, Mikroverfilmungen sowie die Speicherung in elektronischen Systemen.
Die Wiedergabe von Warenbezeichnungen und Handelsnamen in diesem Buch berechtigt nicht zu der Annahme, dass solche Bezeichnungen im Sinne der Warenzeichen- und Markenschutz-Gesetzgebung als frei zu betrachten wären und deshalb von jedermann benutzt werden dürften.
Sollte in diesem Werk direkt oder indirekt auf Gesetze, Vorschriften oder Richtlinien
(z. B. DIN, VDI, VDE) Bezug genommen oder aus ihnen zitiert werden, kann der Verlag keine Gewähr für Richtigkeit, Vollständigkeit oder Aktualität übernehmen. Es empfiehlt sich, gegebenenfalls für die eigenen Arbeiten die vollständigen Vorschriften oder Richtlinien in der jeweils gültigen Fassung hinzuzuziehen.

Redaktionsschluss: 27.01.2012

© by Fraunhofer IRB Verlag, 2013
Fraunhofer-Informationszentrum
Raum und Bau IRB
Nobelstraße 12, 70569 Stuttgart
Telefon (0711) 970-2500
Telefax (0711) 970-2508
E-Mail: irb@irb.fraunhofer.de
http://www.baufachinformation.de

Geleitwort für die Reihe »Betonbau«

In einem Zeitraum von nahezu 150 Jahren ist der Beton zu einem der wichtigsten Baustoffe geworden, mit dem heute sehr unterschiedliche und vielfältige Bauaufgaben erfüllt werden können und zu dem bei besonderen Anforderungen keine Alternative besteht.

Die günstige Formbarkeit und nahezu unbegrenzte Gestaltungsmöglichkeit von Betonbauwerken, die hohe Tragfähigkeit bei Druckbeanspruchung, der Verbund mit dem Betonstahl zur Aufnahme der Zugkräfte, der Widerstand bei chemischem Angriff und biogenen Belastungen, der Brandschutz der Stahlbetonkonstruktionen und die Möglichkeit der industriellen Herstellung von Beton und von Betonfertigteilen sowie weitere Vorzüge haben dazu geführt, dass in Verbindung mit dem großen Anwendungsumfang oft von einem Jahrhundertbaustoff gesprochen wird.

In den vergangenen zwei Jahrzehnten war der Betonbau geprägt durch eine Reihe von bedeutsamen Veränderungen und innovativen Entwicklungen. Diese betreffen die Ausgangsstoffe für den Beton, die Betontechnologie, die Eigenschaften und die Regelwerke zur Qualitätssicherung. Besonders faszinierend ist die enorme Steigerung der Festigkeit, die wie bei keinem anderen Baustoff erreicht werden konnte. In wenigen Jahrzehnten nahm die mittlere Druckfestigkeit von $30 N/mm^2$ auf etwa $150 N/mm^2$ zu und erreichte mit der Ultrahochfestigkeit noch darüber liegende Werte. Damit wurden Spannweiten, Bauhöhen von Gebäuden und eine Feingliedrigkeit der Konstruktionen realisierbar, an die vorher nur im Stahlbau gedacht werden konnte. Weitere Beispiele der Innovation sind die Verbesserung des Zugtragverhaltens durch die Zugabe von Fasern aus verschiedenen Werkstoffen (Stahl, Kunststoff, textile Gewebe), die Vergrößerung des Widerstandes gegen chemische Beanspruchungen und die Belastung durch Frost -Tauwechsel, die Erhöhung der Dichtigkeit gegenüber Wasser und umweltgefährdenden Stoffen sowie die Anwendung als Sichtbeton. Diese Entwicklungen wurden begünstigt durch die Bereitstellung von stark verflüssigenden Zusatzmitteln für die Verbesserung der Verarbeitung des Frischbetons und die Erhärtungsbeschleunigung sowie von neuen Zusatzstoffen, wie Mikro- und Nanosilika, Farbpigmenten und Polymeren. Erwähnenswert ist auch die breitere Anwendung bekannter puzzolanischer und latent-hydraulischer Zusatzstoffe, wie Flugasche und Hüttensand, für die Herstellung von Zementen und des Betons. Die Verwendung von Flugasche und Hüttensand in Zementen hat auch zur Reduzierung des Klinkeranteiles geführt, mit den vorteilhaften Auswirkungen auf den Energieeinsatz zur Zementherstellung und den Klimaschutz durch Verminderung des CO_2-Ausstoßes.

Bei vielen Bauaufgaben müssen die für Beton charakteristischen Vorgänge bei der Hydratation und Erhärtung besonders berücksichtigt werden. Beispielsweise können durch das Abfließen der Hydratationswärme und die Austrocknung Spannungen entstehen, die durch Rissbildung Schäden verursachen, so dass die Gebrauchstauglichkeit nicht mehr gegeben sein kann. Diese zusätzlichen Beanspruchungen aus Zwang, Schwinden und Kriechen werden durch verschiedene Maßnahmen vermindert und nachteilige Auswirkungen durch eine entsprechende Mindestbewehrung verhindert.

Deutliche Fortschritte sind in der Verfolgung der Vorgänge in der Mikrostruktur des Zementsteines bei der Erhärtung, der Entwicklung der Eigenschaften und den vielfältigen Einwirkungen festzustellen. Aus der Tatsache heraus, dass alle vorteilhaften und nachteiligen Eigenschaften ihre Ursache in der Entstehung und der Struktur des Zementsteines haben, wird mit großer Aufmerksamkeit der Einfluss der Erhärtungs- und Nutzungsbedingungen auf die Bildung und Veränderungen der Hydrate verfolgt. Deshalb ist verständlich, dass seit längerer Zeit versucht wird, direkte Beziehungen zwischen den Strukturkenngrößen und den makroskopischen Eigenschaften des Betons herzustellen.

Die komplizierten Zusammenhänge werden zunehmend mathematisch erfasst und in Computerprogramme integriert. Dadurch werden Möglichkeiten geschaffen, die bei bestimmten Zusammensetzungen zu erwartenden Eigenschaften sowie das Verhalten des Betons bei Beanspruchungen während der Erhärtung und der Nutzung zu prognostizieren. Nicht zu verkennen ist dabei, dass die mathematische Durchdringung der Vorgänge im Vergleich zur Bemessung im Beton- und Stahlbetonbau erst am Anfang steht.

Die aus Beton bestehenden Bauwerke verkörpern einen gewaltigen finanziellen und materiellen Aufwand. Unter diesem Gesichtspunkt besitzt die Dauerhaftigkeit und langfristige Sicherstellung der Gebrauchstauglichkeit eine herausragende Bedeutung. Im vergangenen Zeitraum wurde der Problematik ständig zunehmend Aufmerksamkeit gewidmet, da sich gezeigt hat, dass außerordentlich selten Baukonstruktionen infolge zu geringer Festigkeit versagen, sondern vergleichsweise häufiger infolge mangelhafter Dauerhaftigkeit und weiterhin, dass hohe Festigkeit nicht gleichbedeutend mit hoher Dauerhaftigkeit ist. Die daraus resultierenden Anforderungen reichen von der beanspruchungsgerechten Planung über die Auswahl der geeigneten Zusammensetzung sowie die sachgemäße Herstellung und Verarbeitung des Frischbetons bis zur Instandhaltung der Betonbauwerke. Daraus resultiert zwangsläufig die Notwendigkeit eines engen Zusammenwirkens aller Beteiligten in der Bauvorbereitung und Baudurchführung.

Von Auswirkungen auf die Betonbauweise ist auch die Herausbildung der Europäischen Union mit der Harmonisierung der Regelwerke. Eine Vielzahl von Vorschriften wurde nach Einführung in den einzelnen Ländern bereits verbindlich, weitere sind in Vorbereitung oder liegen im Entwurf vor. Die Angleichung der deutschen Normen an ein in Europa neu gestaltetes und erweitertes Vorschriftenwerk ist ein Prozess, der auch zwangsläufig mit Änderungen in den fachlichen Auffassungen und den Gewohnheiten der Planungs- und Betoningenieure sowie der Auftraggeber und bauausführenden Unternehmen verbunden ist. Der große Umfang des Regelwerkes und anderer fachlicher Veröffentlichungen erschwert dem Einzelnen oft, den Überblick zu behalten und Neuerscheinungen einordnen zu können.

Trotz umfangreicher Erfahrungen im Umgang mit dem Baustoff Beton können Mängel und Schäden während der Baudurchführung und an fertig gestellten Bauwerken nicht ausgeschlossen werden. Die Ursachen liegen oft in der Unkenntnis der Regelwerke, mangelhaftem Wissen um die Besonderheiten der Bauweise, falsch verstandener Wirtschaftlichkeit und einer ungenügenden Qualitätskontrolle während der Baudurchführung. Nicht beachtet werden auch die Koordination der am Bau Beteiligten und die Weitergabe von technischen Informationen, beispielsweise aus der Tragwerksplanung an die Bauausführung. Voraussetzung für ein erfolgreiches Zusammenwirken der Partner ist nicht nur eine hinreichende Fachkenntnis des Einzelnen auf seinem eigenen Fachgebiet, sondern auch in den benachbarten Tätigkeitsbereichen, damit Anforderungen richtig formuliert und Probleme aus sich widersprechenden Festlegungen rechtzeitig erkannt werden können.

Der Inhalt der Reihe »Betonbau« mit der Aufteilung in drei Bände wurde unter den vorgenannten Gesichtspunkten ausgewählt und gestaltet. Autoren und Verlag möchten dazu beitragen, dass Architekten und Ingenieure bei auftretenden Fragen in der Bauplanung und Baudurchführung eine Antwort finden und darüber hinaus angeregt werden, sich mit einzelnen Sachverhalten weiter vertiefend zu beschäftigen. Gleichzeitig soll die Ausbildung der zukünftig im Betonbau arbeitenden Ingenieure unterstützt werden.

Die Autoren

Vorwort zum Band 3

Der dritte Band der Reihe behandelt besondere Eigenschaften des Betons und spezielle Betonierverfahren, die entwickelt wurden, um die vielfältigen Bauaufgaben unter Verwendung des Baustoffes Beton bewältigen zu können. Die letzten Jahrzehnte zeigen, dass die Innovation im Betonbau noch nicht beendet ist.

Besondere Eigenschaften sind mit Begriffen wie hochfester und ultrahochfester Beton, flüssigkeitsdichte Betone, Beton mit hohem Wassereindringwiderstand, Leichtbeton, Schwerbeton, Strahlenschutzbeton, Faserbeton, Beton für hohe Temperaturen sowie Beton mit hohem Brand- und Feuerwiderstand verbunden und werden anwendungsorientiert beschrieben. Der Vielfalt, den neueren Entwicklungen und den erweiterten Anwendungsgebieten wird der notwendige Raum gegeben. Beispielsweise hat der hohe Brand- und Feuerwiderstand des Betons in Verbindung mit Fasern im Tunnelbau aktuell eine große Bedeutung erlangt. Ebenso wird auf den Textilbeton als einem gleichsam neuen Baustoff mit neuen Berechnungs- und Konstruktionsmethoden hingewiesen. Die Kenntnis der Eigenschaften dieser besonderen Betone ist für die beanspruchungsgerechte Tragwerksplanung unumgänglich.

Die speziellen Verfahren im Betonbau, die sich in Begriffen wie Spritzbeton, Unterwasserbeton, Beton für Pfähle verschiedener Pfahlsysteme, Gleitbau, leichtverdichtbarer und selbstverdichtender Beton widerspiegeln, sind nicht nur an eine entsprechende technische Ausstattung gebunden, sondern verlangen auch eine darauf abgestimmte Zusammensetzung des Betons. Auf diesen Zusammenhang wird bei der Darstellung ausführlich eingegangen.

Sonderaufgaben des Betonbaues erfordern, dass konstruktive und betontechnologische Gegebenheiten sowie äußere Einwirkungen in der Tragwerksplanung, Bauvorbereitung und Bauausführung im Zusammenhang berücksichtigt werden. Dazu zählen der Massenbetonbau, Konstruktionen mit besonderen Anforderungen an die Dichtigkeit, wie wasserundurchlässige Bauwerke und Konstruktionen im Umgang mit wassergefährdenden Stoffen, das Betonieren bei tiefen und hohen Temperaturen, das Herstellen von Fahrbahndecken und Betonböden, die unter Beachtung dieses Zusammenhanges beschrieben werden. Beispielsweise sind im Massenbetonbau die Auswirkungen der entstehenden Hydratationswärme nicht zu unterschätzen.

Unverkennbar haben heute Anforderungen an die Gestaltung der Oberflächen der Betonbauteile bzw. -bauwerke zugenommen. Der Begriff des Sichtbetons hat in den Überlegungen der Architekten einen festen Platz eingenommen. Nicht zu verkennen ist aber die Schwierigkeit, befriedigend gestaltete Betonoberflächen zu erhalten und den Auftraggeber zufriedenzustellen. Deshalb wird auf diese Problematik in Wort und Bild ausführlich eingegangen.

Zum jeweiligen Abschnitt des Bandes 3 werden die Regelwerke genannt, besonders wichtige Vorschrifteninhalte werden erläutert. Nicht zu übersehen ist dabei, dass die europäische Normung zu einem größeren Umfang des Vorschriftenwerkes geführt hat, da auf nationale, ergänzende Anwendungsregeln noch nicht verzichtet werden kann.

Eine Zusammenstellung der zum Redaktionsschluss vorliegenden Normen, Vornormen und Normentwürfe zum Betonbau bildet den Abschluss dieses Bandes.

Die Autoren

1 Betone mit besonderen Eigenschaften — 15

1.1	Hochfester Beton	15
1.1.1	Eigenschaften und Besonderheiten des hochfesten Betons	15
1.1.2	Zusammensetzung des hochfesten Betons	19
1.1.3	Verarbeitung und Nachbehandlung	22
1.1.4	Gütenachweis und Qualitätssicherung	23
1.1.5	Besonderheiten des ultrahochfesten Betons	24
1.1.5.1	Stoffliche Charakteristik eines reactiven powder concretes 200	25
1.1.5.2	Festkörperparameter	25
1.2	Flüssigkeitsdichte Betone	26
1.2.1	Lastfälle und Regelwerke	26
1.2.2	Betone mit hohem Wassereindringwiderstand	28
1.2.3	Betone für den Umgang mit wassergefährdenden Stoffen	30
1.3	Leichtbeton	33
1.3.1	Zusammensetzung des Leichtbetons	34
1.3.2	Leichte Gesteinskörnungen	36
1.3.3	Konstruktiver Leichtbeton	37
1.3.3.1	Eigenschaften und Besonderheiten des konstruktiven Leichtbetons	37
1.3.3.2	Zusammensetzung des konstruktiven Leichtbetons	44
1.3.3.3	Herstellung, Verarbeitung und Nachbehandlung	46
1.3.3.4	Prüfung und Überwachung von konstruktivem Leichtbeton	47
1.3.3.5	Anwendungsgebiete	48
1.3.3.6	Selbstverdichtender Konstruktionsleichtbeton (SVLB)	49
1.3.4	Wärmedämmender Leichtbeton	49
1.3.4.1	Wärmedämmender Leichtbeton mit haufwerksporigem Gefüge	51
1.3.4.2	Porenbeton	51
1.3.4.3	Porenleichtbeton (Schaumbeton)	52
1.3.5	Korrosionsverhalten des bewehrten Leichtbetons	53
1.4	Schwerbeton	55
1.4.1	Anforderungen an Schwerbeton	55
1.4.2	Schwerbeton als Strahlenschutzbeton	55
1.4.3	Ausgangsstoffe	59
1.4.4	Betonzusammensetzung	60
1.4.5	Verarbeitung	62
1.5	Faserbeton	62
1.5.1	Überblick und Vorschriften	63
1.5.2	Anwendungsgebiete	63
1.5.3	Faserarten und Faserformen	65
1.5.3.1	Fasern aus Stahl	65
1.5.3.2	Kunststofffasern (Polymerfasern)	66
1.5.3.3	Glasfasern	67
1.5.3.4	Kohlenstofffasern	67
1.5.3.5	Zellulosefasern	67
1.5.4	Wirkung der Fasern im Beton	68

1.5.4.1	Wirkung auf die Rissbildung	68
1.5.4.2	Wirkung der Faserform und der Verteilung	69
1.5.4.3	Mechanische Eigenschaften	70
1.5.4.4	Dauerhaftigkeit	72
1.5.5	Zusammensetzung und Verarbeitung des Faserbetons	73
1.5.5.1	Zusammensetzung des Faserbetons	73
1.5.5.2	Herstellung und Verarbeitung des Faserbetons	74
1.5.6	Stahlfaserbeton nach DAfStb-Richtlinie	75
1.5.6.1	Geltungsbereich	75
1.5.6.2	Faserauswahl und Leistungsklassen	75
1.5.6.3	Betonherstellung, Prüfungen, Überwachung	78
1.5.7	Glasfaserbeton	79
1.5.8	Beton mit Kunststofffasern	80
1.5.9	Einsatz von Fasern für den Brandschutz	80
1.5.10	Textilbewehrter Beton	81
1.5.10.1	Textilien	81
1.5.10.2	Betonzusammensetzung	82
1.5.10.3	Vorteile des Textilbetons	82
1.5.11	Hochduktiler Beton mit Kurzfaserbewehrung	83
1.5.12	Fasern im Ultrahochleistungsbeton	84
1.6	Normalbetone für Temperaturen bis 250 °C	84
1.6.1	Auswirkungen von Temperaturenn bis 250 °C auf Normalbeton	85
1.6.2	Veränderungen der Eigenschaften von Normalbetonen bei Temperaturen bis 250 °C	86
1.6.3	Berücksichtigung erhöhter Temperaturen bis 250 °C in der DIN 1045	86
1.7	Beton mit hohem Brand- und Feuerwiderstand	88
1.7.1	Betoneigenschaften bei extrem hohen Temperaturen	88
1.7.2	Planungsgrundlagen	91
1.7.3	Feuerbeton	94
1.8	Literatur	95

2	**Spezielle Betonierverfahren und -methoden**	**101**
2.1	Spritzbetonieren	101
2.1.1	Vorschriften und Anwendungsgebiete	101
2.1.1.1	Begriffe und Vorschriften	101
2.1.1.2	Europäischer Normenkomplex »Spritzbeton«	102
2.1.1.3	Ausgangsstoffe	106
2.1.1.4	Eigenschaften und Anwendungsgebiete	107
2.1.1.5	Verstärkungen und Instandsetzung	108
2.1.2	Spritzbetontechnik	109
2.1.2.1	Rückprall	109
2.1.2.2	Veränderung der Zusammensetzung der Spritzbetonschicht	110
2.1.2.3	Anforderungen an den Düsenführer	112

2.1.2.4	Vorbehandlung der Auftragsfläche	115
2.1.2.5	Betondeckung	116
2.1.2.6	Nachbehandlung	117
2.1.2.7	Genauigkeit und Ebenflächigkeit	117
2.1.2.8	Farbgleichheit	119
2.1.2.9	Nachweise und Prüfungen	119
2.1.2.10	Anzahl der Prüfungen (Prüfdichte) nach DIN 18551, Tabelle 1	120
2.1.2.11	Spritznebel	120
2.1.3	Spritzbetonverfahren	122
2.1.3.1	Trockenspritzverfahren	122
2.1.3.2	Nassspritzverfahren	122
2.1.4	Maschinentechnik des Spritzbetons	124
2.1.4.1	Dünnstromförderung	124
2.1.4.2	Nassspritzverfahren (Dichtstromförderung)	124
2.1.4.3	Spritzdüsen	125
2.1.4.4	Betonspritzmaschinen	125
2.1.4.5	Treibluftversorgung	127
2.1.4.6	Dosiersysteme für Beschleuniger	127
2.1.4.7	Stahlfaserzugabegeräte	128
2.2	Vakuumieren des Betons	129
2.2.1	Wirkungsweise der Vakuumbehandlung	130
2.2.2	Technische Ausrüstung und Durchführung	132
2.2.3	Vorteile des Vakuumierens	134
2.3	Unterwasserbetonieren	134
2.3.1	Zusammensetzung des Unterwasserbetons	135
2.3.2	Verfahrensvarianten	137
2.4	Beton für Ortbetonbohrpfähle und Ortbetonrammpfähle	141
2.4.1	Pfahlsysteme	143
2.4.1.1	Ortbetonrammpfähle	143
2.4.1.2	Schraubpfähle	145
2.4.1.3	Verpresste Verdrängungspfähle	145
2.4.1.4	Mikropfähle	145
2.4.1.5	Pfahlsysteme nach Zulassung	146
2.4.1.6	Bohrpfähle	146
2.4.2	Anforderungen an die Betonbestandteile und an den Beton	149
2.4.3	Betoneinbau	153
2.4.4	Pfahl-Integritätsprüfungen	154
2.5	Beton für den Gleitbau	155
2.5.1	Gleitbauverfahren	155
2.5.2	Anforderungen an die Konstruktion	156
2.5.3	Anforderungen an den Beton	157
2.5.4	Betoneinbau	157
2.5.5	Oberfläche	158
2.5.6	Genauigkeiten	158
2.5.7	Frischbetondruck und Schalungsreibung im Gleitbau	159

2.5.7.1	Frischbetondruck	159
2.5.7.2	Schalungsreibung	159
2.6	Leichtverdichtbarer Beton (LVB)	161
2.6.1	Stoffliche Charakteristik	161
2.6.2	Frisch- und Festbetoneigenschaften	161
2.6.3	Anwendungen von leicht verdichtbarem Beton	162
2.7	Selbstverdichtender Beton (SVB)	163
2.7.1	Vorschriften	163
2.7.2	Stoffliche Charakteristik	163
2.7.2.1	Der Mehlkorntyp	164
2.7.2.2	Der Stablisierertyp	165
2.7.2.3	Der Kombinationstyp	165
2.7.3	Frisch- und Festbetoneigenschaften	166
2.7.4	Anwendung von Selbstverdichtendem Betonen	167
2.7.5	Prüfungen und Abnahme auf der Baustelle	169
2.7.5.1	Prüfverfahren	169
2.7.5.2	Abnahme und Prüfung von SVB auf der Baustelle	178
2.7.6	Einbau von Selbstverdichtendem Beton	181
2.7.7	Frischbetonseitendruck bei Selbstverdichtendem Beton	182
2.7.8	Anforderungen an Schalung, Fugen, Dichtigkeit, Einbauteile, Auftriebssicherung	183
2.7.9	Überwachung beim Einbau von Selbstverdichtendem Beton	184
2.8	Literatur	185

3 Sonderaufgaben im Betonbau 189

3.1	Betontechnische Maßnahmen bei der Herstellung massiger Bauteile (Massenbetonbau)	189
3.1.1	Auswirkungen der Wärmeentwicklung in dickeren Bauteilen	190
3.1.2	Betontechnologische und konstruktive Maßnahmen zur Verminderung der Rissgefahr	192
3.1.2.1	Zusammensetzung des Betons	192
3.1.2.2	Unterteilung der Konstruktion in Betonierabschnitte	193
3.1.2.3	Senkung der Frischbetontemperatur	196
3.1.2.4	Kühlung des erhärtenden Betons	197
3.2	Konstruktionen mit erhöhten Anforderungen an die Dichtigkeit	198
3.2.1	Wasserundurchlässige Bauwerke	198
3.2.1.1	Maßgebliche Beanspruchungen und Nutzungsklassen	198
3.2.1.2	Konstruktion	200
3.2.1.3	Fugenausbildung	202
3.2.1.4	Bauausführung und Überwachung	204
3.2.1.5	Selbstheilung der Risse	205
3.2.1.6	Bauen mit Elementwänden	206
3.2.2	Betonbau im Umgang mit wassergefährdenden Stoffen	208

3.2.2.1	Nachweis der Dichtigkeit	208
3.2.2.2	Konstruktion und Bauausführung	210
3.2.2.3	Überwachung	210
3.2.2.4	Maßnahmen nach der Beaufschlagung	211
3.3	Ausführung der Betonarbeiten unter Winterbedingungen	211
3.3.1	Auswirkungen des Winterwetters	212
3.3.1.1	Folgen der Einwirkung des Winterwetters	212
3.3.1.2	Phasen der Einwirkung tiefer Temperaturen	213
3.3.2	Maßnahmen für die Ausführung der Betonarbeiten im Winter	214
3.3.2.1	Mindesteinbautemperatur	215
3.3.2.2	Auswahl einer geeigneten Zusammensetzung für den Winterbeton (Winterrezepturen)	216
3.3.2.3	Ermittlung der Frischbetontemperatur	217
3.3.2.4	Zuführung von Wärme während des Herstellungs-, Verarbeitungs- und Erhärtungsprozesses	219
3.3.2.5	Verminderung der Wärmeverluste bei Transport, Förderung und Einbau des Frischbetons	220
3.3.2.6	Verminderung der Wärmeabgabe des erhärtenden Betons	222
3.3.2.7	Winterbetoniermethoden	223
3.3.3	Gefrierbeständigkeit des erhärtenden Betons	225
3.3.4	Ausschalfestigkeit und Ausschaltermine bei kühler Witterung	226
3.3.5	Kritische Temperaturdifferenzen	228
3.3.6	Qualitätssicherung	230
3.4	Durchführung der Betonarbeiten im Sommer und im heißen Klima	233
3.4.1	Wirkungen des heißen Wetters	234
3.4.2	Begrenzung der Frischbetontemperatur	235
3.4.3	Absenkung der Frischbetontemperatur	235
3.4.4	Einsatz von Splittereis	236
3.4.5	Kühlen durch flüssigen Stickstoff	238
3.4.6	Maßnahmen für das Betonieren bei heißem Wetter	238
3.5	Fahrbahndecken aus Beton	240
3.5.1	Anforderungen an den Straßenbeton	240
3.5.2	Zusammensetzung von Straßenbeton	244
3.5.3	Herstellung und Einbau des Straßenbetons	245
3.5.4	Weitere Erfordernisse bei Betondecken	247
3.5.5	Verkehrsfreigabe	248
3.5.6	Straßenbeton unter Verwendung von Fließmitteln	248
3.5.7	Befestigung von Straßen mit Walzbeton	248
3.6	Betonböden	249
3.6.1	Einwirkungen auf Betonböden	249
3.6.2	Konstruktion und Bemessung von Betonböden	250
3.6.3	Hinweise zur Ausführung von Betonböden	254
3.7	Architektonische Gestaltung der Oberflächen der Betonbauteile	256
3.7.1	Architektur und Sichtbeton	256
3.7.2	Begriffe und Abgrenzungen	261

3.7.3	Durch die Schalhaut gestaltete Betonoberflächen (Sichtbeton)	263
3.7.3.1	Anforderungen an Sichtbetonoberflächen	263
3.7.3.2	Grundlagen der Planung von Sichtbeton	264
3.7.3.2.1	Das Sichtbetonteam	264
3.7.3.2.2	Ausschreibung von Sichtbeton	264
3.7.3.2.3	Das DBV/VDZ-Merkblatt »Sichtbeton«	266
3.7.3.2.4	Spezielle Angaben in Ausschreibungen für Fertigteile	268
3.7.3.3	Ausführung von Sichtbetonbauteilen	269
3.7.3.3.1	Schalhaut und Betonfläche	269
3.7.3.3.2	Anordnung und Einbau der Bewehrung	275
3.7.3.3.3	Zusammensetzung und Einbau des Betons	276
3.7.3.3.4	Ausschalen und Nachbehandlung	280
3.7.3.3.5	Das System »Frischbeton-Trennmittel-Schalhaut«	280
3.7.3.3.6	Besondere Prüfungen für Sichtbeton	280
3.7.4	Nachträglich bearbeitete und behandelte Betonflächen	281
3.7.5	Verwendung eingefärbter Betonmischungen	284
3.7.6	Beurteilung und Abnahme von Sichtbetonflächen	287
3.7.6.1	Leistungsbeschreibung, Vertrag und Abnahmekriterien	287
3.7.6.2	Automatisierte Bildverarbeitung	288
3.7.6.3	Fehler, Abweichungen, Mängel	289
3.7.7	Nachträgliche Veränderungen der Betonoberfläche	292
3.8	Literatur	294

4 Zusammenstellung der Normen, Vornormen und Normentwürfe 299

4.1	Normen für die Betonausgangsstoffe	299
4.1.1	Zement	299
4.1.2	Gesteinskörnungen	299
4.1.3	Wasser und Betonzusätze	299
4.1.4	Betonstahl	300
4.2	Normen für Beton, Stahlbeton und Spannbeton	300
4.3	Richtlinien, zusätzliche Vorschriften	301
4.4	Prüfnormen und Prüfvorschriften	302
4.4.1	Zement	302
4.4.2	Gesteinskörnungen	302
4.4.3	Betonzusätze und Betonstahl	304
4.4.4	Frischbeton	304
4.4.5	Festbeton, Faserbeton, Beton in Bauwerken	305
4.5	Sonstige Normen	306

1 Betone mit besonderen Eigenschaften

1.1 Hochfester Beton

Hochfester Beton ist im Falle von Normal- und Schwerbeton ein Beton mit einer Druckfestigkeitsklasse C55/67 bis C100/115. Leichtbeton der Druckfestigkeitsklassen LC55/60 bis LC80/88 wird als hochfester Leichtbeton bezeichnet. Hochfester Beton und Leichtbeton werden in DIN EN 206-1 und DIN 1045-2 geregelt. Danach dürfen tragende und aussteifende Bauteile aus bewehrtem Beton der Druckfestigkeitsklassen C55/67 bis C100/115 (LC55/60 bis LC80/88) hergestellt werden. Bei Betonen der Druckfestigkeitsklassen C90/105 und C100/105 (LC70/77 und LC 80/88) bedarf es dabei zusätzlich einer allgemeinen bauaufsichtlichen Zulassung oder Zustimmung im Einzelfall.

Auch unter Baustellenbedingungen können heute Konstruktionen mit einer Betondruckfestigkeit von $100 N/mm^2$ und darüber zuverlässig hergestellt werden (z. B. 311 South Wacker Drive in Chicago, One Peachtree Center in Atlanta). Für Off-Shore-Bauten in der Nordsee werden Betone mit Druckfestigkeiten von 80 bis $120 N/mm^2$ eingesetzt. In Deutschland sind die bekanntesten Bauvorhaben das Bürogebäude Mainzer Landstraße in Frankfurt/M. (Druckfestigkeitsklasse C70/85), Messeturm Frankfurt und Hochhaus Taunustor (C90/105).

Aus Laboruntersuchungen und praktischen Anwendungen ist bekannt, dass auch noch höhere Festigkeiten sicher erreicht werden können (Two Union Square in Seattle/USA, Druckfestigkeit des Stützenbetons $140 N/mm^2$); diese Erfahrungen liegen in Deutschland noch nicht vor, so dass eine Ausweitung der DIN 1045 zurzeit noch nicht möglich ist.

1.1.1 Eigenschaften und Besonderheiten des hochfesten Betons

Für die Entwicklung des hochfesten Betons war zunächst die Steigerung der Druckfestigkeit maßgebend, um feingliedrigere Konstruktionen ausführen, Stützenquerschnitte verringern und die vermietbare Geschossfläche vergrößern zu können. Den höheren Kosten für die Zusammensetzung, Herstellung und Verarbeitung des Betons stehen Einsparungen gegenüber, die aus dem Festigkeitsgewinn resultieren und die Wirtschaftlichkeit der Anwendung des hochfesten Betons bei spezifischen Bauaufgaben sicherstellen. Dazu gehören der Hochhausbau mit hochbelasteten Traggliedern (Stützen und Scheiben), Fertigteilkonstruktionen und Off-Shore-Bauwerke. Weiterhin liegen Erfahrungen vor, dass auch Verbundbauteile (z. B. mit hochfestem Beton gefüllte Stahlrohre) Vorzüge aufweisen (Wirtschaftlichkeit, Duktilität).

Da die Frühfestigkeiten sehr hoch sind und bereits nach einem Tag $50 N/mm^2$ erreichen oder auch überschreiten können, ist für besondere Bauaufgaben nicht nur die Endfestigkeit sondern auch die Verkürzung der Ausschaltermine und die Belastungsfähigkeit im frühen Alter interessant (z. B. Vorspannen der Konstruktion). Charakteristisch ist der schnelle Anstieg in der Anfangsphase der Erhärtung (beispielsweise werden nach 24 Stunden bereits 50 % der Endfestigkeit erreicht) und die relativ geringe Nacherhärtung (etwa 5–15 % gegenüber der 28-Tage-Druckfestigkeit in Abhängigkeit von der Endfestigkeit und der Zusammensetzung). Die weiterhin erhöhte Steifigkeit ermöglicht die Herstellung von Tragwerken mit geringeren Verformungen im Nutzungszustand.

Die Maßnahmen zur Steigerung der Druckfestigkeit bewirken aber gleichzeitig auch die Verringerung der Porosität und ein dichteres Gefüge und führen dadurch zu einer Verbesserung weiterer Eigenschaften des Betons, z. B. des Widerstandes gegenüber dem Eindringen von Gasen und Flüssigkeiten oder der Erhöhung des Frost-Tausalz-Widerstandes sowie des Verschleißwiderstandes. Darauf ist auch zurückzuführen, dass die Karbonatisierungstiefen sowie das Chlorideindringen und die Chloridaufnahme gering sind. Damit kann insgesamt eine Steigerung der Dauerhaftigkeit erreicht werden. Bei bestimmten ungünstigen Beanspruchungen kann deshalb der Vorteil größerer Beständigkeit ausschlaggebend sein und den aus höherer Festigkeit übertreffen (z. B. Schädigung durch lösenden Angriff, Abwitterung durch Frost-Tausalz-Beanspruchung, Kombination von chemischer und mechanischer Belastung). In Norwegen wurden beispielsweise Fahrbahndecken unter Spikesbeanspruchung aus Beton mit einer Druckfestigkeit von 100 N/mm^2 gebaut. Vorteilhafte Anwendungen ergeben sich z. B. bei direkt befahrbaren Straßenbrücken, die besonders hohen Beanspruchungen ausgesetzt sind und ohne Abdichtung und ohne Deckbelag ausgeführt werden können. Erfolgreich waren auch Sanierungsmaßnahmen bei einem Tosbecken mit Schädigungen durch Erosion.

Hochfester Beton bietet sich aufgrund der Dichtigkeit für Bauwerke des Umweltschutzes und der chemischen Industrie an, z. B. Auffangwannen für umweltbelastende Stoffe, Kläranlagen, Sondermülldeponien u. dgl.

Die Konsequenzen aus dem spröderen Baustoffverhalten müssen dabei besonders berücksichtigt werden. Der Nachweis der Beschränkung der Rissbreite bei Last und Zwang ist von besonderer Bedeutung.

Hochfeste Betone zeichnen sich durch geringere, also günstigere Werte für das Kriechen aus. Mit steigender Betonfestigkeit nimmt die Kriechzahl ab, die Kriechkurve verläuft steiler und der Endwert des Kriechens wird zu einem früheren Zeitpunkt erreicht.

Die Festigkeitskenngrößen weisen gegenüber Normalbeton keine wesentlichen Unterschiede auf. Der E-Modul folgt offensichtlich annähernd der bekannten funktionalen Beziehung zur Druckfestigkeit (Bd. 2 Abschnitt 2.5.1). Für das Festigkeitsverhalten bei Zugabe von Silika ist aber charakteristisch, dass die Druckfestigkeit ansteigt (z. B. um etwa 20 % gegenüber Beton mit gleichem w/z-Wert und Gesteinskörnung), der E-Modul aber praktisch unverändert bleibt.

Die Zugfestigkeit nimmt, wenn auch in geringerem Maß, mit der Steigerung der Druckfestigkeit zunächst ebenfalls zu. Ab einer Druckfestigkeit von etwa 80 N/mm^2 ist keine weitere nennenswerte Erhöhung der Zugfestigkeit zu erwarten. Dieser Zusammenhang ist z. B. bei der Rissbreitenbeschränkung zu beachten (Bd. 2 Abschnitt 3). Während die Druckfestigkeit durch Verringerung der Porosität des Gefüges (z. B. durch Zugabe von Mikrosilika) weiter gesteigert werden kann, ist damit parallel laufend die Zugfestigkeit nicht oder nur unwesentlich beeinflussbar. Eine Verbesserung der Zugfestigkeit wäre nur über die Veränderung der Eigenschaften der Kontaktzone zwischen Gesteinskörnung und Zementstein möglich, z. B. durch Verwendung von Gesteinskörnungen mit größerer Rauigkeit.

Aufgrund der allgemeinen Verbesserung der Eigenschaften des Betons und des besonders hohen Widerstandes gegen chemische und mechanische Angriffe wird zunehmend auch der Begriff Hochleistungsbeton (high performance concrete) verwendet.

Hochfester Beton unterscheidet sich in vielem vom Normalbeton und weist Besonderheiten auf, die beachtet werden müssen:

- **Verformungsverhalten**
  Die Steigerung der Matrixfestigkeit des Betongefüges bedingt ein deutlich verändertes Verformungsverhalten. Die Spannungs-Dehnungs-Linie ist bei hochfestem Beton steiler als bei Normalbeton. Der Anstieg verläuft bis zu einer Druckspannung von etwa 80 bis 90 % des Maximalwertes nahezu linear. Der Verlauf ist durch die homogenere Struktur mit geringerer Porosität und weniger Fehlstellen bedingt und ähnelt dem eines ideal-elastischen Werkstoffes. Nach Erreichen der größten Druckspannung fällt die Spannungs-Dehnungs-Linie steil ab. Die Stauchung bei der maximalen Spannung nimmt mit der Betonfestigkeit zu und erreicht Werte bis zu 3‰.
  Mit zunehmender Festigkeit wird der Verformungsbereich immer geringer; der Spannungsabfall setzt immer deutlicher unmittelbar nach Erreichen der maximalen Spannung ein. Daraus folgt, dass hochfester Beton spröder ist und eine geringere Duktilität aufweist (Bild 1.1). Das ungünstige Vor- und Nachbruchverhalten führt dazu, dass keine Vorankündigung des Bauteilversagens erfolgt und der Bruch schlagartig, mit einer Explosion vergleichbar, stattfindet.

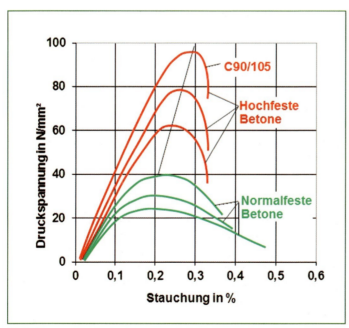

Bild 1.1 Spannungs-Dehnungs-Linien für hochfesten und Normalbeton [1.1]

Zur Verbesserung der Verformungsfähigkeit ist die Zugabe von Fasern (mineralische Fasern oder Fasercocktail aus Stahl- und Polypropylenfasern) sowie der Einsatz von neuartigen Zusatzstoffen (inerte Mikrofüller) vorgesehen, um zielgerichtet Fehlstellen im Gefüge zu erzeugen und damit Mikrorisse in der Bruchprozesszone vor Erreichen der maximalen Druckspannung herbeizuführen.

Weiterhin tragen Bemessungsansätze und Konstruktionsregeln für die Bewehrung dem Festigkeitsverhalten des Baustoffes Rechnung; z. B. durch die Anordnung von Quer- und Umschnürungsbewehrung. Eine Übersicht zu den Konzepten gibt [1.2].

- **Schwinden**
  Da bereits in einem sehr frühen Erhärtungsstadium der Transport des Wassers durch die Kapillaren stark behindert ist, wird das Schwinden hauptsächlich durch Selbstaustrocknung bewirkt. Vor allem bei Silikazusatz sind die Frühschwindmaße größer als bei Normalbeton; dadurch werden entsprechende Schwindspannungen erzeugt, die sich mit temperaturbedingten Beanspruchungen überlagern und zu Rissen führen können. Bezüglich der Endschwindmaße bestehen unterschiedliche Auffassungen; die Übereinstimmung mit den Werten für Normalbeton scheint in etwa wahrscheinlich.

- **Reißneigung**
  Die geringere Verformungsfähigkeit führt dazu, dass sich Mikrorisse infolge Eigenspannungen aus Selbstaustrocknung oder Temperaturdifferenzen in größerem Umfang bilden und fortpflanzen können und sich stärker nachteilig auswirken. Auch die bei Behinderung des Bauteiles auftretenden Zwangsspannungen führen bei steigender Festigkeit zunehmend zu Trennrissen.

  Die Ursache ist, dass bei eingetragenen Verformungen die Zugtragfähigkeit des hochfesten Betons prozentual in größerem Maß abfällt als bei Normalbeton. Ein Abbau von erzwungenen Verformungen durch plastisches Verhalten (Kriechen bzw. Relaxation) findet in immer geringerem Umfang statt.

  Die Wärmeentwicklung ist aufgrund der hohen Zementgehalte zu beachten. Der Temperaturanstieg und die Temperaturverteilung sind, vor allem bei dickeren Bauteilen, zu verfolgen und die Zwangsbeanspruchung der Konstruktion ist abzuschätzen. Das geringere Relaxationsvermögen und die Steifigkeit spielen dabei eine besondere Rolle. Der Temperaturrissgefahr ist darüber hinaus durch Auswahl geeigneter Zemente und Frischbetonzusammensetzungen zu begegnen. Da aus Schwinden und Temperaturverteilung infolge Hydratationswärme eine rissbegünstigende Spannung aufrechterhalten bleibt, muss eine engmaschige rissbreitenbeschränkende Bewehrung angeordnet werden.

  Mikrorisse in den Außenbauteilen würden den Zutritt von Feuchte und aggressiven Medien fördern und die Dichtigkeit örtlich aufheben; dadurch könnten schadenauslösende Mechanismen in Gang gesetzt werden (Phasenneubildungen mit Quellerscheinungen, Frostwirkungen).

- **Verhalten bei Frostbeanspruchung**
  Nach Untersuchungen sind hochfeste Betone auch ohne Luftporen frostsicher und halten einer Frost-Tausalz-Belastung stand. Damit würde die Optimierung der Zusammensetzung erleichtert, da die Einbringung von Luftporen in Beton zu gegenläufigen Entwicklungen bei der Festigkeit führt. Beobachtet wurde aber auch, dass frostbe-

dingt schalenartige Abplatzungen eintraten, deren Ursachen noch nicht vollständig geklärt sind.

- **Brandverhalten**
Das günstige Brandverhalten von Stahlbetonkonstruktionen wird mit zunehmender Festigkeit eingeschränkt. Bei höherer Temperaturbeanspruchung ist der Festigkeitsabfall größer als bei Normalbeton. Beispielsweise beträgt dieser bei 150 °C bereits ca. 30 %. Ab 105 °C wird durch das verdampfende, physikalisch gebundene Wasser und die fehlende Bewegungsmöglichkeit durch das Porensystem ein hoher Dampfdruck aufgebaut. Im Brandfall treten deshalb in Verbindung mit den thermischen Spannungen explosionsartig Abplatzungen auf. Diese sind in Hinblick auf den Feuerwiderstand der Bauteile kritischer zu bewerten als der Festigkeitsabfall.
Bis zu einem Beton C70/85 kann die Feuerwiderstandsklasse F 120 ohne besondere Maßnahmen erreicht werden. Bei höheren Druckfestigkeiten sind besondere Maßnahmen erforderlich, z. B. die Anordnung einer oberflächennahen Netzbewehrung gegen Abplatzen der Betondeckung. Versucht wird auch durch die Zugabe von Polypropylenfasern, die im Brandfall verbrennen und Poren hinterlassen, den Wasserdampfdruck zu vermindern und die Abplatzungen zu verhindern [1.3].

Hochfester bzw. Hochleistungsbeton wird auch in Zukunft nicht als Massenbaustoff, aber in breiterem Umfang eingesetzt werden und bildet für wichtige Anwendungsgebiete des Betons eine wirtschaftliche und technisch bessere, in einzelnen Fällen auch die einzige Möglichkeit. Voraussetzung ist, dass die Eigenschaften hinreichend bekannt sind und beachtet werden. Zurzeit sind noch eine Reihe von Fragen offen, die durch die Forschung zu klären sind. Dazu gehören u. a. Rechenwerte für die bleibenden Verformungen aus Kriechen, Schwinden und Relaxation, Angaben zu kritischen Temperaturdifferenzen und zur Reißneigung sowie Kenngrößen zur Beschreibung des Frost- bzw. Frost-Tausalz-Widerstandes.

Gesichert erscheint demgegenüber die Kenntnis eines ausreichenden Korrosionsschutzes der Bewehrung. Infolge der puzzolanischen Reaktion wird zwar Kalziumhydroxid verbraucht und damit die Basizitätsreserve verringert, durch die große Dichtheit und verringerte Durchlässigkeit wird dem Eindringen von Gasen und Wässern aber ausreichender Widerstand entgegengesetzt und damit die Dauerhaftigkeit sichergestellt.

Eine Übersicht zu den Betoneigenschaften und dem Stand der Betontechnologie gibt der Sachstandsbericht [1.4].

1.1.2 Zusammensetzung des hochfesten Betons

Hochfeste Betone mit einer Druckfestigkeitsklasse von C55/67 und mehr sind mit den üblichen Zementen und Gesteinskörnungen möglich, indem der Wasserzementwert drastisch gesenkt und die Verarbeitbarkeit durch Fließmittel gesichert wird.

Die Verringerung des w/z-Verhältnisses bleibt auch bei höheren Druckfestigsklassen der Hauptweg zur Erreichung der geforderten Kennwerte. Der w/z-Wert liegt im Bereich von 0,25 bis 0,35, in Einzelfällen auch darunter (bis zu 0,20). Da Portlandzement unter einem w/z-Wert von 0,40 nicht mehr vollständig hydratisieren kann, bleiben Klinkerreste übrig, die im dichten Zementstein eingebettet sind und als hochfeste Mikrokörnungen wirken. Die durch Verringerung des Wasserzementwertes tatsächlich erreichbare Festigkeit ist schließlich vom Hydratationsgrad abhängig. Dabei besteht ein linearer Zusammenhang zwischen dem Verhältniswert wn/w und der Druckfestigkeit (wn = chemisch gebundenes Wasser). Daraus resultiert, dass neben der Verringerung des Wassergehaltes eine ausreichende Erhärtung sichergestellt werden muss. Aufgrund der niedrigen Anfangsfeuchte kann aber selbst bei intensiver Nachbehandlung für einen Beton mit w/z = 0,25 nach 28 Tagen lediglich ein Hydratationsgrad von 0,50 erwartet werden. Während Betone mit beispielsweise w/z = 0,30 einen längerfristigen Anstieg zeigen, ist der Endwert für w/z = 0,20 sehr schnell erreicht. Diese Zusammenhänge beeinflussen zwangsläufig auch die Zusammensetzung.

Die Zugabe von Betonzusatzmitteln (Betonverflüssiger oder besser Fließmittel) ist zwingend, um die für Ortbeton geforderten Konsistenzen F3 oder weicher erreichen zu können. Die durch den hochfesten Beton verringerten Bauteilquerschnitte und die Bewehrungslage verlangen einen gut verarbeitbaren Beton. International sind deshalb heute Ausbreitmaße von bis zu 60 cm üblich. Die Zugabemenge der verflüssigenden Zusatzmittel ist gegenüber Normalbeton bis auf 70 g/kg bzw. 70 ml/kg Zementmenge, bei Anwendung mehrerer Zusatzmittel bis auf 80 g/kg bzw. 80 ml/kg angehoben worden. Wird der Zusatzmittelanteil zu stark erhöht, treten Probleme durch Ausfällen des Fließmittels, Nesterbildung und ungleichmäßige Verteilung des Silikastaubes auf; Verminderung der Festigkeit ist die Folge.

Die Einwirkung von Betonzusatzmitteln auf die Verarbeitbarkeit und Festigkeitsentwicklung von hochfestem Beton ist größer als bei Normalbeton. Einen hohen Einfluss hat auch die Frischbetontemperatur.

Die Verarbeitbarkeit kann durch Zugabe von Flugasche verbessert werden.

Weitere Maßnahmen zur Steigerung der Druckfestigkeit sind die Verwendung eines höherfesten Zementes (CEM I 42,5 R und 52,5 R) und höherwertiger Gesteinskörnungen (z. B. Basalt) sowie eine intensive Verdichtung beim Einbau des Frischbetons. Die Zementmenge ist hoch und liegt meist bei 400 bis 600 kg/m³. Hochofenzemente werden ebenfalls eingesetzt; die Betone zeigen zwar bei längerer Nachbehandlung vergleichbare Festigkeitswerte, aber geringere Widerstandsfähigkeit gegen Frost-Tausalz-Beanspruchungen und chemischem Angriff. Eine weitere Möglichkeit eröffnet sich durch Feinstzemente, die ultrafein aufgemahlen sind und mittlere Korngrößen von 2 µm und eine Oberfläche von 3 m²/g besitzen.

Die Druckfestigkeit und Dichtigkeit nimmt weiter zu, wenn durch Betonzusatzstoffe eine bessere Kornabstufung im Feinstbereich erreicht und die Porenräume bzw. kleinsten Zwickel zwischen den Partikeln durch hydratisierende Betonzusatzstoffe gefüllt werden.

Als Zusatzstoff dient in der Regel Silikastaub mit Kornabstufungen im Mikrometer- und Nanometerbereich (Bd. 1 Abschnitt 1.3). Bereits bei einer Zugabe ab 2 % (bezogen auf die Zementmasse) ist eine Zunahme der Dichtigkeit und damit der Dauerhaftigkeit, ab 5 % eine Steigerung der Betondruckfestigkeit festzustellen.

Die Verbesserung der Betoneigenschaften ist auf die Füllerwirkung, die puzzolanische Reaktion und die Verbesserung des Verbundes zwischen Zementstein und Gesteinskörnung zurückzuführen. Besonders die grobporige Übergangszone zwischen Zementstein und Gesteinskörnung wird durch die Reaktion der Silikastaubpartikel mit dem dort angelagerten Kalziumhydroxid verbessert.

Die Zugabe von Silikastaub liegt zwischen 5 und 10 % der Zementmenge und kann durch Zumischung als Silikapulver oder vorteilhafter als Silikaslurry erfolgen. Silikastaub kann durch so genannte Stabilisierer zugeführt werden, ein Zusatzmittel, das aus einer homogenen, niederviskosen Flüssigkeit mit amorphem SiO_2 in kolloidaler Teilchengröße besteht. Dadurch wird auch ein größeres Wasserbindevermögen im Beton bewirkt. Werden Silikasuspensionen eingesetzt, ist deren Wassergehalt bei der Festlegung des Wasserzementwertes zu berücksichtigen.

Zur Wirksamkeit des Silikapulvers im Beton sind Angaben in Bd. 1 Abschnitt 1.3.6 enthalten.

Bei Erhöhung der Silikaanteile tritt verstärkt eine Klebrigkeit der Frischbetonmischung auf, die durch Fließmittel nicht vollständig aufgehoben werden kann. Die Folge sind Probleme bei der Verarbeitung, vor allem die Verdichtbarkeit ist eingeschränkt.

Die Obergrenze von etwa 10 M.-% des Zementgehaltes darf auch in Hinblick auf den Korrosionsschutz der Bewehrung nicht überschritten werden, vor allem dann, wenn zusätzlich Flugasche zugegeben wird. Die puzzolanische Reaktion verbraucht Kalziumhydroxid, verringert das Alkalitätsdepot und senkt den pH-Wert ab (Bd. 2 Abschnitt 1.2.1). Besonders bei eindringenden Chloriden findet dann eine starke Korrosion mit Lochfraßnarbenbildung an der Oberfläche der Bewehrung statt.

Durch den Einsatz von Steinkohlenflugasche ergibt sich ein neuer Ansatz für die Herstellung von Hochleistungsbetonen. Die dadurch mögliche Reduzierung der Portlandzementklinkergehalte senkt die Hydratationswärme ab und verringert die Temperaturen und Spannungen im Bauteil (Band 2, Abschnitt 1.8), ohne dass Festigkeitseinbußen eintreten [1.5], [1.6]. Voraussetzung ist aber, dass eine ausreichende Nachbehandlung sichergestellt und das Bezugsalter für die Festigkeitsprüfung auf mindestens 56 Tage, besser 90 Tage, verlängert wird. Neben einer ausreichenden Dichtheit bestehen weitere Vorteile in einer verringerten Kriechdehnung und erhöhten Zugbruchdehnung. Zur Anrechenbarkeit der Flugasche siehe Bd.1, Abschnitt 1.3.7.

Im Ergebnis entsteht ein Mehrstoffsystem mit einem Gefüge, das bei Bruchbelastung die Trennrisse nicht im Zementstein zeigt, sondern bei dem die Risse durch die Gesteinskörnung hindurchlaufen. In diesem Fall bestimmt die Eigenfestigkeit der Gesteinskörnungen die Kornform und die Kornverteilung die Belastbarkeit des Betons. Zweckmäßig ist dabei ein rundes, gedrungenes Korn sowie Quarzkies, bei höheren Anforderungen Basaltsplitt.

Die zulässigen Mengen an Mehlkorn wurden im Vergleich zu Normalbeton nach DIN EN 206-1 und DIN 1045-2 erhöht, da durch die Verwendung von Betonzusatzstoffen, vor allem Silikastaub und die Steigerung des Zementgehaltes im Regelfall ein größerer Gehalt dieser Feinststoffe vorliegt. Die höchstzulässigen Mehlkorngehalte entsprechen Tabelle 1.1. Der erhöhte Wasseranspruch aus dem Mehlkorn- und Feinstsandgehalt wird durch Fließmittel kompensiert.

Zementgehalt[1] [kg/m³]	Höchstzulässiger Mehlkorngehalt[2] [kg/m³]
≤ 400	500
450	550
≥ 500	600

[1] Für Zwischenwerte ist der Mehlkorngehalt linear zu interpolieren
[2] Bei 8 mm Größtkorn darf der Mehlkorngehalt um zusätzlich 50 kg/m³ erhöht werden

Tabelle 1.1 Höchstzulässiger Mehlkorngehalt für hochfesten Beton und Leichtbeton mit einem Größtkorn der Gesteinskörnung von 16 mm bis 63 mm

Während künstliche Luftporen in vielen Fällen bei Normalbeton unerlässlich sind, kann bei hochfestem Beton in der Regel darauf verzichtet werden; u. U. sind diese Luftporen sogar nachteilig. Die Zugabe von Silika hat einen vergleichsweise besseren Effekt.

Die Verwendung von Restwasser und Restgesteinskörnung ist gegenwärtig nicht gestattet. Diese Festlegung basiert nicht auf negativen Erfahrungen, sondern stellt eine Sicherheitsvorkehrung dar, um zusätzliche Einflüsse auf die Festigkeit auszuschließen.

Bedingt durch den Zusatz von Silikastaub wird die Oberflächenfarbe in einem Grauton erhalten. Untersuchungen haben ergeben, dass eine Aufhellung durch Weißzement und Fällungskieselsäure erreicht werden kann [1.7].

1.1.3 Verarbeitung und Nachbehandlung

Grundsätzlich kann der Frischbeton mit den für Normalbeton verwendeten Maschinen und Geräten sowie den üblichen Verfahren verarbeitet werden. Voraussetzung für die Herstellung des hochfesten Betons ist eine intensive Vermischung der Komponenten, die einen sehr homogenen Frischbeton ergeben muss. Eine wiederholt vorgeschlagene Verlängerung der Mischzeit ist strittig.

Der Frischbeton weist neben einem thixotropen Verhalten ein schnelles Ansteifen auf; die beobachteten Veränderungen des Ausbreitmaßes lagen für einen C70/85 als Transportbeton bei 2 bis 4 cm je 10 min [1.8]. Nachdosierungen des Fließmittels im Baustellenbereich sind dann erforderlich, um die vereinbarte Übergabekonsistenz einhalten zu können.

Der Einbau mit Betonpumpen ist ohne Einschränkung möglich. Werden steifere Konsistenzen angestrebt, bietet sich die Verwendung von Krankübeln an.

Auch hochfester Beton bedarf selbstverständlich ausreichender Nachbehandlung. Diese ist besonders für die Qualität der Randzone wichtig, weil aufgrund der verringerten Kapillarporenräume, die bereits frühzeitig verstopft sind, nur in sehr geringem Umfang Wasser aus dem Innern des Bauteiles zur Oberfläche oder durch Nachsaugen von außen in das Gefüge transportiert werden kann. Wird der Oberflächenschluss nicht unmittelbar nach der Herstellung herbeigeführt, tritt ein Verdursten des Randbetons ein und Minderfestigkeit sowie Risse sind die Folge. Insofern ist eine hinreichende und sorgfältige Nachbehandlung unumgänglich, um die Ausbildung dichter Randschichten der Betonbauteile zu erreichen und die Vorzüge des hochfesten Betons zur Geltung zu bringen. Für die

Nachbehandlung gelten die Anforderungen von DIN 1045-3. Da die Kapillarporen ein Nachsaugen von Wasser in tiefere Schichten unterbinden, gibt es Versuche zur inneren Nachbehandlung durch den Einsatz von porigen Gesteinskörnungen, die als Wasserspeicher dienen und damit die Hydratation von innen her unterstützen.

Unter Berücksichtigung der Unsicherheiten und der Gefahren infolge nicht ausreichender Nachbehandlung sollte eine Zeitdauer von einem Tag aber nicht unterschritten werden.

Neben der Aufrechterhaltung eines für die Hydratation ausreichenden Wassergehaltes ist die Vermeidung einer nachteiligen Temperaturentwicklung im erhärtenden Beton von großer Bedeutung, da hochfester Beton durch höhere Temperaturen und größere Temperaturspannungen geschädigt wird. Deshalb müssen hohe Frischbetontemperaturen und große Temperaturunterschiede zwischen Kern und Rand der Bauteile vermieden werden. Entsprechende Maßnahmen sind vor allem bei dickeren Bauteilen von Bedeutung. Die hohen Zementgehalte wirken sich aber nicht, wie zu erwarten wäre, auf die Temperaturhöhe aus, da die unvollständige Hydratation eine gegenläufige Tendenz hervorruft. Darauf weisen Messergebnisse in [1.9] hin.

1.1.4 Gütenachweis und Qualitätssicherung

Für die Herstellung und den Einbau von hochfestem Beton gelten die jeweils höchsten Anforderungen. Sowohl der Hersteller als auch das einbauende Bauunternehmen müssen jeweils über eine ständige Betonprüfstelle verfügen und durch eine anerkannte Überwachungsstelle überwacht werden. Beim Hersteller sind dazu die in Tabelle 1.2 aufgeführten Kriterien einzuhalten.

Herstellung	Anzahl n der Ergebnisse in der Reihe	Kriterium 1 in [N/mm²]	Kriterium 2 in [N/mm²]
		Konformitätskriterien für die Druckfestigkeit beim Hersteller	
		Mittelwert f_{cm} von n Ergebnissen f_{ci}	jedes einzelne Prüfergebnis f_{ci}
Erstherstellung (bis mindestens 35 Ergebnisse erhalten wurden)	3	$\geq f_{ck} + 5$	$\geq f_{ck} - 5$
Stetige Herstellung (wenn mindestens 35 Ergebnisse verfügbar sind)	≥ 15	$\geq f_{ck} + 1{,}48 \cdot \sigma$ $\sigma \geq 5\,N/mm^2$	$\geq 0{,}9 \cdot f_{ck}$

Tabelle 1.2 Konformitätskriterien für die Druckfestigkeit von hochfestem Beton

Der Einbau von hochfestem Beton erfolgt nach den Anforderungen der Überwachungsklasse 3 nach DIN 1045-3. Das Bauunternehmen hat dazu mindestens die Anforderungen nach DIN 1045-3, Anhang B, die anerkannte Überwachungsstelle die Anforderungen nach DIN 1045-3, Anhang C zu erfüllen. Für die Annahme des Betons auf der Baustelle gelten die Annahmekriterien nach Tabelle 1.3.

Anzahl der Prüfwerte	Beton der Überwachungsklasse 3	
	Kriterium 1 Mittelwert f_{cm} [N/mm²]	Kriterium 2 Einzelwert f_{ci} [N/mm²]
3–4	$f_{cm} \geq f_{ck} + 1$	$f_{ci} \geq 0{,}9\, f_{ck}$
5–6	$f_{cm} \geq f_{ck} + 2$	$f_{ci} \geq 0{,}9\, f_{ck}$
7 bis 34	$f_{cm} \geq f_{ck} + (1{,}65 - 2{,}58/\sqrt{n})\sigma$ $\sigma = 4$	$f_{ci} \geq 0{,}9\, f_{ck}$
≥ 35	$f_{cm} \geq f_{ck} + (1{,}65 - 2{,}58/\sqrt{n})\sigma$ mit $\sigma \geq 5$	$f_{ci} \geq 0{,}9\, f_{ck}$

Tabelle 1.3   Annahmekriterien für die Ergebnisse der Druckfestigkeitsprüfung

Es sind jeweils 3 Proben für höchstens 150 m³ oder je 2 Betoniertage herzustellen.
Der Zielwert für die Erstprüfung ist so festzulegen, dass die Anforderungen an die Festigkeit zuverlässig erreicht werden. Der Festigkeitsnachweis wird im Regelfall an 28 Tage alten Proben durchgeführt. Abweichende Prüftermine sind gesondert zu vereinbaren.

1.1.5 Besonderheiten des ultrahochfesten Betons

Das bekannteste Beispiel eines ultrahochfesten Betons ist der reaktive Pulverbeton (RPC). Hinter einem reaktiven Pulverbeton (RPC) steht die Grundidee, Beton nur aus Materialien mit einem Minimum an Defekten in der eigenen Struktur herzustellen. Da die Defekte in Gesteinskörnungen mit der Korngröße abnehmen, wurde ein Beton (RPC) entwickelt, bei dem

- die groben Gesteinskörnungen fehlen
- die Packungsdichte der feinen Gesteinskörnungen durch Optimierung der Granulometrie und Anwendung von Druck vor der Erstarrungsphase gesteigert
- die Mikrostruktur durch nachträgliche Wärmebehandlung verbessert sowie
- die Duktilität durch Verwendung von Stahlfasern erhöht wird.

Ohne zusätzlichen Druck vor der Erstarrungsphase, nur mit einer Wärmebehandlung bis 90 °C wird ein RPC mit ca. 200 N/mm² und mit Druckeinwirkung sowie einer Wärmebehandlung bis 400 °C ein RPC mit bis zu 800 N/mm² Druckfestigkeit erreicht.
Aus einem RPC 200 wurde 1997 eine Fußgängerbrücke in Sherbrooke hergestellt.

1.1.5.1 Stoffliche Charakteristik eines Reactiven Powder Concretes 200

Ein RPC 200 kann Mischungszusammensetzungen besitzen, wie sie in Tabelle 1.4 angegeben sind.

Der Zement sollte unter rheologischen Gesichtspunkten vorzugsweise wenig C_3A und mehr C_2S besitzen. Seine Mahlfeinheit wird mit etwa 3000 cm²/g angegeben.

Komponente	Anteil in [kg/m³]		
Wasser	171	195	195
Zement	685	695	705
Mikrosilika	222	225	230
Quarzsand	978	990	1010
Quarzmehl	205	210	210
Stahlfasern	–	–	200
Fließmittel	18	45	46

Tabelle 1.4 Beispiele für die Zusammensetzung von RPC 200-Betonen

Mikrosilica, Quarzsand und Quarzmehl entsprechen den üblichen Anforderungen. Als Stahlfaser wird eine Faser von 12 mm Länge und 0,20 mm Durchmesser eingesetzt.

1.1.5.2 Festkörperparameter

Wird der RPC 200-Körper ohne Druck vor der Erstarrung, bei Temperaturen von 20 °C und mit Stahlfasern hergestellt, entsteht ein Festkörper mit einer gleichmäßigen Mikrostruktur. In ihm sind vorzugsweise CSH-Phasen und kaum noch Calciumhydroxid vorhanden. Die Porosität wird mit 2,6 mm³/g angegeben, wobei der größte Teil des Porenraumes durch Porengrößen unter 9 nm ausgefüllt wird.

Der Festkörper besitzt eine Druckfestigkeit von ca. 200 N/mm². Die Biegezugfestigkeit ist im Verhältnis zur Druckfestigkeit mit ca. 50 N/mm² extrem hoch. Der Elastizitätsmodul bewegt sich bei etwa 55000 N/mm². Der Betonkörper ist extrem dicht und zeigt eine vernachlässigbare Carbonatisierung. Einige wesentliche Festkörperparameter eines RPC 200 zeigt Tabelle 1.5.

Parameter	Messwert
Druckfestigkeit	170–230 MPa
Biegezugfestigkeit	30–60 MPa
E-Modul	50–60 GPa
Karbonatisierungstiefe	keine
Chlorid-Diffusionskoeffizient	$0{,}02 \cdot 10^{-12}$ m²/s
Wasser Absorption	0,05 kg/m²

Tabelle 1.5 Festkörperparameter von RPC 200-Betonen

1.2 Flüssigkeitsdichte Betone

1.2.1 Lastfälle und Regelwerke

Flüssigkeitsdichte Betone sind Betone, die eindringendem Wasser oder eindringenden anderen Flüssigkeiten, insbesondere wassergefährdenden Stoffen, einen ausreichenden Widerstand entgegensetzen. Sie kommen im Wesentlichen bei wasserundurchlässigen Bauwerken (Weiße Wannen) und in Auffangbauwerken zur zeitweisen Rückhaltung wassergefährdender Flüssigkeiten zur Anwendung.

Für Betone mit hohem Wassereindringwiderstand ist neben DIN EN 206-1 und DIN 1045-2 die DAfStB-Richtlinie »Wasserundurchlässige Bauwerke aus Beton« [1.10] nebst ihren Erläuterungen [1.11], [1.12] zu beachten.

Ein Beton mit hohem Wassereindringwiderstand darf nach [1.13] bei den üblich anstehenden Wasserdrücken maximal 25 Vol.-% Kapillarporen im Zementstein (maximal 7,5 Vol.-% Kapillarporenraum im Beton) enthalten. Dieser Kapillarporenraum wird erzielt, wenn Betone mit einem Wasserzementwert von 0,58 einen Hydratationsgrad von 100 % oder mit ω = 0,40 einen Hydratationsgrad von 60 % erreichen (mit linearer Interpolation). In allen Fällen geht man davon aus, dass bei Anliegen eines Wasserdruckes in Abhängigkeit von Betondicke und Einwirkungszeit eine minimale Wassermenge den Beton passiert (Wasserdurchlässigkeit des Zementsteins $K < 4 \cdot 10^{-11}$ mm/s).

Da Zementstein und damit Beton eine hohe Affinität zum Wasser besitzt (Wasseradsorption und Resthydratation des Zementes), gehen einige Autoren [1.14], [1.15] auch davon aus, dass bei ausreichender Betondicke und einer Betonfestigkeitsklasse $\geq$ C30/37 ein Wasserdurchtritt ausgeschlossen ist. Aus der trockenen Seite einer Betonwand kann nur so lange Wasser verdunsten, solange der Verdunstungsdruck größer als die Affinität des Zementsteins zum Wasser ist. Im Kern einer mindestens 20 cm dicken Betonwand verbleibt ein Bereich, in den weder Wasser eindringen noch verdunsten kann.

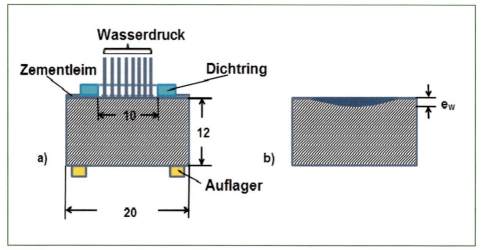

Bild 1.2 Prüfung der Wasserundurchlässigkeit an Platten nach DIN EN 12390-8 (Maße in [cm])
e_W = Eindringtiefe

Die Wassereindringtiefe wird nach DIN EN 12390-8, siehe auch Bild 1.2, geprüft. Die Prüfung erfolgt in der Regel nach 28 Tagen an wassergelagerten Betonplatten. Auf den Probekörper wird 72 Stunden ein Wasserdruck von 5 bar = 500 kPa aufgebracht. Nach der Prüfung werden die Probekörper gespalten und die mittlere Wassereindringtiefe bestimmt. Die maximale Wassereindringtiefe darf im Mittel 50 mm nicht überschreiten.

Der Nachweis der Wassereindringtiefe ist in DIN 1045 nicht zwingend vorgeschrieben. Wenn ein Nachweis erfolgen soll, sind das Prüfverfahren und die Konformitätskriterien zwischen dem Verfasser der Festlegungen und dem Hersteller zu vereinbaren. Alternativ können auch Grenzwerte für die Betonzusammensetzung festgelegt werden.

Für wasserundurchlässige Betonkonstruktionen für Tunnel- und Trogbauwerke gemäß ZTV-ING (WUB-KO) und für Beton bei Wasserbauwerken im Geltungsbereich der Wasser- und Schifffahrtsverwaltung des Bundes ist der Nachweis verpflichtend. Die mittlere Wassereindringtiefe darf 30 mm nicht überschreiten.

Die Wassereindringtiefe bei Prüfung nach DIN EN 12390-8 wird ebenfalls auf 30 mm begrenzt, wenn es sich um einen starken chemischen Angriff oder Sole- bzw. Meerwasserfüllungen bei Schwimm- und Badebecken handelt.

Flüssigkeitsdichte Betone (FD-Betone) im Sinne der »Verordnung über Anlagen zum Lagern, Abfüllen und Umschlagen wassergefährdender Stoffe und die Zulassung von Fachbetrieben« [1.16] und der DAfStB-Richtlinie »Betonbau beim Umgang mit wassergefährdenden Stoffen« [1.17] sind Betone, die innerhalb eines Beaufschlagungszeitraumes (in der Regel 72 h) alle wassergefährdenden Stoffe sicher zurückhalten.

Wassergefährdende Flüssigkeiten dringen durch Kapillarwirkung in das Kapillarporensystem des Betons ein. Die Eindringtiefe wird sowohl durch die Betonqualität als auch die Eigenschaften der Flüssigkeiten bestimmt. Die Eindringtiefe der verschiedenen Flüssigkeiten wird in der Regel über Versuche bestimmt. Ohne Prüfung darf die mittlere Eindringtiefe e_{72m} für FD-Betone näherungsweise über die Viskosität η und die Oberflächenspannung σ der Flüssigkeit nach

$$e_{72m} = 10 + 3{,}33 \cdot (\sigma/\eta)^{0{,}5} \quad [mm]$$

bestimmt werden.

Als charakteristische Eindringtiefe e_{tk} gilt

$$e_{tk} = 1{,}35 \cdot e_{72m} \quad [mm].$$

Die erforderliche Betondicke muss dann mindestens das 1,5-fache von e_{tk} betragen.

Für Beaufschlagungszeiten zwischen den üblicherweise 72 h bis 3 Monaten (t = 2 200 h) darf mit

$$e_m = e_{72m} \cdot (t/72)^{0{,}5} \quad [mm]$$

extrapoliert werden.

Bei wiederholter, zeitlich begrenzter Beaufschlagung durch konzentrierte organische Flüssigkeiten (z. B. intermittierende Beanspruchung an Abfüllstellen an Tankstellen) können nach [1.16] äquivalente Beaufschlagungszeiten abgeleitet werden.

Für FD-Betone darf bei Einwirkung ruhender bis leicht beweglicher Säuren beliebiger Konzentration und säureunlöslicher Gesteinskörnung mit einer mittleren Schädigungstiefe von 5 mm gerechnet werden. Bei Einwirkung anderer betonaggressiver Flüssigkeiten, löslicher Gesteinskörnungen und längeren Einwirkungszeiten sind die Schädigungstiefen nach den in [1.17] festgelegten Prüfverfahren zu ermitteln.

1.2.2 Betone mit hohem Wassereindringwiderstand

Für die Herstellung wasserundurchlässiger Betonbauwerke werden Betone mit hohem Wassereindringwiderstand verwendet. Der hohe Wassereindringwiderstand wird in Abhängigkeit von den Bauteilen, der Beanspruchungsklasse (siehe auch Tabelle 1.7) und der Mindestbauteildicke über eine Begrenzung des maximalen Wasserzementwertes nach Tabelle 1.6 erreicht. Die Mindestdruckfestigkeitsklasse beträgt C25/30, der Mindestzementgehalt 280 kg/m³. Aus statischen Gründen können höhere Festigkeitsklassen notwendig werden. Die Dauerhaftigkeit des Betons wird vom Planer durch die festzulegenden Expositionsklassen sichergestellt. Gegebenenfalls können durch bestimmte Expositionsklassen, z. B. XA2 oder XF3, höhere Anforderungen an den Beton gestellt werden.

	Wände (Ortbeton)		Bodenplatten (Ortbeton)		Elementwände (Anforderung an Fertigteil und Kernbeton)	
Beanspruchungsklasse	1	2	1	2	1	2
Mindestdruckfestigkeitsklasse	C25/30					
besondere Eigenschaft	hoher Wassereindringwiderstand					
Mindestbauteildicke [cm]	24	$\geq d_{min} \cdot 1{,}15$ (d. h. 28 cm)	20	25	$\geq d_{min} \cdot 1{,}15$ (d. h. 29 cm)	15	24	$\geq d_{min} \cdot 1{,}15$ (d. h. 28 cm)	24 (20)[2]
Äquivalenter Wasserzementwert w/z_{eq}	$\leq 0{,}55$	$\leq 0{,}60$	$\leq 0{,}60$	$\leq 0{,}55$	$\leq 0{,}60$	$\leq 0{,}60$	$\leq 0{,}55$	$\leq 0{,}60$	$\leq 0{,}60$

[1] Keine Anforderungen aus Expositionsklassen XA und XS berücksichtigt; Bauteildicken ≤ 40 cm
[2] Besondere technische und ausführungstechnische Maßnahmen

Tabelle 1.6 Abhängigkeit von Wasserzementwert und Bauteildicke bei WU-Bauwerken[1]

Flüssigkeitsdichte Betone

Beanspruchungsklasse	Art der Beanspruchung
1 Druckwasser	drückendes Grundwasser (Wasser übt hydrostatischen Druck auf das Bauteil aus)
	nicht drückendes Wasser (Wasser auf horizontalen Flächen)
	zeitweise aufstauendes Wasser (Einbindetiefe in wenig durchlässigem Boden ohne Dränung)
2 Feuchte	Nicht stauendes Sickerwasser (Voraussetzung: Wassereinsickerung bei sehr stark durchlässigem Boden ($k^f \geq 10^{-4}$ m/s) ohne Aufstau oder Wasserabführung durch Dränung bei wenig durchlässigem Boden)
	Bodenfeuchte (kapillar im Boden gebundenes Wasser)

Tabelle 1.7 Zuordnung der Beanspruchungsklassen

Nach [1.10] werden zudem für Ortbeton- und Elementwände der Beanspruchungsklasse 1 mit innen liegenden Fugenabdichtungen entsprechend dem lichten Maß zwischen den Bewehrungslagen oder der Dicke des Kernbetons der Elementwände zusätzliche Anforderungen an das Größtkorn der Gesteinskörnungen gestellt (siehe Tabelle 1.8).

Für Bauteile mit innen liegenden Fugenabdichtungen					
lichtes Maß zwischen Bewehrungslagen oder Innenflächen von Fertigteilen $b_{w,i}$ [cm]		< 12	≥ 12	≥ 14	≥ 18
Wände und Elementwände der BK 1[1]	Anforderungen an das Größtkorn der Gesteinskörnung in [mm]	–[2]	8	16[3]	32
Wände und Elementwände der BK 2[1]		keine Anforderungen			
Bodenplatten		keine Anforderungen			

[1] BK = Beanspruchungsklasse
[2] nicht erlaubt
[3] bei Elementwänden mit Anschlussmischung 8 mm

Tabelle 1.8 Anforderungen an das Größtkorn der Gesteinskörnung

Um die Zwangsspannungen innerhalb des WU-Bauwerkes und damit die Rissgefahr möglichst gering zu halten, sind weitere Vorgaben an die Betonzusammensetzung sinnvoll. Verformungen und Trocknungsschwinden lassen sich vermindern, indem im Winter Betone mit mittlerer Festigkeitsentwicklung ($r \leq 0{,}50$) und im Sommer mit langsamer Festigkeitsentwicklung ($r \leq 0{,}30$) verwendet werden. Hilfreich sind zudem Zemente mit niedriger Hydratationswärme (LH-Zemente) oder Zemente mit normaler Anfangserhärtung mit Flugasche als Zusatzstoff.

Die Frischbetontemperaturen sollen so niedrig wie möglich gehalten und das Zementleimvolumen auf weniger als 290 l/m³ begrenzt werden.

Nach [1.13] sollen gut geeignete Betone mit hohem Wassereindringwiderstand in ihren Zusammensetzungen etwa folgenden Größenordnungen folgen:

- Beton mit niedriger Wärmeentwicklung, daher:
  Zement CEM III 32,5 N-LH bzw. CEM III 32,5 L-LH
  Zementgehalt des Betons $z \leq 320\,kg/m^3$
  Frischbetontemperatur $T_{b0} \leq 15\,°C$
- Beton mit geringem Schwindmaß, daher:
  Wassergehalt des Betons $w \leq 165\,kg/m^3$
  Zementleimgehalt des Betons $zl \leq 280\,l/m^3$ für Beton ohne Flugasche
  Zementleimgehalt des Betons $zl \leq 290\,l/m^3$ für Beton bei Anrechnung von Flugasche
  Wasserzementwert des Betons $w/z \leq 0{,}55$
  Betonverflüssiger BV und/oder Fließmittel FM
  Gesteinskörnung A 32/B 32
  Konsistenz F3 oder weicher

1.2.3 Betone für den Umgang mit wassergefährdenden Stoffen

Dichtheit bedeutet im Sinne von [1.17], dass der eindringende wassergefährdende Stoff die der Beaufschlagung abgewandte Bauteilseite nachweislich nicht als Flüssigkeit erreicht. Die gilt für den Zeitraum der Beaufschlagung, wobei ein Sicherheitsabstand für die Eindringtiefe zu berücksichtigen ist. Wassergefährdende Stoffe dürfen innerhalb der Zeit bis zum Erkennen des Schadens und dem Beseitigen der ausgetretenen Stoffe in Bauteile höchstens bis zu 2/3 der Bauteildicke eindringen.

Für eine flüssigkeitsdichte Betonkonstruktion ergeben sich daraus entsprechende Anforderungen an die Betonausgangsstoffe und die Betonzusammensetzung. Sinnvoll ist eine Optimierung der Betonzusammensetzung hinsichtlich einer geringen Rissneigung des Betons und eines besonders dichten Mikrogefüges des Zementsteins. Zu unterscheiden ist zwischen flüssigkeitsdichtem Beton mit vorgeschriebener Betonzusammensetzung (FD-Beton) und flüssigkeitsdichtem Beton mit Eindringprüfung (FDE-Beton).

FD-Betone sind »Standard«-Betone für den Umgang mit wassergefährdenden Stoffen. Durch die Vorgabe der Betonzusammensetzung ist die Eindringtiefe aller Flüssigkeiten begrenzt (siehe auch 1.2.1). Die Eindringprüfung mit dem jeweiligen wassergefährdenden Stoff entfällt. Durch die obere Begrenzung des Wasserzementwertes $w/z \leq 0{,}50$ wird ein ausreichend dichtes Mikrogefüge sichergestellt. Durch die untere Begrenzung $w/z \geq 0{,}45$ wird vermieden, dass der Beton eine unnötige Festigkeit erreicht, zu spröde wird und verstärkt zur Rissbildung neigt.

FDE-Betone können aus wirtschaftlichen Erwägungen oder dem Wunsch nach einer wesentlich geringeren Eindringtiefe sinnvoll sein. Neben normalen FDE-Betonen gibt es noch folgende spezielle FDE-Betone:

- kunststoffmodifizierter FDE-Beton
- hochfester FDE-Beton

- FDE-Vakuumbeton
- FDE-Faserbeton.

Die Anforderungen an FD- und FDE-Betone werden in Tabelle 8.9 und Tabelle 8.10 zusammengefasst angegeben.

Flüssigkeitsdichter Beton (FD-Beton)	
Eigenschaften/ Anforderungen	– Beton nach DIN EN 206-1 und DIN 1045-2 mit Begrenzung der Eindringtiefe – mittlere Eindringtiefe nach 72 h für Stoffe mit unbekannten physikalischen Eigenschaften: $e_{72m} \leq 40\,mm$ – mittlere Schädigungstiefe bei ruhenden oder leicht bewegten Säuren nach 72 h: $s_{72m} = 5\,mm$
Betonzusammensetzung	– Mindestbetondruckfestigkeitsklasse C30/37 – bestimmte Zemente nach der Normenreihe DIN EN 197 sowie DIN 1164 zulässig – Gesteinskörnung nach DIN EN 12620 in Verbindung mit DIN V 20000-103 – Größtkorn: 16 mm bis einschließlich 32 mm – unlösliche Gesteinskörnung bei Beaufschlagung mit starken Säuren – Verwendung von Flugasche nach DIN EN 450 und Silikastaub nach allgemeiner bauaufsichtlicher Zulassung gemäß DIN EN 206-1 und DIN 1045-2; 5.2.5 mit $(w/z)_{eq} \leq 0{,}50$ – Verwendung von Kunststoffzusätzen (Polymerdispersionen) möglich, soweit nach DIN EN 206-1 und DIN 1045-2 zugelassen unter Einhaltung der Richtlinie genannter Zusatzforderungen – Verwendung von Restwasser nach DIN EN 1008 zulässig bei Einhaltung des Mehlkorngehaltes, der Konsistenz des Ausgangsbetons und des w/z-Wertes – Wasserzementwert $w/z \leq 0{,}50$ – Leimgehalt $ZL \leq 290\,l/m^3$ einschließlich auf den w/z-Wert angerechneter Zusatzstoffmenge – Herstellung als LP-Beton mit Luftporenbildnern zulässig – möglichst weiche Konsistenz F3
Betonverarbeitung	– Überwachungsklasse 2 für Beton nach DIN 1045-3 – keine Neigung des Betons zum Bluten oder Entmischen – Nachbehandlung mindestens bis 70 % der 28-Tage-Druckfestigkeit, jedoch nicht weniger als 7 Tage

Tabelle 1.9 Anforderungen an FD-Betone nach [1.17]

Flüssigkeitsdichter Beton nach Eindringprüfung (FDE-Beton)	
Eigenschaften/ Anforderungen	– Beton nach DIN EN 206-1 und DIN 1045-2 mit Nachweis des Eindringverhaltens durch Erstprüfung – mittlere Eindringtiefe nach 72 h: kleiner oder gleich wie FD-Beton – mittlere Schädigungstiefe bei ruhenden oder leicht bewegten Säuren nach 72 h: wie FD-Beton bei unlöslicher Gesteinskörnung und Massenverhältnis von Zement/Gesteinskörnung $\leq 0{,}20$
Betonzusammensetzung	– Mindestbetondruckfestigkeitsklasse C30/37 – Betonzusammensetzung muss nicht in allen Punkten den Anforderungen an FD-Betone entsprechen – Größtkorn ≤ 32 mm – Verwendung zementgebundener Betone, Größtkorn < 8 mm mit organischen und anorganischen Zusatzstoffen oder Fasern, die nicht DIN EN 206-1 und DIN 1045-2 entsprechen, als mittragend ansetzbar nur bei entsprechender Zulassung für eine Verwendung in Bauwerken nach DIN 1045 – Verwendung von Fasern für Konstruktionen mit Rissen nur bei Nachweis der mechanischen und ggf. chemischen Beständigkeit von Fasern im Riss (Widerstandsgrad $\xi \geq 0{,}80$) – Wasserzementwert w/z $\leq 0{,}50$
Betonverarbeitung	– Überwachungsklasse 2 für Beton nach DIN 1045-3

Tabelle 1.10 Anforderungen an FDE-Betone nach [1.17]

Bei kunststoffmodifizierten FDE-Betonen werden zusätzlich quellfähige (z. B. Vinylpropionate) oder lösliche Kunststoffzusätze (z. B. Polystyrolkügelchen) zugesetzt. Die quellfähigen Zusätze dichten den Beton beim Eindringen der wassergefährdenden Stoffe zusätzlich durch Quellen ab. Die löslichen Kunststoffzusätze bilden beim Eindringen der wassergefährdenden Stoffe hochviskose Lösungen im Beton, die eine zusätzliche Barriere bilden. Die Zusatzmengen betragen etwa 2 % der Zementmasse und verringern die eingedrungenen Flüssigkeitsmengen auf etwa 0,5 l/m². Die günstige Wirkung dieser Kunststoffzusätze ist auch im Bereich von Fehlstellen oder Rissen zu erwarten [1.18].

Bei hochfesten FDE-Betonen mit sehr geringen Wasserzementwerten, hoher Druckfestigkeit und evtl. Silikazusätzen kann gegenüber FD-Betonen die Eindringtiefe auf 50 % gesenkt werden, die in jedem Fall experimentell nachzuweisen ist. Bei der konstruktiven Durchbildung der Bauteile ist die höhere Rissneigung zu beachten.

Durch Vakuumbehandlung von mindestens 1 min/cm Bauteildicke bei einem Restdruck von 10 kPa kann der Beton weiter verdichtet werden. Nach [1.19] ergaben sich insbesondere erhöhte Dichtigkeiten gegenüber Dichlormethan, n-Hexan und Aceton.

Fasern, z. B. aus Stahl, Glas oder hochfesten Kunststoffen können das Rissbild und die Rissbreite von FDE-Betonen günstig beeinflussen. Durch die Faserzugabe wird das Entstehen durchgehender Risse verzögert und bei Trennrissen ein Rissbild mit sehr fein verteilten Rissen erzeugt. Für Faserbeton, außer Stahlfaserbeton, werden Fasergehalte von 0,5 Vol.-% bis 1,5 Vol.-% empfohlen. Zur Rissbreitenbegrenzung mit Stahlfaserbeton ist mindestens die Leistungsklasse 1,2 im Verformungsbereich II nach der Richtlinie »Stahlfaserbeton« einzuhalten [1.17], [1.20].

Es können auch flüssigkeitsdichte nicht tragende Dichtschichten, z. B. aus Stahlfaser-Zementleim-Gemisch (SIFCON oder SIMCON) eingesetzt werden. Damit wird auch bei Dehnungen > 1 ‰ eine ausreichende Dichtheit gewährleistet. Die Mindestdicke der Dichtschichten muss 50 mm betragen.

1.3 Leichtbeton

Für Normalbeton sind die hohe Eigenmasse und eine niedrige Wärmedämmung charakteristisch. Die Verbesserung einer dieser Eigenschaften ist durch Veränderung des Gefüges der Zementsteinmatrix und den Austausch der für Normalbeton üblichen Gesteinskörnung möglich. Bereits die römischen Baumeister entwickelten eine besondere Zusammensetzung des damaligen Betons, um durch eine verringerte Eigenmasse Bauwerke mit größeren Spannweiten ausführen zu können. Ein Beispiel dafür ist das Pantheon in Rom, das 125 n. Chr. unter Kaiser Hadrian nach dem mehrmaligen Brand des alten Gebäudes von 27 v. Chr. neu wiederaufgebaut wurde und vermutlich als Tempel für alle Götter diente. Es hat einen Durchmesser von rund 43 m. Seine Kuppel besteht aus drei ringförmigen Bereichen, deren Rohdichte nach oben von 1750 bis 1350 kg/m^3 abnimmt und die mit Leichtbeton unterschiedlicher Zusammensetzung (Ziegelsplitt, Tuffbrocken, Bims, Sand, gebrannter Kalkstein und Puzzolanerde), als Opus Caementitium bekannt, hergestellt worden sind. Die Puzzolanerde, benannt nach der Stadt Puzzuoli, ist vulkanische Asche des Vesuvs und brachte die hydraulischen Eigenschaften ein. Durch den gebrannten Kalk entstand eine hohe Temperaturentwicklung, so dass das Material heiß geformt verarbeitet wurde. Die Kenntnis von der Wirkung der Puzzolane ging im Mittelalter verloren [1.21].

Leichtbeton zeichnet sich durch seine Porigkeit aus. Dies kann die Kornporigkeit, die Matrixporigkeit oder die Haufwerksporigkeit sein. Kombinationen sind möglich.

Es kann auch grundsätzlich unterschieden werden zwischen dem konstruktiven Leichtbeton und dem wärmedämmenden Leichtbeton.

Konstruktiver Leichtbeton ist gefügedichter Leichtbeton, wärmedämmender Leichtbeton kann haufwerksporiger Leichtbeton oder Porenbeton und Porenleichtbeton sein (Bild 1.3).

Die Vielfalt der Bauaufgaben führt auch zu der Anforderung, günstige wärmedämmende und konstruktive Eigenschaften miteinander zu verbinden. Da sich hohe Festigkeit und hohe Wärmedämmung aber ausschließen, kann nur eine Optimierung unter Berücksichtigung der Belastung, der Wärmedämmung und der Art der Baukonstruktion vorgenommen werden.

Leichtbeton besitzt heute eine große Bandbreite hinsichtlich Rohdichte, Festigkeit und Wärmedämmung. Die Trockenrohdichte reicht von 400 kg/m^3 bis zu 2000 kg/m^3, der letztere Wert grenzt nach DIN 1045-1 (3.1.5) den Leichtbeton gegenüber dem Normalbeton ab. Bei extrem niedrigen Rohdichten wird zur Charakterisierung auch der Begriff »leichter Leichtbeton« verwendet. Die Rechenwerte der Wärmeleitfähigkeit liegen innerhalb einer Spanne von 0,12 bis 1,95 W/m · K. Extremwerte liegen bei 0,05 bis 0,10 W/m · K. Herausragende Produkte sind hinsichtlich Eigenmasse und Wärmedämmung mit Holz durchaus vergleichbar.

DIN V 4108-4 gibt die Werte der Wärmeleitfähigkeit unterteilt in Leichtbeton mit porigem Gefüge, haufwerksporigen Leichtbeton mit nicht porösen Gesteinskörnungen, mit porigen Gesteinskörnungen ohne Quarzsand, nur mit Naturbims, nur mit Blähton und für Porenbeton an.

1.3.1 Zusammensetzung des Leichtbetons

Die Verringerung der Rohdichte wird auf verschiedene Weise realisiert, ist aber immer mit einer Zunahme der Porigkeit verbunden. Ausgehend von der Struktur und Zusammensetzung des Leichtbetongefüges [1.25] kann unterschieden werden in:

Gefügedichte Leichtbetone mit Kornporosität (Konstruktionsleichtbeton)

In ein geschlossenes Zementsteingefüge sind porige Gesteinskörnungen (leichte Gesteinskörnungen) eingelagert (Bild 1.4 a). Dadurch wird die Rohdichte zwar abgesenkt, Festigkeitsanforderungen können aber weiterhin erfüllt werden. Druckfestigkeiten von Normalbeton können erreicht werden. Konstruktiver Leichtbeton ist ausschließlich mit dieser Zusammensetzung herzustellen. Gefügedichte Leichtbetone sind in DIN 1045-1 und DIN EN 206-1/DIN 1045-2 geregelt.

Haufwerksporiger Leichtbeton mit dichter oder poröser Gesteinskörnung

Verwendet werden hauptsächlich porige Gesteinskörnungen (leichte Gesteinskörnungen) mit grobem Korn, die durch Zementstein verklebt werden. Die Zwickel im Gerüst der Gesteinskörnung bleiben als Hohlräume, die so genannten Haufwerksporen (Bild 1.4 b). Dadurch kann die Eigenmasse sehr stark reduziert und die Wärmedämmeigenschaft deutlich verbessert werden. Die Festigkeit ist relativ gering, der Einsatz erfolgt als wärmedämmender Leichtbeton. In geringerem Umfang werden haufwerksporige Betone mit normalen Gesteinskörnungen hergestellt, die für Filterrohre und Hohlblocksteine verwendet werden.

Haufwerksporige Leichtbetone mit leichter Gesteinskörnung nach DIN EN 13055-1 sind in DIN EN 1520 in Verbindung mit DIN 4213 geregelt. Sie dürfen nur für die Herstellung von Betonwaren und Betonfertigteilen verwendet werden. Die folgenden Normen sind für die jeweiligen Elementearten heranzuziehen: DIN 4158 für Deckenhohlkörper, DIN 18148 für Hohlwandplatten, DIN 18150-1 für Hausschornsteinelemente, DIN 18151-100 für Hohlblocksteine, DIN 18152-100 für Vollsteine, DIN 18162 für unbewehrte Wandbauplatten, DIN EN 1520 für Wände und Stahlbetondielen.

Porenbetone

Basis ist ein porosierter Bindemittelleim, der zu einem Leichtbetonporenraum von 50 Vol.-% und mehr führt (Bild 1.4 c). Die Porosierung wird durch Gas- oder Schaumbildner in der Mischung erreicht. Porenbetone verbinden hervorragende Wärmedämmwerte mit ausreichender Festigkeit. Die Tragfähigkeit von Decken- und Wandelementen kann durch eingelegte Bewehrung an die Belastung angepasst werden. Im Regelfall werden Porenbetonblöcke und -plansteine hergestellt, die vor Ort vermauert werden.

Leichtbeton

Für Herstellung und Anwendung sind u. a. DIN EN 771-4 mit DIN V 20000-404, DIN 4223-1, E DIN 4223-100, -101, -102, DIN V 4165-100 und DIN 4166 heranzuziehen.

Porenleichtbeton (Schaumbeton)

Porenleichtbeton wird hergestellt, indem einem Mörtel oder einem Beton fertiger Schaum zugegeben wird, der in einem Gerät aus Wasser und einem Schaumbildner hergestellt wird. Dies kann auch auf der Baustelle erfolgen, so dass dieser Porenleichtbeton auch auf

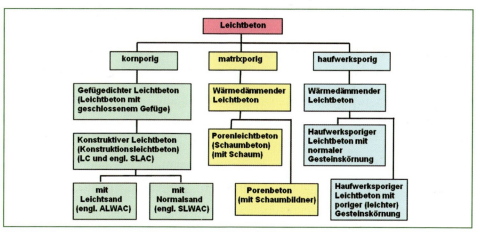

Bild 1.3 Einteilung der Leichtbetone (nach [1.32])
SLAC = structura ligtweight aggregates concrete
ALWAC = all-lightweight aggregates concrete
SLWAC = sand-ligtweight aggregates concrete

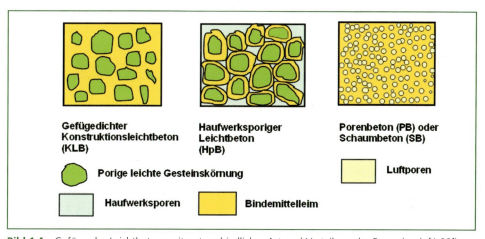

Bild 1.4 Gefüge des Leichtbetons mit unterschiedlicher Art und Verteilung der Poren (nach [1.22])
a) gefügedichter Konstruktionsleichtbeton
b) haufwerksporiger Leichtbeton
c) Porenbeton oder Schaumbeton

der Baustelle hergestellt werden kann. Er wird vorwiegend für die Wärmedämmung eingesetzt. Für bauaufsichtlich relevante Einsätze (tragende Bauteile) ist eine allgemeine bauaufsichtliche Zulassung erforderlich, da dieser Beton durch die DIN EN 206-1/ DIN 1045-2 nicht geregelt ist.

1.3.2 Leichte Gesteinskörnungen

Die leichten Gesteinskörnungen weisen heute ein breites Spektrum nach Art und Herkunft auf. Sie werden wie folgt unterteilt:

- **Natürliche leichte Gesteinskörnungen aus mineralischen Vorkommen**
  Aus Lagerstätten werden Bims, Schaumlava und Kalktuffe gewonnen, gebrochen und fraktioniert. Sie sind offenporig, stark wassersaugend und besitzen Porenanteile bis zu 80 Vol.-%.
- **Industriell hergestellte leichte Gesteinskörnungen**
  Die Herstellung erfolgt durch Sintern oder Schäumen natürlicher Stoffe oder Brechen von industriellen Nebenprodukten. Dazu gehören Blähton und Blähschiefer, Blähglimmer (Handelsname Vermiculite), geblähter Obsidian (z. B. Perlite), Hütten- und Sinterbims, Schaumsand und -kies. Verwendet werden auch Ziegelsplitt und geeignete Recyclingbaustoffe.
- **Gesteinskörnungen aus Nebenprodukten** eines industriellen Prozesses wie Kesselsand und gesinterte Steinkohlenflugasche.
- **Rezyklierte Gesteinskörnungen** aus mineralischem Material, das zuvor als Baustoff eingesetzt war.
- **Natürliche und künstliche organische leichte Bestandteile** in der Wirkung von leichten Gesteinskörnungen, die nicht in der DIN 13055-1 enthalten sind. Verwendet werden Holzwolle, Holzspäne und Holzmehl sowie geschäumtes Polystyrol. Schaumpolystyrol hat besonders niedrige Rohdichten und eine sehr geringe Wasseraufnahme. Für bauaufsichtlich relevante Anwendungen dieses Materials ist eine bauaufsichtliche Zulassung erforderlich.

Die leichten Gesteinskörnungen nach DIN EN 13055-1 werden im Band 1, Abschnitt 1.2.3 beschrieben (Arten, Anforderungen, Einsatzbedingungen, Überwachung und Konformitätsnachweis).

Weitere Angaben zu den Eigenschaften können aus [1.23] und [1.24] entnommen werden.

Wesentliche Eigenschaft der leichten Gesteinkörnungen ist die Dichte. Unterschieden werden die Kornrohdichte (Ofentrocknung bis zur Gewichtskonstanz ($\Delta_m \leq 0{,}1\ \%\ \cdot h^{-1}$), die Kornreindichte (ohne Porosität) und die Schüttdichte.

Leichte Gesteinskörnungen unterscheiden sich nach ihrem Porensystem, nach der Porengrößenverteilung und nach dem Verhältnis von offenen und geschlossenen Poren. Diese Unterschiede bedingen Unterschiede im Saugverhalten und im Sättigungsgrad und damit in der Bestimmung des effektiven w/z-Wertes und der erforderlichen Wassermenge. Diese wird als Gesamtwassergehalt bezeichnet und ist die Summe aus dem wirksamen Wassergehalt und der Wassermenge, die bis zum Erstarren durch die Gesteinskörnung aufgenommen wird. Der wirksame Wassergehalt ist die Summe aus Eigenfeuchte der Gesteinskörnung und Zugabewassermenge. In [1.22] sind Nomogramme zur Abschätzung des äquivalenten w/z-Wertes bei Verwendung verschiedener leichter Gesteinskörnungen enthalten. Bei Versuchen zur Bestimmung des Saugverhaltens und der aufnehmbaren Wassermenge wird die Gesteinsprobe 60 Minuten lang in einem Wasserbad eingetaucht. Der Zustand der Gesteinskörnung kann jedoch auch zu unterschiedlichen Ergebnissen führen. So kann eine feuchte Oberfläche die Wasseraufnahme des Kerns behindern und umgekehrt kann ein gesättigter Kern zu einer schnellen und geringen Wasseraufnahme durch die Oberfläche führen. Somit ist es schwierig, den richtigen Sättigungsgrad der leichten Gesteinskörnung zu ermitteln [1.32].

1.3.3 Konstruktiver Leichtbeton

Konstruktiver Leichtbeton nach DIN EN 206-1/DIN 1045-2 besitzt ein dichtes und geschlossenes Gefüge und hat eine Trockenrohdichte von nicht weniger als 800 kg/m^3 und nicht mehr als 2000 kg/m^3. Die Gesteinskörnung besteht teilweise oder vollständig aus poriger leichter Gesteinskörnung nach DIN EN 13055-1. Die Anwendung kann als unbewehrter Beton sowie als Stahlleichtbeton und als Spannleichtbeton erfolgen.

1.3.3.1 Eigenschaften und Besonderheiten des konstruktiven Leichtbetons

Bezeichnung

Die wesentlichen Kenngrößen des konstruktiven Leichtbetons sind die Druckfestigkeit und die Rohdichte. Bedingt durch die leichte Gesteinskörnung ist auch eine bessere Wärmedämmung als bei Normalbeton gegeben. Leichtbeton nach DIN EN 206-1/DIN 1045-2 wird mit LC und den Werten für die Zylinderdruckfestigkeit und Würfeldruckfestigkeit bezeichnet, z. B. LC20/22, sowie entsprechend seiner Rohdichte in Rohdichteklassen D, z. B. LC 20/22, D1,0.

Druckfestigkeit

Leichtbeton kann Druckfestigkeiten erreichen, wie sie auch vom Normalbeton bekannt sind. Tabelle 1.11 nennt die Druckfestigkeitsklassen für Leichtbeton (nach DIN EN 206-1, Tabelle 8). Für unbewehrten Beton ist danach mindestens eine Festigkeitsklasse LC 8/9 erforderlich, und LC 12/13 ist nur bei vorwiegend ruhenden Lasten einzusetzen. Stahlleichtbeton sollte nur mit einer Druckfestigkeitsklasse ab LC 16/18 verwendet werden. Eine Ausnahme bilden bewehrte Wände, Fassaden- und Brüstungselemente. Für Spannleichtbeton ist mindestens eine Druckfestigkeitsklasse LC 25/28 erforderlich.

Für hochfesten Leichtbeton LC 70/77 und LC 80/88 ist eine allgemeine bauaufsichtliche Zulassung oder eine Zustimmung im Einzelfall erforderlich.

Bei Belastung unterscheidet sich die Lastübertragung innerhalb der Leichtbetonstruktur sehr wesentlich von der bei Normalbeton (Bild 1.5). Die Tragfähigkeit ist nicht wie bei Normalbeton von der Festigkeit der Verbindungen zwischen den Gesteinskörnern abhängig, sondern von den anteiligen Volumina der Bestandteile und deren Eigenschaften. Geringe Beanspruchungen werden auf den Zementmörtel und die leichte Gesteinskörnung übertragen. Aufgrund des Festigkeitsverhaltens der leichten Gesteinskörnungen müssen bei Laststeigerung die Kräfte zunehmend durch das Zementsteingerüst übernommen werden.

Wenn Gesteinskörner versagen, kann deren Tragwirkung zunächst durch die Zementsteinschichten ersetzt werden. Eine Erhöhung der Festigkeit ist demnach mit einer Steigerung des Zementeinsatzes und der Zementfestigkeit verbunden und kann auch über eine Verringerung der Korndurchmesser der Gesteinskörnung erreicht werden. Parallel laufend wird dadurch aber die Rohdichte ungünstig angehoben.

Die überhaupt erreichbare Druckfestigkeit hängt aber schließlich doch maßgebend von den Eigenschaften der leichten Gesteinskörnung ab. Deshalb kann eine direkte Zuordnung der leichten Gesteinskörnung zur damit herstellbaren Druckfestigkeitsklasse vorgenommen werden (Tabelle 1.12).

Vergleichbar mit der Entwicklung bei Normalbeton ist eine Steigerung der Leichtbetondruckfestigkeit festzustellen. Die Obergrenze ist mit dem LC 80/88 festgelegt. Bei Verwendung von Mikrosilika können Druckfestigkeiten bis 95 N/mm² erreicht werden. Die Schwierigkeiten der Verarbeitbarkeit (Ansteifen, Einstellung der Konsistenz, Pumpbarkeit) könnten behoben werden, wenn es gelingt, die leichte Gesteinskörnung mit einer Zementhülle zu umschließen, wie in [1.36] und [1.37] berichtet wird.

Druckfestigkeitsklasse	$f_{ck,cyl}$ [N/mm²]	$f_{ck,cube}$ [N/mm²]	Betonart
LC 8/9	8	9	Leichtbeton
LC 12/13	12	13	
LC 16/18	16	18	
LC 20/22	20	22	
LC 25/28	25	28	
LC 30/33	30	33	
LC 35/38	35	38	
LC 40/44	40	44	
LC 45/50	45	50	
LC 50/55	50	55	
LC 55/60	55	60	Hochfester Leichtbeton
LC 60/66	60	66	
LC 70/77	70	77	
LC 80/88	80	88	

Tabelle 1.11 Druckfestigkeitsklassen für Leichtbeton (nach DIN EN 206.1, Tabelle 8)

Leichte Gesteinkörnung nach DIN EN 13055	Kornrohdichte [kg/m³]	Schüttdichte [kg/m³]	Dichte (Reindichte) [kg/m³]	Kornfestigkeit	Erreichbare Druckfestigkeitsklasse
Naturbims	0,4 bis 0,7	0,3 bis 0,5	rd. 2,5	niedrig	LC12/13
Schaumlava	0,7 bis 0,5	0,5 bis 1,3	rd. 3,0	mittel	LC25/28
Hüttenbims	0,5 bis 1,5	0,4 bis 1,3	2,9 bis 3,0	niedrig bis mittel	LC25/28
Sinterbims	0,5 bis 1,8	0,4 bis 1,4	2,6 bis 3,0	niedrig bis mittel	LC25/28
Ziegelsplitt	1,2 bis 1,8	1,0 bis 1,5	2,6 bis 2,8	mittel	LC25/28
Blähton Blähschiefer	0,4 bis 1,9	0,3 bis 1,5	2,5 bis 2,7	niedrig bis hoch	LC50/55

Tabelle 1.12 Erreichbare Druckfestigkeitsklasse von Leichtbeton in Abhängigkeit von den Eigenschaften der leichten Gesteinskörnung [1.24]

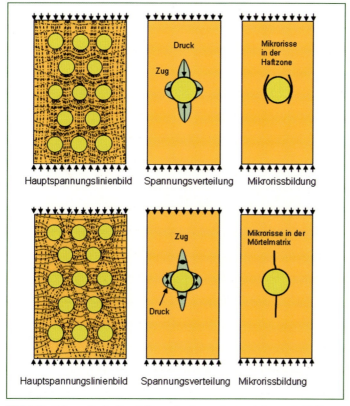

Bild 1.5 Schematische Darstellung der Spannungsverteilung und Mikrorissbildung im Normal- (oben) und Leichtbeton (unten) bei Druckbeanspruchung [1.26]

Rohdichte

Weiterhin wird der konstruktive Leichtbeton in Rohdichteklassen eingeteilt. Die Grenzen sind nach der Trockenrohdichte festgelegt und umfassen daraus resultierend einen Bereich von 800 bis 2000 kg/m³.

Nach DIN 1045-1 gelten die Anforderungen als erfüllt, wenn die mittlere Trockenrohdichte jeder Würfelserie die Grenzen ihrer Tabelle 8 nicht überschreitet. In jeder Serie darf ein Einzelwert die Klassengrenzen um bis zu 50 kg/m³ über- oder unterschreiten.

Als Lastannahme ist daraus für den unbewehrten Leichtbeton der um 50 kg/m³ und für den bewehrten Leichtbeton der um 150 kg/m³ vergrößerte obere Grenzwert der Rohdichteklasse anzusetzen (Tabelle 1.13).

Rohdichte-klasse	Rohdichte [kg/m³]	charakteristischer Wert zur Lastermittlung		Bemessungswert der Wärmeleitfähigkeit λ_R [W/(m · K)] nach DIN V 41084
		unbewehrt [kg/m³]	bewehrt [kg/m³]	
D1,0	≥ 800 und ≤ 1000	1050	1150	0,44 und 0,49
D1,2	> 1000 und ≤ 1200	1250	1350	0,55 und 0,62
D1,4	> 1200 und ≤ 1400	1450	1550	0,70 und 0,79
D1,6	> 1400 und ≤ 1600	1650	1750	0,89 und 1,0
D1,8	> 1600 und ≤ 1800	1850	1950	1,3
D2,0	> 1800 und ≤ 2000	2050	2150	1,6

Tabelle 1.13 Rohdichteklassen und Bemessungswerte zur Lastermittlung und der Wärmeleitfähigkeit (nach DIN 1045-1, Tabelle 8 und [1.25])

Konstruktiver Leichtbeton soll eine möglichst hohe Druckfestigkeit und eine niedrige Rohdichte aufweisen. Da es sich dabei um gegenläufige Anforderungen handelt, ist die Festlegung der Zusammensetzung in Abhängigkeit von der Bauaufgabe eine Optimierungsaufgabe. Da die Druckfestigkeit nicht wie bei Normalbeton anhand der Zementnormdruckfestigkeit und des w/z-Wertes bestimmt sowie die Betonbestandteile nicht auf gewohnte Weise berechnet werden können, sind Eignungsprüfungen vorgeschrieben. Vorhaltemaße sind nicht als einzuhaltende Werte vorgegeben, da sich diese für die Druckfestigkeit und Rohdichte widersprechen würden. Trotzdem ist sicherzustellen, dass der Leichtbeton bei der Güteprüfung die Anforderungen erfüllt. Ein Weg zur Bestimmung der stofflichen Zusammensetzung ist in [1.27] erläutert.

Nach [1.32] wird als ein Kennwert für die Leistungsfähigkeit des Leichtbetons der Quotient aus Druckfestigkeit und Rohdichte angegeben. Er wird als Druckhöhe bezeichnet. Tabelle 1.14 zeigt die Beziehung zwischen der Druckfestigkeit und der Druckhöhe und die maximal erreichbaren Druckhöhen. Die angegebene Trockenrohdichte ist der Mindestwert, der zum Erreichen der Druckfestigkeit erforderlich ist (experimentell ermittelt [1.32]).

Zylinderdruckfestigkeit	[N/mm²]	20	30	40	50	55	60	70	80	90
min. Trockenrohdichte	[kg/dm³]	1,11	1,28	1,41	1,52	1,58	1,63	1,74	1,85	1,97
Druckhöhe	[m · 10³]	1,8	2,4	2,9	3,3	3,5	3,7	4,0	4,3	4,6

Tabelle 1.14 Beziehung zwischen der Druckfestigkeit und der Druckhöhe (nach [1.32])

Zugfestigkeit

Die Zugfestigkeit von Leichtbeton ist etwas geringer als die von Normalbeton mit übereinstimmender Druckfestigkeit. Die Ursachen liegen nicht in der Zementsteinfestigkeit, die mindestens vergleichbare Werte erreicht, sondern in der geringeren Festigkeit der leichten Gesteinskörnung.

Festigkeitsentwicklung

Die anfängliche Festigkeitsentwicklung ist mit der von Normalbeton annähernd vergleichbar. Festgestellt wurde, dass übereinstimmende Druckfestigkeiten bei Leichtbeton eher bzw. schneller erreicht werden. Der Grund ist darin zu sehen, dass der Leichtbetonmörtel einen geringeren w/z-Wert und damit eine höhere Festigkeit aufweist. Die Nacherhärtung ist im Gegensatz dazu geringer.

Wenn die Zementsteinfestigkeit aber die der leichten Gesteinskörnung erreicht, findet kein weiterer Anstieg statt. Trotz weiterer Hydratation des Zementes ist dann keine nennenswerte Zunahme der Festigkeit mehr festzustellen.

Elastizitätsmodul

Gemäß Tabelle 10 der DIN 1045-1 ist der E-Modul von Leichtbeton wie folgt zu bestimmen:

$$\text{Tangentenmodul:} \quad E_{lc0m} = \eta_E \cdot E_{c0m} \text{ und } \eta_E = (p/2200)^2 \quad (1.1)$$
$$\text{Sekantenmodul:} \quad E_{lcm} = \eta_E \cdot E_{cm} \text{ und } \eta_E = (p/2200)^2$$

Dabei sind E_{c0m} und E_{cm} Werte für Normalbeton und der Tabelle 9 der DIN 1045-1 entsprechend den Druckfestigkeitsklassen zu entnehmen. p ist die Dichte des Leichtbetons.

Nach [1.28] und [1.29] folgt der E-Modul in funktionaler Beziehung der Druckfestigkeit des Leichtbetons. Zur Abschätzung kann die folgende Näherungsformel herangezogen werden:

$$E_{lb} = 0{,}04 \cdot \sqrt{\rho_{lb}^3 \cdot \beta_W} \quad (1.2)$$

ρ_{lb} = Rohdichte des lufttrockenen Leichtbetons in kg/m³
β_W = Würfeldruckfestigkeit in N/mm²

In der vormaligen DIN 4219 waren in der Tabelle 2 die Rechenwerte angegeben, die hier in der Tabelle 1.15 wiedergegeben werden.

Ein Vergleich der Ergebnisse der Ermittlung nach DIN 1045-1, der Funktion nach [1.28] und [1.29] und der früheren DIN 4219 für einen LC25/28, D1,4 zeigt die Tabelle 1.16.

Rohdichteklasse	Grenzwerte der Trockenrohdichte [kg/m³]	Elastizitätsmodul [N/mm²]
1,0	0,80 bis 1,00	5000
1,2	1,01 bis 1,20	8000
1,4	1,21 bis 1,40	11000
1,6	1,41 bis 1,60	15000
1,8	1,61 bis 1,80	19000
2,0	1,81 bis 2,00	23000

Tabelle 1.15 Rohdichteklassen und E-Modul für Konstruktiven Leichtbeton nach der alten DIN 4219, Teil 2, Tabelle 2

LC 25/28, D1,6	Errechneter E-Modul
Nach DIN 1045-1, Tabellen 9 und 10 $E_{cm} = 24900\,N/mm^2$ für C20/25 $E_{lcm} = \eta_E \cdot E_{cm}$ und $\eta_E = (\rho/2200)^2$	13170 N/mm²
$E_{lb} = 0,04 \cdot \sqrt{\rho_{lb}^3 \cdot \beta_W}$ nach [1.28], [1.29]	15700 N/mm²
Nach DIN 4219 alt, Tabelle 2	15000 N/mm²
Nach Hersteller-Merkblatt LC 20/22, D1,6 Liapor	15000 N/mm²

Tabelle 1.16 Vergleich der rechnerischen Ermittlung des E-Moduls nach der DIN 1045-1, nach [1.28] und [1.29] und alter DIN 4219

Danach ergibt sich bei den üblichen Rohdichten ein E-Modul, der bei etwa 50 % der Rechenwerte für Normalbeton liegt. Die elastischen Verformungen sind bei der Anwendung von Leichtbeton bei gleicher Druckfestigkeit wesentlich höher. Sind Durchbiegungen dann kritisch, muss eine Vergrößerung der Bauteilhöhe vorgenommen werden.

Für den Nachweis der Formänderungen unter Gebrauchslast sind die Werte nach Formel (1.1) der DIN 1045-1, Tabellen 9 und 10 zugrundezulegen, sofern keine anderen, durch Versuche belegten Angaben vorliegen.

Schwinden und Kriechen

Das Schwinden des Leichtbetons ist, wenn von der Zementleimmenge ausgegangen wird, mit dem Normalbeton vergleichbar. Wenn die Gesteinskörnungen selbst stärker schwinden, sind die Beträge naturgemäß höher. Da die Gesteinskörnungen sehr viel Wasser, das während der Erhärtung und Austrocknung erst über einen längeren Zeitraum hinweg abgegeben wird, speichern können, verläuft der Schwindvorgang vergleichsweise langsamer als bei Normalbeton. In diesem Zusammenhang wird auf das dadurch entstehende

Gefälle zwischen dem noch feuchten Kern und der trockeneren Randzone der Bauteile aufmerksam gemacht, das wesentlich größer ist als bei Normalbeton und zu entsprechenden Eigenspannungen und Rissen an der Oberfläche führen kann. Aufgrund der vielfältigen Einflüsse auf das Schwinden liegen auch gegensätzliche Ergebnisse vor.

Nach DIN 1045-1, 9.1.4 (10) wird die Schwinddehnung auch für Leichtbeton als die Summe aus der Schrumpfdehnung und der Trocknungsschwinddehnung verstanden. Die Werte der Bilder 20 und 21 der DIN 1045-1 sind für die Druckfestigkeitsklassen LC 12/13 und LC 16/18 mit dem Faktor $\eta_3=1,5$ und ab LC 20/22 mit dem Faktor $\eta_3 = 1,2$ zu multiplizieren.

Kriechdehnungen bei Konstruktionsleichtbeton sind mit denen des Normalbetons vergleichbar [1.23]. Trotzdem legt die DIN 1045-1, 9.1.4 (7) fest, dass die Werte der Endkriechzahl nach Bild 18 und 19 der DIN 1045-1 mit dem Faktor η_E nach Tabelle 10 abgemindert werden ($\eta_E = (p/2200)^2$, p = Dichte des Leichtbetons). Für Betone der Druckfestigkeitsklasse LC 12/13 und LC 16/18 ist die so ermittelte Endkriechzahl zusätzlich mit dem Faktor 1,3 zu multiplizieren.

Hydratationswärme

Infolge des meist höheren Zementgehaltes und der geringeren Rohdichte treten höhere Temperaturen infolge frei werdender Hydratationswärme auf. Wegen der geringeren Wärmeleitfähigkeit fließt die Wärme verzögert ab. Dadurch könnte auf höhere rissverursachende Zwangsspannungen als bei Normalbeton geschlossen werden. Die Rissgefahr ist aber tatsächlich infolge der kleineren Wärmedehnzahlen und des niedrigeren E-Modul geringer, d. h. die rissfrei ertragbaren Temperaturdifferenzen sind größer als bei Normalbeton. Trotz höherer Temperatur infolge Hydratationswärme ist die Reißneigung vergleichsweise geringer. Daraus folgt, dass für die Herstellung von Bauwerken unter Zwang keine anderen Regeln gelten als für die unter Verwendung von Normalbeton.

Dauerhaftigkeit

Für die Planung der Zusammensetzung des Leichtbetons und für die Beurteilung hinsichtlich der Dauerhaftigkeit können die Grenzwerte der DIN 1045-2, Tabellen F.2.1 und F.2.2 herangezogen werden, wobei die Druckfestigkeitsklasse als Kriterium nicht zwingend ist.

Die Dauerhaftigkeit des Leichtbetons wird durch die gleichen Faktoren beeinflusst wie beim Normalbeton. Konstruktionen aus Leichtbeton mit geschlossenem Gefüge können deshalb ebenfalls wasserundurchlässig sein, wenn die Eigenschaften des Zementsteines diesen Anforderungen entsprechen. Insofern ist ein gleicher Widerstand gegen eindringende Medien und chemischen Angriff zu erwarten. Der Frostwiderstand ist ebenfalls vorhanden, wenn die Gesteinskörnungen den diesbezüglichen erhöhten Anforderungen nach DIN EN 13055-1 genügen.

Näheres zum Korrosionsverhalten und zur Betondeckung siehe Abschnitt 1.3.5.

Frost- bzw. Frost-Taumittel-Widerstand

Der Frost- bzw. Frost-Taumittel-Widerstand ist beim Leichtbeton abhängig von den Poren der leichten Gesteinskörnung und den Poren der Zementmatrix. So ist auch für Leichtbeton der Einsatz von Luftporenbildnern erforderlich. Weiterhin kann angenommen werden, dass ein Einfluss durch den Sättigungsgrad der Gesteinskörnung ausgeübt wird, ob normaler Sand oder Leichtsand eingesetzt wird oder ob die leichte Gesteinskörnung eine Sinterhaut besitzt und somit zum Druckausgleich nicht oder nur erschwert beitragen kann. Die Poren im Leichtsand sind etwa so groß wie die durch LP-Mittel eingetragenen Luftporen. In [1.32] wird über zwei Versuche berichtet, die im Ergebnis einmal eine geringere Frost-Tau-Beständigkeit von Leichtbeton mit gesättigten leichten Gesteinskörnungen ergaben und in einem anderen Versuch keinen Unterschied aufwiesen und die Prüfung bestanden haben. Der Frost-Tau-Widerstand bzw. der Frost-Taumittel-Widerstand kann dem von Normalbeton gleichgesetzt werden [1.32]. Vorversuche sind in jedem Fall erforderlich.

Verschleißwiderstand

Der Verschleißwiderstand von Leichtbeton ist geringer. Gerechnet wird mit ein- bis fünffach höheren Abriebwerten. Für den Abrieb ist die Kontaktzone mit dem Gesteinskorn maßgebend. Berichtet wird jedoch auch über hohe Abriebwiderstände bei Leichtbeton in Offshoreanlagen infolge Belastung durch Packeis [1.32].

Brandeinwirkung

Bei Hitzeeinwirkung erfolgt bis ca. 300 °C eine Entwässerung des Zementsteins, dadurch treten Mikrorisse in der Kontaktzone zwischen Zementstein und Gesteinskorn auf. Oberhalb 450 °C setzt die Zersetzung des Calciumhydroxids ein. Dadurch verschlechtert sich die Kompatibilität zwischen Gesteinskörnung und Matrix. Bei 573 °C tritt eine Umwandlung des Quarzes unter Volumenvergrößerung ein, wodurch die Lockerung des Gefüges erfolgt. Aufgrund der weicheren leichten Gesteinskörnung ist bei Leichtbeton die Rissbildung geringer, jedoch sind Abplatzungen möglich, die zum Versagen führen. Verbesserungen des Brandverhaltens sind möglich bei Einsatz von industriell hergestellten Gesteinskörnungen und dem Einsatz von Polypropylenfasern mit 0,1 bis 0,2 Vol.-%. Industrielle leichte Gesteinskörnungen werden bei 1200 °C hergestellt und Polypropylenfasern schmelzen bei 170 °C. Die dadurch entstehenden Poren ermöglichen eine Druckentlastung des Wassers aus den Gesteinsporen. Der Abfall der Druckfestigkeit ist bei höherfestem Beton größer (siehe auch Abschnitt 1.7).

1.3.3.2 Zusammensetzung des konstruktiven Leichtbetons

Die leichte Gesteinskörnung hat eine geringere Druckfestigkeit als die Zementsteinmatrix. Große Unterschiede der Dichte der leichten Gesteinskörnung und der Zementsteinmatrix können zu Entmischungen (Aufschwimmen der Gesteinskörnung) bei der Verarbeitung führen. Dies kann insbesondere bei einem größeren Ausbreitmaß auftreten. Deshalb ist auf das Zusammenhaltevermögen der Mischung besonderer Wert zu legen. Bei Leichtbeton ist in der Regel mit einem etwas kleineren Ausbreitmaß gegenüber dem Normalbeton die gleiche Verarbeitbarkeit gegeben. Im Regelfall sollte deshalb die Konsistenz auf den Bereich F3 abgestellt werden.

Bei der Festlegung des w/z-Wertes ist zu beachten, dass die leichten Gesteinskörnungen z. T. sehr viel Wasser aufnehmen können und deshalb der für die Herausbildung der

Eigenschaften maßgebende wirksame Wasserzementwert unter Abzug dieser Menge vom Gesamtwassergehalt ermittelt werden muss. Für den Mindestzementgehalt ohne und mit anrechenbaren Zusatzstoffen bezüglich der vorliegenden Expositionsklasse gelten die Tabellen F.1.2 und F.2.2 der DIN 1045-2 ohne Festlegung der Mindestdruckfestigkeit [1.32]. Höhere Zementgehalte verbessern die Eigenschaften des Leichtbetons, 450 kg/m³ oder besser 400 kg/m³ sollten jedoch nicht überschritten werden. Bei Stahl- und Spannleichtbeton sollte der Zementgehalt jedoch 300 kg/m³ nicht unterschreiten.

Der Mehlkorngehalt ist gemäß Tabelle F.4.1 der DIN 1045-2 für XM und XF4 bis LC 50/55 bei Zementgehalten von 300 und über 300 kg/m³ mit 400 bzw. 450 kg/m³ und für Druckfestigkeitsklassen über LC50/55 nach Tabelle F.4.2 mit 500, 550 und 600 kg/m³ je nach Zementgehalten von 400, 450 und 500 kg/m³ begrenzt.

Für die Bestimmung der Kornzusammensetzung ist ein günstiger Sieblinienbereich auszuwählen. Wenn eine höhere Festigkeit angestrebt wird, ist eine Verringerung des Größtkorndurchmessers oder eine Vergrößerung des Sandanteils zweckmäßig, da die Kornfestigkeit von leichten Gesteinskörnungen mit seiner Größe abnimmt.

In der vormaligen DIN 4219-1 war das Größtkorn auf 25 mm begrenzt. Die leichten Gesteinskörnungen sind nach Korngruppen getrennt zuzugeben. Üblich ist der Einsatz von Gesteinskörnungen mit 8 und 16 mm Größtkorn.

Zusammensetzung		LC 30/33D1,4	LC 30/33D1,4 (SVLB)	LC 70/77D1,9
Zementgehalt	kg/m³	330	320	450
	Vol-%	11,4	10,8	15,4
Flugasche	kg/m³	100	230	34
	Vol-%	4,0	10,2	1,1
Gesteinskörnung 1	Art	Kesselsand 0/4	Blähtonsand 0/2	Natürliche GK 0/8
	kg/m³	320	335	695
	Vol-%	24,4	27,3	21,0
Gesteinskörnung 2	Art	Blähton F6,5 4/10	Blähton F6,5 2/8	Blähton F8, 2/8 umhüllt
	kg/m³	500	405	710
	Vol-%	41,5	34,7	46,0
Wasser	kg/m³	175	160	126
	Vol-%	17,0	15,9	13,1
Luft	Vol-%	1,7	1,1	3,3

Tabelle 1.17 Beispiele für die Zusammensetzung von konstruktiven Leichtbetonen nach [1.23]

Blähglas, Blähglimmer, Blähperlit, und Kesselsand dürfen für Spannbeton nicht verwendet werden. Für Blähglas-Granulat nach DIN EN 13055 muss der Alkaliwiderstand nachgewiesen werden (Druckfestigkeit der Mörtel- bzw. Betonprobekörper im Alter von einem Jahr höchstens 15 % niedriger als nach 28 Tagen gemäß DIN V 18004) und die Bemessungsgrößen für E-Modul, Schwinden und Kriechen müssen im Rahmen der Erstprüfung bestimmt werden und erfüllt sein.

Tabelle 1.17 zeigt ein Beispiel für Zusammensetzungen von konstruktiven Leichtbetonen nach [1.23].

1.3.3.3 Herstellung, Verarbeitung und Nachbehandlung

Konstruktiver Leichtbeton als Ortbeton gehört in der Regel nicht zum täglichen Arbeitsprogramm. Erforderlich ist deshalb eine sorgfältige Vorbereitung. In der Regel sind auch Umstellungen in der Aufbereitungstechnologie, insbesondere bei der Silokapazität für die Gesteinskörnungen erforderlich.

Die Mischzeit sollte 1,5 min. betragen. Die Reihenfolge wird nach [1.24] wie folgt empfohlen: zuerst die Gesteinskörnung und die Hälfte des Zugabewassers und anschließend Zement und das restliche Zugabewasser. Die Verarbeitung des Leichtbetons unterscheidet sich nicht von der des Normalbetons. Leichtbeton kann als Transportbeton geliefert und mit Betonpumpen gefördert werden. Pumphilfen (Bentonit, Betonzusatzmittel) können dabei zweckmäßig sein. Beim Verdichten ist lediglich zu beachten, dass aufgrund der Dämpfung der Rüttlerschwingungen durch die Gesteinskörnungen ein erhöhter Aufwand entstehen kann. Rüttler mit höherer Frequenz sind vorteilhaft. Empfohlen wird ein Nachverdichten.

Die Bearbeitung der Oberfläche könnte infolge des unterschiedlichen Verhaltens der leichten Gesteinskörnung gegenüber der normalen Gesteinskörnung schwieriger sein. Wenn eine glatte Oberfläche erforderlich ist, muss verrieben oder flügelgeglättet werden.

Trotz der durch die leichte Gesteinskörnung eingebrachten Kernfeuchte bedarf der erhärtende Beton einer sorgfältigen Nachbehandlung. Vor allem die Oberfläche ist vor schnellem Austrocknen zu schützen, da sonst ein zu großes Feuchtigkeitsgefälle auftritt und Oberflächenrisse entstehen. Bei niedrigen Außentemperaturen ist zu bedenken, dass sich Leichtbeton durch die Hydratation stärker erwärmt und damit größere Temperaturdifferenzen auftreten können. Ein längeres Halten in der Schalung oder eine Abdeckung mit wärmedämmenden Materialien ist deshalb zweckmäßig.

Nach [1.33] sollten folgende Grundregeln für die Herstellung von konstruktivem Leichtbeton eingehalten werden:

Vornässen der Gesteinskörnung mit mindestens 50 bis 70 % des 60-minütigen Absorptionswertes und bei langsam saugenden Gesteinskörnungen des 24-Stunden-Wertes.

Für die Verarbeitung sollte die Konsistenz so eingerichtet werden, dass das Setzmaß 100 mm nicht überschreitet, wenn möglich sind 75 mm zu bevorzugen.

Die Zugabe von Luftporenbildnern wird empfohlen, da mit diesem eine gewisse Klebrigkeit entsteht, die das Zusammenhaltevermögen verbessert.

Frischbetonseitendruck

Gemäß DIN 18218 ist der ermittelte Frischbetonseitendruck mit dem Faktor K2 = $\gamma_c/25$ (γ_c in kN/m³) zu multiplizieren, wenn die Frischbetonrohdichte γ_c von 25 kN/m³ abweicht. Die Rohdichte wird hier als Rohwichte eingesetzt. Die hydrostatische Druckhöhe verändert sich durch eine veränderte Frischbetonrohwichte nicht. Der bei Annahme einer bestimmten Betonsteiggeschwindigkeit aus den Diagrammen des Anhanges B der DIN 18218 entnommene Frischbetonseitendruck wird mit diesem Faktor multipliziert. Man erhält dann den Frischbetonseitendruck des Leichtbetons. Ein Effekt ergibt sich nur dann, wenn Sonderschalungen konstruiert werden und die geringere Belastung zugrundegelegt werden kann. Dabei ist zu bemerken, dass meist auch Sichtbetonanforderungen bestehen und in solchen Fällen die Bemessung der Schalung nicht nur nach der Tragfähigkeit sondern auch nach der Formänderung (Durchbiegung) erfolgt.

1.3.3.4 Prüfung und Überwachung von konstruktivem Leichtbeton

Die Überwachungsklassen für Leichtbeton sind in der Tabelle 1.18 aufgeführt (nach Tabelle 4 in DIN 1045-3).

Frischbetonrohdichte und Konsistenz sind die maßgebenden zu prüfenden Eigenschaften am Frischbeton. Für die Prüfung der Konsistenz wird die Prüfung des Verdichtungsmaßes nach DIN EN 12350-4 empfohlen [1.32], weil bei dieser Prüfung eine geringere Abhängigkeit von der Rohdichte besteht als beim Ausbreitmaß. Für selbstverdichtenden Leichtbeton (SVLB) sind die Prüfverfahren des SVB anzuwenden.

Für die Prüfung des Luftporengehaltes beim Leichtbeton ist das Druckausgleichsverfahren ungeeignet. So schreibt die DIN EN 206-1 die Methode der Volumenmessung nach ASTM C 173-95 vor.

Die Konformitätskriterien sind die gleichen wie für Normalbeton, unterteilt in Erstherstellung, stetiger Herstellung, »normalfesten Beton« und hochfesten Beton sowie für Leichtbeton größer LC 50/55.

Die erforderliche Prüfdichte der Probenahme für die Festbetonprüfungen beträgt 3 Proben bei den ersten 50 m³, mindestens 1 Probenahme je 100 m³ oder je Produktionstag bei der Erstherstellung und 1 Probenahme je 200 m³ oder je Produktionstag bei stetiger Herstellung am Ort der Verwendung (DIN 1045-2 (8.2.12.).

	Überwachungsklasse 1	Überwachungsklasse 2	Überwachungsklasse 3
D1,0 bis D1,4	nicht anwendbar	≤ LC 25/28	≥ LC 30/33
D1,6 bis D2,0	≤ LC 25/28	LC 30/28 und LC 35/38	≥ LC 40/44
Expositionsklasse	X0, XC, XF1	XS, XD, XA, XF2 XF3, XF4	–

Tabelle 1.18 Überwachungsklassen von Leichtbeton nach DIN EN 206-1/DIN 1045-2 (aus Tabelle 4, DIN 1045-3)

1.3.3.5 Anwendungsgebiete

Schlaff bewehrter Leichtbeton wurde bisher hauptsächlich zur Reduzierung der Eigenmasse bei Bauwerken geringer bis mittlerer Belastung sowie bei weiter gespannten Bauteilen eingesetzt. Dazu zählen Decken und Unterzüge von Bürogebäuden, Wohnhochhäusern und Hotels, Flachdächer, Faltwerke, Kuppeln und Schalentragwerke sowie Band- und Förderbrücken. Herausragende Beispiele sind das 120 m weit gespannte Kuppel-Faltdach der Versammlungshalle der Universität von Illinois und das Schalendach des Flughafens New York. In Norwegen wurden bei Brücken im Freivorbau im Feldbereich durch konstruktiven Leichtbeton Spannweiten von bis zu 300 m erreicht. Auch Pontonbrücken wurden in Leichtbeton ausgeführt. Bei Sportbauten sind weit auskragende und vorgespannte Tribünendächer sowie besonders die 100 m weit auskragende Skiflugschanze Oberstdorf (Bild 1.6) zu nennen.

Im Offshorebau wurden die Schwimmkörper der norwegischen Ölplattform »Heidrun« (4 Rohre 100 m lang bzw. hoch und D = 31m) mit LC 55/66-1,95 ausgeführt. Nachträglich vorgespannter Leichtbeton ist auf Ausnahmen beschränkt; umfangreicher ist der Einsatz von Spannleichtbeton bei Fertigteilen.

Weiterhin erwähnenswert sind die Fertigteilentwicklungen bei Fassadenelementen in Verbindung mit einer verbesserten Wärmedämmung.

In [1.32] sind Anwendungen ausführlich beschrieben und Anmerkungen zur Bemessung und zu Konstruktionsdetails gegeben. Speziell zu Decken werden Konstruktionsdetails wie Kopfbolzen u. a., Untersuchungen zur Tragfähigkeit und zum Ermüdungsverhalten und Verbunddecken beschrieben.

Bild 1.6 Skiflugschanze Oberstdorf, erbaut 1961 mit vorgespanntem Leichtbeton

1.3.3.6 Selbstverdichtender Konstruktionsleichtbeton (SVLB)

SVLB bedarf der bauaufsichtlichen Zulassung. In der Regel ist der Mehlkorngehalt ca. 100 kg/m³ höher als bei normalem Konstruktionsleichtbeton. Über SVLB wird berichtet, dass er robust ist und damit nicht oder nur gering zu Entmischungen neigt und sich gut pumpen lässt, was auf das Puffervermögen der leichten Gesteinskörnung zurückgeführt wird. Anwendungen bei der Instandsetzung, beim Bauen im Bestand und für Sichtbeton sind bekannt. Die Dichte muss für die Bemessung der Schalung ermittelt (Erstprüfung) und während des Betonierens kontrolliert werden. Die Bemessung von SVLB kann nach DIN 1045-1 auch für die Annahme der Kriech- und Schwindwerte erfolgen [1.23].

1.3.4 Wärmedämmender Leichtbeton

Bei der Entwicklung dieses Baustoffes stand nicht die Festigkeit im Vordergrund, sondern eine möglichst große Wärmedämmung. Den größten Anwendungsbereich haben aber Leichtbetone, die eine günstige Wärmedämmung mit einer für viele tragenden Bauteile ausreichenden Festigkeit vereinen. Für ein- und mehrgeschossige Gebäude des Wohnungs- und Gewerbebaues werden deshalb vorgefertigte Elemente eingesetzt, die Wärmeleitfähigkeiten zwischen 0,15 und 0,40 W/m·K aufweisen und Nenndruckfestigkeiten von 2 bis 8 N/mm² besitzen.

Die Wärmedämmung wird erreicht durch leichte Gesteinskörnungen, die in einem geschlossenen oder haufwerksporigen Gefüge eingelagert sind, sowie durch Porosierung oder Schäumung eines Bindemittels, das Sand oder andere Zusatzstoffe enthält. Ausgangsstoffe und erreichbare Druckfestigkeiten des Leichtbetons als Anhaltswerte sind in der Tabelle 1.19 angegeben. Grundsätzlich können dabei die Gesteinskörnungen, die für den konstruktiven Leichtbeton verwendet werden, ebenfalls eingesetzt werden.

Die Rohdichteklassen mit den Grenzen des Mittelwertes der Beton-Trockenrohdichte entsprechen im Aufbau der Tabelle 1.15, aber für den Bereich 0,5 bis 2,0 kg/dm³, unter Klasse 1,0 in Schritten von 0,1 kg/dm³. Besondere Isolierbetone erreichen Dichten bis zu 0,2 kg/dm³, weisen aber keine nennenswerte Festigkeit mehr auf.

Wärmedämmender Leichtbeton mit geschlossenem Gefüge wird für tragende Bauteile höherer Festigkeit verwendet, die ebenfalls über gute Dämmeigenschaften verfügen müssen. Weitere Anwendungsgebiete stellen Dämmschichten im Straßenbau mit leichten Gesteinskörnungen aus Kunststoff oder Isolierbeton mit Schaumstoff dar. Herstellung und Verarbeitung entsprechen in etwa der beim konstruktiven Leichtbeton; nur mit der u. U. erschwerenden Besonderheit, dass sehr leichte Gesteinskörnungen oder als solche wirkenden Materialien eingesetzt werden.

1 Betone mit besonderen Eigenschaften

Art der leichten Gesteinskörnung	Kornrohdichte [kg/dm³]	Schüttdichte [kg/dm³]	Reindichte [kg/dm³]	Kornfestigkeit	Erreichbare Druckfestigkeitsklasse bzw. Druckfestigkeiten gefügedicht	Erreichbare Druckfestigkeitsklasse bzw. Druckfestigkeiten haufwerksporig
Leichte Gesteinskörnung nach DIN EN 13055-1					EN206-1/ DIN 1045-2	
Naturbims	0,4 bis 0,7	0,3 bis 0,5	rd. 2,5	niedrig	LC12/13	LAC4/LAC8
Schaumlava	0,7 bis 1,5	0,5 bis 1,3	rd. 3,0	mittel	LC25/28	LAC4/LAC8
Hüttenbims	0,5 bis 1,5	0,4 bis 1,3	2,9 bis 3,0	niedrig bis mittel	LC25/28	LAC4/LAC8
Sinterbims	0,5 bis 1,8	0,4 bis 1,4	2,6 bis 3,0	niedrig bis mittel	LC25/28	LAC4/LAC8
Ziegelsplitt	1,2 bis 1,8	1,0 bis 1,5	2,6 bis 2,8	mittel	LC25/28	LAC4/LAC8
Blähton, Blähschiefer	0,4 bis 1,9	0,3 bis 1,5	2,5 bis 2,7	niedrig bis hoch	LC25/28	LAC8
Anorganische leichte Gesteinskörnungen						DIN EN 1520
Kieselgur	0,3 bis 0,4	0,2 bis 0,3	2,6 bis 2,7	sehr niedrig	8 N/mm²	LAC2
Blähperlit	0,1 bis 0,3	0,1 bis 0,2	2,3 bis 2,5	sehr niedrig	8 N/mm²	LAC2
Blähglimmer Schaumsand,	0,1 bis 0,3	0,1 bis 0,3	2,5 bis 2,7	sehr niedrig	8 N/mm²	LAC2
Schaumkies	0,1 bis 0,3	0,1 bis 0,3	2,5 bis 2,7	sehr niedrig	8 N/mm²	LAC2
Organische Bestandteile (als leichte Gesteinskörnung)						DIN EN 1520
Holzstoffe	0,4 bis 0,7	0,2 bis 0,3	1,5 bis 1,8	niedrig	8 N/mm²	LAC4/LAC8
geschäumter Kunststoff	< 0,1	< 0,1	rd. 1,0	sehr niedrig	13 N/mm²	LAC2

Tabelle 1.19 Erreichbare Druckfestigkeiten bei wärmedämmendem Leichtbeton in Abhängigkeit von der Art und den Eigenschaften der leichten Gesteinskörnung (nach [1.24] und [1.34] und übertragen auf die neuen gültigen Bezeichnungen der Druckfestigkeitsklassen)

1.3.4.1 Wärmedämmender Leichtbeton mit haufwerksporigem Gefüge

Die Bezeichnung nach E DIN 1520 (3.1.2) und DIN 4213 (3.3) ist »Haufwerksporiger Leichtbeton = LAC = Lightweight Aggregate Concrete with open structure«.

Wärmedämmender Leichtbeton mit haufwerksporigem Gefüge weist eine bessere Wärmedämmung aber eine niedrigere Festigkeit auf. Die Anwendung erfolgt vielfältig in Form von Betonwaren und Betonelementen. Dazu zählen Mantelbetonelemente, die anschließend mit Ortbeton ausgefüllt werden, Schornsteinelemente, Deckenhohlkörper, Hohlblocksteine usw.

Die Haufwerksporigkeit entsteht, indem Gesteinskörnungen mit sehr eng begrenztem Korndurchmesser verwendet werden, die zwar durch den Mörtel umhüllt, aber deren Zwickel nicht ausgefüllt werden.

Berechnung, Bemessung und Herstellung von Bauteilen aus haufwerksporigem Leichtbeton regelt DIN EN 1520 (tragende Bauteile als Wände, Decken, Dachelemente, Stützwände und nichttragende Bauteile als Wände, Fassadenelemente, Kanäle, Lärmschutzwände). Genannt sind die Rohdichteklassen 0,5 bis 2,0, die mit einem Mittelwert anzugeben sind und wofür zulässige Abweichungen, die charakteristischen Druckfestigkeiten mit dem statistischen Beiwert in Abhängigkeit vom Prüfumfang, Abminderungs- und Umrechnungsfaktoren für die Formen und Abmessungen der Prüfkörper, die Druckfestigkeitsklassen LAC 2 bis LAC 25, die zulässigen Expositionsklassen sowie Werte für die Wärmeleitfähigkeit festgelegt sind. Die Prüfung der Biegezugfestigkeit von haufwerksporigem Beton erfolgt gemäß DIN EN 1521.

Berechnung, Bemessung und bauliche Durchbildung von Bauwerken, die teilweise oder vollständig aus vorgefertigten Bauteilen aus haufwerksporigem Leichtbeton nach DIN EN 1520 bestehen, erfolgen nach DIN 4213.

1.3.4.2 Porenbeton

Porenbeton ist die Bezeichnung für werksgemischten Porenbeton [1.25]. Porenbetone enthalten als Bindemittel Zement (verschiedene Zementarten) und/oder gemahlenen Branntkalk und eine feine Gesteinskörnung aus Quarzsand, der teilweise noch kieselsäurereiche Flugasche, gemahlene Hochofenschlacke oder Silikastaub zugegeben wird. Die Porosierung des Bindemittels erfolgt mithilfe von Gasbildnern (Porosierungsmittel, z. B. Aluminiumpulver oder feinteilige Aluminiumpaste), die durch Reaktion mit Kalk und Wasser Wasserstoff freisetzen und die Porosierung bewirken. Der Mehlkorngehalt liegt bei 30 % [1.23].

Die feingemahlenen Grundstoffe werden dosiert, in einem Mischer zu einer wässrigen Suspension gemischt und in Gießformen gefüllt. Das Wasser löscht den Kalk unter Wärmeentwicklung. Das Aluminium reagiert in der Mischung mit dem alkalischen Wasser, gasförmiger Wasserstoff wird frei, bildet die Poren und entweicht ohne Rückstände. Die hochdruckfesten Porenwände sind Kalzium-Silikathydrate und haben einen Durchmesser von 0,5 bis 1,5 mm. Das Gemisch wird in Formen gegossen, der freigesetzte Wasserstoff treibt die Mischung bis zur Ausfüllung der Form auf. Anschließend wird die Form entfernt, in die erforderlichen Größen der Elemente oder Steine geschnitten und danach in Autoklaven mit gespanntem (12 bar) oder nicht gespanntem Dampf, mit (190 °C) und ohne erhöhter Temperatur gehärtet (6–12 Std.) [1.38].

Bewehrungsstahl erhält einen zusätzlichen Korrosionsschutz aus organischen (Bitumen mit einer Beimischung von Quarz) oder anorganischen (Zementschlämme mit Beimischungen) Bestandteilen [1.38]

Im Prinzip finden die Reaktionen nach (1.3) für die Porenbildung und (1.4) für die Dampferhärtung statt [1.35]

Porenbildung: $2\,Al + Ca(OH)_2 + 6\,H_2O \rightarrow CaO \cdot Al_2O_3 \cdot 4\,H_2O + 3H_2$ (1.3)
Dampferhärtung: $6\,SiO_2 + 5\,Ca(OH)_2 \rightarrow 5\,CaO \cdot 6\,SiO_2 \cdot 5\,H_2O$ (1.4)

Porenbetone verbinden Festigkeitsverhalten und Wärmedämmung besonders günstig [1.30]. Die Druckfestigkeiten für die einzelnen Erzeugnisse liegen zwischen 2 bis 8 N/mm², die Rohdichteklassen zwischen 400 und 900 kg/m³; der E-Modul beträgt 1200 bis 2500 N/mm². Die DIN 4166 teilt die Porenbeton-Bauplatten und Porenbeton-Planbauplatten in die Rohdichteklassen 0,35 bis 1,00 ein. Die Porenbeton-Plansteine und Porenbeton-Planelemente werden in die Druckfestigkeitsklassen 2, 4, 6 und 8 mit den mittleren Druckfestigkeiten 2,5; 5,0; 7,5 und 10,0 N/mm² eingeteilt (DIN V 4165-100). Für Normalbausteine aus Porenbeton (DIN EN 771-4) muss die Druckfestigkeit mindestens 1,5 N/mm² betragen und die Druckfestigkeit des Produktes muss als mittlere oder charakteristische Druckfestigkeit angegeben werden.

1.3.4.3 Porenleichtbeton (Schaumbeton)

Nach [1.25] ist der Unterschied von Porenleichtbeton oder Schaumbeton zum Porenbeton dadurch gekennzeichnet, dass der für den Leichtbeton erforderliche Porenraum durch Zugabe eines Schaumbildners oder eines bereits stabilen Schaums entsteht, der während des Mischvorganges einem Mörtel oder Beton zugegeben wird. Der Schaum wird in einem Schaumgerät aus einem Schaumbildner und Wasser erzeugt. Der Schaum wird in der Regel vor der Zugabe hergestellt. Er bewirkt keine chemische Reaktion im Beton. Er wirkt gewissermaßen als Verpackung für die Luftblasen, die in den Beton eingebracht werden, bis dieser die erforderliche Festigkeit erreicht hat. Der Schaum ist dafür sowie für das Fördern mit einer Betonpumpe ausreichend stabil. Es können dichte oder porige Gesteinskörnungen verwendet werden. Die Rohdichte beträgt zwischen 400 und 1600 kg/m³, die Druckfestigkeit zwischen 1 und 25 N/mm². Der Zementgehalt liegt zwischen 100 und 400 kg/m³, der Gehalt an Flugasche zwischen 50 und 200 kg/m³. Die Dichte ist abhängig von der Menge des zugegebenen Schaums. Das Schaumvolumen wird mit 250 bis 650 l/m³ angegeben. Für eine Dichte unter 1,0 kg/dm³ sind 600 l Schaum erforderlich. Bei Dichten unter 0,8 kg/dm³ wird der Einsatz von Polystyrol empfohlen, um eine sichere Stabilität zu erreichen [1.34]. Die Dichte, die erreicht werden soll, kann und sollte vor dem Einbau geprüft werden. Dieser Beton kann auch auf der Baustelle hergestellt werden. Er wird in fließfähiger Konsistenz hergestellt und nicht verdichtet. Er erhärtet an der Luft. Für Ausbildungen von Gefälle wird eine steifere Konsistenz verwendet. Ein Gefälle bis 5 % ist herstellbar. Bei Einbau in Schalungen sollte ein geeignetes Trennmittel durch Erprobung gefunden werden, um ein gutes Aussehen der Betonoberfläche zu erhalten. Schaumbeton wird verwendet für wärmedämmende Bauteile, leichte Ausgleichsschichten auf Decken und Dächern und Hohlraumverfüllungen im Kanal-, Tief- und Straßenbau sowie Tunnelbau. Die Festigkeiten sind entsprechend den Anwendungen festzulegen. So ist für die Verfüllung von Kabelgräben eine Festigkeit erforderlich, die eine spätere Bearbeitung mit dem Spaten ermöglicht. Für Auffüllungen im Straßenbau ist die Festigkeit zur Aufnahme der Deckschicht und der darauf eingetragenen Verkehrslasten erforderlich. Die Wasserdurchlässigkeit wird für das Abführen von Oberflächenwasser bei Verfüllungen von Arbeitsräumen und Ausbesserungen im Straßenbau als ausreichend angesehen, ebenso die Frostbeständigkeit (aufgrund des Porenvolumens) [1.33]. Anhaltswerte für Druckfestigkeiten und Frischbetonrohdichten für verschiedene Anwendungen als Verfüllungen sowie für Druckfestigkeiten und Trockenrohdichten für Anwendungen als Ausgleichschichten sind in [1.33] aufgeführt. Beim Einbau als Verfüllung und Hinterfüllung z. B. für Tankbehälter u. a. muss geprüft werden, ob Auftriebssicherungen erforderlich sind. Für das Aufbringen auf saugenden Flächen sollte eine Folie verwendet werden.

Für bauaufsichtlich relevante Bauteile ist Porenleichtbeton als Schaumbeton nicht geregelt. Für Schaumbildner werden Zulassungen durch das Deutsche Institut für Bautechnik erteilt.

1.3.5 Korrosionsverhalten des bewehrten Leichtbetons

Die erhöhte Porigkeit des Leichtbetons verringert zwangsläufig den physikalischen Schutz der Bewehrung, da der Diffusionswiderstand geringer ist als beim Normalbeton und dadurch Gase und wässrige Lösungen leichter eindringen können. In Verbindung mit dem schnelleren Abbau der Alkalitätsreserve im Porensystem durch Karbonatisierung sind damit die Bedingungen für den Beginn der Korrosion der Bewehrungsstähle zu einem früheren Zeitpunkt als bei Normalbeton gegeben. Voraussetzung dafür ist, dass es sich um Bauteile im Freien handelt und eine Durchfeuchtung stattfindet. Entscheidend für den Korrosionsverlauf ist die Art und die Verteilung der Poren in den verschiedenen Leichtbetonen.

Bei gefügedichten Leichtbetonen höherer Festigkeitsklassen weisen die Zementmörtelschichten aufgrund des niedrigeren wirksamen Wasserzementwertes eine geringere Porosität und eine niedrigere Karbonatisierungsgeschwindigkeit als vergleichbarer Normalbeton auf. Die verbesserte Kontaktzone leistet ebenfalls einen Beitrag dazu. Untersuchungen in den USA haben das bestätigt [1.32]. Die porigen Gesteinskörnungen begünstigen aber örtlich die Diffusionsvorgänge, so dass insgesamt eine gegenüber dem Normalbeton etwas beschleunigtere Karbonatisierung, auch mit deutlich ausgeprägten Spitzen, stattfindet. Bei niedrigen Druckfestigkeitsklassen tragen die Zwischenschichten verstärkt zum Karbonatisierungsfortschritt bei. Nach [1.31] karbonatisiert ein LB 26 etwa 1,5-fach schneller als ein B 25 (entspricht etwa LC25/28 und C20/25). Nach [1.32] ist eine scharfe Trennung zwischen karbonatisierter und nicht karbonatisierter Zone jedoch nicht möglich.

Bei haufwerksporigen Leichtbetonen begünstigen die zahllosen Hohlstellen den Luftzutritt und das Voranschreiten der Karbonatisierung. Auch bei Porenbeton liegen ungünstige Verhältnisse vor, da das Kalziumhydroxid an das Quarzmehl gebunden ist und dadurch der pH-Wert abgesenkt wird und die hohe Porosität ein nahezu ungehindertes Vordringen des CO_2 in das Innere erlaubt.

Einen guten Überblick zum Widerstand der Leichtbetonarten gegenüber dem Eindringen von karbonatisierender Luft gibt Bild 1.7, das auf Versuchsergebnissen basiert [1.31].

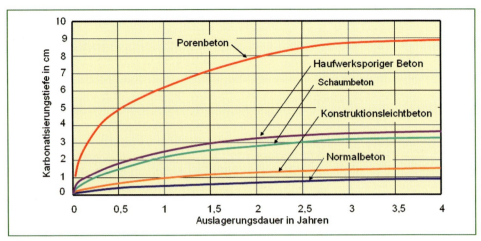

Bild 1.7 Karbonatisierungstiefen bei verschiedenen Betonarten der Druckfestigkeitsklasse B 25 bzw. LB 25 bei Lagerung der Bauteile im Freien (unter Dach), nach [1.31] (entspricht C25/30 bzw. LC 25/28)

Wenn die übliche Nutzungsdauer der Konstruktionen, die der Bewitterung ausgesetzt sind, gewährleistet werden soll, zwingt das Korrosionsverhalten der bewehrten Bauteile aus Leichtbeton zu:

- einer Vergrößerung der Betondeckung bei konstruktivem Leichtbeton in Abhängigkeit von der Betonklasse und den Eigenschaften der leichten Gesteinskörnung und
- zusätzlichen Schutzmaßnahmen (Beschichtung, Feuerverzinkung) für die Bewehrung bei haufwerksporigem Leichtbeton und Porenbeton.

DIN EN 1520 (5.6.2) schreibt für bewehrte Bauelemente den Einsatz nur in den Expositionsklassen X0, XC1, XC2, XC3, XA1, XD1, XF1 und XF2 vor. Davon sind für den Korrosionsschutz der Bewehrung durch Einbettung nur die Expositionsklassen X0, XC1, XC3 und XA1 und eine Dichte von mindestens 1400 kg/m³ zugelassen. Für die Expositionsklassen XC2, XF1, XD1 und XF2 sind Beschichtungen erforderlich und für die vorgenannten möglich. Die Beschichtungen können sein: auf Zementbasis, Einbettung in Bereiche von dichtem oder gefügedichtem Beton oder Einsatz von verzinktem oder nicht rostendem Stahl.

Eine leichte Erhöhung (5 bis 10 mm) der Betondeckung wird empfohlen [1.32]. Grundsätzlich gelten die Maße bezüglich der Expositionsklassen, wobei ein Bezug zur Zusammensetzung (Zementgehalt) hergestellt werden sollte. Da der Zementgehalt in den meisten Fällen höher liegt, wird die Expositionsklasse für die Maße der Betondeckung maßgebend sein. Zu beachten ist, dass das Mindestmaß der Betondeckung außerdem mindestens 5 mm größer sein muss als der Durchmesser des Größtkornes der leichten Gesteinskörnung (DIN 1045-1, (6.3(6)). Zu beachten ist weiterhin die Sicherstellung des Verbundes der Bewehrung durch die Betondeckung gemäß DIN 1045-1 (6.3(3)). Die Wirkung der Betondeckung setzt die sorgfältige Nachbehandlung voraus.

1.4 Schwerbeton

Schwerbeton wird in erster Linie als Strahlenschutzbeton (auch Abschirmbeton) eingesetzt. Weiterhin wird Schwerbeton als Ballast (Krangewichte), für Tresore und als Schallschutz (Aufzugsschächte) verwendet.

1.4.1 Anforderungen an Schwerbeton

Schwerbeton ist nach DIN EN 206-1 (3.1.9.) ein Beton mit einer Rohdichte (ofentrocken) über 2600 kg/m³. Damit gilt die DIN EN 206-1/DIN 1045-2 für Schwerbetone.

DIN 1045-1 gilt nicht für Schwerbeton (Abschnitt 1(4)). Damit wird für Schwerbetone baurechtlich eine Zustimmung im Einzelfall bzw. eine allgemeine bauaufsichtliche Zulassung erzwungen, wenn Tragwerksplaner neben den Strahlenschutzanforderungen auch die DIN 1045-1 für die Bemessung und Konstruktion zugrundelegen. DIN 1045-3 gilt für Bauteile, die nach DIN 1045-1 entworfen sind. Danach wäre sie nicht für Schwerbeton anwendbar, obgleich im Abschnitt 8.1(2) darauf verwiesen wird, dass Schwerbetone besondere Verarbeitungstechniken erfordern, die berücksichtigt werden müssen. In Tabelle 4 wird Strahlenschutzbeton außerhalb des Kernkraftwerksbaues der Überwachungsklasse 2 zugeordnet. Sie gelangt zur Anwendung, wenn in einer bauaufsichtlichen Zulassung ein Qualitätssicherungsplan gefordert wird, der auf der Grundlage der DIN 1045-3 zu erarbeiten ist.

1.4.2 Schwerbeton als Strahlenschutzbeton

Strahlenschutzbeton ist ein Sonderbeton. Klassifikation und Zusammensetzung werden in speziellen Normen für Abschirmbetone geregelt.

Strahlenschutzbetone können als Schwerbeton und als Normalbeton zur Anwendung kommen. Beton für den Strahlenschutz dient der Abschirmung von Strahlen, die dem Menschen gefährlich werden.

Strahlenschutz ist erforderlich in Kernkraftwerken, im Bereich der Medizin (Radiologie, Nuklearmedizin, Strahlentherapie), in der Forschung und in der Materialprüfung.

Gefährliche Strahlen sind Neutronen-, Alpha-, Beta-, Gamma- und Röntgenstrahlen.

Alpha- und Betastrahlen sowie Neutronenstrahlen sind Teilchen- oder Korpuskularstrahlen und besitzen eine Masse. Gammastrahlen und Röntgenstrahlen sind nur Wellen und können nur abgeschwächt aber nicht aufgehalten werden. Die Gammastrahlung ist die am schwersten abzuschirmende ionisierende Strahlung. Deshalb werden bedeutend dickere Materialschichten benötigt als für Alpha- und Betastrahlung. Neutronenstrahlung hat trotz ihres Charakters als Teilchenstrahlung eine ähnlich starke Wirkung wie die Gammastrahlung.

Strahlenquellen sind Röntgengeräte, Linearbeschleuniger, Radionukleide, Kernreaktoren, Kernexplosionen.

Zu weiteren Begriffen des bautechnischen Strahlenschutzes wird auf [1.45] verwiesen. Die Rohdichte von mindestens 2800 kg/m³ ist erforderlich, wenn Beton für den Strahlenschutz eingesetzt werden soll, da die Abschirmwirkung gegenüber Gammastrahlung von der Eigenmasse abhängt. Die Verwendung spezieller Gesteinskörnungen (Wasserstoffatome) ist dann notwendig, wenn vor Neutronen geschützt werden soll. Der anrechenbare Wasserstoffgehalt ergibt sich aus dem im Zementstein enthaltenen Wasser und dem Kristallwasser der Gesteinskörnung (Limonit, Serpentin) [1.45]. Die Größe der Ordnungszahl ist maßgebend für die Abschirmung von Röntgenstrahlen.

Für die Abschirmberechnung gegen Neutronenstrahlung ist die Kenntnis der Zusammensetzung des Betons nach Elementanteilen erforderlich. Der Elementanteil ist die gesamte Masse aller Atome eines im Beton enthaltenen Elementes dividiert durch die Gesamtmasse der Atome aller Elemente im betrachteten Volumen (DIN 25413 Teil 1 (3.10)).

Die Anforderungen an den Schwerbeton beim Einsatz als Strahlenschutzbeton und an die daraus zu erstellenden Konstruktionen werden von der Art, der Größe und der Leistung der Strahlenquelle bestimmt. Einflussgrößen für die bautechnische Abschirmung sind die Ordnungszahl, die Dichte, der Wassergehalt und der Absorptionsquerschnitt. Diese Vorgaben erfordern den Einsatz von schweren Gesteinskörnungen mit den entsprechenden Eigenschaften. Diese Eigenschaften und damit die Anforderungen an den Beton sind durch den Fachkundigen für Strahlenschutz dem Betontechnologen vorzugeben (siehe Abschnitt 1.4.4).

Für die Auslegungsberechnungen der Abschirmung von Strahlen werden die Anteile der Elemente im vorgesehenen Beton benötigt. In den Normen für Abschirmbetone werden für verschiedene mittlere Betontypen Zusammensetzungen angegeben, von denen angenommen wird, dass auftretende Abweichungen innerhalb des Bereiches ohne Auswirkungen bleiben.

DIN 25413, Teil 1 legt sinnvolle Werte für die Elementanteile typischer Abschirmbetone für Abschirmberechnungen von Neutronenstrahlung zu Betonschildern mit einem großen Strahlungsschwächungsfaktor fest. Dies betrifft den Kernkraftwerksbau, den Forschungsreaktorbau und andere Neutronenquellen. Es werden Untergrenzen für die Wirksamkeit von Elementen festgelegt. Wenn diese unterschritten werden, brauchen sie für die Berechnung der Abschirmwirkung nicht berücksichtigt zu werden. Charakteristische Elementanteile der wichtigsten Elemente O, C, Si, Cu, Al (O und C werden zusammengefasst) werden für die Betonsorten Normalbeton, Hämatit- und Magnetitbeton, Ilmenitbeton, Barytbeton, Limonitbeton und Serpentinitbeton zusammengestellt. Unterschieden werden Betontypen innerhalb eines Betons, für die eine mittlere Zusammensetzung der Elementanteile sowie der Wasseranteil des lufttrockenen Betons und der Trockenmassegehalt angegeben werden. Tabelle 1.20 zeigt die Elementanteile für Zemente, die Tabellen 1.21 und 1.22 als Beispiel die Elementanteile des Barytbetons für die Neutronenabschirmung.

DIN 25413, Teil 2 nennt die Elementangaben für O + C, SI + Al, Ca und Fe für die Auslegungsberechnungen zur Abschirmung von Gammastrahlen für Betonschilde in Kernkraftwerken, Heißen Zellen und anderen intensiven Quellen von Gammastrahlen.

Anforderungen an die Konstruktion von Abschirmbeton werden in folgenden Normen gestellt:

DIN 25449 enthält grundlegende Angaben zur Bestimmung von Schnittgrößen und zur Bemessung sowie Konstruktionsregeln für sicherheitstechnisch wichtige Stahlbetonteile im Innern von Kernkraftwerken, die störfallbedingten mechanischen und/oder thermischen Belastungen ausgesetzt werden. Diese Angaben können sinngemäß auch auf sicherheitstechnisch wichtige Stahlbetonbauteile in anderen kerntechnischen Anlagen angewandt werden.

Grundlagen für Abmessungen, bauliche Gestaltung und Ausrüstung von Räumen aus Beton, in denen mithilfe einer Fernbedienung mit radioaktiven Stoffen umgegangen wird (Heiße Zellen), sind in der Reihe DIN 25420 Teile 1–4 und Beiblätter enthalten.

Die DIN 25459 bzw. DIN V 25459 hingegen betrifft die Sicherheitsumschließung aus Stahlbeton und Spannbeton für Kernkraftwerke und damit den Normalbeton und bezieht sich auf die DIN 1045/DIN 4227 (alt). Das sind die tragende Konstruktion, die Durchdringungen und die Verankerung für den Liner.

Der Einfluss erhöhter Temperatur auf die mechanischen Eigenschaften muss insbesondere bei Strahlenschutzbeton in Kernkraftanlagen berücksichtigt werden [1.42].

Auch in der Medizintechnik werden Bauteildicken bis 2 m notwendig.

Erforderliche Schutzschichtdicken mit Barytbeton (3,2 g/cm^3), Normalbeton (2,3 g/cm^3) und Schaumbeton (0,63 g/cm^3) in der Zuordnung zur Schutzdicke aus Blei nennt die DIN 6812 für Röntgenstrahlanlagen. Für medizinische Gammastrahlanlagen enthält die DIN 6846-2 Angaben als Zehntelwertdicken für Beton (2,3 g/cm^3) und Barytbeton (3,5 g/cm^3) gegenüber Blei (11,3 g/cm^3), unterschieden nach Sekundär- und Tertiärstrahlung. Die DIN 6847-2 enthält Angaben zu Baryt-, Hämatit- und Magnetitbeton für verschiedene Strahlungsintensitäten von Elektronenbeschleunigeranlagen als Produkte aus Zehntelwertdicke und Dichte.

Die Tabelle 1.23 enthält eine Übersicht der Arten der Einsatzgebiete und der Anforderungen an den Strahlenschutzbeton (nach [1.45])

Element	O	Si	Ca	Al	Fe	Sonstige
Anteil in %	37 ± 3	11 ± 3	40 ± 8	4 ± 2,5	3 ± 2,5	5 ± 4

Tabelle 1.20 Elementanteile von PZ, EPZ und HOZ (ehem. Bez.) (nach DIN 25413, Teil 1, Tabelle 1)

Betonart[1)]	O +C	Si +Al	Ca	S	Ba
B1	30	10	5	10	45
B2	30	1	1	14	54

[1)] alte Bezeichnung

Tabelle 1.21 Charakteristische Elementanteile in Barytbeton zur Abschirmung von Neutronenstrahlen (nach DIN 25413, Teil 1, Tabelle 9)

1 Betone mit besonderen Eigenschaften

Elementanteil in % der Trockenmasse	O + C	Si + Al	Ca	S	Ba
	31	5	3	12	50
Wasseranteil in % bezogen auf die Trockenmasse	Beton nach 28 Tagen		Beton lufttrocken		Beton trocken
	4		3		2
Eisenanteil in % bezogen auf die Trockenmasse	geringer Anteil ≤ 1 %		mittlerer Anteil 1–2 %		hoher Anteil 22 %
	0		1,5		4
Trockenmassegehalt in kg/m³	3,1 bis 3,3				

Tabelle 1.22 Standardwerte für die mittlere Verteilung der Elementanteile der Trockenmasse von Barytbeton zur Abschirmung von Neutronenstrahlen (nach DIN 25413 Teil 1, Tabelle 10)

Einsatzgebiet	Strahlenquellen	Abzuschirmende Strahlung	Für die bautechnische Abschirmung maßgebende Einflussgrößen	Gesteinskörnungen/ Zusatzstoffe
Medizin Forschung Technik Industrie	Radionukleide	Gammastrahlung	Ordnungszahl und Dichte	mit hoher Dichte Baryt Schwermetallschlacken Ilmenit Ferrosilizium Magnetit Ferrophosphor Hämatit Eisengranulat Stahlsand mit hoher Ordnungszahl Baryt Schwermetallschlacken mit Kristallwasser Limonit Serpentin Zusatzstoffe mit hohem Absorptionsquerschnitt Colemanit Borfrite Borcalzit Borcarbid
	Röntgengeräte	Röntgenstrahlung	Ordnungszahl und Dichte	
	Teilchenbeschleuniger	Elektronenstrahlung	Ordnungszahl und Dichte	
		Gammastrahlung	Ordnungszahl und Dichte	
		Neutronen	Wasserstoffgehalt, Absorptions-Querschnitt und Dichte	
	Kernreaktoren	Gammastrahlung	Ordnungszahl und Dichte	
		Neutronen	Wasserstoffgehalt, Absorptions-Querschnitt und Dichte	

Tabelle 1.23 Übersicht der Einsatzgebiete von Strahlenschutzbeton und der Anforderungen (nach [1.45])

1.4.3 Ausgangsstoffe

Zement

Die Zemente nach DIN 197-1 und DIN 1164 können grundsätzlich und ohne Einschränkung verwendet werden; zu bevorzugen sind aber Zemente mit niedriger Hydratationswärme, da es sich im Regelfall um dickere Bauteile handelt und Rissgefahr infolge Zwang besteht.

Gesteinskörnung

Die Herstellung von Schwerbeton ist nur mit dafür geeigneten Gesteinskörnungen möglich.
Zur Verfügung stehen:

- natürliche schwere Gesteinskörnungen
  Hämatit (Roteisenstein), Baryt (Schwerspat), Ilmenit (Titaneisenerz), Magnetit
  Die Rohdichten liegen zwischen 4,90 und 4,3 kg/dm^3
  Die Anwendung erfolgt zur Abschirmung gegen Gammastrahlung
- künstliche schwere Gesteinskörnungen
  Stahlsand, Eisengranalien, Ferrosilizium, Ferrophosphor, Schwermetall- bzw Industrieschlacken
  Die Rohdichten betragen 7,50 bis 3,50 kg/dm^3
  Sie werden vorwiegend für die Abschirmung gegen Gammastrahlung verwendet
- schwere Gesteinskörnungen mit Kristallwassergehalt
  Limonit, Serpentin, Goehtit, Bauxit
  Die Rohdichten liegen zwischen 3,65 und 2,60 kg/dm^3
  Der Einsatz erfolgt zur Abschirmung gegen Neutronen
- borhaltige Zusatzstoffe
  Colemanit, Borfritte, Borkarbid
  Die Rohdichten betragen etwa 2,50 kg/dm^3
  Der Einsatz erfolgt zur Abschirmung gegen Neutronen.

Mit Gesteinskörnungen mit einer Rohdichte von 4,50 kg/dm^3 erhält man einen Beton mit einer Rohdichte von etwa ρ_b = 3,50 kg/dm^3.

Gesteinskörnungen niedrigerer Rohdichte ergeben mit z. B. Serpentin (2,60 kg/dm^3) ergeben mit ρ_b = 2,50 kg/dm^3 zwar keinen Schwerbeton, aber einen Strahlenschutzbeton, der aufgrund des Kristallwassergehaltes Neutronen abschirmt.

Zur Übersicht aller Gesteinskörnungen für den Einsatz für Schwerbeton und Strahlenschutzbeton sowie die zugehörigen Kornrohdichten, Eisengehalte, Kristallwassergehalte bei Limonit, Serpentinit und borhaltigen Zusatzstoffen, Borgehalte bei borhaltigen Zusatzstoffen und die Hauptbestandteile an chemischen Elementen wird auf [1.40] und [1.44] verwiesen.

Blei und bleihaltige Gesteine sind für Beton ungeeignet, da Störungen im Abbindeverhalten entstehen können und sich kein ausreichender Haftverbund mit dem Zementstein ausbildet [1.40].

Grundsätzlich unterliegen die schweren Gesteinskörnungen der DIN EN 13055-1. Liegt dieser Übereinstimmungsnachweis infolge der Besonderheit der Bezugsmöglichkeit schwerer Gesteinskörnung (z. B. bei Eisengranulat) nicht vor, sind verbindliche Angaben bzw. Laboruntersuchungen erforderlich. In [1.40] wird darüber hinaus auf die Einhaltung der folgenden Grundbedingungen verwiesen:

- Die geforderte Kornzusammensetzung, die Kornrohdichte, der Kristallwassergehalt und die chemische Zusammensetzung müssen strikt eingehalten werden.
- Die Beschaffenheit der Gesteinskörnung darf Festigkeit und Dichte des Betons nicht gefährden.
- Der Abrieb bei der Verarbeitung muss gering sein.
- Die Oberflächenbeschaffenheit darf die Haftung des Zementmörtels nicht mindern.
- Die Gesteinskörnung darf keine betonschädigenden und stahlangreifenden Bestandteile enthalten.
- Die Mindestdruckfestigkeit muss 80 N/mm² betragen.

Zusatzmittel

Reaktionen zwischen schweren Gesteinskörnungen und Zusatzmitteln sind nicht auszuschließen; deshalb sind Eignungsprüfungen durchzuführen (Erstarren und Erhärten). Nach [1.43] sind mit Betonverflüssigern und Verzögerern bei Verwendung üblicher schwerer Gesteinskörnungen keine betonschädigenden Reaktionen festgestellt worden. Nach [1.40] werden jedoch erweiterte Eignungsprüfungen speziell zu Veränderungen des Erstarrens und Erhärtens empfohlen.

Betonstahl

Betonstähle nach DIN 488 sind geeignet. Zusätzliche Anforderungen an Bruchdehnung und Rückbiegeverhalten können erforderlich sein [1.40].

1.4.4 Betonzusammensetzung

Die Zielwerte für den Strahlenschutz müssen durch den verantwortlichen Strahlenschutzfachmann unter Einbeziehung der konstruktiven Anforderungen und Bedingungen vorgegeben werden [1.44]. Diese sind:

- Druckfestigkeitsklasse
- Festbetonrohdichte
- Gehalt an chemisch gebundenem Wasseranspruch
- Anteil an Zusatzstoffen mit hohem Wasserabsorptionsquerschnitt
- chemisch-mineralogische Zusammensetzung der Gesteinskörnung.

Hinsichtlich Mischungsentwurf, Konsistenz, Transport und Einbau bestehen keine wesentlichen Unterschiede gegenüber Normalbeton. Der Wasseranspruch der Mischung wird durch die Art der Gesteinskörnungen beeinflusst und muss ermittelt werden. Die unterschiedlichen Dichten der Gesteinskörnungen müssen berücksichtigt werden. Wenn möglich, sollten normale Gesteinskörnungen verwendet werden, da damit die Neigung zum Entmischen vermindert wird. Auch lässt sich die Packungsdichte, die zum Erreichen einer hohen Rohdichte erforderlich ist, besser steuern. Die Konsistenz sollte nicht zu weich sein. Der Porenraum beträgt bei Einsatz von natürlichen Gesteinskörnungen im Mittel 1,5 Vol.-%, bei Einsatz künstlicher schwerer Gesteinskörnungen bis 3 Vol.-%. Künstliche eisenhaltige Gesteinskörnungen vermindern, borhaltige Gesteinskörnungen erhöhen den Wasseranspruch [1.41]. Als ein Beispiel für eine Mischungsberechnung wird auf [1.40] verwiesen.

Übliche Druckfestigkeiten für Schwer- und Strahlenschutzbetone sind C 20/25, C 25/30 und C 30/37 (früher B 25 und B 35). Tabelle 1.24 zeigt Beispiele für Schwerbetone.

Anwendung		Krankenhaus (Strahlentherapie)	Krankenhaus (Strahlentherapie)	Ballastbeton
Druckfestigkeitsklasse	alte Bezeichnung	B25	B35	B25
geforderte Trockenrohdichte	kg/m³	≥ 3200	≥ 3400	≥ 4200
Zementart, Festigkeitsklasse und Gehalt	kg/m³	CEM I 32,5 R 280	CEM III / B 32,5 N-NW 370	CEM III / B 32,5 N-NW 300
Gehalt an FA	kg/m³	50	–	–
Gesteinskörnungen Sand 0/4 Kies 4/8 Kies 8/16 Baryt 0/16 Hämatit 0/16 Eisenerzgranulat 4/8	kg/m³ kg/m³ kg/m³ kg/m³ kg/m³ kg/m³	– – 125 2640 – –	– – – 2800 – –	– – – – 2860 940
BV	kg/m³	2,5	2	1,5
W/Z	–	0,55	0,51	0,56
Konsistenzklasse	alte Bezeichnung	KP	KP/KR	KP/KR
Betondruckfestigkeit	N/mm² nach 28 Tagen	39	44	40

Tabelle 1.24 Beispiele für Rezepturen für Schwerbeton (Strahlenschutzbeton und Ballastbeton (nach [1.40])

1.4.5 Verarbeitung

Mischen

Die Lagerung der Gesteinskörnung ist so einzurichten, dass keine Vermischung eintritt. Eisenhaltige Gesteinskörnungen, die längere Zeit lagern, sollten vor Nässe geschützt werden. Leichter Rost ist unschädlich. Die Dosierung erfolgt nach Masse (Gewicht). Die Füllmenge im Mischer muss geringer sein als für Normalbeton. Die erforderliche Mischzeit sollte durch Vorversuche ermittelt werden. Sie muss länger sein, darf aber auch nicht zu unzulässig hohem Abrieb der schweren Gesteinskörnung führen [1.41]. Bei Einsatz von sehr schweren Gesteinskörnungen ist das Mischen in Freifallmischern zu bevorzugen.

Transport und Einbau

Wenn der Beton mit einem Fahrzeug transportiert werden muss, ist die größere Masse zu beachten. Der Beton sollte direkt mit dem Krankübel transportiert werden, insbesondere bei sehr schweren Gesteinskörnungen (Stahlschrott). Der Einbau sollte nur mit dem Krankübel erfolgen. Gegebenenfalls können auch Gurtförderer verwendet werden. Das teleskopierbare Förderband könnte geeignet sein. Die Fallhöhen beim Einbau mit Kübeln sind so gering wie möglich zu halten, da sonst Entmischungserscheinungen auftreten. Der Einbau sollte in Lagen mit einer Höhe von ca. 25 cm erfolgen. Der Beton muss für jedes abgeschlossene Bauteil frisch auf frisch eingebracht werden. Geplante Arbeitsfugen müssen sorgfältig vorbehandelt werden.

Schalungen und Rüstungen sind auf die höhere Eigenmasse auszulegen. Vertikale Schalungen sind auf einen Seitendruck zu bemessen, der auf der Basis der größeren Eigenmasse ermittelt wird. (Bd. 1 Abschnitt 4.1.3).

Es sind verlorene spezielle Schalungsanker oder besser keine zu verwenden. In der Regel wird die Betonierleistung und damit die Betonsteiggeschwindigkeit geringer sein, als es bei Normalbeton üblich ist. Die Schalung muss dicht sein, damit kein Zementmörtel ausläuft.

Beim Verdichten ist zu beachten, dass die Rüttelabstände und die Rütteldauer gering sind, damit keine Entmischung infolge der unterschiedlichen Dichten der Betonbestandteile auftritt. Fehlstellen im Beton dürfen beim Strahlenschutzbeton nicht auftreten. Arbeitsfugen dürfen ebenfalls nicht vorkommen.

Die Nachbehandlung ist besonders sorgfältig durchzuführen. Wenn feucht gehalten wird, sollen 14 Tage Nachbehandlungsdauer nicht unterschritten werden. Bei Belassen in der Schalung ist die Ausschalfrist im gleichen Maße wie beim Normalbeton zu verlängern.

Angewandt wurden auch das Prepaktverfahren und das Puddelverfahren [1.40]. Beim Prepaktverfahren wird die grobe Gesteinskörnung gepackt und der Mörtel mit der Gesteinskörnung bis 4 mm eingebracht, während beim Puddelverfahren die grobe, schwere Gesteinskörnung in den Mörtel eingerüttelt wird.

1.5 Faserbeton

Faserbeton ist eine Weiterentwickung des herkömmlichen Betons. Zur Verbesserung wichtiger Eigenschaften des Betons, wie z. B. Schlag- und Zugfestigkeit, werden dem Frischbeton Fasern zugemischt, die nach dem Erhärten in die Zementsteinmatrix des Festbetons eingebunden sind. Für den Faserbeton ist weiterhin charakteristisch, dass das Dehnungsverhalten gegenüber Normalbeton deutlich verändert und eine größere Zähigkeit vorhanden ist. Die Fasern selbst müssen eine hohe Zugfestigkeit und einen hohen E-Modul haben, einen Verbund mit der Zementmatrix eingehen und alkalisch beständig sein. Aber auch andere Eigenschaften werden durch bestimmte Fasern verbessert, wie z. B. das Verhalten bei Brandeinwirkung.

1.5.1 Überblick und Vorschriften

Stahlfasern nach DIN EN 14889-1 und Polymerfasern nach DIN EN 14889-2 sind nach Bild 1 der DIN 1045-2 ein Betonbestandteil. Stahlfasern nach DIN EN 14889-1 gelten nach DIN 1045-1 (5.1.7 und 5.2.9) als geeignet und dürfen dem Beton zugegeben werden. Für Polymerfasern nach DIN EN 14889-2 muss die Verwendbarkeit durch eine allgemeine bauaufsichtliche Zulassung nachgewiesen werden. Die Fußnote zu diesem Abschnitt besagt, dass über die Norm hinausgehende Regelungen zu beachten sind, wenn die Tragwirkung der Fasern für tragende und aussteifende Bauteile in Ansatz gebracht werden soll. Gemäß Abschnitt 9.1 der DIN 1045-2 dürfen Betone mit Fasern wie Betone mit Zusatzstoffen hergestellt und ausgeliefert werden, bis DIN EN 206-1 entsprechende Regelungen enthält. Auf der Basis des DBV-Merkblattes waren für den Einsatz von Stahlfasern allgemeine bauaufsichtliche Zulassungen, Zustimmungen im Einzelfall oder Bauteilzulassungen erforderlich. Mit der DAfStb-Richtlinie »Stahlfaserbeton« (März 2010) [1.76] liegen jetzt Regelungen für die statische Mitwirkung von Stahlfasern vor, um so die Zugkraftverstärkung der Fasern im Beton nutzen zu können. Die Richtlinie ist in drei Teile gegliedert und ändert und ergänzt die entsprechenden Abschnitte aus DIN 1045-1, DIN EN 206-1/ DIN 1045-2 und DIN 1045-3 und -4 für Stahlfaserbeton. Es werden die gleichen Überschriften und Kapitel verwendet.

Ein mit Fasern versehener Baustoff ist seit der Frühperiode des Bauens bekannt. Bereits im Altertum wurden dem Lehm Stroh und Tierhaare beigemengt, um seine Eigenschaften zu verbessern. Bekannt sind auch Rezepturen aus dem Mittelalter, nach denen der Zusatz von tierischen Fasern zum Mörtel empfohlen wurde.

Für den Faserbeton verwendet man bislang kurze Fasern. Gegenwärtig werden Entwicklungsarbeiten durchgeführt, textile Gebilde als Bewehrung in Betonbauteilen einzusetzen (Textilbeton) [1.57] und [1.61]. Auf erste Anwendungen kann bereits verwiesen werden [1.63]. Unter den Bezeichnungen »Hochduktiler Beton« und »Ultrahochfester Beton« entstehen neue Werkstoffe unter maßgeblicher Mitwirkung von Fasern.

1.5.2 Anwendungsgebiete

Aus technischen und wirtschaftlichen Gründen hatte der Faserbeton zunächst nur in einigen Sondergebieten Bedeutung erlangt. Die nachweislichen Vorteile haben zur Ausdehnung auf weitere Bereiche geführt.

Zweckmäßig und in der Regel ohne Alternative ist der Faserbeton überall dort, wo sehr geringe Bauteildicken den Einbau einer herkömmlichen Bewehrung verhindern. Beispielsweise wird in [1.50] auf die Vorteile von Elementdecken mit Stahlfaserbeton hingewiesen, bei denen ansonsten anfallende Bewehrungsarbeiten eingespart werden können.

Bei einem Wohnungsbau wurde demonstriert, dass selbst bei durchlaufenden Deckenplatten auf die obere Bewehrung verzichtet werden kann [1.53].

Bei der Herstellung von Elementwänden kann zwar auf die Gitterträger nicht verzichtet, aber die Bewehrung stark vereinfacht werden. Durch die Verwendung von Stahlfaserbeton ist darüber hinaus ein höherer Frischbetondruck von den Elementwänden aufnehmbar.

Der vollständige Ersatz von konventioneller Bewehrung durch beispielsweise Stahlfasern ist nachteilig. Bei den üblichen Fasergehalten von 30–50 kg/m^3 treten breitere Risse auf, als es die Vorgaben der Rissbreitenbeschränkung im Stahlbetonbau ausweisen. In [1.51] wird darauf hingewiesen, dass für die Eignung entscheidend ist, auf welche Art und Weise die Bauteile beansprucht werden; dabei sind sowohl die Last- als auch die Zwangsbeanspruchungen zu berücksichtigen. Werden diese Berechnungen nicht durchgeführt, können gravierende Schäden auftreten. Bei statisch bestimmten und einfach statisch unbestimmten Tragwerken ist Vorsicht geboten und der Einsatz an den Nachweis gebunden, dass der Zustand II im Beton nicht erreicht wird.

Erfahrungen zeigen, dass definierte Rissbreiten und die Gewährleistung der Dauerhaftigkeit nur dann sichergestellt werden können, wenn mindestens Mischbewehrungen zur Anwendung kommen, d. h. eine Kombination von Stahlbeton und Fasern erfolgt. Beispiele dafür sind weiße Wannen und stahlfaserverstärkte Platten der festen Fahrbahn der Hochgeschwindigkeitsstrecken der Bahn.

In [1.79] wird über den Einsatz von Stahlfaserbeton nach dem DBV-Merkblatt beim Bau von großen Regenrückhaltebecken unter der Bezeichnung »Kombinationsbewehrung« berichtet. Die Stahlfasern wurden beim Querkraftnachweis und beim Nachweis der Rissbreiten mit angesetzt. Eingesetzt wurde ein Stahlfaserbeton F 1,0/0,8 mit CEM III/B, Flugasche und 40 kg/m^3 gewellte Stahlfaser mit einer Faserlänge von 40 mm und einem Durchmesser von 1 mm.

Besonders deutlich zeigt sich der Vorteil des Faserbetons, wenn damit Sohlplatten hergestellt werden, die bisher unbewehrt ausgeführt werden mussten. Die Tragfähigkeit kann dann auf das Zwei- bis Dreifache gesteigert werden. Ein besonderes Anwendungsbeispiel ist der Einsatz von stahlfaserbewehrtem Unterwasserbeton für eine Baugrubensohle, bei der die Dicke der Sohle gegenüber dem unbewehrten Beton verringert werden konnte [1.52] und [1.62].

Besonders hervorzuheben ist die Anwendung bei der Sanierung von hoch beanspruchten Anlagen der chemischen Industrie oder anderer Bauwerke zum Schutz der Umwelt vor wassergefährdenden Stoffen, die den Anforderungen nicht mehr genügen und durch eine wenige Zentimeter dicke Dicht- und Verschleißschicht aus faserverstärktem Beton gesichert bzw. wiederhergestellt werden können. Die Faserbetonschicht ist in der Lage, Verformungen des Unterbetons aus Schwinden und Temperatur sowie Beanspruchungen durch Tausalz und Feuchte aufzunehmen und vorhandene Risse zu überbrücken [1.54].

Gute Einsatzmöglichkeiten ergeben sich weiterhin bei dünnwandigen Fertigteilen (Rohre, Fassadenelemente, Schalen), Tunnelauskleidungen mit Spritzbeton und Hangsicherungen, hoch beanspruchten Verkehrsflächen und Industrieböden, Brückenkappen, Rammpfählen (hohe Schlagfestigkeit), Schutzbauten (hohe Energieaufnahme), Bauten in Erdbebengebieten, Maschinenfundamenten (Schwingungen), Heiz- und Industrieestrichen sowie bei Instandsetzungsmaßnahmen.

Der Einsatz von Fasern, hauptsächlich alkaliresistenter Glasfasern, erfolgt auch bei der Ausführung von besonderen Putzen und bei der Herstellung von Fassadenelementen oder anderen, besonders dünnwandigen Bauteilen.

In den letzten Jahren wurde ein besonderes Anwendungsgebiet erschlossen, der hochfeste Faserbeton. Dabei kommen hochfeste Zemente, Mikro- und Nanosilika sowie Fließmittel zum Einsatz. Die Zielstellung besteht darin, die hohe Festigkeit und die Verbesserung der Duktilität zu verbinden.

Auf den Einsatz von Kunststofffasern für ein verbessertes Brandverhalten des Betons, insbesondere für Tunnel, wird auf den Abschnitt 1.5.9 verwiesen.

1.5.3 Faserarten und Faserformen

Fasern werden aus sehr verschiedenartigen Materialien hergestellt und besitzen unterschiedliche Formen und Größen, damit die Verankerung und die Übernahme der Kräfte im Zementstein beanspruchungsgerecht vorgenommen werden kann.

1.5.3.1 Fasern aus Stahl

Eingesetzt werden:

- **Stahlfasern** werden aus Draht, Blech oder aus Stahlbrammen hergestellt. Um das Herausziehen aus dem Beton zu erschweren, weisen die Fasern geometrische Verformungen bzw. Querschnittsveränderungen auf. Die Querschnittsabmessungen betragen zwischen 0,1 bis 1,5 mm, die Längen 6 bis 70 mm und das Verhältnis Durchmesser/Länge 30 bis 100. Die Zugfestigkeit liegt zwischen 270 N/mm^2 und 2400 N/mm^2, die Bruchdehnung beträgt 3 bis 7 % [1.70].
- **Drahtfasern** können folgende Formen haben: gerade mit glatter Oberfläche, gerade mit geriffelter Oberfläche, gewellt, mit Endverankerungen, mit Endverankerungen und geometrischer Querschnittsveränderung, aus Segmentdrähten und verzinkt. Sie werden aus kaltgezogenen Drähten verschiedener Werkstoffgüten hergestellt. Die Zugfestigkeit liegt zwischen 1000 N/mm^2 und 2400 kg/mm^2, die Faserlänge zwischen 12 und 70 mm, der Durchmesser 0,15 bis 1,20 mm.
- **Blechfasern,** aus kaltgewalztem Stahlblech hergestellt, haben einen Rechteckquerschnitt, der geprägt bzw. geometrisch verformt ist. Sie sind 12 bis 50 mm lang. Die Zugfestigkeit liegt bei 270 N/mm^2 bis 1000 N/mm^2. Unterschieden werden folgende Formen: gerade Blechfaser, gewellte Blechfaser, geprägte Blechfaser, Blechfaser mit Endverankerung.
- **Gefräste Stahlfasern** werden durch rotierende Fräser aus den Stahlbrammen herausgearbeitet. Durch verschiedene Vorschubgeschwindigkeiten können unterschiedliche Querschnitte hergestellt werden. Sie besitzen eine Länge von 30 mm und eine Dicke von 0,4 mm (z. Zt. im Handel). Die Zugfestigkeit beträgt 900 N/mm^2.
- **Edelstahlfasern** können aus Stahldraht oder aus Stahlblech bestehen und werden dort eingesetzt, wo ihre besondere Beständigkeit erforderlich ist. Dies ist bei Bauteilen, die extremen Witterungen bei gleichzeitig hoher Anforderung an die Betonoberfläche ausgesetzt sind sowie bei feuerfesten Betonen der Fall. Edelstahlfasern sollen auch zur Erhöhung der Nutzungsdauer bzw. der Lebenszeit beitragen.

Die DIN EN 14889-1 unterscheidet in Bezug auf das zur Herstellung verwendete Material fünf Gruppen von Stahlfasern:

Gruppe I:	kaltgezogener Stahldraht
Gruppe II:	aus Blech geschnittene Fasern
Gruppe III:	aus Schmelzgut extrahierte Fasern
Gruppe IV:	von kaltgezogenem Draht gespannte Fasern
Gruppe V:	von Stahlblöcken gehobelte Fasern

Die CE-Kennzeichnung muss folgende Angaben enthalten: EN 14889-1, Gruppe, Länge, Durchmesser, Form, Zugfestigkeit, Konsistenz mit 30 kg/m³ Fasern mit 25 s Vebe-Zeit und Angaben zur Leistung (Einfluss auf die Festigkeit mit Fasermenge, Zugfestigkeit und Rissweite). Bei von einem Kreis abweichenden Querschnitt wird ein äquivalenter Durchmesser gemäß DIN 14889-1 angegeben.

1.5.3.2 Kunststofffasern (Polymerfasern)

Polymerfasern sind genormt nach DIN EN 14889-2. Ausgangsstoffe sind hauptsächlich Polypropylen (PP), Polyacrylnitril (PAN) und Polyamide, die durch verschiedene Verfahren zu Fasern mit etwa 10 bis 15 μm Durchmesser verarbeitet werden. Damit ergeben sich Fasern von 10–20 mm Länge und 8–15 tex (1 tex = 1 g Fasermaterial auf 1000 m Faserlänge). Hervorzuheben sind besonders fibrillierte und netzartige Fasern. Geeignet sind alle Faserwerkstoffe bei denen der E-Modul dem des Zementsteines entspricht oder darüber liegt (PP: 7,5–12 kN/mm²; PAN: 15–20 kN/mm²). Durch besondere Behandlung, z. B. Warmrecken, werden die Zugfestigkeit und der E-Modul weiter gesteigert. Das Festigkeitsverhalten nähert sich dann in etwa dem des Stahles. Die Kevlar-Faser (Aramidfaser von Du Pont) besitzt beispielsweise eine Zugfestigkeit von 3000 N/mm², eine Bruchdehnung von 2 bis 4 % und einen E-Modul von 70 bis 135 kN/mm².

Polyesterfasern haben dagegen nur eine Zugfestigkeit von 1000 N/mm² und einen E-Modul von 10 kN/mm², sind aber duktil und weisen nicht die Sprödigkeit der hochfesten Fasern auf.

Kunststofffasern sind alkalibeständig.

Eine Zusammenstellung physikalischer Kennwerte verschiedener Kunststofffasern nach [1.62] wird in der Tabelle 1.25 wiedergegeben.

Polymerfasern nach DIN EN 14889-2 werden nach ihrer physikalischen Form in drei Klassen eingeteilt:

Klasse I a:	Mikrofasern mit einem Durchmesser < 0,30 mm; als Monofilamente ausgebildet
Klasse I b:	Mikrofasern mit einem Durchmesser < 0,30 mm; fibrilliert;
Klasse II:	Makrofasern mit einem Durchmesser > 0,30 mm.

Sie müssen die CE-Kennzeichnung mit folgenden Angaben tragen: Nummer der Zertifizierungsstelle, des Herstellers, Jahr der Herstellung, Nummer des EG-Zertifikats, Nummer des Produkts (z. B. Polymerfasern für tragende Zwecke für Mörtel und Beton), Klasse, Länge und Durchmesser, Form, Zugfestigkeit und Elastizitätsmodul, Konsistenz Vebe-Zeit 25 s mit 5 kg/m³ Faser und Einfluss auf die Festigkeit (z. B. 5 kg/m³ für 1,5 N/mm² bei einer

Faserart	Dichte [kg/dm³]	Typische Durchmesser [µm]	Zugfestigkeit [kN/mm²]	E-Modul [kN/mm²]	Bruchdehnung [%]	Haftung im Zement	Beständigkeit im Zement
Polypropylen							
fadenförmig	0,9	> 4	0,4–0,7	1–8	20	schlecht	gut
fibrilliert	0,9	4	0,5–0,75	5–18	5–15	gut	gut
Polyvinylalkohol	1,31	≥ 12	1,6	30	6	gut	gut
Polyacrylnitril	1,17	13–104	0,85–0,95	16,5–90	10	gut	gut
Polyacrylamide	1,45	10	2,8–3,6	65–130	2–4	schlecht	bedingt

Tabelle 1.25 Physikalische Kennwerte verschiedener Kunststofffasern (nach [1.62])

Rissweitenöffnung von 0,5 mm und für 1 N/mm² bei einer Rissweitenöffnung von 3,5 mm). Bei von einem Kreis abweichenden Querschnitt wird ein äquivalenter Durchmesser gemäß DIN 14889-2 angegeben.

1.5.3.3 Glasfasern

Die Herstellung erfolgt mit Düsenzieh- und Schleuderverfahren aus der Glasschmelze heraus. Die Durchmesser betragen 5 bis 20 µm. Die Zugfestigkeit liegt zwischen 2000 und 4500 N/mm², die Bruchdehnung zwischen 1,5 und 5 %, der E-Modul bei 50 bis etwa 110 kN/mm². Glasfasern sind feuerbeständig. Die Alkalibeständigkeit wird durch einen Anteil von 15 bis 20 % Zirkonium oder durch eine alkaliresistente Beschichtung, der so genannten »Schlichte«, erreicht.

1.5.3.4 Kohlenstofffasern

Ausgangsstoffe sind Polymerfasern (z. B. PAN) oder Viskosefasern, die durch thermische Behandlung zu Kohlenstofffasern abgebaut werden. Die mechanischen Eigenschaften können durch anschließende Graphitierung beeinflusst bzw. bestimmt werden. Kohlenstofffasern sind chemisch resistent, temperaturbeständig, leicht und haben eine hohe Festigkeit und einen hohen E-Modul. Der E-Modul kann 200 bis 450 kN/mm² betragen, die Zugfestigkeit 3000 bis 5000 N/mm². Sie sind schwer verarbeitbar und empfindlich gegen Beschädigung.

Die Anwendung als Faser ist zwar grundsätzlich möglich, verbietet sich aber gegenwärtig noch aufgrund technischer Probleme und wegen des hohen Preises. Weiterverarbeitungen zu Textilstrukturen werden allerdings vorgenommen.

1.5.3.5 Zellulosefasern

Grundstoffe sind unbehandelte Naturfasern (Sisal, Hanf, Baumwolle) oder weiterverarbeitete Naturstoffe (Viskose). Die Festigkeit ist vergleichsweise gering, Sisal besitzt z. B. eine Zugfestigkeit von etwa 800 N/mm² und weist eine Bruchdehnung von etwa 3 % auf.

Die Alkalibeständigkeit der natürlichen Fasern ist nicht ausreichend, die Wasseraufnahme ist hoch; diese Nachteile können durch besondere Behandlung verringert bzw. ausgeschlossen werden. Ein Einsatz für den Kurzfaserbeton ist gegenwärtig nicht zu verzeichnen.

Auf Versuche zum Einsatz von Naturfasern für den Brandschutz im Tunnelbau wird in Abschnitt 1.5.9 verwiesen.

1.5.4 Wirkung der Fasern im Beton

Die verschiedenen Herstellverfahren und Werkstoffe ergeben eine Vielfalt von Fasern mit sehr unterschiedlicher Form und Ausbildung. Übereinstimmend ist aber das Ziel, durch wellenförmige, gezackte, gewinkelte, geriefte und mit ungleichen Querschnitten versehene Fasern die Verbundeigenschaften zu verbessern und die Ausziehkraft zu steigern.

1.5.4.1 Wirkung auf die Rissbildung

Durch die Einbettung der Fasern in die Zementsteinmatrix entsteht ein Verbundwerkstoff auf Mikroebene, der Faserbeton. Bereits bei einer Zugabe von nur 10 kg/m^3 Stahlfasern wird aus den etwa 100000 einzelnen Fasern ein räumliches Netz im Beton gebildet. Da zum Herausreißen dieser Fasern aus der Matrix eine entsprechende Kraft erforderlich ist, muss die Bruchenergie des Verbundwerkstoffes zwangsläufig immer größer sein als die des unbewehrten Betons.

Die Wirkung der Fasern besteht sowohl in einer Behinderung der Rissbildung als auch der Rissausweitung. Die mit einer beginnenden Belastung in der Mikrostruktur auftretenden Zugspannungen werden zunächst vollständig durch die Fasern übernommen, wenn kritische Faserabstände nicht überschritten werden. Die Konstruktion ist ungerissen und befindet sich im Zustand I.

Von Bedeutung ist eine möglichst große Faseroberfläche, die durch Faseranzahl und Faserform erreicht wird. Gefräste Stahlfasern sind besonders wirkungsvoll, da diese über die gesamte Faserlänge im Zementstein verankert sind. Gleiches Verbundverhalten ist bei Polyacrylnitril-Fasern (PAN) vorhanden, nicht aber bei Polypropylenfasern (PP).

Die während der Erhärtung, z. B. durch Schwinden, oder bei Zunahme der Belastung auftretenden feinen Anfangsrisse werden beim Auftreffen auf eine Faser gestoppt. Die Faser übernimmt die in der Risswurzel wirkenden Zugkräfte. Die weitere Ausdehnung des Risses wird wirkungsvoll behindert. Die Konstruktion befindet sich noch im Zustand I.

Bei weiterer Laststeigerung nehmen Rissbreite und Risslänge zu. Die Fasern übertragen jetzt im Zustand II Kräfte zwischen den Rissufern, erhöhen dadurch die Zugfestigkeit und Verformungsfähigkeit des Betons und leisten Widerstand gegen die Rissaufweitung. In diesem Fall sind Fasern mit Profilierungen und damit einer guten Verankerung an den Faserenden günstig. Die Auswahl der geeigneten Fasern ist demzufolge davon abhängig, welche Zielstellung verfolgt wird und welcher Beanspruchungszustand vorliegt.

Die mit Fasern bewehrte Mikrostruktur, die Kraftübertragung im Zustand II und die dadurch mögliche Rissüberdeckung ist als Modell in Bild 1.8 dargestellt.

Wie zu ersehen ist, können zwar Haftrisse zwischen Zementstein und groben Gesteinskörnern nicht verhindert werden, die Entstehung und Ausdehnung von Rissen in der

Matrix wird aber wirkungsvoll behindert und das Tragverhalten wird verbessert. Die mechanischen Kenngrößen (Druck-, Zug- und Biegezugfestigkeit) erreichen höhere Werte, die Schlagfestigkeit nimmt zu. Die Verformungsfähigkeit des Betons wird besonders deutlich gesteigert (Bild 1.9) und die Sprödigkeit nimmt ab. Das duktile Verhalten ist besonders für höherfeste Betone wichtig.

Die Energieaufnahme bis zum Bruch bzw. das Arbeitsvermögen kann das 10- bis 20-fache gegenüber Normalbeton ohne Faserzusatz betragen. Wichtig für verschiedene Anwendungsbereiche ist weiterhin, dass die Entstehung von Rissen entweder verhindert oder eine feine Rissverteilung hervorgerufen wird.

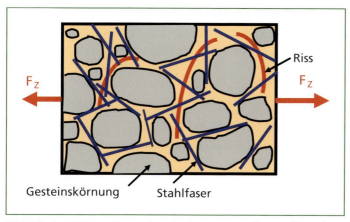

Bild 1.8 Modell der Mikrostruktur des Faserbetons mit Darstellung der rissüberbrückenden Wirkung im Zustand II (nach [1.46])

1.5.4.2 Wirkung der Faserform und der Verteilung

Maßgebend für die Wirksamkeit ist eine Reihe von Faktoren. Neben der Volumenkonzentration, der Zugfestigkeit und der Lageorientierung der Fasern sowie dem Steifigkeitsverhältnis zwischen den Fasern und der Matrix (E_f/E_m) ist die aufnehmbare Verbundspannung maßgebend, die von der Faserform, der Haftlänge und vom Verhältnis der Faserlänge l zum Faserdurchmesser d abhängt. Zu beachten ist dabei, dass mit zunehmendem Verhältnis l/d zwar die Wirksamkeit der Fasern zunimmt, die Verarbeitbarkeit des Frischbetons aber nachteilig beeinflusst wird. Für die allgemeine Anwendung hat sich ein Faserverhältnis l/d = 50 bis 100 als günstig erwiesen.

Von großer Bedeutung für das Faserverbundverhalten ist die Faserform. Aus Bild 1.10 ist beispielsweise anhand von drei Fasertypen ersichtlich, wie bei ansonsten übereinstimmenden Bedingungen die unterschiedliche Stahlfaserform das Arbeitsvermögen beeinflusst. Auch die Ausziehversuche in Bild 1.11 zeigen im Vergleich, dass gefräste Stahlfasern eine wesentlich größere Kraft übertragen können als Drahtfasern mit Endhaken und ein deutlich unterschiedliches Verformungsverhalten der mit beiden Fasern hergestellten Betone vorhanden ist. Nachdem Risse in der Mikrostruktur entstanden sind, übertragen Fasern mit Endhaken die Kräfte zwischen den Rissufern und führen zu einem duktilen Werkstoffverhalten. Gefräste Stahlfasern dagegen leiten die Kräfte über die gesamte

Faserlänge und rufen eine höherfeste Mikrostruktur mit elastischem Verhalten hervor, die Risse bis zu einer höheren Beanspruchung verhindert.

Zusammenhänge zum Verständnis des Tragverhaltens und Berechnungshilfen werden aus der Bruchmechanik und der Theorie der Verbundwerkstoffe abgeleitet.

Die Richtungsbeiwerte zur Berücksichtigung der Faserorientierung und die erforderliche Mindestlänge der Fasern zeigen, dass die Tragreserven des Faserbetons aus technologischen Gründen nur zum Teil genutzt werden können.

Stahlfasern sind aufgrund des hohen E-Moduls zwar besonders gut geeignet, weisen aber ungünstige Verbundeigenschaften auf; dadurch wird im Allgemeinen verhindert, dass die hohen Zugfestigkeiten genutzt werden können.

Kunststofffasern besitzen ein günstiges Verbundverhalten und einen sehr geringen Durchmesser; daraus ergeben sich wirksame Faserlängen unter 30 mm.

Mit steigendem Fasergehalt nimmt das duktile Verhalten des Betons zu, so dass sich ein Versagen des Bauteiles infolge zu hoher Beanspruchung durch Verformung und Rissbildung ankündigt. Ein deutlich verändertes Bruchverhalten tritt ab einem Fasergehalt von 60 kg/m^3 ein.

Die Verbesserung der Eigenschaften des Betons ist nur dann sicher zu erreichen, wenn die Fasern gleichmäßig verteilt sind [1.55]. Die Zumischung der Fasern zum Frischbeton und die Verarbeitung haben auf die Gleichmäßigkeit des Faserbetons entscheidenden Einfluss. Weiterhin ist zu berücksichtigen, dass die Fasern im Festbeton überwiegend senkrecht zur Betonierrichtung orientiert sind. Die hauptsächliche Beanspruchung müsste danach auch in dieser Richtung erfolgen. Eignungsprüfungen sollen deshalb an Prüfkörpern durchgeführt werden, bei denen Betonier- und Beanspruchungsrichtung die Bauteilverhältnisse widerspiegeln.

Die Faserorientierung und damit die Größe der Nachrissbiegezugfestigkeit werden wesentlich durch die Betonierrichtung beeinflusst. Bei Untersuchungen betrug die Nachrissbiegezugfestigkeit von stehend betonierten Balken nur 55 % bis 65 % der von liegend betonierten Balken [1.67]. In der Richtlinie «Stahlfaserbeton» wird die Bauteilgeometrie und damit die unterschiedliche Faserorientierung durch einen Bauteilfaktor berücksichtigt.

1.5.4.3 Mechanische Eigenschaften

Durch die Zugabe von Fasern wird vor allem die Zugfestigkeit beeinflusst, die etwa parallel zur Zugabemenge an Fasern gesteigert werden kann. Die Ausbildung und das Werkstoffverhalten der Fasern haben dabei einen großen Einfluss auf die Traglast. In Richtung der wirkenden Kraft orientierte Fasern führen zu den größten Zugfestigkeiten, kurze und ungeordnete Fasern ergeben den geringsten Zuwachs an Zugfestigkeit. Bei zentrischem Zug kann die Nachrisstragfähigkeit bis zu 50 % der Zugfestigkeit betragen [1.51].

Bei Biegebeanspruchung statisch bestimmter Systeme kann die Nachrisstragfähigkeit bis zu 100 % der Biegezugfestigkeit betragen.

Die Druckfestigkeit wird durch Fasern wesentlich weniger beeinflusst als die Zugfestigkeit, wird aber ebenfalls parallel zur Zugabemenge angehoben, da die Rissausbildung in der Mikrostruktur verzögert bzw. vermindert wird und das Versagen des Bauteiles zu höheren Belastungen hin verschoben wird. Bei einem Stahlfasergehalt von 30 kg/m^3, wie für Industrieböden verwendet, ist die Steigerung der Druckfestigkeit nicht nennenswert.

Faserbeton

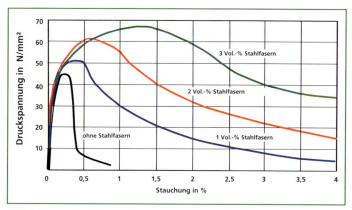

Bild 1.9 Arbeitslinien von Betonen mit unterschiedlichen Fasergehalten (aus [1.47])

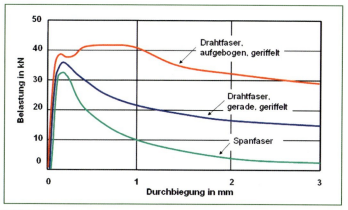

Bild 1.10 Arbeitslinien von Stahlfaserbetonen mit unterschiedlichen Faserformen (Stuva-Tagung 1991, nach [1.48])

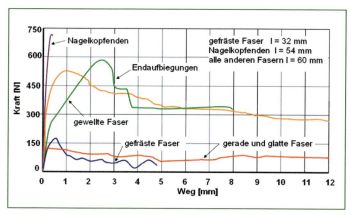

Bild 1.11 Verbundverhalten von Stahlfasern im Ausziehversuch (nach [1.77])

Die Druck- und Biegezugfestigkeit des Betons im jungen Alter von etwa 1 bis 3 Tagen kann durch den Faserzusatz nur unwesentlich gesteigert werden. Erst bei relativ hohen Gehalten von etwa 50 kg/m³ ist eine deutlichere Zunahme der Frühfestigkeit bei der Verwendung von Stahlfasern feststellbar. Nachgewiesen ist dagegen eine deutliche Zunahme der Zugfestigkeit in der Anfangsphase der Erhärtung, d.h. innerhalb der ersten 24 Stunden, wenn Polypropylenfasern zugegeben werden. Die Ursache ist der noch niedrige E-Modul des Betons, dem der von Kunststofffasern besser entspricht.

Von wesentlicher Bedeutung ist die Verformungsfähigkeit des Faserbetons. Entsprechend der Zugabemenge nimmt die Bruchdehnung zu und der abfallende Ast der Spannungs-Dehnungs-Linie nach Überschreiten der Höchstlast verläuft immer flacher (Bild 1.9).

Die vorgenannten Eigenschaften führen auch dazu, dass die Festigkeit bei Schlag und Stoß sowie bei dynamischer Beanspruchung deutlich verbessert ist. Im Gegensatz zu herkömmlich bewehrten Bauteilen ist auch die sonst unbewehrte Betondeckung mit Fasern durchsetzt. Mechanische Schlageinwirkung auf die Oberfläche und extrem starke Beanspruchungen führen deshalb zu weniger Abplatzungen, weil der Verbund in der Matrix deutlich verbessert wird.

Das Schwinden wird durch einen Faserzusatz verringert; auch hier spielt die Zugabemenge eine Rolle. Vorteilhaft ist die Auswirkung besonders auf das Frühschwinden und die durch Schwinden hervorgerufene Rissbildung.

Demgegenüber werden die Kriechvorgänge durch Fasern wenig bzw. nicht beeinflusst.

Die Entstehung und Aufweitung von Rissen kann durch Fasern begrenzt werden, wenn ein ausreichendes Verbundverhalten vorhanden ist und der E-Modul der Fasern zum Zeitpunkt der Rissbildung über dem des Betons liegt. Die Minderung der Rissgefährdung des jungen Betons durch Faserzusatz ist insofern problematisch, da der E-Modul bereits relativ groß, die Verbundfestigkeit aber noch sehr gering ist.

1.5.4.4 Dauerhaftigkeit

An der Oberfläche befindliche Stahlfasern korrodieren und können einen ungünstigen optischen Eindruck des Bauteiles hervorrufen. Es bestehen jedoch keine nachteiligen Auswirkungen auf die Dauerhaftigkeit.

Zum Langzeitverhalten von Betonen mit Kunststofffasern liegen ebenfalls keine nachteiligen Erfahrungen vor.

Bei Glasfaserbeton wurde nach mehrjähriger Lagerung ein Abfall der Zugfestigkeit und Bruchdehnung festgestellt, obwohl alkaliresistente Glasfasern verwendet worden waren. Der festigkeitsmindernde Einfluss der alkalischen Porenlösung kann vermieden werden, wenn die Anwendung auf sehr dünne Bauteile beschränkt bleibt, die sehr schnell karbonatisieren und bei denen nach Bildung des Kalziumkarbonates nachteilige Wirkungen nicht mehr gegeben sind. Voraussetzung für die Herstellung der Bauteile mit Dicken unter 20 mm ist eine Gesteinskörnung aus Feinsand, die gleichzeitig mechanische Beeinträchtigungen der Oberflächen der Fasern verhindert.

1.5.5 Zusammensetzung und Verarbeitung des Faserbetons

1.5.5.1 Zusammensetzung des Faserbetons

Die Zusammensetzung des Faserbetons wird nach den allgemeinen Regeln, die für Normalbeton nach DIN EN 206-1 /1045-2 gelten, festgelegt.

Durch die Zugabe von Fasern wird der Wasseranspruch erhöht, die Konsistenz des Frischbetons steifer und die Verarbeitbarkeit schlechter. Der Wasseranspruch ist dabei von der Oberflächenausbildung der Fasern abhängig. Um den Wasserzementwert, der im Bereich zwischen 0,40 und 0,50 liegen sollte, einhalten zu können, werden auch größere Zementgehalte erforderlich. Wird dies nicht beachtet, treten Minderfestigkeiten auf, die den Faserzusatz infrage stellen. Zur Verringerung des Wasseranspruches und Sicherung der Verarbeitbarkeit ist die Verwendung von Betonverflüssigern bzw. Fließmitteln zweckmäßig bzw. unumgänglich.

Der Zementgehalt ist gegenüber Normalbeton grundsätzlich um 20 % zu erhöhen.

Das Größtkorn der Gesteinskörnung darf ein Drittel der Faserlänge nicht überschreiten. Für den Glasfaserbeton ist ein Feinsandkorn mit einem Durchmesser von 1 bis 2 mm zu wählen.

Der Fasergehalt wird maßgeblich vom Größtkorn der Gesteinskörnung bestimmt. Der Stahlfasergehalt beträgt bei d_{GK} = 20 mm 0,75 bis 1 Vol.-%, bei d_{GK} = 10 mm 1,1 bis 1,5 Vol.-% und bei d_{GK} = 5 mm 1,5 bis 2,5 Vol.-%.

Fasergehalte

Eine deutliche Wirkung der Fasern im Beton kann erst ab etwa 25 kg/m^3 (bezogen auf 1 m^3 verdichteten Beton) festgestellt werden. Eine vorteilhafte Beeinflussung des Rissverhaltens tritt ab einer Zugabe von 40 kg/m^3 ($\approx$ 0,5 Vol.-%, bezogen auf 1 m^3 verdichteten Beton) ein. Die feiner verteilten und schmaleren Risse können dazu führen, dass die Wasserundurchlässigkeit auch dann sichergestellt werden kann, wenn einzelne Risse infolge Zwang auftreten.

Bei herkömmlichem Faserbeton ist der Stahlfasergehalt aufgrund der Einmischbarkeit auf 1 – 2 Vol.-%, entsprechend Faserart und Faserlänge, begrenzt; bei Kunststoff- und Glasfasern sind höhere Grenzwerte möglich, baupraktische Mengen liegen bei 0,1 bis 3 Vol.-%.

Um höhere Fasergehalte von 5 Vol.-% und mehr untermischen zu können, muss der Zementleimanteil und damit zwangsläufig der Zementgehalt gesteigert werden.

Mit der Zunahme des Fasergehaltes nimmt die Verdichtbarkeit deutlich ab. Nicht zuletzt aus wirtschaftlichen Gründen (70 – 90 % der Kosten entfallen auf die Fasern) ist der Fasergehalt in der Regel auf 3 – 6 Vol.-% begrenzt.

Fasergehalte über 10 Vol.-% (bis zu 20 %) sind nur mit Hilfe des SIFCON-Verfahrens (**S**lurry **I**nfiltrated **F**ibre **Con**crete) zu realisieren. Dabei werden zuerst die Stahlfasern in die Schalung eingestreut und danach die Zementsuspension infiltriert, die die verbliebenen Zwischenräume im Fasergerüst ausfüllt.

Für Putze und Vorsatzelemente werden bis 1 Vol.-% Fasern verwendet, um das Rissverhalten insgesamt zu verbessern und vor allem die Frühschwindrisse zu vermeiden. Bei

Konzentrationen bis zu 5 Vol.-% kann eine zusätzliche statische Wirkung erzielt werden, die bei dünnwandigen Fassaden-Vorsatzelementen benötigt wird.

1.5.5.2 Herstellung und Verarbeitung des Faserbetons

Unterschiedliche Fasern haben unterschiedliche Stärken und unterschiedliche Dichten, woraus sich ein unterschiedliches Verhalten im Frischbeton ergibt. In der Tabelle 1.26 sind für die wichtigsten Fasertypen die wichtigsten Kennwerte gegenübergestellt. So wird mit AR-Glas eine gute Verteilung erreicht. Bei der Polypropylenfaser muss aufgrund der geringen Dichte ein Aufschwimmen vermieden werden.

Faserart	Querschnitt	Dichte	Anzahl/g
AR-Glas	13,5 µm	2,7 g/cm^3	200000
Stahl	100–500 µm	7,8 g/cm^3	30
Polypropylen	20–200 µm	0,98 g/cm^3	60000

Tabelle 1.26 Gegenüberstellung von Querschnitt und Dichte der wichtigsten Faserarten

Die übliche Vorgehensweise zur Herstellung von **Stahlfaserbeton** ist, dass der Frischbetonmischung die Fasern getrennt zugegeben werden. Um eine Verklumpung (die so genannte Igelbildung) zu verhindern, ist eine Dosierung mit Vereinzelung der Fasern (z. B. durch Sieben) erforderlich. Entscheidend sind dabei auch die Faserlänge und Faserart. Bei gefrästen Fasern ist die Gefahr der Igelbildung vergleichsweise gering, so dass auch Frischbeton in Fahrmischern transportiert werden kann. Der Gehalt an Stahlfasern sollte nur bis etwa 150 kg/m^3 betragen.

Bei Glasfasern ist die Empfindlichkeit gegenüber mechanischen Beanspruchungen zu berücksichtigen, die z. B. durch die gröberen Gesteinskörnungen hervorgerufen werden können. Die Herstellung des **Glasfaserbetons** im Mischer ist deshalb selten, da die spröden Glasfasern leicht brechen. Angewandt wird das Einrieseln bzw. Einsprayen der Fasern. Dabei werden Endlosfasern in einer Schnitzelpistole auf 10 bis 60 mm Länge geschnitten und mit dem Zementleim oder -mörtel auf eine Schalung gespritzt. Beim Einlegen bzw. Eintauchen werden in Zementleim getränkte Endlosfasern in Form von Matten oder Bündeln in die Schalung eingelegt. Beim Wickelverfahren werden Endlosfasern in Zementleim getränkt, auf Zylinder gewickelt und zusätzlich mit gehäckselten Fasern und Zementschlämme besprüht.

Kunststofffasern können in Abhängigkeit von der Fasergeometrie auf verschiedene Weise verarbeitet werden [1.56]. Möglich ist die Zugabe in den Fahrmischer bei niedrigen Gehalten, in den fertigen Beton im Mischer bei mittleren Gehalten und nach trockener oder feuchter Vormischung mit Zement oder feinem Zuschlag bei höheren Gehalten. Für die Verarbeitbarkeit ist ebenfalls die Faserart und Faserlänge von Bedeutung.

Faserbeton kann bei Einhaltung bestimmter Vorkehrungen auch gepumpt werden. Die Anwendung als Spritzbeton ist ohne Einschränkung möglich (Abschnitt 8.1).

Allgemein benötigt Faserbeton eine etwas höhere Verdichtungsintensität. Bei höheren Fasergehalten können Verdichtungsprobleme auftreten, die den Erfolg des Fasereinsatzes infrage stellen. Die Nachbehandlung ist wie bei Normalbeton vorzunehmen. Auf die

Besonderheiten bei der Anwendung des Stahlfaserspritzbetons wird in Abschnitt 2.1 eingegangen.

1.5.6 Stahlfaserbeton nach DAfStb-Richtlinie

1.5.6.1 Geltungsbereich

Die Gliederung der Richtlinie entspricht der Gliederung der DIN 1045:2008-08. Es sind nur die Abschnitte aufgeführt, in denen es Änderungen den Einsatz von Stahlfasern betreffend gibt.

Der Geltungsbereich der Richtlinie ist:

- Stahlfaserbeton und Stahlfaserbeton mit Stahlbewehrung für die Bemessung und Konstruktion von Tragwerken des Hoch- und Ingenieurbaus
- Stahlfaserbeton bis einschließlich Druckfestigkeitsklasse C50/60
- Stahlfasern mit formschlüssiger, mechanischer Verankerung. Dazu zählen gewellte Fasern, Fasern mit Endabkröpfungen und mit aufgestauchten Köpfen. Glatte Fasern zählen nicht zum Geltungsbereich der Richtlinie.

Die Stahlfasern müssen den Regelungen der DIN EN 14889-1 entsprechen.
Die Richtlinie gilt nicht für:

- Bauteile aus vorgespanntem Stahlfaserbeton
- hochfesten Beton ab Druckfestigkeitsklasse C55/67
- SVB
- Stahlfaserspritzbeton
- Stahlfaserbeton ohne Bewehrung in den Expositionsklassen XS2, XD2, XS3 und XD3, bei denen die Stahlfasern rechnerisch in Ansatz gebracht werden.
- gefügedichten und haufwerksporigen Leichtbeton

Für den Spritzbeton werden kurze Fasern verwendet. Deshalb wurde der Spritzbeton nicht in den Geltungsbereich der Richtlinie aufgenommen. Bei den Expositionsklassen XS2, XD2, XS3 und XD3 im Beton ohne Bewehrung besteht die Gefahr der Korrosion und damit der Verringerung der Lebensdauer. Bei hochfestem Beton wird ein anderer Versagensmechanismus angenommen, nämlich, dass die Faser reißt, bevor sie herausgezogen wird. Für vorgespannten Stahlbeton und für gefügedichten und haufwerksporigen Leichtbeton liegen zu wenige Erfahrungen vor. Für diese Anwendungsfälle außer Spritzbeton sind allgemeine bauaufsichtliche Zulassungen oder Zustimmungen im Einzelfall erforderlich.

1.5.6.2 Faserauswahl und Leistungsklassen

Verwendet werden Stahldrahtfasern, gefräste Fasern und Blechfasern mit einer Zugfestigkeit zwischen $1000\,N/mm^2$ und $2400\,N/mm^2$, einer Länge von 12 bis 70 mm und einem Durchmesser zwischen 0,15 und 1,2 mm.

Gerade Drahtfasern mit Riefelung haben einen guten Verbund über die gesamte Drahtlänge und ermöglichen eine gute Verarbeitbarkeit. Bei Drahtfasern mit aufgekröpften Endhaken erfolgt die Verankerung am Faserende. Diese Faser wird am häufigsten eingesetzt (Bild 1.12 a und b). Unterschiedlich gewellte Fasern können große Kräfte im Riss übertragen [1.80].

In der Stoffraumrechnung müssen die Fasern berücksichtigt werden.

Stahlfaserbeton wird als Beton nach Eigenschaften festgelegt. Die Eigenschaften von Stahlfaserbeton sind die Nachrisszugfestigkeiten mit den Leistungsklassen L1 für kleine Verformungen und L2 für größere Verformungen sowie in Kombination mit Betonstahlbewehrung (Bild 1.13).

Die Leistungsklassen werden aus Versuchsergebnissen ermittelt. Mit diesen charakteristischen Werten werden die Rechenwerte bestimmt und die Bemessungswerte abgeleitet.

Die charakteristischen Werte sind die Nachrisszugfestigkeit und die Nachrissbiegezugfestigkeit, die durch Biegezugversuche an mindestens 6 Balken (150 mm x 150 mm x 700 mm) ermittelt werden. Das Versuchsende ist bei einer Durchbiegung von 3,5 mm erreicht. Das Ergebnis wird durch die Kraft-Durchbiegungskurve dargestellt (Bild 1.13). Mit den Werten der Belastung bei den Durchbiegungen von 0,5 mm und 3,5 mm wird die Nachrissbiegezugfestigkeit ermittelt. Dabei wird jeweils für die Durchbiegungen 0,5 und 3,5 mm der Mittelwert der Nachrissbiegezugfestigkeit der Prüfungen errechnet und aus diesem mit einer E-Funktion unter Einbeziehung der Standardabweichung und des Mittelwertes der logarithmierten Einzelprüfergebnisse der charakteristische Wert der Nachrissbiegezugfestigkeit (Leistungsklassen) bestimmt. Aus der Nachrissbiegezugfestigkeit werden die Rechenwerte unter Berücksichtigung der Faserorientierung in flächenförmigen Bauteilen (Bodenplatten) und vertikalen Bauteilen (Wänden) durch entsprechende Faktoren als zentrische Nachrisszugfestigkeit ermittelt. Auch kommt ein Korrekturfaktor zur Anwendung, der große Abweichungen bei kleinen Prüfkörpern aufgrund der größeren Abweichung der Faserverteilung berücksichtigt und für das große Bauteil eine gleichmäßigere Verteilung der Faser voraussetzt [1.59], [1.60]. Mit einem Teilsicherheitsbeiwert und einem Abminderungsfaktor für Dauerstandsverhalten wird der Bemessungswert errechnet.

Diese Bemessungswerte gehen gemäß der Spannungsdehnungslinie nach DIN 1045-1 für die Bemessung von Bauteilen auf Biegezug, Querkraft und Durchstanzen sowie als ansetzbarer Beitrag der Stahlfaser zur Verringerung der Betonstahlmenge bei der Mindestbewehrung, ein. Die Leistungsklasse L1 (Durchbiegung bei 0,5 mm) wird für den Nachweis der Gebrauchstauglichkeit und der Rissweitenbegrenzung und die Leistungsklasse L2 (Durchbiegung 3,5 mm) für den Tragfähigkeitsnachweis und den Gebrauchstauglichkeitsnachweis verwendet. Die Wirkung der Stahlfaser bei der Biegezugbemessung ist jedoch gering, während bei Bodenplatten die Mattenbewehrung in den meisten Fällen vollständig entfallen kann. Für knickgefährdete Bauteile und stabilitätsgefährdete schlanke Träger darf die Stahlfaserbewehrung nicht in Ansatz gebracht werden.

Mit der Angabe der zwei Zahlenwerte für die Leistungsklassen L1 und L2 wird der Stahlfaserbeton bezeichnet. Der Planer legt nur die Leistungsklassen als Betoneigenschaft fest, z. B. C30/37 F 1,2/0,8 und die entsprechenden Expositionsklassen. Der Betonhersteller liefert den Beton mit dieser Eigenschaft, nachdem er einen entsprechenden Beton

Faserbeton

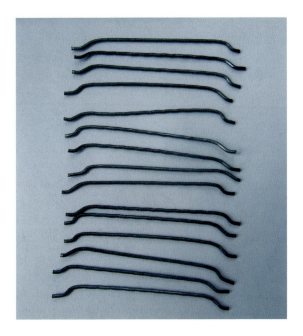

Bild 1.12 Stahlfasern mit Endhaken, 50 mm und leicht gewellt

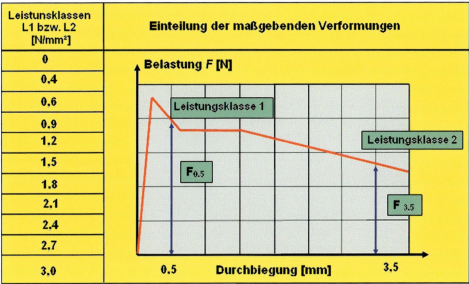

Bild 1.13 Klassifizierung von Stahlfaserbeton nach Richtlinie DAfStb

projektiert und geprüft hat. Im Betonsortenverzeichnis des Betonherstellers ist die Leistungsklasse des Stahlfaserbetons angegeben [1.66].

Die nach dem DBV-Merkblatt erfolgte Ausschreibung war möglich mit der Angabe der Faserbetonklassen F1/2 oder nach Zulassung mit Angabe der Nachrisszugfestigkeit oder nach Zulassung mit Angabe der Faserbetonklassen nach Merkblatt [1.66].

1.5.6.3 Betonherstellung, Prüfungen, Überwachung

Mit der Bestimmung des Betons nach Eigenschaften wird gleichzeitig festgelegt, dass die Fasern im Herstellerwerk zugegeben werden, um die qualitätsgerechte Zugabe zu sichern. Die Richtlinie gestattet die Zugabe auf der Baustelle nicht. Eine Betonbestellung mit der Angabe des Fasergehaltes entspricht nicht der Richtlinie und dem Konzept des Betons nach Eigenschaften mit einer bestimmten Leistungsfähigkeit. Der Betonhersteller muss die Anforderungen der Leistungsklasse durch Erstprüfungen und die laufende Qualitätskontrolle (Konzept der Qualitätssteuerung von Stahlfaserbeton) sichern. Die Prüfungen können gemäß DBV-Merkblatt durchgeführt werden. Zwischen den Leistungsklassen ist eine lineare Interpolation zur Ermittlung von Erstprüfergebnissen möglich.

Dies bedeutet, dass zwischen den Erstprüfergebnissen interpoliert werden kann für eine Druckfestigkeitsklasse zwischen zwei Druckfestigkeitsklassen mit gleichem Fasergehalt oder für den Fasergehalt zwischen zwei Fasergehalten einer Druckfestigkeitsklasse.

Die genaue Verfahrensweise ist in der Richtlinie angegeben. Die Versuchsdurchführung gemäß DBV-Merkblatt [1.75] (Prüfmaschinensteuerung über Kolbenweg) kann verwendet werden, da die durchbiegungsgesteuerte Versuchsdurchführung nach der Richtlinie sehr aufwändig ist und bereits Prüfungen nach dem DBV-Merkblatt durchgeführt wurden. Allerdings ist eine neue Bewertung der Ergebnisse vorzunehmen [1.58], da die Klassifizierung nach dem DBV-Merkblatt anhand der Nachrisszugfestigkeit und über ein Flächenintegral erfolgte, während die Klassifizierung nach der Richtlinie über die Nachrissbiegezugfestigkeit und direktem Ablesen der Spannung erfolgt. Die Leistungsklassen der Richtlinie sind um den Faktor 2 höher als die Faserbetonklassen nach dem DBV-Merkblatt.

Die Spannungen nach dem DBV-Merkblatt werden über das Flächenintegral der Kurve berechnet, nach der Richtlinie werden sie direkt abgelesen [1.77].

Für das Erreichen der Leistungsklasse sind der Fasergehalt und die Faserart maßgebend. Aber auch die Betonzusammensetzung und die Betondruckfestigkeitsklasse nehmen Einfluss. Bei steigender Druckfestigkeit und gleichem Fasergehalt wird auch die Nachrissbiegezugfestigkeit größer. In [1.77] sind Versuchsergebnisse mit verschiedenen Druckfestigkeitsklassen, Fasergehalten und Faserformen wiedergegeben.

Bei der Herstellung ist unbedingt erforderlich sicherzustellen, dass die richtige Faser und die richtige Menge zugegeben werden. So wird auch darauf hingewiesen, dass Gebinde auf Einhaltung der angegebenen Menge kontrolliert werden [1.58]. Auch müssen die Dosiereinrichtungen regelmäßig überprüft werden. Die Dosierung der Stahlfaser kann erfolgen durch Zugabe der Fasern zur Gesteinskörnung, durch Einblasen der Fasern in den Tellermischer, durch Zugabe in Gebinden mit löslicher Verpackung, durch Dosierung in den Beton vor der Beschickung des Fahrmischers und durch Beschicken der Stahlfaser in den bereits mit Beton gefüllten Fahrmischer mit anschließendem Durchmischen.

Auch bei dieser Variante ist es Beton nach Eigenschaften, für die der Hersteller garantiert. Die Richtlinie erlaubt den Konformitätsnachweis des Fasergehaltes über einen Protokollausdruck der Zugabe oder über entsprechende Aufzeichnungen in Protokollen der Betonherstellung sowie durch gesonderte Eintragung auf dem Lieferschein. Ein Prüfverfahren beschreibt DIN EN 14721, bei dem die Stahlfasern aus dem Beton heraus gewaschen werden und nach anschließendem Trocknen der Stahlfasergehalt durch Wägung bestimmt wird. Bei der Prüfung am Festbeton muss dieser zertrümmert werden, die Fasern müssen mit einem Magneten herausgenommen werden und die Masseanteile berechnet werden. Für Annahmeprüfungen sind diese Prüfungen nicht verwendbar und auch für Nachweise zu aufwändig. Für den Nachweis der Faserorientierung gibt es noch keine Prüfmöglichkeit.

In [1.65] wird über Versuche mit einem neu entwickelten Messgerät berichtet, die mit verschiedenen Fasergehalten und Faserarten an Frisch- und Festbetonen durchgeführt wurden. Dabei wurden die Parameter Stahlfasergehalt, Stahlfasertyp, Betontemperatur, Art der Gesteinskörnung und Betonkonsistenz variiert. Die Messergebnisse wurden mit der Ermittlung des Stahlfasergehaltes nach DIN EN 14721 und die Messergebnisse der Faserorientierung mit denen der Schnittflächenanalyse verglichen. Die Kalibrierung muss die Faserart und die Schwankungen in den Chargen berücksichtigen. Es müssen auch die ferromagnetischen Eigenschaften der Gesteinskörnung durch eine Messung des Betons ohne Fasern berücksichtigt werden. Die Messung erfolgt am Würfel oder am Frischbeton in einer Würfelform.

Eine weitere Möglichkeit der Prüfung von Fasergehalt, Faserverteilung und Faserorientierung ist die Computer-Tomografie. In [1.78] wird über Ergebnisse eines Forschungsvorhabens berichtet. Insbesondere die Faserverteilung und die Ausrichtung der Fasern kann in verschiedenen Abschnitten des Probekörpers betrachtet werden. Verwendet wurden zylindrische Prüfkörper, die bei der Durchstrahlung gedreht werden. Der dadurch entstandene virtuelle Körper muss wieder in einen Quader transformiert werden. Weitere Untersuchungen und eine Automatisierung könnten zu einer wirtschaftlichen Anwendung dieser Prüfmethode führen.

Die Überwachungsklassen nach DIN 1045-3 werden für den Stahlfaserbeton nach der Richtlinie dahingehend ergänzt, dass die Leistungsklassen 0 bis 1,2 in die Überwachungsklasse 1 und die Leistungsklassen 1,5 bis 3,0 in die Überwachungsklasse 2 eingeordnet werden. Für Stahlfaserbeton nach der Überwachungsklasse 2 sind als Annahmeprüfung alle 300 m^3 bzw. alle drei Betoniertage eine Fasergehaltsprüfung oder eine Biegebalkenprüfung vorzusehen. Es müssen bei drei Ergebnissen mindestens 85 % des Zielfasergehaltes (Mindestwert 80 %) erreicht werden. Bei der Biegebalkenprüfung muss die Leistungsklasse erreicht werden.

1.5.7 Glasfaserbeton

Glasfasern müssen für den Einsatz im Beton alkaliresistent sein. Dies wird erreicht, indem bei der Glasherstellung 5 bis 20 % Zirkoniumdioxid zugesetzt werden oder die Glasfasern mit einer alkaliresistenten Beschichtung, der so genannten »Schlichte«, beschichtet werden. Außerdem sollte die Alkalität der Zementmatrix durch puzzolanische oder latent-hydraulische Zusätze verringert werden. Eine schnellere Karbonatisierung ist für die Dauerhaftigkeit günstig. Die Glasfasern haben in der Regel eine Länge von 12 bis 24 mm. Längere Fasern bis 50 mm können beim Spritzverfahren eingesetzt werden. Je nach Faseranteil unterscheidet man glasfasermodifizierten Beton oder Glasfaserbeton. Glasfasermodifizierter Beton hat einen Faseranteil von 0,4 bis 2,5 Vol.-%, der eine Wirkung auf die Verringerung der Rissbildung ausübt, aber keine statische Wirksamkeit besitzt. Glasfaserbeton hat einen Faseranteil von 2,5 bis 5 Vol.-%. Die Fasern übernehmen die Funktion der Bewehrung. Für Bauteile aus Glasfaserbeton ist eine bauaufsichtliche Zulassung erforderlich.

Zur Erhöhung der Biegezugfestigkeit ist ein Fasergehalt von 2 bis 4 Vol.-% erforderlich. Für die Erhöhung der Schlagfestigkeit und für die Reduzierung der Rissbreite sind schon kleinere Mengen wirksam (1,5 Vol.-%). Der Zementanteil beträgt 600 bis 800 kg/m^3, der w/z-Wert sollte zwischen 0,35 und 0,5 liegen [1.62].

Da keine Betondeckung eingehalten werden muss, können bei Einsatz einer feinkörnigen Betonmatrix besonders dünne Elemente hergestellt werden. Deshalb ist die Herstellung dünnwandiger Elemente im Werk das Hauptanwendungsgebiet für Glasfaserbeton. Das sind Fassadenelemente für Neubauten und Rekonstruktionen, Gestaltungselemente auch für den Innenbereich, Geländerkonstruktionen, Lärmschutzwände, Platten für alle Verwendungsbereiche. Eine Großanwendung ist die Außenhülle für das WM-Fußballstadion in Johannesburg. Angeboten und hergestellt werden auch Gebrauchsgegenstände aller Art für den Innenbereich (Möbel, Sanitäranlagen).

Die Herstellung erfolgt durch Einmischen oder Einspritzen der Faser in die Zementmatrix, das Verdichten durch Walzen oder Rütteln. Eine längere Nachbehandlung ist erforderlich. Die Kenngrößen des Glasfaserbetons werden im Biegezugversuch ermittelt. Diese sind die Proportionalitätsgrenze (mind. 10 %), die Biegezugfestigkeit (mind. 20 N/mm^2) und die Bruchdehnung ε_u (mind. 4 %). Nach diesen Kenngrößen wird der Stahlfaserbeton bezeichnet, z. B. GFB 10 / 20 / 4,0 [1.62].

1.5.8 Beton mit Kunststofffasern

Kunststofffasern sind synthetische organische Fasern. Die physikalischen Kennwerte verschiedener Kunststofffasern sind in der Tabelle 1.25 (nach [1.62]) genannt. Auch für Kunststofffasern ist die Alkalibeständigkeit erforderlich. Verwendet werden Fasern aus Polypropylen, Polynitrilacryl, Polyninylalkohol und Aramit. Die Zugabemenge der Fasern beträgt 0,1 bis 2,0 Vol.-%. Die Wirkung der Kunststofffasern besteht ebenfalls darin, das Rissverhalten zu verbessern. Geringe Mengen können schon die Bildung von Schwindrissen im jungen Beton verhindern. Verbessert werden die Schlagfestigkeit und die Zähigkeit. Druckfestigkeit und Zugfestigkeit können nur gering verbessert werden. Anwendungsgebiet von Beton mit Kunststofffasern sind ebenfalls dünnwandige Elemente aller Art. Der Einsatz als Brandschutz im Tunnel wird im Abschnitt 1.5.9 beschrieben.

In [1.81] werden Untersuchungen zum Einsatz von Polymerfasern im selbstverdichtenden Beton beschrieben, die mit dem Ziel durchgeführt wurden, faserverstärkte SVB zu entwickeln, die bezüglich ihres Risikos der Rissbildung optimiert sind. Weiterhin wurde ein neuer Polymerfasertyp vorgeschlagen, der durch einen E-Modul in der Größenordnung desjenigen von Beton eine hohe Steifigkeit der Rissüberbrückung ermöglicht und damit in der Lage ist, das Rissbildungsrisiko zu vermindern.

In [1.82] wird ein Patent beschrieben, in dem eine Polymerfaser hergestellt wird, die aus verklebten Filamenten besteht und deren Enden im Mischer zerfasern. Dadurch entsteht eine Art Endhaken, wodurch eine höhere Nutzung der Zugfestigkeit der Faser möglich ist.

1.5.9 Einsatz von Fasern für den Brandschutz

Im Brandfall entstehen schnell steigende Temperaturen. Nach 10 min. sind in der Regel 1200 °C erreicht. Im Beton entstehen Veränderungen des Zementsteines und der Gesteinskörnungen sowie hohe Dampfdrücke und Temperaturspannungen, die der Beton nicht aufnehmen kann. Es kommt zu Abplatzungen und bei großen Querschnittsverlusten zum Versagen der Konstruktion.

Zum Abbau der Drücke werden dem Beton PP-Fasern in einer Menge zugegeben, die sich nicht negativ auf das Gefüge auswirkt (1,5 bis 2,0 kg/m³). Im Brandfall schmelzen die Fasern und der auftretende Wasserdampfdruck kann durch die entstehenden Hohlräume entweichen, wodurch der Beton mit Ausnahme der unmittelbar dem Brandereignis zugewandten Fläche erhalten bleibt und keine fortschreitende Querschnittsminderung eintritt. Verwendet werden PP-Fasern mit rundem Querschnitt und einem Durchmesser von 18 µm, einer Länge von 6 mm und einer Dichte von 0,91 kg/dm³. Der Schmelzbereich dieser Fasern liegt bei 160 °C. Somit entstehen die Entspannungsräume, bevor eine rein temperaturbedingte Schädigung der Matrix oder der Gesteinskörnung eintritt. In [1.71] wird über Versuche an Kleinbrandkörpern sowie über Großversuche berichtet, in [1.72] und [1.73] über erste Anwendungen im Tunnelbau. Dabei wird ausführlich darauf verwiesen, dass erhebliche Anstrengungen erforderlich sind, um den zunächst auftretenden Problemen der Verarbeitbarkeit zu begegnen. Diese waren Verstopfer beim Fördern des Trockengemisches, der erhöhte Geräteverschleiß, verstopfte Filter und Ansaugstutzen und eine geringere Leistung.

In [1.73] wird der Einsatz von PP-Fasern bei den Tübbings für den City-Tunnel Leipzig erläutert.

In [1.74] wird über Versuche mit einer konfektionierten Flachsfaser (FF) in Beton und Mörtel in Bezug auf das Abplatzverhalten bei Brandeinwirkung berichtet. Verwendet wurde eine konfektionierte Flachsfaser mit gleichartigen Eigenschaften, von 3 bis 9 mm Länge und einer Zugabemenge von 1,5 bis 2,0 kg/m³. Die Versuche erfolgten unter Lasteintrag. Im Ergebnis der Brandversuche wiesen die Versuchskörper mit der Faser keine Abplatzungen auf, während beim Nullbeton und beim LP-Beton starke Abplatzungen auftraten. Im Gegensatz zum LP-Beton entsteht bei der Faser eine durchgehende Gitterstruktur, die eine erhöhte Durchlässigkeit bewirkt und damit ein Abführen des Dampfdrucks bereits bei Temperaturen ermöglicht, die unterhalb der Schmelztemperatur der Kunststofffaser liegt. Ein begleitender positiver Effekt ist auch für das Rissverhalten gegeben, indem die Faser Wasser aufnimmt, das sie beim Einsetzen der Aushärtung an den Beton abgibt. Die geringe Alkalibeständigkeit der Flachsfaser wird für den Einsatz beim Brandschutz nicht als Nachteil gesehen. Auswirkungen auf die Dichtigkeit müssen noch untersucht werden. Die Druckfestigkeit lag etwas höher als beim LP-Beton.

1.5.10 Textilbewehrter Beton

Die Verwendung von technischen Textilien als Bewehrung stellt eine relativ neue Entwicklung dar, die als »Textilbewehrter Beton« bezeichnet wird und einen neuen Verbundwerkstoff darstellt.

1.5.10.1 Textilien

Textile Bewehrung besteht aus Fasern, die zu Filamenten oder Kombinationsgarnen und zu Rovings und dann mit Maschinen ähnlich der Textilindustrie (Webmaschinen oder Wirkmaschinen) zu Geweben (Reibschluss), zu Gewirken (Maschinenbindung) und Gelegen (mehrere Lagen mit Maschen oder chemisch gebunden) verarbeitet werden. Filamente mit einem Durchmesser von wenigen Mikrometern bestehen aus mehreren hundert bis tausend einzelnen Fasern. Die Filamente werden zu Rowings gebündelt und anschließend mit Textilmaschinen zu Gelegen, Geweben und Gewirken verarbeitet. Fasern sind verschiedene Chemiefasern (Aramid), alkaliresistente Glasfasern (AR-Glas) oder Carbonfasern. Aramid wird hergestellt durch Lösungsnassspinnverfahren, Verspinnen und Aufwickeln.

Die Glasfaserherstellung erfolgt durch Schmelzen, Ziehen, Filamentherstellung, Verstrecken und Schlichten. Carbonfasern werden hergestellt, indem organische Ausgangsmaterialien (Polyacrylnitril) bei hohen Temperaturen in mehreren Stufen und durch Anlegen einer Zugspannung »carbonatisiert« werden. Tabelle 1.27 zeigt einige Materialkennwerte von Fasern aus Aramid, AR-Glas und Carbon. Die Festigkeit ist abhängig von der Fasergröße, sie steigt mit abnehmendem Durchmesser. Weitere Anforderungen sind Beständigkeit im alkalischen Milieu, Oberflächenbeschaffenheit für den Verbund, Verarbeitbarkeit für den Einsatz im Beton. Die Vielfalt der Strukturen bedingt große Unterschiede in den Eigenschaften.

1.5.10.2 Betonzusammensetzung

Der Beton ist ein spezieller Feinkornbeton. Er muss die Fähigkeit besitzen, die Textilien zu umfließen und zu durchfließen. Die Gesteinskörnung hat ein Größtkorn bis 2 mm bzw. bis 4 mm, der Bindemittelgehalt beträgt ca. 650 kg/m^3, der Zement soll ein niedriges Alkalidepot haben. Bei Einsatz von Glasfasern werden deshalb Hochofenzement, Flugasche und puzzolanische Zusatzstoffe zur Absenkung des pH-Wertes eingesetzt. Werden Kunststoffzusätze verwendet, entsteht der polymermodifizierte Glasfaserbeton. Für die Verarbeitbarkeit ist ein Hochleistungfließmittel erforderlich. Herstellungsverfahren sind Injizieren, Ausspritzen, Laminieren und normales Gießen des Betons.

1.5.10.3 Vorteile des Textilbetons

Da die textile Bewehrung unter normalen Umgebungsbedingungen nicht korrodiert, ist kein Korrosionsschutz wie bei Stahlbeton durch die Betondeckung erforderlich. Somit können Bauteile mit geringen und sehr geringen Abmessungen hergestellt werden. Es sind kurze Verankerungslängen möglich, die große Oberfläche der textilen Bewehrung überträgt Verbundkräfte über eine kürzere Strecke. Mit textiler Bewehrung aus AR-Glas und Carbon können sehr hohe Festigkeiten übertragen werden, da deren Zugfestigkeit das Doppelte des Bewehrungsstahles beträgt [1.63].

Die textilen Bewehrungen können in beliebiger Form hergestellt und optimal dem Bauteil angepasst werden. Sie können mehraxial und entsprechend dem Kräfteverlauf angeordnet werden.

Einsatzgebiete sind die Herstellung dünnwandiger Bauteile wie herkömmliche Stahlbetonbauteile, unbewehrte Bauteile wie Fassadenelemente, Brüstungsplatten und Sandwichbauplatten sowie Fertigteilelemente aller Art. Die Verstärkung und die Risssicherung von Stahlbetonbauteilen ist ein weiteres Anwendungsgebiet, über das in [1.63] anhand von Versuchen an Platten, Balken und Plattenbalken sowie über eine Verstärkungsmaßnahme eines Schalentragwerkes berichtet wird. Mit den Fußgängerbrücken in Oschatz (2006) und Kempten (2007) (Bild 1.14) wurde der Brückenbau erschlossen. Für Tragwerke ist eine bauaufsichtliche Zulassung erforderlich.

Faserbeton

Bild 1.14 Fußgängerbrücke Kempten aus Textilbeton

Faserart	Dichte [g/m³]	Zugfestigkeit [N/mm²]	E-Modul [N/mm²]	Lineare Dehngrenze [%]	Reißlänge [km]
Aramid	1,4	2,5–3,5	130000	2,0–4,0	180–240
Glas	2,7	1400–3000	75000	2–3	70–120
Carbon	1,8	bis 5000	250000	0,5–2,3	150–300

Tabelle 1.27 Materialkennwerte von Fasern für textile Bewehrungen

1.5.11 Hochduktiler Beton mit Kurzfaserbewehrung

Ein weiterer neuer Werkstoff mit Fasern ist der hochduktile Beton unter Verwendung von Kurzfasern. Die theoretischen Grundlagen, die Zusammensetzung des Baustoffs und erste Versuchsergebnisse sowie erste Anwendungen werden in [1.64] beschrieben. Hochduktiler Beton zeichnet sich dadurch aus, das mit der ersten Rissbildung eine weitere Laststeigerung und eine multiple Rissbildung bis zur Ausbildung eines Makrorisses erfolgt. Für diesen Vorgang ist eine bestimmte Eigenschaft der Faser und der Matrix sowie ihr Zusammenwirken erforderlich.

Die Matrix darf nicht zu fest sein und die Faser soll vor Erreichen ihrer Zugfestigkeit ausgezogen werden. Dies erfordert bestimmte Eigenschaften der Faser (das Verhältnis von Länge zu Durchmesser, die Faserart und die Oberfläche) und der Matrix. Am besten geeignet sind PVA-Fasern (Polyvenylalkohol), 8–15 mm lang und mit einem kleineren Durchmesser als 50 µm sowie einer gleichmäßigen Verteilung in der Matrix. Die Gesteinskörnung ist Quarzsand mit einer Korngröße unter 1 mm. 0,3 mm erwies sich als günstiger. Leichtsand aus Blähglas wurde ebenfalls zugesetzt.

Die Konsistenz soll weich sein. Das Setzfließmaß wird mit 45–60 mm angegeben. Das Mischen erfordert Hochleistungszwangsmischer mit wechselnder Geschwindigkeit, da die Faserzugabe und die stufenweise Zugabe der anderen Bestandteile mit unterschiedlicher Intensität erfolgen soll. Tabelle 1.28 zeigt Beispiele für Zusammensetzungen hochduktiler Betone nach [1.64]. Genannt werden Anwendungen aus Japan als Dämpfungselemente bei Erdbebeneinwirkung in Hochhäusern und bei Sanierung von Brückenfahrbahnen. Für Instandsetzungsarbeiten auch für Mauerwerk wird ein weiteres Anwendungsgebiet gesehen.

Beispiel	Zement [kg/m³]	Flugasche [kg/m³]	Quarzsand [kg/m³]	Leichtsand [kg/m³]	Wasser [kg/m³]	Fließmittel [kg/m³]	Stabilisierer [kg/m³]	PVA-Faser [kg/m³]	Rohdichte [kg/m³]
1	330	750	535	–	335	16,1	3,2	29,3	1990
2	551	551	–	186	344	16,5	3,3	26,0	1680

Tabelle 1.28 Beispiele für die Zusammensetzung hochduktiler Betone nach [1.64]

1.5.12 Fasern im Ultrahochleistungsbeton

Notwendig ist der Einsatz von Fasern im Ultrahochleistungsbeton (UHPC = Ultra High Performance Concrete), da dieser ein sprödes Bruchverhalten aufweist. Durch Zugabe von Fasern wird das Bruchverhalten im Zug- und Druckbereich wesentlich verbessert. In [1.69] wird über entsprechende Versuchsergebnisse mit Stahlfasern berichtet. Dabei war die Ermittlung einer optimalen Faser (Fasermenge, Faserart, Fasermaße, Verhältnis der Fasermaße, Faseroberfläche und Zusammensetzung der zugegebenen Fasermenge aus verschiedenen Fasertypen) in Bezug auf die Verarbeitbarkeit und das Tragverhalten das Ziel der Untersuchungen. Aus den experimentell ermittelten Druckspannungs-Dehnungsbeziehungen wurde ein Vorschlag zur rechnerischen Beschreibung der Spannungs-Stauchungsbeziehung von ultrahochfestem Stahlfaserbeton in Abhängigkeit von der Nachrisszugfestigkeit entwickelt und zur weiteren Diskussion vorgestellt. Eine Übertragung auf normale und hochfeste Faserbetone wird im Sinne einer einheitlichen Betrachtungsweise angeregt. Für ultrahochfesten Stahlfaserbeton wird auch die Bezeichnung UHPFRC (Ultra High Performance Fibre Reinforced Concrete) verwendet.

1.6 Normalbetone für Temperaturen bis 250 °C

Das Verhalten von Normalbeton bei hohen Temperaturen wird unter zwei Aspekten betrachtet. Diese sind

- hohe Gebrauchstemperaturen und der
- Brandschutz.

Die folgenden Ausführungen betreffen hauptsächlich den Beton bei hohen Gebrauchstemperaturen. Der Brandschutz, der für den Beton in den letzten Jahren zunehmend an

Bedeutung gewonnen hat, wird im Abschnitt 1.7 als Beton mit hohem Brand- und Feuerwiderstand behandelt.

Betonbauwerke sind im Regelfall Normaltemperaturen ausgesetzt. Werden jedoch Betone in Kühltürmen, Wärmespeicherbecken, Schornsteinen o. ä. eingesetzt, unterliegen sie erhöhten Temperaturen bis zu 250 °C.

Normalbetone erfahren bei Temperaturbelastungen bis 60 °C keine Änderungen in ihren Kennwerten.

Vorhandene Untersuchungsergebnisse im Temperaturbereich von 60 °C bis 100 °C sind widersprüchlich und unterscheiden sich deutlich, je nachdem welche Arten von Gesteinskörnungen (Kalkstein, quarzitische Gesteinskörnungen) für die Betone eingesetzt werden.

Bei Temperaturen zwischen 100 °C und 250 °C überwiegen aber die thermischen Abbaureaktionen im Bereich des Zementsteins und drücken sich in verminderten statischen Kennwerten des Betons aus.

Bei Temperaturen bis 250 °C bleibt die hydraulische Bindung des Betons zwar erhalten, die Eigenschaften ändern sich aber in direkter Abhängigkeit zur thermischen Belastung. Werden exakte Kennwerte erforderlich, so helfen jedoch auch heute nur entsprechende Versuche weiter.

Wird Normalbeton mit noch höheren Temperaturen belastet, wird die hydraulische Bindung des Betons zerstört und bei Temperaturen über 600 °C durch eine keramische Bindung ersetzt.

1.6.1   Auswirkungen von Temperaturen bis 250 °C auf Normalbeton

Steigen die Umgebungstemperaturen von Betonbauwerken deutlich über Normaltemperatur an, ändert sich der Feuchtehaushalt luftgelagerter Betone. Bei Temperaturen bis 100 °C entstehen oberflächige Feuchteänderungen. Im Kern bleiben die üblichen Ausgleichsfeuchten erhalten. Übersteigen die Temperaturen jedoch 100 °C, entwickeln sich auch im Inneren der Betone ausgesprochen steile Feuchteprofile. Die Gefahr eines unterschiedlichen Verhaltens von Kern- und Randzone und die Sprengwirkung auf die Betonoberfläche durch die Verdampfungsfront wachsen.

Beginnend bei Normaltemperatur und insbesondere bei Temperaturen über 100 °C entweicht das physikalisch gebundene Wasser. Gleichzeitig setzen bereits bei Temperaturen von 60 °C erste Strukturveränderungen im Zementstein mit seiner thermischen Zersetzung ein. Die mit steigender Temperatur zunehmende Zersetzung der Hydratphasen macht sich auf jeden Fall bei Temperaturen über 100 °C in einer Reduzierung typischer Betonkennwerte, wie z. B. der Druckfestigkeit und dem E-Modul bemerkbar.

Gleichzeitig mit den Strukturveränderungen des Zementsteines beginnen hydrothermale Reaktionen zwischen dem im Zementstein vorhandenen $Ca(OH)_2$ und den quarzitischen Gesteinskörnungen bzw. den vorhandenen Puzzolanen. Diese Reaktionen erzeugen neue festigkeitsbildende Phasen und wirken der temperaturbedingten Zersetzung des ursprünglichen Zementsteines entgegen. Während bei Betonen mit vorzugsweise karbonatischen Gesteinskörnungen eher bei Temperaturen unter 100 °C die Zersetzung des Zementsteines dominiert, überwiegt im Falle quarzitischer Gesteinskörnungen die Festigkeitssteigerung durch hydrothermale Reaktion. Bei Temperaturen über 100 °C wirkt sich aber in allen Fällen zunehmend die Zersetzung des Zementsteins auf die Betonparameter aus.

Eine wesentliche Belastung erfährt ein Betonbauwerk bei steigenden Temperaturen aber auch durch die unterschiedliche thermische Ausdehnung zwischen Gesteinskörnung und Zementstein, insbesondere bei karbonatischen Gesteinskörnungen. Mit zunehmender Temperatur wird der Verbund zwischen Gesteinskörnung und Zementstein durch Mikrorisse geschwächt. Zunächst erfolgt eine Lockerung des Gefüges. Bei weiter fortschreitender Belastung droht der Verlust des Verbundes zwischen Gesteinskörnung und Zementstein [1.83]

1.6.2 Veränderungen der Eigenschaften von Normalbetonen bei Temperaturen bis 250 °C

Trocknet Beton bei erhöhten Temperaturen zunehmend langsam aus, erhöht sich die Festigkeit, so lange keine merklichen Strukturveränderungen des Zementsteines auftreten. Erreicht der Wasserentzug neben dem physikalisch gebundenen Wasser auch das chemisch gebundene Wasser, werden Druck-, Zug- und Spaltzugfestigkeit sowie der E-Modul gemindert.

Der zur Gefügezerstörung führende Unterschied in der thermischen Ausdehnung von Gesteinskörnung und Zementstein unterliegt zusätzlichen Veränderungen, da die thermische Ausdehnung des Zementsteines eine Funktion des physikalisch und chemisch gebundenen Wassers ist. Die thermische Ausdehnung des Zementsteines durchläuft zwischen trockenem und feuchtem Zustand ein Maximum.

Durch zunehmende Temperaturen wird auch das Kriechen des Betons wesentlich beeinflusst. Mit zunehmender Feuchte und zunehmender Temperatur erhöht sich das Kriechen des Betons deutlich.

1.6.3 Berücksichtigung erhöhter Temperaturen bis 250 °C in der DIN 1045

DIN 1045-1 und DIN EN 206-1 /DIN 1045-2 enthalten zu erhöhten Temperaturen folgende Angaben:

Betonstähle aller Lieferformen weisen die für die Bemessung erforderlichen Eigenschaften im Temperaturbereich zwischen −40 °C und +100 °C auf (DIN 1045-1, 9.2.2 (5)).

Die Spannungs-Dehnungs-Linie in Bild 29 ist für Temperaturen von −40 °C und +100 °C gültig. DIN EN 206-1 gilt nicht für Feuerfestbeton (Abschnitt 1.7.3).

Betone, die Temperaturen bis 250 °C ausgesetzt werden können, sind nur aus Gesteinskörnungen herzustellen, die für diese Beanspruchungen geeignet sind (DIN 1045-2, 5.3.6).

Als geeignet gelten Gesteinkörnungen mit einer möglichst kleinen Wärmedehnung. Dies sind bestimmte Kalksteine, Hochofenschlacke, Diabas, Basalt und gebrannte leichte Gesteinskörnungen. Quarzhaltige Gesteinskörnungen gelten als ungeeignet [1.84]. Der Beton sollte eine kleine Wärmedehnung aufweisen.

Richtwerte für die Temperaturdehnzahl von Betonen mit Gesteinskörnungen verschiedener geologischer Herkunft und unterschiedlichen Zementgehalten sind in der Tabelle

1.29 aufgeführt (nach [1.85] und [1.86]) Für eine Dauerbeanspruchung durch hohe Temperaturen wird empfohlen, den Beton nach der Herstellung mindestens 7 Tage feucht zu halten und dann langsam und möglichst tief austrocknen zu lassen, bevor die hohe Gebrauchstemperatur einwirkt. Diese sollte bei der Erstbelastung langsam aufgebracht werden. Auch konstruktive Maßnahmen durch feuerfestes Mauerwerk und Vorsatzschalen mit Luftschichten können den Beton schützen.

In der DIN 1045:1988 war vorgegeben, dass bei kurzfristigen Temperaturerhöhungen (bis 24 h) bis 80 °C die Rechenwerte der Druckfestigkeit und des E-Moduls abgemindert werden. Dabei wurde auf [1.87] verwiesen. Ohne genaueren Nachweis dürfen bei einer Temperatur von 250 °C die Rechenwerte der Druckfestigkeit um 30 % und die Rechenwerte des E-Moduls um 40 % abgemindert werden. Rechenwerte zwischen 80 °C und 250 °C dürfen linear interpoliert werden.

Bei langzeitigen Temperatureinwirkungen ist der Temperatureinfluss im Einzelfall aus Versuchen abzuleiten.

Vorliegende Ergebnisse zeigen jedoch, dass diese Reglung u. U. den Einfluss der Temperatur bis 100 °C unterschätzt. Es empfiehlt sich, bereits bei Temperaturen um 100 °C sowohl die Druckfestigkeit als auch den E-Modul von Normalbeton um 20 % zu mindern [1.88].

Im CEB-FIP Model Code wird aus einer analytischen Beziehung für den Einfluss der Temperatur auf die mechanischen Eigenschaften abgeleitet, dass bei einer Temperatur von 80 °C die Betondruckfestigkeit auf 82 %, die Biegezugfestigkeit auf 70 % und der E-Modul auf 82 % der jeweiligen Werte bei 20 °C abfällt [1.89].

Petrografischer Typ der Gesteinskörnung	Feuchtigkeitszustand bei der Prüfung	Temperaturdehnzahl α_{bT} in 10^{-6}/K von Beton mit einem Zementgehalt [kg/m³] von				
		200	300	400	500	600
Quarzgestein	wassergesättigt	11,6	11,6	11,6	11,6	11,6
	lufttrocken	12,7	13,0	13,4	13,8	14,2
Quarzsand und -kies	wassergesättigt	11,1	11,1	11,2	11,2	11,3
	lufttrocken	12,2	12,6	13,0	13,4	13,9
Granit, Gneis, Liparit	wassergesättigt	7,9	8,1	8,3	8,5	8,8
	lufttrocken	9,1	9,7	10,2	10,9	11,8
Syenit, Trachit, Diorit, Andesit, Gabbro, Diabas, Basalt	wassergesättigt	7,2	7,4	7,6	7,8	8,0
	lufttrocken	8,5	9,1	9,6	10,4	11,1
Dichter Kalkstein	wassergesättigt	5,4	5,7	6,0	6,3	6,8
	lufttrocken	6,6	7,2	7,9	8,7	9,8

Tabelle 1.29 Richtwerte für die Temperaturdehnzahl (nach [1.85] und [1.86])

1.7 Beton mit hohem Brand- und Feuerwiderstand

Das Ereignis »Brand« und die Grundsätze des Brandschutzes müssen bereits im Entwurfsstadium berücksichtigt werden. Dies erfolgt durch die Einordnung der Bauteile in vorgeschriebene Feuerwiderstandsklassen sowie durch die Ermitlung der Feuerwiderstandsdauer durch Dimensionierung der Bauteile und Auswahl des Betons. Da der Einfluss erhöhter Temperaturen auf den Betonstahl höher ist als auf die Druckfestigkeit des Betons, ist für die Feuerwiderstandsdauer der Betonbauteile die Betondeckung, deren Dichte und die Ausnutzung der Bewehrung entscheidend. Für die Bewertung älterer Bauteile (Bauen im Bestand) sind unter Umständen gesonderte Betrachtungen bezüglich der früheren Herstellungsverfahren erforderlich. Dazu werden in einem DBV-Merkblatt [1.106] spezielle Hinweise gegeben.

1.7.1 Betoneigenschaften bei extremen hohen Temperaturen

Der vorbeugende bauliche Brandschutz erreichte nach dem Ende des zweiten Weltkrieges einen hohen Stellenwert. Aufgrund von Normbrandversuchen wurden brandschutztechnische Bemessungsregeln entwickelt, die durch numerische Simulation ergänzt wurden und damit den Anwendungsbereich der verschiedenen Bauteile abgedeckt haben. Daraus entstanden die Brandschutznormen der Reihe DIN 4102, insbesondere die DIN 4102-4, die einen umfangreichen Katalog klassifizierter Baustoffe und Bauteile enthält.

In der europäischen Normung Eurocode 1 Teil 1–2 wird mit der DIN EN 1991-1-2 der Brandfall als außergewöhnliches Ereignis angesehen. Für die Bemessung werden verschiedene Temperaturzeitkurven vorgegeben, wobei im Regelfall eine Einheitstemperaturzeitkurve gilt, die derjenigen nach DIN 4102-2 entspricht [1.90].

Durch Brände in Tunneln begann eine zweite Phase hinsichtlich einer sicherheitstechnischen Betrachtung, auch für den Baustoff Beton. Brände in Tunneln haben Menschenleben gefordert, große Schäden verursacht und die Tunnelkonstruktionen beschädigt (London 1987, Großer Belt 1994, Baku 1995, Palermo 1996, Eurotunnel 1996, Montblanc und Tauern 1999, Gotthard 2001) [1.91]. Bereits festgelegte europäische Temperaturzeitkurven für Tunnelbrände unterscheiden sich von der Einheitstemperaturzeitkurve nach ISO und DIN 4102 vor allem durch den schnelleren und höheren Anstieg (Bild 1.15 nach [1.91]).

Die Rijkswaterstaat-Tunnelkurve wurde auf der Grundlage eines Tunnelbrandes entwickelt, bei dem in 2 Std. 45000 l Benzin verbrannten.

Die Hydrokarbonkurve ist im Eurocode 1-2-2 für einen Kohlenwasserstoffbrand angegeben. Sie gilt für Lager von Chemikalien und wenn Ölbrände möglich sind.

Die RABT/ZTV-Tunnelkurve ist in der ZTV-Ing. enthalten.

Im Brandfall wird der Beton einer instationären Temperaturbeanspruchung ausgesetzt. Im Vollbrand können nach den ersten zehn Minuten im Brandraum bereits Temperaturen von 600 bis 800 °C entstehen. Nach 30 bis 40 Minuten können sie bei 1000 bis 1200 °C liegen. Im Beton vollziehen sich umfangreiche stoffliche Wechselbeziehungen und physikalische Vorgänge.

Die Betonstruktur und damit die technischen Eigenschaften verändern sich fortlaufend. Die wesentlichen Änderungen sind die thermischen Dehnungen, die chemischen

Umwandlungen der Gesteinskörnung und das Schwinden des Zementsteines. Die dadurch entstehenden Schädigungen des Gefüges führen zu einer Abnahme der Festigkeit und zu Verformungen. Der Feuchtegehalt im Beton und der bei hohen Temperaturen entstehende Dampfdruck verursacht Abplatzungen. Diese bewirken eine Verringerung der Tragfähigkeit durch verminderten Querschnitt, durch Freilegen und Beschädigung der Bewehrung und einen dadurch möglichen Feuerdurchgang. Das Abplatzen bei den Tunnelbränden erfolgte schlagartig. Dabei werden drei Arten von Abplatzungen unterschieden:

- randnahe Betonschichten platzen explosionsartig ab
- einzelne Gesteinskörner platzen ab
- Beton fällt ab infolge thermischer und chemischer Minderung der Festigkeit nach dem Brand [1.91].

In 1.6.1 wurde das Verhalten von Beton im Temperaturbereich bis etwa 250 °C beschrieben. Ein umfassender Sachstandsbericht über das Hochtemperaturverhalten von Beton von 20 °C bis zum Schmelzen auf der Basis bis dahin vorliegender und eigener Forschungsergebnisse liegt in [1.88] vor. Behandelt werden die Abbaureaktionen durch thermoanalytische Betonuntersuchungen sowie die physikalischen und mechanischen Eigenschaften. In [1.92] werden Versuchsergebnisse zum Verhalten von Beton bei hoher Temperatur und biaxialer Beanspruchung dargestellt und diskutiert. Untersucht wurden Betone mit Gesteinskörnungen Quarz, Basalt und Blähton im Temperaturbereich bis 600 °C.

Im Folgenden eine grobe Darstellung des Verhaltens von Beton bei hohen Temperaturen:

- bei etwa 200 °C werden Ettringit und Kalziumaluminathydrat zersetzt
- zwischen 200 °C und 500 °C kommt es zur Wasserabspaltung der CSH-Phasen mit anschließendem Stabilitätsverlust
- ab 500 °C dehydriert das Kalziumhydroxid. Einen Einfluss auf das Verhalten übt die verwendete Gesteinskörnung aus. Beton mit Kalkstein zeigt bei < 600 °C eine geringere Dehnung als Beton mit quarzitischer Gesteinskörnung
- Charakteristische Phasen bezüglich der Art der Gesteinskörnung sind bei 573 °C der Quarzsprung, bei dem sich quarzitische Gesteine bei einer Volumenzunahme von 0,8 % vom Tiefquarz zum Hochquarz umwandeln
- Kalzitische Gesteine werden bei 800 °C zu Kalk gebrannt (Zerfall von Kalziumkarbonat in Kohlendioxid und Kalziumoxid) [1.91].

Tabelle 1.30 zeigt eine schematische Darstellung der Vorgänge im Beton bei hohen Temperaturen [1.93]. Bild 1.16 zeigt Kurven für den Abfall der Druckfestigkeit unter steigender Temperatur aus verschiedenen Versuchsreihen nach [1.91] und [1.94].

Temperatur	Vorgang im Beton			Stahl (Verhalten abhängig von Herstellungsart und Beanspruchung)
1400 °C	Beton in Schmelzphase		Konstruktionsbeton nicht brauchbar	20 % bis 15 % der ursprünglichen Werte der Tragfähigkeit
1300 °C	Bildung glasartiger Substanzen			
1200 °C	Schmelzvorgang beginnt			
800 °C	Keramische Bindung			
	Totalverlust des Hydratwassers			
700 °C	Zersetzung der Karbonate ($CaCO_3 \rightarrow CaO+CO_2$) Zersetzung der CSH-Phasen (Bildung von β-C_2S)			
600 °C	Deutliche Zunahme des thermischen Kriechens	β-Quarzsprung ($\alpha \rightarrow \beta$ SiO_2) (570 °C) Portlandzersetzung ($Ca(OH)_2 \rightarrow CaO+H_2O$)		Kritische Temperatur bei 500 °C Zugfestigkeit und Streckgrenze 60 % bis 50 %
500 °C			Explosionsartige Abplatzungen	
400 °C				
300 °C	Beginn von Festigkeitsverlusten von Beton	Dehydratation einiger Flintgesteine Wasserabspaltung der CSH-Phasen		Beginn des Rückganges der Festigkeit
250 °C				
200 °C			Beginn	
100 °C	Verlust des physikalisch gebundenen Wassers			
20 °C	Grundstruktur des Gefüges			

Tabelle 1.30   Vorgänge im Beton bei hohen Temperaturen (nach [1.93])

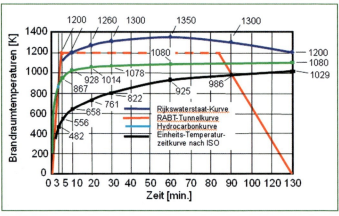

Bild 1.15   Vergleich europäischer Temperaturzeitkurven von Bränden (nach [1.91])

Beton mit hohem Brand- und Feuerwiderstand

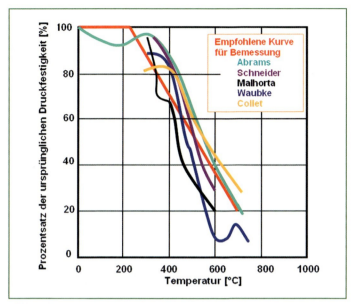

Bild 1.16 Druckfestigkeit von silikatischem Normalbeton ohne Vorlast (S mit Vorlast unter steigender Temperatur (nach [1.91] und [1.94])

1.7.2 Planungsgrundlagen

Beton als Baustoffklasse A

DIN 1045-1 gilt nach Abschnitt 1 (4) nicht für die Bemessung für den Brandfall.

Beton mit einer Zusammensetzung aus natürlicher Gesteinskörnung nach 5.1.3, Zement nach 5.1.2, Zusatzmittel nach 5.1.5, Zusatzstoffen nach anderen anorganischen Ausgangsstoffen nach 5.1.1 ist als Euroklasse A klassifiziert und erfordert keine Prüfung (DIN EN 206-1 (5.5.4).

Die Euroklasse A entspricht der Baustoffklasse A nach DIN 4102-2 als nicht brennbare Baustoffe. Beton als mineralischer Baustoff brennt nicht, trägt somit nicht zur Brandlast bei, leitet den Brand nicht weiter und bildet keinen Rauch.

Mit Beton können Brandschutzmaßnahmen sicher und wirtschaftlich erreicht werden [1.95]. Beton- und Stahlbetonbauteile erreichen einen hohen Feuerwiderstand. Auch im Sinne der Brandschutznorm DIN 4102-4, Abschn. 2.2.1 ist Beton ein nicht brennbarer Baustoff und der Baustoffklasse A zugeordnet.

Feuerwiderstandsklassen

Im Teil 4 der DIN 4102 sind die Bauteile und Baustoffe in Feuerwiderstandsklassen klassifiziert. In den Bauordnungen und den bauaufsichtlichen Vorschriften sind auf der Basis der Musterbauordnung die Klassifizierungsbegriffe den Baustoffen und Bauteilen im Hochbau zugeordnet. Den Feuerwiderstandsklassen der Baustoffe sind bauaufsichtliche Benennungen zugeordnet, z. B. F 30A = »feuerhemmend«, »schwer entflammbar«und »normal entflammbar«. Die Bauteile werden entsprechend der im Normenbrandversuch gemäß DIN 4102-2 erzielten Feuerwiderstandsdauer, z. B. 30, 60, 120 oder 180 Minuten, in die zugehörigen Feuerwiderstandsklassen wie F30, F60, F90, F120 oder F180 eingestuft.

Feuerwiderstandsdauer und Dimensionierung

Die Feuerwiderstandsdauer ist die Zeit, in der während des Brandversuchs gemäß der genormten Einheits-Temperaturzeit-Kurve die Kriterien für Tragfähigkeit, Verformung und Erwärmung der nicht brandbeanspruchten Oberflächen eingehalten werden. DIN 4102 Teil 4 enthält für Bauteile aus Beton Angaben zur Dimensionierung (Mindestbreite, Mindestdicke und Anordnung der Bewehrung). Für die Bewehrung ist der Begriff »Achsabstand« zu beachten. Für die Dimensionierung des Achsabstandes ist die kritische Temperatur des Stahles maßgebend. Diese liegt als Fließgrenze für den normalen Bewehrungsstahl bei 500 °C und für Spannstahl bei 350 °C. In der Regel erfüllen die statischen Anforderungen hinsichtlich der Dimensionierung und der Betondeckung auch die Brandschutzanforderungen. Auch die Anforderungen an Brandwände nach DIN 4102 Teil 3 und die Richtlinien der Sachversicherer für Komplextrennwände sind zu beachten [1.95]. Nach letzteren können größere Abmessungen als nach der Statik erforderlich sein.

»Damit ist die Auslegung des konstruktiven Brandschutzes zu einer echten Ingenieuraufgabe geworden, die grundsätzlich in analoger Weise gelöst werden kann wie bei der Bemessung der Konstruktion für die Normaltemperatur« (Zitat [1.90]).

Industriebauten gelten baurechtlich als Kategorie besonderer Art und Nutzung. Die Industriebaurichtlinie [1.96] und die DIN 18230-1 »Brandschutz im Industriebau« enthalten Mindestanforderungen an die Feuerwiderstandsfähigkeit der Bauteile und die Brennbarkeit der Baustoffe, die Größe der Brandabschnitte bzw. Brandbekämpfungsabschnitte, die Anordnung, Lage und Länge der Rettungswege sowie Berechnungsmethoden nach sicherheitsstatistischen Methoden.

Bemessung im Brandfall

Nach [1.91] und [1.94] wird die im Bild 1.16 enthaltene Kurve für die Bemessung von Beton unter Einwirkung hoher Temperaturen empfohlen.

Der Eurocode behandelt im Teil 1–2 (DIN EN 1992-1-2:10-2005, Tragwerksbemessung für den Brandfall) auch Anforderungen an den Feuerwiderstand von Tragwerken aus Beton, Stahlbeton und Spannbeton (z. Zt. zurückgezogen). Die Bemessung nach Eurocode wird ebenfalls in [1.90] ausführlich beschrieben.

Auf der Grundlage der DIN EN 1992.1.2 werden bereits Berechnungen zum Brandfall wie folgt durchgeführt.

In [1.89] wird ein Verfahren zur Bestimmung einer adäquaten Leistungsfähigkeit eines Bauteils mit Rechteckquerschnitt und Kreisquerschnitt im Standverhalten gegenüber einer Brandeinwirkung benannt. Dazu werden Programme beschrieben, in denen die mechanische Analyse auf den temperaturbedingten Veränderungen der mechanischen Eigenschaften, auch der thermischen Dehnungen und Spannungen, aufbaut. Die Rechengenauigkeit kann beeinflusst werden, da die Berechnung bei kleinen Querschnitten und hohen Branddauern viel Zeit benötigt. Die Bemessung erfolgt im Grenzzustand der Tragfähigkeit.

In [1.97] wird ein numerisches Rechenmodell für Beton- und Stahlbetonkonstruktionen unter Brandeinwirkung vorgestellt, das die instationäre thermische und mechanische Analyse unter Berücksichtigung der Temperaturabhängigkeit der thermischen und mechanischen Eigenschaften des Betons und des Bewehrungsstahles im Rahmen des im Eurocode 2, Teil 1–2 enthaltenen »phänomenologischen Ansatzes« umfasst.

In [1.98] werden Ergebnisse von Untersuchungen zum Brandverhalten von Befestigungselementen im Beton beschrieben und ein Vorschlag zur Beurteilung der Prüfung und Bemessung von Befestigungen bei Brandbeanspruchung vorgestellt.

Konstruktive und technologische Maßnahmen

Als konstruktive und betontechnologische Maßnahmen gegen das Abplatzen an Tunnelinnenschalen im Brandfall gibt es zur Zeit die folgenden Möglichkeiten [1.91]:

- Brandschutzschichten
- rückverhängte Bewehrungsnetze
- Einsatz von Polypropylenfasern (PP-Fasern).

Brandschutzschichten vermindern den Temperaturgradienten am Beton.

Für Brandschutzschichten gibt es spezielle Brandschutzplatten, z. B. Silikat-Brandschutzplatten, aus Glasfaserleichtbeton und aus Metallen sowie Brandschutzputze. Brandschutzputze haben eine Stärke von 35 bis 45 mm. Sie erfordern jedoch Putzträger (Metallgitter), die wiederum an der tragenden Tunnelkonstruktion befestigt werden müssen [1.99]. Eine weitere Möglichkeit ist der Spritzbeton mit PP-Fasern.

Für die Ertüchtigung bestehender Tunnel sind Brandschutzschichten die einzige Möglichkeit, den Brandwiderstand zu verbessern. In [1.100] wird über Brandschutzschichten, insbesondere über den Einsatz von Faserspritzbeton berichtet.

In Rahmen der Forschungsarbeit zum Textilbeton wird in [1.101] über Brandversuche nach der Einheitstemperaturkurve unter Gebrauchslast mit textilbewehrtem Beton berichtet. Die Ergebnisse sind positiv, müssen aber für eine Zuordnung zu einer Brandschutzklasse als Brandschutzschicht noch diskutiert werden.

Zusätzliche engmaschige Bewehrungsmatten sollen Betonabplatzungen an der Betonoberfläche verhindern. Die Betondeckung beträgt für Tunnel zum Schutz der Bewehrung im Brandfall gemäß ZTV-Ing., Teil 5 Tunnelbau 60 mm als Nennmaß. Die rückverhängte Bewehrung muss eine verzinkte Mattenbewehrung (N94) sein. Die Mindestbetondeckung muss 20 mm betragen. Die Matte muss so eingebaut werden, dass keine Kontaktkorrosion mit der tragenden Bewehrung auftritt (Bild 1.17 und Bild 1.18).

Der Einsatz von Polypropylenfasern im Beton für den Brandschutz wurde bereits im Abschnitt 1.5.9 beschrieben. Die durch das Schmelzen der Fasern entstehende Porosität kann den Dampfdruck abmindern. Die Polypropylenfasern verhalten sich im Beton neutral. Sie sind alkaliresistent und werden auch von Säuren nicht angegriffen [1.102]. Die Schmelztemperatur liegt bei 150 °C bis 175 °C. Sie sind 6 bis 12 mm lang und haben einen Durchmesser von 15 bis 18 ηm. Die Dosierung liegt bei 1,5 bis 2,0 kg/m³. Die Verarbeitbarkeit wird durch die Fasern beeinflusst und muss durch Eignungsversuche gesichert werden.

Bild 1.17 Verzinkte Mattenbewehrung als Brandschutz im Tunnelbau

Bild 1.18 Befestigung der verzinkten Mattenbewehrung ohne Kontakt zur tragenden Bewehrung

Dieser Brandschutzbeton kommt gegenwärtig nur im Tunnelbau zur Anwendung.

Die Poren eines reinen Luftporenbetons sind für den Dampfdruckabbau nicht ausreichend.

Spritzbeton mit PP-Fasern ist auch eine Möglichkeit für die Erstellung einer Brandschutzschicht.

1.7.3 Feuerbeton

Feuerbeton oder hitzebeständiger Beton ist eine spezielle Betonart, die ihre wesentlichen physikalisch-mechanischen Eigenschaften in gewissen Grenzen selbst bei lang andauernder Einwirkung hoher Temperaturen beibehält [1.103] oder nach ENV 1042 ein Gemenge aus feuerfesten Gesteinskörnungen mit einem oder mehreren Bindemitteln, die nach dem Zusetzen und Mischen mit Wasser oder einer anderen Flüssigkeit ohne Wärmezufuhr erhärten.

Feuerbeton kann Temperaturen bis weit über 1000 °C ertragen. Er wird aus Portlandzement, Hochofen- oder Tonerdeschmelzzement mit feuerfesten Gesteinskörnungen hergestellt. Die hohe Heißdruckfestigkeit solcher Betone beruht darauf, dass während der Erhitzung über 600 °C die lockere Bindung zwischen den Betonbestandteilen (van de Waalss`sche Bindung) in die kovalente Bindung (Bindung von Elektronen) wie bei keramischen Werkstoffen übergeht [1.86] und [1.104]. Die Vielfältigkeit der Arten von Feuerbetonen kann beschrieben und unterschieden werden nach dem jeweiligen chemischen Reaktionsverhalten, nach der Gesteinsart, nach dem chemisch-mineralogischen Charakter der Gesteine, nach der Art der Bindung und nach der Art der Anwendungsgrenztemperatur [1.103]. Tonderereiche Gesteinskörnungen gelten als feuerfest und hochfeuerfest und werden im Temperaturbereich von 1100 °C bis 1500 °C eingesetzt. Gesteinskörnungen mit Tonerdegehalten über 50 % sind Tonerdesilikate (wie Andalusit, Disthen und Sillimanit, müssen vor den Einsatz vorgebrannt werden) und Bauxit. Andere Tonerdeprodukte sind Korund und Kalzinierte Tonerden, die durch Aufbereitung hergestellt werden sowie das synthetisch hergestellte Spinell. Die Gesteinskörnungen erfahren bei hohen Temperaturen eine Umwandlung [1.104]. Die unterschiedlichen Eigenschaften der Gesteinskörnungen werden in [1.94] und [1.103] beschrieben. Als Bindemittel werden verschiedene Bindebaustoffe und auch Zement eingesetzt. Feuerfestbetone mit Hochofenzement und Portlandzement werden nur von 1200 bis 1300 °C eingesetzt, Tonerdeschmelzzemente bis 1500 °C. Für höhere Temperaturen werden Hochtonerdezemente mit Al_2O_3-Gehalten über 70 % verwendet. Nachteil der hydraulischen Bindung ist der Festigkeitsverlust beim Übergang von der hydraulischen zur keramischen Bindung, der erst mit zunehmender Dauer der Sinterung wieder ausgeglichen wird. Deshalb wurden zementarme Bindemittel entwickelt (3 bis 8 % Zementanteil) und 1 % in einer weiteren Entwicklungsstufe durch ultrafeine Partikel, die die Porenräume ausfüllen und den Porenwasserbedarf entfallen lassen [1.104]. Diese feinen Partikel (Feuerfestpulver) übernehmen den reaktivsten Teil der Matrix für die Phasenzusammensetzung bei höheren Temperaturen, die thermomechanischen Eigenschaften und die Korrosionsbeständigkeit der Feuerbetone [1.104].

In [1.105] wurden 48 kommerzielle Feuerfestbetone speziell für den Einsatz in der Stahlindustrie untersucht und Hinweise für die Anwendung von Phasendiagrammen zur Beurteilung von Feuerfestbetonen aus den Ergebnissen abgeleitet sowie Hinweise zur Anwendung für Teile der Stahlherstellungstechnologie gegeben.

Feuerbetone werden zunehmend als Trockenbeton angeliefert und monolithisch verarbeitet. Die Verwendung auch als Schutzbeton in Tunneln ist eine Einsatzmöglichkeit. [1.103].

1.8 Literatur

[1.1] Reinhardt, H.-W.: Erläuterungen zur Richtlinie für hochfesten Beton des Deutschen Ausschusses für Stahlbeton, Beton- und Stahlbetonbau 92(1997), H. 1, S. 9–12.

[1.2] König, G.; Meyer, J.: Erhöhung der Zähigkeit von Hochleistungsbeton – Konzepte und Versuche. Bautechnik 74(1997), H. 10, S. 702–724.

[1.3]   Hegger, J.; Burkhardt, J.: Hochhaus »Taunustor« in Frankfurt am Main – Hochfester Beton B105. Beton- und Stahlbetonbau 92 (1997), H. 7, S. 189–195.

[1.4]   Schrage, I.: Hochfester Beton. Teil 1: Betontechnologie und Betoneigenschaften. König, G. u. a.: Hochfester Beton. Teil 2: Bemessung und Konstruktion. Deutscher Ausschuss für Stahlbeton, Heft 438. Beuth-Verlag, Berlin, 1994.

[1.5]   Schröder, P.; Müller, C.; Schiessl, P.: Hochleistungsbeton mit Steinkohlenflugasche. 36. Forschungskolloquium des DAfStb am 8./9.10.98 an der RWTH Aachen

[1.6]   Zimbelmann, R.; Junggunst, J.: Hochleistungsbeton mit hohem Flugaschegehalt. Beton- und Stahlbetonbau 94 (1999), H. 2, S. 58–65.

[1.7]   König, G.; Simsch, G.: Heller Hochfester Beton. beton 43 (1994), H. 2, S. 82–83.

[1.8]   Budnik, J.; Wassmann, K.: Hochfester Transportbeton B85. beton 47 (1997), H. 4, S. 189–193.

[1.9]   Theile, V.; Hildebrandt, H.; Brüggemann, H.-G.: Hochhausensemble mit projektbezogenen Sonderbetonen. Beton (1996), H. 9, S. 535–540.

[1.10] DAfStB-Richtlinie »Wasserundurchlässige Bauwerke aus Beton (WU-Richtlinie)«, 11.2003 und Berichtigung zur WU-Richtlinie, 03.2006.

[1.11] Erläuterungen zur WU-Richtlinie, DAfStB-Heft 555, Deutscher Ausschuss für Stahlbeton, Beuth Verlag, Berlin, 2006.

[1.12] Positionspapier des Deutschen Ausschusses für Stahlbeton zur DAfStB-Richtlinie »Wasserundurchlässige Bauwerke aus Beton« – Feuchtetransport durch WU-Konstruktionen, 7.2006, DAfStB, Berlin, 2006.

[1.13] Lohmeyer, G.; Ebeling, K.: Weiße Wannen – einfach und sicher«, Verlag Bau + Technik, Düsseldorf, 2009.

[1.14] Beddoe, R.; Springenschmid, R.: Feuchtetransport durch Bauteile, Beton- und Stahlbetonbau 94 (1999), H. 4, S. 158–166

[1.15] Bose, T.; Kampen, R.: Wasserundurchlässige Bauwerke, Zement-Merkblatt Hochbau H 10, Verein Deutscher Zementwerke, Düsseldorf, 1.2010.

[1.16] Verordnung über Anlagen zum Lagern, Abfüllen und Umschlagen wassergefährdender Stoffe und die Zulassung von Fachbetrieben (Anlagenverordnung VAwS), länderspezifisch.

[1.17] DAfStB-Richtlinie »Betonbau beim Umgang mit wassergefährdenden Stoffen«, Teil 1 bis 6, Deutscher Ausschuss für Stahlbeton, Berlin, 9.1996.

[1.18] Zement-Taschenbuch. Herausgegeben vom Verein Deutscher Zementwerke e.V., Bauverlag, Wiesbaden, 2002.

[1.19] DAfStB: »Zum Eindringverhalten von Flüssigkeiten und Gasen in ungerissenem Beton«, »Eindringverhalten von Flüssigkeiten in Beton in Abhängigkeit von der Feuchte der Probekörper und der Temperatur«, »Untersuchungen der Dichtigkeit von Vakuumbeton gegenüber wassergefährdenden Flüssigkeiten«, Heft 455, Deutscher Ausschuss für Stahlbeton, Berlin, 1994.

[1.20] DAfStB: DAfStB-Richtlinie Stahlfaserbeton, Deutscher Ausschuss für Stahlbeton, Berlin, 2010.

[1.21] Lamprecht, H.-O.: Opus Caementitium. Bautechnik der Römer. Beton-Verlag, Düsseldorf, 2001.

[1.22] Mansour, T.: Korrosionsverhalten und Lebenserwartung von Stahlleichtbetonbauteilen im Freien, Beton- und Stahlbetonbau 1998, H. 6, S.155–159.

[1.23] Müller, H. S., Reinhardt, H.-W.: Beton – Leichtbeton. Betonkalender 2009, S. 99–111.

[1.24] Hilsdorf, H. K.: Beton – Leichtbeton. Betonkalender 1995, S. 99–108.

[1.25] Bauberatung Zement: Leichtbeton. Zement-Merkblatt B13. 4.2008.

[1.26]   Wischers, G., Lusche, M.: Einfluss der inneren Spannungsverteilung auf das Tragverhalten von druckbeanspruchtem Normal- und Leichtbeton. Betontechnische Berichte 1972, Beton-Verlag, Düsseldorf, 1973.

[1.27]   Schulze, W.: der Baustoff Beton. Band 1. Zementgebundene Mörtel und Betone. Verlag für Bauwesen, Berlin, 1988.

[1.28]   Pauw, A.: Static modulus of elasticity of concrete as affected by density. Journal of the American Concrete Institute 57 (1960/61), S. 679–687.

[1.29]   Walz, K., Wischers, G.: Konstruktionsleichtbeton hoher Festigkeit. Beton-Verlag, Düsseldorf, 1964.

[1.30]   Weber, H.: Porenbeton Handbuch. Bauverlag, Wiesbaden, 1991.

[1.31]   Mansour, T.: Korrosionsverhalten und Lebenserwartung von Stahlleichtbeton-Bauteilen im Freien. Beton- und Stahlbetonbau 93 (1998) H. 6, S. 155–159

[1.32]   Faust, Th.: Leichtbeton im konstruktiven Ingenieurbau. Verlag Ernst & Sohn, Berlin, 2003

[1.33]   Stengel, T.: PDF-Datei: Baustofftechnologie – Leichtbeton / Recyclierter Beton. Skriptum zur Vertiefungsvorlesung für Bauingenieure und Baustoffingenieure der TU München.

[1.34]   Grahlke, Chr.: Porenleichtbeton. In Schriftenreihe Spezialbetone Band 2, Verlag Bau und Technik, Düsseldorf, 1999.

[1.35]   Manns, W.: Leichtzuschlag. Zementtaschenbuch 48 (1984). Bauverlag GmbH, Wiesbaden/Berlin, 1983, S. 159–173.

[1.36]   Hebel Porenbetonhandbuch. Fels-Werke Goslar, 9. Auflage, 2002-02.

[1.37]   Garrecht H., Linsel S., Müller H.S.: Zementgebundene Umhüllung von Blähtonleichtzuschlägen zur Verbesserung der Eigenschaften von frischem und erhärtetem Konstruktionsleichtbeton. Forschungsbericht des Instituts für Massivbau und Baustofftechnologie, Universität Karlsruhe,1999.

[1.38]   Dehn, F.: Konstruktionsleichtbetone mit umhüllten Blähtonzuschlägen. Diplomarbeit, Karlsruhe, 1997.

[1.39]   Weber, H.; Hullmann, H.: Porenbetonhandbuch – Planen und Bauen mit System. Bauverlag, Gütersloh, 5. Auflage, 2002.

[1.40]   Bauberatung Zement: Schwerbeton/Strahlenschutzbeton. Zementmerkblatt B10. 1.2002.

[1.41]   Deutscher Betonverein: Betonhandbuch, 3., neu bearbeitete Auflage, Bauverlag GmbH Wiesbaden und Berlin, 1995.

[1.42]   Hilsdorf H. K.: Beton – Widerstand gegen radioaktive Strahlung. Betonkalender 1995, S. 65.

[1.43]   Wischers, G.; Lusche, M.: Einfluss der inneren Spannungsverteilung auf das Tragverhalten von druckbeanspruchtem Normal- und Leichtbeton. Betontechnische Berichte 1972, Beton-Verlag, Düsseldorf, 1973.

[1.44]   Lafarge-Zement, Forum 3/2009, S. 24–26, Koppe, P.: Schwerbetone – eine Herausforderung besonderer Art.

[1.45]   Deutscher Betonverein: Merkblatt Strahlenschutzbetone,1996.

[1.46]   Schnütgen, B: Verhalten von Stahlfaserbeton. Darmstädter Massivbauseminar 1989 Faserbeton.

[1.47]   Dahms, J.: Herstellung und Eigenschaften von Faserbeton. Betontechnische Berichte 1979. Beton-Verlag, Düsseldorf, 1980, S. 29–42.

[1.48]   Riker, R.: Maschinentechnik im Betonbau. Ernst & Sohn, Berlin, 1996.

[1.49]   Vulkan Harex: Stahlfasertechnik im Industriebodenbau. Herne, 1993.

[1.50]   Faoro, M.: Mit Fertigteilen innovativ bauen. Betonwerk + Fertigteiltechnik (1998) H. 6, S. 34–44.

[1.51] Falkner, H.: Innovatives Bauen. Betonwerk + Fertigteiltechnik (1998) H. 4, S. 42–51.

[1.52] Hildebrandt H.; Stapel, J.; Wooge, M.: Unterwasserbeton mit Stahlfasern. Beton 46 (1996) H. 11, S. 661–666.

[1.53] Völkel, W.; Riese, A.; Droese. S.: Neuartige Wohnhausdecken aus Stahlfaserbeton ohne obere Bewehrung. Beton- und Stahlbetonbau 93 (1998), H. 1, S. 1–6.

[1.54] Wörner, J.-D.: Hochfester Faserbeton. DBV-Arbeitstagung »Forschung« 7.11.1996, Deutscher Betonverein Wiesbaden.

[1.55] Bonzel, J.; Schmidt, M.: Verteilung und Orientierung von Stahlfasern im Beton und ihr Einfluss auf die Eigenschaften des Stahlfaserbeton. Beton 34 (1984) H. 11 S. 463–470, H. 12, S. 501–504 und 35 (1985) H. 1, S. 27–32

[1.56] Sachstandsbericht Faserbeton mit synthetischen organischen Fasern. (Fassung Oktober 1990), DBV-Merkblattsammlung. Deutscher Betonverein, Wiesbaden, 1991.

[1.57] Neuer Baustoff Textilbeton. Sachstandsbericht zur aktuellen technischen Entwicklung. Betonwerk + Fertigteil-Technik (1989) H. 6, S. 45–46.

[1.58] Alfes, Ch.; Wiens, U.: Stahlfaserbeton nach DAfStb-Richtlinie. Beton (2010) H. 4, S. 128–135.

[1.59] Zilch, M.; Lingemann, J.: Die DAfStb-Richtlinie Stahlfaserbeton – Wesentliche Entwicklungen, Anwendung, bauaufsichtliche Einführung. 56 Betontage Neu-Ulm, 09.–11.02.2010

[1.60] Teutsch, M.: Technische Regeln für Stahlfaserbeton – Der Entwurf der Richtlinie des DAfStb. Westdeutsches Architekten- und Ingenieurforum Bochum, 18.09.2007.

[1.61] Curbach, M.: Sachstandsbericht zum Einsatz von Textilien im Massivbau. Deutscher Ausschuss für Stahlbeton Heft 488.

[1.62] Nußbaum, G.; Vißmann, H.-W.: Faserbeton. Schriftenreihe Spezialbetone Band 2, Verlag Bau+Technik, Düsseldorf, 1999.

[1.63] Curbach, M.; Jesse, F.; Brückner, A.; Weiland, S.: Textile Bewehrung im Betonbau. Report 16, Fachtagung des VDB in Leipzig, 2010.

[1.64] Mechtcherine, V.: Hochduktiler Beton mit Kurzfaserbewehrung. beton (2009), H. 3, S. 80–86.

[1.65] Breitenbücher, R.; Rahm, H.: Zerstörungsfreie Bestimmung des Stahlfasergehalts und der Stahlfaserorientierung im Frisch- und Festbeton. beton (2009), H. 3, S. 88–93.

[1.66] Böing, R., Guirguis, Ph.: Stahlfaserbeton richtig ausschreiben, bestellen, liefern – was ändert sich durch die neue Richtlinie? beton (2009), H. 6, S. 246–252.

[1.67] Empelmann, M.; Teutsch, M.: Faserorientierung und Leistungsfähigkeit von Stahlfaser- sowie Kunststofffaserbeton. beton (2009), H. 6, S. 254–259.

[1.68] Schorn, H.: Faserbetone für Tragwerke. Verlag Bau+Technik, Düsseldorf, 2010.

[1.69] Empelmann, M.; Teutsch, M.; Müller, C.: Tragverhalten von Ultrahochleistungsbeton im Nahbruchbereich. beton (2010), H. 5, S. 175–181.

[1.70] Stahlfaserbeton – Stahlfasertypen – Merkblätter. Verband deutscher Faserhersteller e.V.

[1.71] Nischer, P.; Steigenberger, J.: Beton höchster Brandbeständigkeit mit Polypropylenfasern, Ergebnisse aus dem Forschungsinstitut der Vereinigung der Österreichischen Zementindustrie. BFT Betonwerk + Fertigteiltechnik, (2004), H. 8, S. 34–39.

[1.72] Rath, A.; Haberland, Ch.: Baulicher Brandschutz unterirdischer Verkehrsbauwerke. Zement + Beton (2004), H. 3, S. 18–23.

[1.73] Vogl, G.: Baulicher Brandschutz in Straßenverkehrsbauten mit Faserspritzbeton. Zement+ Beton (2007), H. 1, S. 24–27.

[1.74] Niederegger, Chr.: Konfektionierte Naturfaser aus Flachs zur Erhöhung der Brandbeständigkeit von Beton und Mörtel. 11. Vilser Baustofftagung 2007. Sonderpublikation Faserbeton der Vereinigung der Österreichischen Zementindustrie.

[1.75] Deutscher Beton- und Bautechnik-Verein (DBV): Merkblatt »Stahlfaserbeton«, Berlin, 2001.

[1.76] Deutscher Ausschuss für Stahlbeton: Richtlinie für Stahlfaserbeton. März 2010.

[1.77] Alfes, Ch; Sigrist, V.: Einfluss der Betondruckfestigkeit auf die Leistungsfähigkeit von Stahlfaserbeton. beton (2006) H. 3, S. 82–87.

[1.78] Schuler, F.; Sych, T.: Analyse der Faserorientierung in Betonen mit Hilfe der Computer-Tomographie. Forschungsvorhaben DBV 273, TU Kaiserslautern, Fachgebiet Massivbau und Baukonstruktionen, Fraunhofer IRB Verlag, Stuttgart, 2009.

[1.79] Zitzelsberger, Th.; Becker, H-R.: Kombinationsbewehrung in der Wasserwirtschaft. beton (2006), H. 3, S. 88–92.

[1.80] Zitzelsberger, Th.; Mandl, J.: Neues DBV-Merkblatt »Stahlfaserbeton«. beton (2002), H. 1, S.16–20.

[1.81] Bäuml, m. F.: Steigerung der Dauerhaftigkeit selbstverdichtender Betone durch Einsatz von Polymerfaserkurzschnitt. Dissertation ETH Zürich Nr. 14837/ 2002.

[1.82] Dow Global Technologies, Inc., Midland, Mich. US: Kunststofffasern für verbesserten Beton. Patentinformation: Dokumenteninformation DE60125178T2.

[1.83] Seeberger, J.; Kropp, J.; Hilsdorf, H.: Festigkeitsverhalten und Strukturänderungen von Beton bei Temperaturbeanspruchung bis 250°C. Deutscher Ausschuss für Stahlbeton, Heft 360, Beuth-Verlag, Berlin, 1986.

[1.84] Betonhandbuch. Deutscher Beton-Verein e.V., 3., neubearbeitete Auflage, Bauverlag Wiesbaden, Berlin, 1995.

[1.85] Dettling, H.: Die Wärmedehnung des Zementsteines, der Gesteine und der Betone. Schriftenreihe des Otto-Graf-Institutes der TH Stuttgart, Nr. 3, Stuttgart, 1962.

[1.86] Hilsdorf, H. K.: Beton, Betonkalender 1995, S. 66.

[1.87] Schneider, U.: Verhalten von Beton bei hohen Temperaturen. Deutscher Ausschuss für Stahlbeton, Heft 337, Beuth-Verlag, Berlin, 1982.

[1.88] Budelmann, H.: Zum Einfluss erhöhter Temperatur auf Festigkeit und Verformung von Beton mit unterschiedlichen Feuchtegehalten. MPA Braunschweig, Heft 76, 1985.

[1.89] Brandbemessung nach DIN EN 1992-1-2: www.pcae.de/main/progs/beton_basics/brandbemessung_basics.htm (pcae-GmbH Hannover)

[1.90] Hosser D.; Richter, E.: Konstruktiver Brandschutz im Übergang von DIN 4102 zu den Eurocodes, Betonkalender 2009, S. 502.

[1.91] Kusterle, W.; Lindhauser, W.; Hanser, St.: Polypropylenfaserbeton als Brandschutzmaßnahme im Tunnelbau. beton (2005), H. 10, S. 480–486.

[1.92] Thienel, K.-Ch.: Festigkeit und Verformung von Beton bei hoher Temperatur und biaxialer Beanspruchung – Versuche und Modellbildung. Deutscher Ausschuss für Stahlbeton, Heft 437, Beuth-Verlag, Berlin, 1994.

[1.93] Springenschmid, R.: Betontechnologie für die Praxis. Bauwerk-Verlag, Berlin, 2007.

[1.94] Kordina, K.; Meyer-Ottens, C.: Beton Brandschutz Handbuch. Beton-Verlag, Düsseldorf, 1981.

[1.95] Zementmerkblatt H1, 6/2000: Baulicher Brandschutz mit Beton.

[1.96] Muster-Richtlinie über den baulichen Brandschutz im Industriebau, Fassung März 2000, Bauministerkonferenz.

[1.97] Aschaber, M.; Feist, Ch.; Hofstetter, G.: Numerische Simulation des Verhaltens von Betontragwerken unter Brandeinwirkung. Beton- und Stahlbetonbau 2007, S. 578–587.

[1.98] Reick, M.: Brandverhalten von Befestigungen mit großem Randabstand in Beton bei zentrischer Zugbeanspruchung. Dissertation Universität Stuttgart, Fakultät für Bauingenieur- und Vermessungswesen, 2001.

[1.99] Flath, Th.: Einschalige, wasserdichte Tübbingauskleidungen. beton 47 (2007), H. 1+2, S.10–15.

[1.100] Kusterle, W.; Vogl, G.: Brandschutzschichten für Verkehrstunnel – Ein Sachstandsbericht zur Regelung und ersten Anwendung in Österreich. beton 48 (2008), H. 3, S. 90–95.

[1.101] Daniel, E.; Jesse, J.; Curbach, M.: Textilbeton – Theorie und Praxis: Tagungsband zum 4. Kolloquium zu Textilbewehrten Tragwerken (CTR54) und zur 1. Anwendertagung Dresden 2009. S. 515–520.

[1.102] www.fibrin.at, download 26.5.2003

[1.103] Wolf, G.: Untersuchung über das Temperaturverhalten eines Tunnelbetons mit spezieller Gesteinskörnung. Diplomarbeit, Institut für Baustofflehre, Bauphysik und Brandschutz der TU Wien, 1994.

[1.104] Buhr, A.: Tonderereiche Feuerfestbetone für den Einsatz in der Stahlindustrie. Dissertation, Fakultät für Bergbau, Hüttenwesen und Geowissenschaften der RWTH Aachen, 1996.

[1.105] Pflanzl, H.: Passiver Brandschutz im Tunnel- und Tiefbau. Kolloquium. Zement und Beton (2002), S. 38.

[1.106] DBV-Merkblatt »Bauen im Bestand – Brandschutz«, Januar 2008.

2 Spezielle Betonierverfahren und -methoden

Wenn besondere Anforderungen an die Eigenschaften des Betons nach der Erhärtung gestellt werden oder wenn monolithische Betonbauwerke unter außergewöhnlichen Bedingungen errichtet werden (Betonieren unter Wasser, Anbetonieren an vorhandene Konstruktionen), lassen sich oftmals herkömmliche Betonierverfahren nicht oder nur mit einem sehr hohen Aufwand anwenden. Für solche Fälle kommen spezielle Betonierverfahren zum Einsatz.

2.1 Spritzbetonieren

Der Bau der Kuppel des Zeiss-Planetariums Jena im Jahre 1926 war die erste Anwendung des Spritzbetons für gekrümmte Schalen. Bereits einige Jahre vorher wurde er für Instandsetzungen im Hochbau und im Brückenbau verwendet [2.7].

Die Errichtung doppelt gekrümmter Schalen (Hyperbolische Paraboloide) mit Spritzbeton im Nassspritzverfahren in Deutschland und im Ausland ist untrennbar verbunden mit dem Namen Ulrich Müther. Zahlreiche Dächer (Teepott Warnemünde, Seerose Glowe, Seerose Potsdam, Ahornblatt Berlin), Planetarien in Kuwait, Tripolis, Helsinki, Berlin, Wolfsburg, die Moschee in Amman und Bob-, Eislauf- sowie Radrennbahnen wurden in Spritzbeton ausgeführt. Die kompliziert gekrümmten Flächen der Bobbahnen wurden per Hand geglättet. Die Eislaufbahnen wurden zusätzlich mit Fertigern verdichtet und geglättet.

Das Klinkersilo Beckum mit einer Höhe von 44 m wurde von innen auf eine Kunststoffhülle gespritzt. Silikamodifizierter Spritzbeton wurde eingesetzt, um eine hohe Verschleißfestigkeit von Kohlebunkertaschen zu erreichen [2.6].

Am St. Gotthard-Basistunnel wurde ein 800 m tiefer Wetter- und Transportschacht mit einem brandbeständigen Spritzbeton ausgekleidet [2.8]. Für die Sanierung älterer Tunnel in Österreich ist der Einsatz eines brandbeständigen Faserspritzbetons erprobt und auch weiterhin vorgesehen. Dabei sollen Spritzroboter eingesetzt werden [2.8].

2.1.1 Vorschriften und Anwendungsgebiete

Das Spritzbetonieren stellt einen besonderen Beton nach einem speziellen Verfahren her und wird durch unterschiedliche Normen geregelt.

2.1.1.1 Begriffe und Vorschriften

Spritzbeton ist ein Beton nach DIN EN 206-1 / DIN 1045-2, der nach einem besonderen Verfahren hergestellt wird, das in einer Norm, der Spritzbetonnorm DIN 18551:2005-01 geregelt ist. Leistungsbeschreibung, Vergabe und Vertragsabschluss von Spritzbetonarbeiten regelt die DIN 18314.

Für den Anwendungsbereich der Instandsetzung von Stahlbeton gelten zusätzlich die Abschnitte der Richtlinie des DAfStb »Schutz und Instandsetzung von Stahlbeton« sowie für Betonersatz- und Oberflächenschutzsysteme im Geltungsbereich der ZTV-Ing. der Abschnitt 4 des Teiles 3 »Massivbau«. Für Maßnahmen zur Instandsetzung von Betonbauteilen von Wasserbauwerken (Geschäftsbereich der Wasser- und Schifffahrtsverwaltung des Bundes) gilt die ZTV-W LB 219 – 2004, Abschnitt 4 (bewehrter Spritzbeton) und Abschnitt 5 (unbewehrter Spritzbeton). In der ZTV-W sind zusätzlich zu den Expositionsklassen nach DIN EN 206-1/DIN 1045-2 wasserbauspezifische Beispiele als informative Bearbeitungshilfen aufgeführt.

Nach DIN 18551:2005-01 wird als Spritzbeton eine Betonmischung bezeichnet, die aus einer Spritzdüse pneumatisch aufgetragen und durch ihre Aufprallenergie verdichtet wird. Als Spritzmörtel wird ein Zementmörtel mit Gesteinskörnung für Beton bis höchstens 4 mm, bei gebrochener Gesteinskörnung bis 5 mm, der wie Spritzbeton verarbeitet wird, bezeichnet. Unterschieden werden die Begriffe Bereitstellungsgemisch und Spritzgemisch. Das Bereitstellungsgemisch ist die Mischung der Ausgangsstoffe, die der Spritzanlage zugeführt wird. Das kann Trockenbeton, erdfeuchter Beton oder Transportbeton sowie auch auf der Baustelle fertig gemischter Beton sein.

Das Spritzgemisch ist der Frischbeton, der die Spritzdüse verlässt. Der Spritzbeton ist somit das Spritzgemisch minus Rückprall [2.6]. Er ist durch eine gesonderte Norm geregelt, muss aber gleichzeitig der Betonnorm DIN EN 206-1/DIN 1045-2 entsprechen.

Hinsichtlich der Überwachung von Spritzbeton gelten nach DIN 18551, Abschnitt 8(2) für die Herstellung und Verarbeitung unabhängig von der Druckfestigkeitsklasse die Bedingungen für Beton der Überwachungsklasse 2 nach DIN 1045-3. Spritzbeton für Gebirgssicherung und Baugrubensicherungen wird meist ohne besondere Anforderungen ausgeführt. Eine Überwachung und Nachweisführung nach DIN 1045-3, Anhang B findet oft nicht statt und wird auch vielfach nicht für erforderlich gehalten.

2.1.1.2 Europäischer Normenkomplex »Spritzbeton«

Mit der DIN EN 14487 Teil 1 (2006) und Teil 2 (2007) sowie der DIN EN 14488-1 bis 7 liegt der europäische Normenkomplex für Spritzbeton vor. Die DIN EN 14488 regelt die Prüfung von Spritzbeton. Als nationales Anwendungsdokument liegt der Entwurf einer überarbeiteten DIN 18551 vor, der zum Zeitpunkt der bauaufsichtlichen Einführung zusammen mit den genannten europäischen Normen die bis jetzt noch gültige DIN 18551 ablösen wird. Die Normen gelten auch für Spritzmörtel, wenn er im Sinne von DIN EN 14487-1 verwendet wird.

Die überarbeitete DIN 18551 ist gegliedert in drei Teile. Teil A enthält die nationalen Regelungen zum Teil 1 der DIN EN 14487, Teil B zum Teil 2 der DIN EN 14487 und im Teil C sind die durch die europäische Norm nicht geregelten Festlegungen für die Bemessung von Spritzbetonkonstruktionen aus der alten DIN 18551:2005-01 übernommen.

Die DIN EN 14487/E DIN 18551 unterscheidet grundsätzlich zwischen den Anwendungsbereichen von Spritzbeton:

- für die Instandsetzung und Verbesserung von Tragwerken (Verstärkung, Auskleidung)
- für neue Tragwerke
- zur Verfestigung des Bodens (Sicherung von Baugruben, Hohlräumen, Hängen).

Zum Anwendungsbereich »Verfestigung des Bodens« zählen Felssicherung, Baugrubensicherung und die Ausbruchsicherung im Tunnelbau.

Den drei genannten Anwendungsbereichen sind jeweils **drei Überwachungskategorien** zugeordnet, die jeweils einen Satz von Eigenschaften sowie ihre Prüfhäufigkeiten enthalten (DIN EN 14487-1, Tabelle 12). Die Überwachungskategorien werden nach dem Grad des Risikos und der Gebrauchsdauer vom Planer ausgewählt. Die Tabellen A1 bis A3 zeigen Beispiele für die jeweils drei Überwachungskategorien in den drei Anwendungsbereichen. Darin sind Bauwerksart, Schwierigkeitsgrad und Anforderungen an die Gebrauchstauglichkeit sowie an die Dauerhaftigkeit genannt.

Die Projektbeschreibung muss alle Angaben enthalten, die das Bauteil und alle Anforderungen an den Spritzbeton beschreiben. Der Anhang A der DIN EN 14487-2 enthält dafür eine Checkliste, die unterteilt ist in die Abschnitte Anwendungsbereich, Normen, Dokumentation, Vorbereitungen, Bewehrung, Einrichtung, Ausführung, geometrische Toleranzen und Überwachung mit der Festlegung der Überwachungskategorie. Die Ausführung der Spritzbetonarbeiten sind zu dokumentieren.

Gemäß Abschnitt 6 der DIN EN 14487-1 muss auch Spritzbeton in Beton nach Eigenschaften und Beton nach Zusammensetzung spezifiziert werden. Die erforderlichen Prüfungen und die Prüfdichte für die Überwachungskategorien der Anwendungsgebiete legt Tabelle 12 der DIN EN 14487-1 fest. Auszugsweise wird die Prüfdichte für die Druckfestigkeit in Tabelle 2.1 wiedergegeben.

Die Übereinstimmungskriterien für die Druckfestigkeit nach Tabelle 13 der DIN EN 14487-1 sind in Tabelle 2.2 wiedergegeben. Dabei wird der Einzelwert als Durchschnitt von 5 Bohrkernen ermittelt, die aus einer Prüfplatte entnommen werden. Weichen Prüfergebnisse von einem oder von zwei Bohrkernen mehr als ± 20 % vom Mittelwert ab, werden diese nicht berücksichtigt. Drei Ergebnisse sind für den Mittelwert (= Einzelwert) erforderlich.

Die Festigkeitsentwicklung des jungen Spritzbetons wird in **Frühfestigkeitsklassen** gemäß Bild 2.1 eingeteilt (übernommen aus der österreichischen Spritzbetonrichtlinie), die für den Anwendungsbereich der Bodenverfestigung nachzuweisen ist. Junger Beton ist Spritzbeton bis zu einem Alter von 24 Stunden. Die Prüfung erfolgt im Festigkeitsbereich 0,2 bis 1,2 MPa mit dem Eindringnadelverfahren und im Festigkeitsbereich 2 bis 16 MPa mit dem Bolzentreibverfahren nach DIN EN 14488-2.

Geregelt ist auch faserverstärkter Spritzbeton mit Stahlfasern und mit Polymerfasern. Stahlfasern müssen der DIN EN 14889-1 entsprechen. Polymerfasern nach DIN EN 14889-2 bedürfen der allgemeinen bauaufsichtlichen Zulassung (E DIN 18551, Tabelle 4). Der Fasergehalt wird an einer Frischbetonprobe nach DIN EN 14488-7 bestimmt. Für faserverstärkten Spritzbeton werden die ergänzenden Eigenschaften »Restfestigkeit bei Durchbiegungen« nach DIN EN 14488-3 mit Restfestigkeitsklassen und »Energieabsorptionsvermögen bei Durchbiegungen« nach DIN EN 14488-5 mit Energieabsorptionsklassen eingeführt.

2 Spezielle Betonierverfahren und -methoden

Art der Prüfung	Anzahl n der Prüfergebnisse	Mittelwert von n Ergebnissen Kriterium 1	Jedes einzelne Prüfergebnis x_i Kriterium 2
Erstherstellung	3	$f_{cm} \geq f_{ck} + 4$	$f_{ci} \geq f_{ck} - 4$
Stetige Herstellung	15	$f_{cm} \geq f_{ck} + 1{,}48\,\sigma$	$f_{ci} \geq f_{ck} - 4$
Für ein Prüfergebnis n sind 5 Bohrkerne aus einer Prüfplatte oder aus dem Bauwerk erforderlich. Abweichungen von ± 20 % eines einzelnen Bohrkernes gehen nicht in die Bewertung ein. Für die Ermittlung der Standardabweichung σ sind 6 Proben erforderlich.			

Tabelle 2.1 Prüfdichte für die Prüfung der Druckfestigkeit von Spritzbeton (Auszug aus Tabelle 12 der DIN EN 14487-1)

Prüfung	Verfahren	Häufigkeit	Anwendungs-bereich	Kate-gorie
Frischbetonprüfungen				
w/z-Wert	Berechnung oder Prüfung	täglich	alle 3 Bereiche	3
Beschleu-niger	Verbrauch aufzeichnen	täglich	alle 3 Bereiche	3
Fasergehalt	prEN 14888-7	mind. 1	Bodenverfesti-gung	1
		1 mal je 200 m³ oder je 1000 m²		2
		1 mal je 100 m³ oder je 500 m²		3
		mind. 1	Instandsetzung und Verbesserung	1
		mind. 2 oder 1 mal je 500 m²		2
		mind. 3 oder 1 mal je 250 m³		3
		mind. 1 mal oder 1 mal je 200 m³ oder je 1000 m²	Freistehende Konstruktionen	1
		mind. 2 oder 1 mal je 100 m³ oder je 500 m²		2
		mind. 3 oder 1 mal je 50 m³ oder je 250 m²		3

Tabelle 2.2 Übereinstimmungskriterien für die Druckfestigkeit von Spritzbeton (nach DIN EN 14487-1, Tabelle 13)

Prüfung	Verfahren	Häufigkeit	Anwendungsbereich	Kategorie
Festbetonprüfungen				
Festigkeit des jungen Spritzbetons	prEN 1488-2	1 mal je 5000 m² oder 1mal in 2 Monaten	Bodenverfestigung	1
		1 mal je 2500 m² oder 1mal je Monat		2
		1 mal je 250 m² oder 2mal je Monat		3
Druckfestigkeit	EN 12504-1	1 mal je 1000 m³ oder 1mal je 5000 m²		1
		1 mal je 500 m³ oder 1mal je 5000 m²		2
		1 mal je 1000 m³ oder 1mal je 1250 m²		3
		mind 1 mal oder 1mal je 500 m³ oder 1 mal je 2500 m²	Instandsetzung und Verbesserung Und freistehende Konstruktionen	1
		mind. 2 mal oder 1mal je 100 m³ oder 1 mal je 500 m²		2
		mind. 3 mal oder 1 mal je 50 m³ oder 1 mal je 250 m²		3
Rohdichte	pr EN 12390-7	bei Druckfestigkeitsprüfung	alle	alle
Wassereindringwiderstand	DIN EN 12390-8	mind 1 mal oder 1 mal je 1000 m²	Instandsetzung und Verbesserung und Konstruktionen	1
		mind 2 mal oder 1 mal je 500 m²		2
		mind 3 mal oder 1 mal je 250 m²		3
Frostwiderstand	(DIN CEN/TS 12390-9) ?	mind 1 mal oder 1 mal je 1000 m²	Instandsetzung und Verbesserung und Konstruktionen	1
		mind 2 mal oder 1 mal je 500 m²		2
		mind 3 mal oder 1 mal je 250 m²		3
Prüfungen der Haftfestigkeit sind für die Bodenverfestigung und die Instandsetzung erforderlich. Besondere Prüfungen von faserverstärktem Spritzbeton sind die Restfestigkeit oder das Energieabsorptionsvermögen und dabei auch die Prüfung des Fasergehaltes, der Biegzugfestigkeit und der Erstrissfestigkeit (siehe Tabelle 13 der DIN EN 14487-1)				

Tabelle 2.2 (Fortsetzung) Übereinstimmungskriterien für die Druckfestigkeit von Spritzbeton (nach DIN EN 14487-1, Tabelle 13)

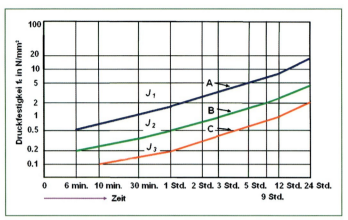

Bild 2.1 Frühfestigkeitsklassen des jungen Spritzbetons
(nach DIN EN 14487, Bild 1)

2.1.1.3 Ausgangsstoffe

Die Ausgangsstoffe müssen den Normen entsprechen. Der Zement sollte günstigerweise eine Normfestigkeit von ≥ 42,5 N/mm² besitzen. Verwendet wird Zement nach DIN EN 197-1, DIN 1164-11 oder Zemente mit einer allgemeinen bauaufsichtlichen Zulassung (Spritzbetonzemente). Für das Trockenspritzen werden Zemente nach DIN 1164-11 eingesetzt. Dies sind Zemente mit besonderen Eigenschaften, mit »frühem Erstarren« (FE-Zement) und mit »schnellem Erstarren« (SE-Zement). FE-Zement beginnt bei der Herstellung des Zementleimes sofort mit dem Erstarren. Es werden auch spezielle Spritzbetonzemente mit bauaufsichtlicher Zulassung eingesetzt, die sulfatreduziert oder mit Zementzusatzmitteln versehen sind [2.9]. Normalzemente nach DIN EN 197-1 und DIN 1164 enthalten Calciumsulfat zur Regulierung der Verarbeitbarkeit, da der Klinker sofort mit Wasser reagieren würde. Deshalb ist für den Einsatz dieser Zemente für Spritzbeton ein Erstarrungsbeschleuniger erforderlich. Prinzip der speziellen Spritzbetonzemente ist, dass der Gehalt an Calciumsulfat reduziert wird und Erstarrungsbeschleuniger nicht erforderlich sind. Ihr Einsatz erfolgt in der Regel beim Trockenspritzen.

Für das Nassspritzen in Verbindung mit Transportbeton wäre die Zugabe von Verzögerern erforderlich. Der Einsatz der sulfat- und akalireduzierten Spritzbetonzemente kann notwendig werden, wenn die Eluation von Betonbestandteilen und damit auch von Alkalien im Grundwasser und in wasserführenden Schichten ausgeschlossen werden muss [2.51]. Bei der Verwendung dieser Zemente auch beim Trockenspritzen muss darauf geachtet werden, dass der Förderschlauch sehr kurz ist [2.6]. Für Tunnelaußenschalen zur Sicherung des Vortriebs wird nach entsprechenden Eignungsversuchen auch Hochofenzement eingesetzt. In diesem Fall [2.10] wurde das Trockengemisch in Fahrmischern angefahren, in ein Vorratssilo übergeben und über ein Band der Spritzbetonmaschine zugeführt. Aus der auf 3 Std. angesetzten Verweildauer ergab sich die Notwendigkeit für den Einsatz des Hochofenzementes. Das kann auch erforderlich werden, wenn Bergwasser anfällt, das bereits Hxdrogencarbonat enthält (im Kalksteingebirge), dieses direkt dem Vorfluter zugeführt wird, vorher mit dem Spritzbeton in Berührung kommt und somit die

Alkalität verringert werden muss. Dabei ist auch der Einsatz von Flugasche nicht ausgeschlossen [2.11].

Die Gesteinskörnung muss der DIN 12620 oder DIN 13055-1 entsprechen. Sie sollte bei beschränkter Korngröße gemischt körnig sein. Als maximale Korngröße wird 16 mm verwendet. Eine gleichmäßige Eigenfeuchte der Gesteinskörnung ist für das Trockenspritzen erforderlich (in der Regel 4 %).

Zusatzmittel müssen der DIN EN 934-2 bzw. der DIN 934-5 (Zusatzmittel für Spritzbeton) (siehe Abschnitt 1.4.2) entsprechen. Für Erstarrungsbeschleuniger muss die Eignung des Zusammenwirkens mit dem Zement nachgewiesen werden. Für die Ausführung der Spritzbetonarbeiten muss die zulässige Höchstmenge und die zulässige Schwankungsbreite vorgegeben werden. Die Einhaltung muss durch eine lückenlose Verbrauchserfassung nachgewiesen werden, da ein Überschreiten der Höchstmenge zu geringeren Druckfestigkeiten führt. Der Nachweis einer möglichst gleichmäßigen Beschleunigerzugabe ist Bestandteil des Qualitätsnachweises.

Das Zugabewasser muss der DIN 1008 genügen.

Der Einsatz von latent hydraulischen Silikastäuben ist nur sinnvoll, wenn bestimmte Eigenschaften erreicht werden müssen. Die Einsatzmenge wird mit 5 bis 10 % empfohlen.

Bei weiten Transportwegen in abgelegenen Gegenden, insbesondere im Ausland, ist die Verwendung von pulverförmigen Zusatzmitteln aus transporttechnischen Gründen zweckmäßig [2.8].

Stahlfasern sind nach DIN 18551 ein gesonderter Ausgangsstoff. Sie bedürfen der allgemeinen bauaufsichtlichen Zulassung.

Beim Spritzbetonieren werden das Fördern, das Einbauen sowie das Verdichten des Frischbetons in einem Arbeitsgang durchgeführt. Das Herausbilden der Struktur des Spritzbetons basiert auf den gleichzeitig ablaufenden Phasen der Formierung einer plastischen Schicht aus feinen Teilchen auf der Auftragsfläche und dem Eindringen der gröberen Körner in diese Schicht.

2.1.1.4 Eigenschaften und Anwendungsgebiete

Der Spritzbeton besitzt eine hohe Dichtigkeit und ist weitgehend wasserundurchlässig und gegen Witterungseinflüsse widerstandsfähig. Der E-Modul ist gegenüber normalem Beton geringer. Untersuchungen mit Spritzbetonzementen haben einen hohen Frost-Widerstand ergeben [2.9]. Ein Frost-Tausalz-Widerstand von Spritzbeton ist nur mit Feststoff-Luftporen (Mikrohohlkugeln) zu erreichen.

Das Verfahren Spritzbeton eignet sich zur Herstellung dünnwandiger, häufig auch räumlich gekrümmter und schwierig zu schalender Konstruktionen wie Behälter, Schalen und Tunnelauskleidungen. Ebenso wird es angewandt für das Auftragen einer dichten, dünnen Schicht an der Oberfläche von Konstruktionen sowie für das Sanieren von Betonkonstruktionen und deren Verstärkung. Infolge der hohen Auftreffenergie dringt das aufgespritzte Material tief in alle durch vorheriges Sandstrahlen geöffneten Poren und Unebenheiten des Altbetons ein und führt zu einem guten Verbund.

Spritzbeton wird bevorzugt bei der Instandsetzung und Verstärkung von Betonbauteilen eingesetzt. Zunehmend wird auch Stahlfaserspritzbeton mit 1 bis 2 % Stahlfasern verwendet.

Spritzbeton ist geeignet für Instandsetzungsmaßnahmen an Wasserbauwerken, die nur kurzzeitig außer Betrieb genommen werden können, z. B. bei Schleusenkammern. Neben der Frühfestigkeit ist auch der Nachweis der Dauerhaftigkeit gefordert, der über den des Frostwiderstandes, der Wassereindringtiefe und des E-Moduls zu erfolgen hat. Für die Instandsetzung im Wasserbau hat sich die rückverankerte und bewehrte Spritzbetonbauweise als zielführend für eine dauerhafte Lösung durchgesetzt [2.8].

Ein breites Anwendungsgebiet ist die Sicherung von Baugruben (Bild 2.17) und die Hang- und Gebirgssicherung.

Brandschutzummantelungen von Stahlkonstruktionen und Stahlbehältern sowie Ummantelungen von Dükern sind weitere Einsatzgebiete für Spritzbeton.

Spritzbeton wurde auch auf durch Vereisung stabilisierten Flächen aufgetragen. Dazu sind hohe Zementgehalte und eine Mindestschichtdicke von 5 cm erforderlich.

Über Spritzbeton in Druckluftkammern wird berichtet, dass ein erhöhter Luftbedarf besteht und ein plötzlicher Druckabfall die Druckfestigkeit mindern kann [2.8].

2.1.1.5 Verstärkungen und Instandsetzung

Die für die Verstärkung und Instandsetzung von Betonbauteilen für den jeweiligen Geltungsbereich zusätzlichen Vorschriften wurden bereits genannt. Sie enthalten auch die Anwendung von polymermodifiziertem Spritzbeton (SPCC), der nicht Bestandteil der DIN ist und für den nur diese Richtlinien gelten. Der Anhang zur DIN 18551 enthält konstruktive Hinweise für Verstärkungen. Bei Verstärkungsmaßnahmen muss unterschieden werden, ob diese nach der Norm (DIN 1045 und DIN 18551) oder als Reprofilierung mit einem Betonersatzsystem nach der jeweiligen Vorschrift erfolgen. Für Verstärkungen und Instandsetzungen wird meist das Trockenspritzen zur Anwendung kommen, insbesondere im Hochbau und bei lokal begrenzten Auftragsflächen.

Die Materialeigenschaften (mechanischen Kennwerte) des Altbetons und des Spritzbetons sollten nicht zu sehr voneinander abweichen. Wenn der Altbeton einen hohen E-Modul aufweist, ist das und damit auch eine Beteiligung am Tragverhalten, kaum zu erreichen [2.6]. Deshalb sind in der ZTV-W LB 219 die **Altbetonklassen** A1 bis A4 definiert. In diese sind die instandzusetzenden Bauteile oder Bereiche entsprechend ihrer ermittelten Druck- und Abreißfestigkeit einzuordnen [2.13]. Diesen Wertebereichen werden entsprechend der Klassen unterteilte E-Moduli zugeordnet. Vorsatzschalen für einen Untergrund der Altbetonklasse A1 erfordern ausschließlich verankerte und bewehrte Betone. Den Altbetonklassen A2 bis A4 sind **Spritzbetonklassen** S-A2 bis S-A3 zugeordnet, deren Anforderungen in einem BAW-Merkblatt festgelegt sind [2.15]. Die Anforderungen sind Schwindmaß, Druckfestigkeit, eigene Haftzugfestigkeit und, nur für die Klasse S-A4, Biegezugfestigkeit und statischer E-Modul.

Mit SPCC lassen sich sehr dünne Schichten auftragen. Das Größtkorn beträgt in der Regel 4 mm (5 mm bei gebrochenem Korn) und sollte trotzdem abgestuft sein. Die Schichtdicke muss mindestens das 3-fache des Größtkorns betragen. Die ZTV-Ing. legt im Teil 3 Mindestschichtdicken je Einsatzbereich fest und fordert bei Schichtdicken über 5 cm eine verdübelte Bewehrung (ZTV-Ing., Pkt. 4.2), eine Nachbehandlung von mindestens 5 Tagen sowie eine Eigen- und Fremdüberwachung (ZTV-Ing., Pkt. 4.5). Kunststoffmodifizierter Spritzbeton muss den Anforderungen der TL-BE-SPCC »Technische Lieferbedingungen für Betonersatzsysteme aus Reaktionsharzmörtel/Reaktionsharzbeton« 1990 entsprechen.

2.1.2 Spritzbetontechnik

Spritzbeton wird mit speziellen Spritzgeräten aufgetragen. Das Führen der Spritzdüse erfolgt manuell oder mittels Manipulator (Bild 2.15) und erfordert ein hohes Maß an Erfahrung und Aufmerksamkeit.

2.1.2.1 Rückprall

Der Rückprall ist der Teil des Spritzgemisches, der nicht an der Auftragsfläche haftet.

Bei der Korngrößenzusammensetzung wird eine ausgewählte Sieblinie zugrundegelegt, die einerseits eine optimale Verdichtung und andererseits einen möglichst geringen Rückprall garantiert. Dieser Rückprall ist verfahrensbedingt nicht zu vermeiden und für eine ausreichende Verdichtung auch erforderlich. Er liegt durchschnittlich zwischen 15 % und 25 %. In [2.7] wird empfohlen, eine Rückprallmenge von 40 % für alle Betonbestandteile mit der gleichen Menge zu kalkulieren. Streu- und Bruchverluste sind in dieser Zahl enthalten. Die Menge des Rückpralls verändert sich mit der Schichtdicke. Beim Beginn des Spritzvorganges prallen zunächst die Gesteinskörner von der harten Auftragsfläche ab, bis sich eine Zementleim-Mehlkornschicht gebildet hat, die erste Gesteinskörner festhält. Der Rückprall liegt zu Beginn des Spritzens bei ca. 50 % und höher, fällt stark ab und bleibt von einer ausreichenden Schichtdicke an (etwa 3 cm) gleich. Bild 2.2 zeigt die Veränderung des Rückpralls in Abhängigkeit von der Schichtdicke [2.6]. Stahlfasern verhalten sich im Rückprall wie die Gesteinskörner.

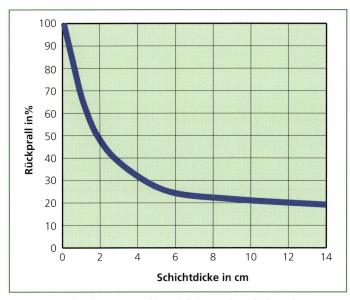

Bild 2.2 Rückprallmenge in Abhängigkeit von der Schichtstärke (nach [2.6])

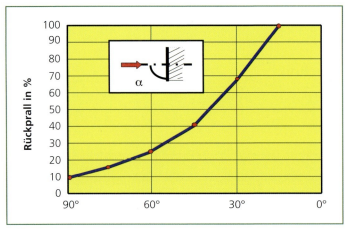

Bild 2.3 Rückprallmenge in Abhängigkeit vom Spritzwinkel (nach [2.8])

Der Rückprall wird außerdem durch verschiedene Faktoren bestimmt. In Bild 2.3 ist der Zusammenhang zwischen dem Rückprall und dem Spritzwinkel dargestellt:

- Reduzierung der Rückprallmenge durch eine optimale Zusammensetzung der Ausgangsmischung
- ordnungsgemäße Vorbehandlung der Auftragsflächen durch Säubern und Aufrauen mittels Sandstrahlen oder Druckwasserstrahlen
- Zugabe von Betonzusatzmitteln wie z. B. von Mikrosilika
- richtige Düsenführung, d. h. eine gleichmäßig kreisende Bewegung und das Einhalten eines Abstandes der Düse von 0,7 bis 1,0 m sowie einen Spritzwinkel von etwa 90°
- Einhalten einer optimalen Austrittsgeschwindigkeit des aufzutragenden Gemisches (ca. 60 … 100 m/s).

Über die Wiederverwendung von frischem Rückprall oder die Wiederaufbereitung der Gesteinskörnung aus dem Rückprall sind zwar Untersuchungen geführt worden, eine anwendbare Lösung konnte daraus aber nicht abgeleitet werden [2.7].

2.1.2.2 Veränderung der Zusammensetzung der Spritzbetonschicht

Durch den Rückprall verändern sich die Sieblinie und der Zementanteil in der aufgetragenen Spritzbetonschicht, insbesondere in den ersten 2 cm. Da der Wasser-Zement-Wert gleich bleibt, wird die Druckfestigkeit dadurch nicht beeinflusst [2.6]. Die Sieblinie weist aufgrund des Rückpralls des Grobkorn zu Beginn des Spritzens eine feinkörnige Zusammensetzung (Sieblinie 1) auf, die sich sukszessive verändert bis schließlich die beabsichtigte Kornverteilung (Sieblinie 2) vorliegt. Diese Verschiebung der Sieblinie zeigt schematisch Bild 2.4. Bei einem Rückprall von 70 % beträgt der Zementgehalt etwa 1000 kg/m^3, nach einem Rückgang auf 5 % nur noch 400 kg/m^3 und erreicht damit etwa seinen Rezepturwert [2.4].

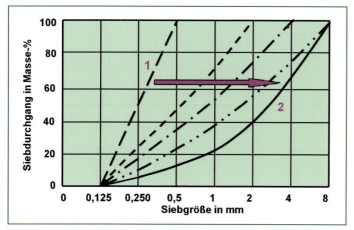

Bild 2.4 Veränderung der Sieblinie infolge Abnahme der Rückprallmenge, schematisch (nach [2.6]). Erläuterung siehe Text

Als Folge entsteht jedoch ein niedriger E-Modul, der mit 17000 bis 20000 N/mm² anzunehmen ist und höhere Kriechverformungen erwarten lässt [2.4].

Der w/z-Wert für Trockenspritzen wird nicht größer als 0,5, die Konsistenz als plastisch bis weich angenommen. Die Konsistenz des Betons für das Nassspritzen sollte im Bereich der Konsistenzklasse F4 (49 bis 55 cm) liegen. Müssen höhere Druckfestigkeiten erreicht werden, kann trotz des hohen Zementgehaltes der Einsatz von Fließmitteln erforderlich werden. Es ist zweckmäßig, Fließmittel einzusetzen, die im Transportbetonwerk zugegeben werden können.

In der europäischen Richtlinie für Spritzbeton [2.16] wird der w/b-Wert mit max. 0,55 und der Mindestzementgehalt mit 300 kg/m³ angegeben. Der Gehalt an Silikastaub wird mit 15 %, an gemahlener granulierter Hochofenschlacke mit 30 % und der Gehalt an Flugasche in Abhängigkeit von der Zementart mit 15 bis 30 % vom Zementgehalt begrenzt.

In [2.8] wird darauf verwiesen, dass trotz gleicher Konsistenz Unterschiede in der Verarbeitbarkeit auftreten können und dass für die Verarbeitbarkeit das Konsistenzmaß allein als Prüfmethode nicht maßgebend ist. Untersuchungen haben ergeben, dass als eine weitere Eigenschaft die Klebrigkeit die Verarbeitbarkeit beeinflussen kann. Eine ähnliche Problematik wurde bereits im Bd. 1 Abschnitt 3.3.1 für das Pumpen von Beton beschrieben. Beim Spritzbeton kommt noch der Einfluss des Beschleunigers hinzu. Vorgestellt werden dazu neu entwickelte Versuchsverfahren, die als Trichterdurchlaufsystem und als Kraft-Widerstands-Methode bezeichnet werden. Das Trichterdurchlaufsystem besteht aus fünf übereinander angeordneten Trichtern, deren untere Öffnungen von oben nach unten kleiner werden.

Gemessen wird die Durchlaufgeschwindigkeit des Betons. Die Durchlaufzeit je Trichter wird grafisch mit einer Bewertungskurve verglichen. Beim Kraft-Widerstands-System wird ein Körper in den Beton eingetaucht und wieder herausgezogen. Dabei werden der Widerstand in einer definierten Einheit und die Zeit gemessen, als Kurve aufgetragen und mit einer Bewertungskurve verglichen. Ein höherer Widerstand über eine bestimmte Zeit

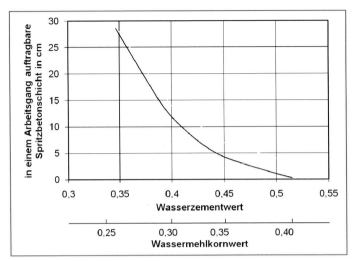

Bild 2.5 Auf senkrechte Fläche im Nassspritzverfahren aufspritzbare Schichtdicke in Abhängigkeit vom w/z-Wert und vom Wasser-Mehlkorn-Verhältnis

bedeutet eine höhere Klebrigkeit. Eine höhere Klebrigkeit bedeutet eine erhöhte Beschleunigerzugabe. Weitere Untersuchungen mit dem Ziel, die Verarbeitbarkeit zielgerichtet einzustellen, sind erforderlich. So können u. a. auch die Auswahl eines günstigen Wasseranspruchs der Zemente und eine genauere Beschreibung der Packungsdichte der Gesteinskörnung für eine zielgerichtete Zusammensetzung der Betonbestandteile im Hinblick auf die Verarbeitbarkeit weiterführen.

Die in einem Arbeitsgang aufzutragende Schichtstärke ist so einzurichten, dass der frisch aufgespritzte, noch nicht erhärtete Spritzbeton an der Auftragsstelle haften bleibt und sich nicht durch seine Eigenmasse ablöst. Deshalb beschränkt man die Auftragsstärke je Schicht auf etwa 2 bis 3 cm. Werden größere Auftragsstärken gefordert, ist in mehreren Lagen zu spritzen, wobei die nachfolgende Lage erst nach ausreichender Erhärtung der zuvor aufgetragenen Schicht gespritzt werden kann.

In zahlreichen durchgeführten Untersuchungen wurden die Einflüsse der verschiedenen Parameter auf die Druckfestigkeit, Schichtdicke usw. von Spritzbeton ermittelt. Bild 2.5 zeigt als Beispiel den Zusammenhang zwischen dem w/z-Wert und der aufspritzbaren Schichtdicke.

2.1.2.3 Anforderungen an den Düsenführer

Das Auftragen des Spritzbetons wird wesentlich durch den Düsenführer bestimmt. Die Tätigkeit erfordert eine Mindestqualifikation (Düsenführerschein). Der Düsenführer muss den richtigen Düsenabstand, den Spritzwinkel, die richtigen Wasser-, Zusatzmittel- und Zusatzstoffmengen einhalten und den Beton durch kreisförmige Bewegungen gleichmäßig auftragen.

Die ZTV-Ing. fordert im Abschnitt 4.5.2 eine Bescheinigung des Ausbildungsbeirates »Verarbeiten von Kunststoffen im Betonbau« beim Deutschen Beton- und Bautechnik-

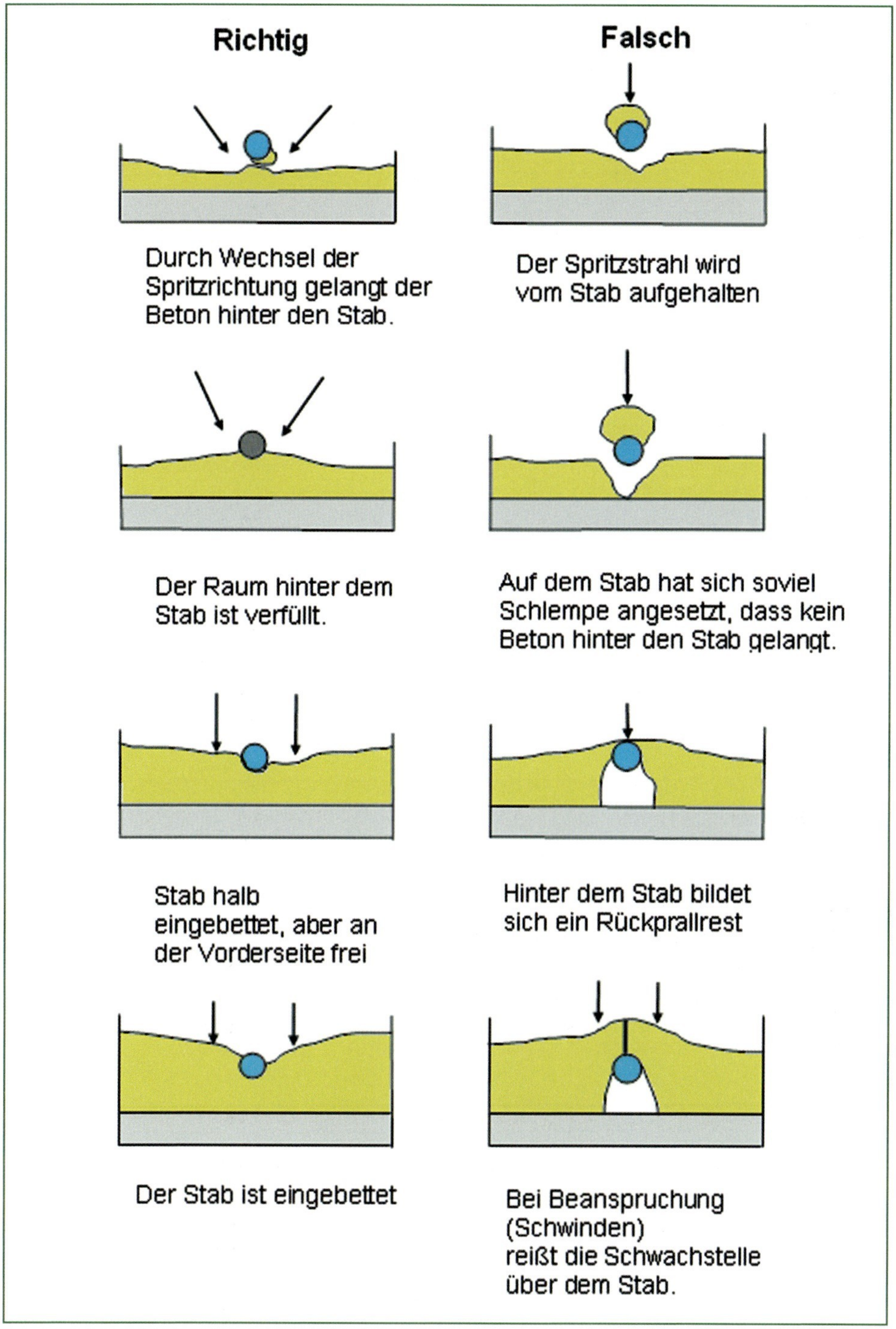

Richtig

Durch Wechsel der Spritzrichtung gelangt der Beton hinter den Stab.

Der Raum hinter dem Stab ist verfüllt.

Stab halb eingebettet, aber an der Vorderseite frei

Der Stab ist eingebettet

Falsch

Der Spritzstrahl wird vom Stab aufgehalten

Auf dem Stab hat sich soviel Schlempe angesetzt, dass kein Beton hinter den Stab gelangt.

Hinter dem Stab bildet sich ein Rückprallrest

Bei Beanspruchung (Schwinden) reißt die Schwachstelle über dem Stab.

Bild 2.6 Arbeitsweise beim Einspritzen der Bewehrung (nach [2.7])

Verein, den so genannten Düsenführerschein (D-Schein), der in einem entsprechenden Lehrgang (Düsenführerlehrgang) zu erwerben ist. Dieser Nachweis wird allgemein als der erste Qualifikationsnachweis für den Düsenführer angesehen.

Der Düsenführer bestimmt maßgeblich die Spritzleistung, da er Zeit und Menge bestimmt, die er unter Berücksichtigung aller Einflüsse und Bedingungen sicher verarbeiten kann.

Von besonderer Bedeutung ist die richtige Arbeitsweise beim Einspritzen der Bewehrung. Durch das Aufspritzen des Gemisches unter hohem Druck kann hinter der Bewehrung der so genannte Spritzschatten (Abschattung) auftreten (Bild 2.6), dem durch entsprechende Arbeitstechnik zu begegnen ist. Sonst bildet fehlender oder ungenügend verdichteter Spritzbeton eine Schwachstelle, die zu Rissen und Undichtigkeiten führt.

Der Bewehrungsabstand muss mindestens 50 mm betragen. Doppelstäbe und Mattenüberdeckungen sollten vermieden werden. Bei zwei Bewehrungslagen muss zuerst die untere Lage eingespritzt werden. Danach ist die zweite Bewehrungslage (bei großen Flächen als Matte) anzubringen und einzuspritzen. Dazu ist eine detaillierte Ablaufplanung erforderlich. Die Düsenführerprüfung legt mit dem auszuführenden Probestück ein besonderes Augenmerk auf die Vermeidung von Spritzschatten. Empfohlen wird auch die Herstellung von Probewänden. Bild 2.7 zeigt die Ausführung einer Probewand vor der Ausführung einer größeren Spritzbetonaufgabe. Zwar sind Spritzschatten eine Fehlstelle im Beton mit den Folgen der Rissbildung und der Wasserdurchlässigkeit, jedoch muss eingeräumt werden, dass sie, besonders was das maschinelle Spritzen betrifft, nicht einfach und sicher zu vermeiden sind. In Bild 2.6 ist ein einziger Bewehrungsstahl dargestellt, gespritzt wird in der Regel über Bewehrungsmatten.

DIN EN 14487 führt zur Bewehrung aus, dass diese nicht vibrieren darf (DIN EN 14487, Pkt. 6) und Spritzschatten weitgehend vermieden werden sollen, sich aber nicht vollstän-

Bild 2.7   Herstellung einer Probewand

dig vermeiden lassen. Der Abstand der zweiten Matte zur ersten muss mindestens das 2-fache des Größtkorns betragen.

2.1.2.4 Vorbehandlung der Auftragsfläche

Voraussetzung für eine dauerhafte Ausführung der Spritzbetonschicht ist die sorgfältige Vorbehandlung der vorhandenen Unterlage. Beton als Unterlage wird durch Hochdruck-

Bild 2.8 Abweichungen vom Soll der Auftragsfläche an einer Bohrpfahlwand

Bild 2.9 Mechanisches Herstellen der erforderlichen Position der Auftragsfläche

2 Spezielle Betonierverfahren und -methoden

wasserstrahlen, Sandstrahlen oder Aufrauen mit mechanischen Klopfgeräten so vorbehandelt, dass die Unterlage eine ausreichende Haftzugfestigkeit an der Oberfläche gewährleistet, wenn dies gefordert ist. Bei Betonflächen als Untergrund sollte das Korn sichtbar sein, dann ist in der Regel eine feste und raue Oberfläche gegeben (E DIN 18551 [5.2.2]). Bei Bohrpfählen ist dies normalerweise der Fall. Eine Haftzugprüfung schreibt die DIN 18551 nicht vor, sie ist auch nur bei Betonflächen möglich und erforderlich, wenn die Planung dies fordert. Bei verankerten und bewehrten Vorsatzschalen bestehen hinsichtlich der Abreißfestigkeit des Betonuntergrundes keine Anforderungen. Eine Vorbehandlung kann auch in der Art notwendig sein, um die Bedingungen für eine erforderliche Ausgangsgeometrie herzustellen. Bild 2.8 zeigt Abweichungen an einer Bohrpfahlwand und Bild 2.9 zeigt die notwendige Maßnahme des mechanischen Abtragens. Die Schwierigkeiten für die Planung, Ausführung und Abrechnung von Spritzbetonarbeiten werden hier deutlich.

Die Auftragsflächen müssen kurz vor dem Spritzbetonauftrag nochmals gesäubert und vorgenässt (mattfeucht) werden.

2.1.2.5 Betondeckung

Grundsätzlich gibt es für die Sicherstellung der Einhaltung der Betondeckung noch keine Verfahren. Auf Flächen werden Lehren auf die obere Bewehrungslage gelegt, bei vertikalen Flächen dienen Fugenkonstruktionen und Ränder sowie direkte Kontrollmessungen noch im frischen Zustand als Hilfsmittel. Bei einem unregelmäßigen Untergrund, der in der Planung nicht erfasst wird (z. B. bei Bohrpfahlwänden), müssen die Lagen der Außenkante und der Bewehrung durch die Hilfskonstruktionen (Bolzen) eindeutig festgelegt sein. Empfohlen wird der Einsatz von zusätzlichen Bolzen aus verzinktem oder nicht rostendem Stahl in solchen Abständen, so dass die Betondeckung beim Spritzen sicher

Bild 2.10 Bolzen aus verzinktem Stahl für die Sicherung der Betondeckung und der Außenkante

Bild 2.11 Ausrichten auf die Außenseite der Wand

eingerichtet werden kann. Bild 2.10 zeigt einen eingesetzten Bolzen und Bild 2.11 zeigt die Einstellung auf die Sollposition der Wandaußenkante. Zwischen zwei solcher Bolzen darf keine Abweichung der fertig gespritzten Wand nach innen auftreten. Diese Lösung und auch die beschriebenen Bolzen für die Befestigung der Bewehrung sind nur möglich, wenn der Verbund zum Untergrund erforderlich oder zulässig ist, da diese Bolzen als so genannte Verbundmittel wirken.

Das Vorhaltemaß für die Betondeckung sollte seitens der Planung für Spritzbetonarbeiten größer gewählt werden als es die Vorschriften angeben.

2.1.2.6 Nachbehandlung

Spritzbetonflächen sollten länger nachbehandelt werden als nach DIN 1045-3 vorgeschrieben. Die Nachbehandlung mit Wasser wird in der DIN 18551 bei dünnen Auftragsschichten für erforderlich gehalten.

Spritzbeton für Instandsetzungen an Wasserbauwerken muss mindestens 14 Tage nachbehandelt werden, wobei während der ersten fünf Tage wasserzuführende Nachbehandlungsmaßnahmen durchgeführt werden müssen [2.13].

In [2.16] wird der Beginn der Nachbehandlung 20 min. nach dem Auftrag und für mindestens sieben Tage gefordert.

2.1.2.7 Genauigkeit und Ebenflächigkeit

Im Abschnitt 5 der DIN 18202 sind die Ebenheitstoleranzen im Hochbau festgelegt. Zum Spritzbeton heißt es: »Sie gelten nicht für Spritzbetonoberflächen«.

Trotzdem werden für konstruktive Bauteile häufig Anforderungen an die Genauigkeit und Ebenheit gestellt und auch vertraglich vereinbart, die nicht eingehalten werden können und zu Streitigkeiten hinsichtlich der Qualitätsbewertung führen.

Bei ungeschalten, waagerechten und bis zu einem gewissen Grade geneigten Flächen können Fertiger oder Richtscheite auf Lehren eingesetzt werden. Bei senkrechten, gekrümmten und unregelmäßigen Flächen ist das nicht möglich. Eine bessere Ebenheit könnte nur durch Verreiben erreicht werden. Dies ist aus Gründen des Arbeitsaufwandes in der Regel auch nicht möglich. Außerdem gilt für Spritzbeton nach der DIN 18551:2005:01 (6.5(3)), dass dieser spritzrau belassen werden soll, da bei einer Bearbeitung die Eigenschaften nachteilig verändert werden können. Wenn eine glatte Oberfläche gefordert wird, muss ein verreibbarer Mörtel zusätzlich aufgebracht werden. Es ist zu beachten, dass dieser Mörtel die gleichen Festbetoneigenschaften erbringen muss. Dabei wird die Eigenschaft »glatt« den Bedingungen für das Erreichen einer bestimmten Ebenflächigkeit gleichgesetzt.

Eine Reihe von Sportbauten, im Spritzbetonverfahren hergestellt, wurden jedoch geglättet, da hohe Anforderung an die Genauigkeit gestellt wurden. Ihre Funktionsfähigkeit und Dauerhaftigkeit haben sie nachgewiesen. Bild 2.12 zeigt eine Spritzbetonfläche, die im Nassspritzverfahren hergestellt und spritzrau belassen wurde.

In [2.16] wird ausgeführt, dass bei Anforderungen an die Ebenflächigkeit diese ausgeschrieben sein muss und nur durch Auftragen einer »übernassen Flashbeschichtung« erreicht werden kann. Diese muss kurz nach dem Erstarrungsbeginn aufgetragen und geglättet werden.

In DIN 14487 (9.2) wird ebenfalls ausgeführt, dass die Oberfläche spritzrau zu belassen ist, da sich die Bearbeitung nachteilig auf den Verbund auswirkt und dass dies nur erfolgen darf, wenn die Eigenschaften des Betons es erlauben. Eine Bearbeitung der Spritzbetonfläche muss dokumentiert werden.

Die überarbeitete DIN 18551 formuliert unter 10.1: »sofern geometrische Toleranzen festzulegen sind, gilt DIN 1045-3 bzw. DIN 18202« und DIN EN 14487 fordert für die

Bild 2.12 Spritzbeton mit erhöhten Anforderungen an die Dauerhaftigkeit

Projektbeschreibung durch den Planer für Spritzbetonflächen der Instandsetzung und für freistehende Spritzbetonkonstruktionen (Neubau) die Angabe der Anforderungen an die endgültige Oberflächenbeschaffenheit.

2.1.2.8 Farbgleichheit

Eine gleichmäßige Farbtönung ist verfahrensbedingt nicht möglich, sie erfordert zusätzliche Maßnahmen (DIN 18551 (6.5(4)). Sich ändernde Bedingungen beim Spritzen, wie Menge und Geschwindigkeit und u. U. auch Autragsgeschwindigkeiten, Mengen und Beschleunigermenge sowie die rotierende Bewegung des Schlussauftrags mit dem Spritznebel führen zu nicht vermeidbaren Farbunterschieden.

2.1.2.9 Nachweise und Prüfungen

Die DIN 18551 legt im Bild 1 und im Abschnitt 8 zur Konformitäts- und Produktionskontrolle die erforderlichen Maßnahmen, den Umfang und die Häufigkeit für folgende Prüfbereiche fest: Eingangskontrolle der Ausgangsstoffe, drei Prüfebenen für den Beton, Untergrund, das Verarbeiten und das fertige Bauteil sowie die technischen Einrichtungen. Die Prüfebene 1 ist das Bereitstellungsgemisch, die Prüfebene 2 der Spritzbeton und die Prüfebene 3 der Festbeton. Beim Bereitstellungsgemisch muss zwischen dem vorgefertigten Trockenbeton, dem Bereitstellungsgemisch mit feuchten Gesteinskörnungen und dem Transportbeton unterschieden werden. Das Spritzgemisch selbst ist keine Prüfebene.

Die Druckfestigkeit muss an Bohrkernen geprüft werden, die entweder aus den Prüfplatten oder aus dem Bauwerk gezogen werden. In Ausnahmefällen ist eine zerstörungsfreie Prüfung zulässig. Die Wasserundurchlässigkeit muss an Bohrkernen mit einem Durchmesser von 120 mm geprüft werden (DIN 18551 (7.2)).

Bild 2.13 Herstellen von Prüfplatten

Bild 2.13 zeigt die Herstellung von Prüfplatten. Es müssen jeweils zwei Prüfplatten hergestellt werden, eine für die Prüfebene 2 (Frischbetonrohdichte, Wassergehalt und w/z-Wert) sowie eine für die Prüfebene 3. Aus dieser wird ein Bohrkern gezogen und die Druckfestigkeit ermittelt. Für die Prüfung der Biegezugfestigkeit bei Stahlfaserspritzbeton muss eine weitere Platte hergestellt werden.

Werden Nachweise der Frühfestigkeit verlangt, sind diese mit dem Bolzenauszugsverfahren mit einer entsprechenden Kalibrierung durchzuführen. In der Österreichischen Richtlinie für Spritzbeton sind Kurven der Frühfestigkeit von Spritzbeton vorgegeben.

[2.16] enthält Hinweise zur Herstellung eines Balkens aus Spritzbeton für die Prüfung der Biegezugfestigkeit und zur Prüfung der Haftzugfestigkeit am fertiggestellten Spritzbeton.

2.1.2.10 Anzahl der Prüfungen (Prüfdichte) nach DIN 18551, Tabelle 1

Am Bereitstellungsgemisch (Prüfebene 1) sind die Frischbetonrohdichte, der Wassergehalt, die Festbetonrohdichte und die Druckfestigkeit zu prüfen.

Am Spritzbeton (Prüfebene 2) sind die Konsistenz, der Wassergehalt, die Frischbetonrohdichte, die Festbetonrohdichte und die Druckfestigkeit zu prüfen.

Die Prüfung des Luftgehaltes sollte in die Prüfdichte dieser Prüfungen eingeordnet werden. Die Prüfung des Fasergehaltes ist zu vereinbaren.

Die erforderliche Anzahl der Prüfkörper zeigt Tabelle 2.3.

2.1.2.11 Spritznebel

Der beim Spritzen von Beton entstehende Spritznebel stellt eine Gesundheitsgefährdung dar und führt außerdem zu einer Sichtbehinderung. Beim Trockenspritzen schützen Einhausungen und Abhängungen die Umgebung. Für den Düsenführer sind entsprechende Schutzkleidung und Atemschutzmasken erforderlich. Auch beim Nassspritzverfahren entsteht Spritznebel mit möglichen Gefährdungen, so dass ebenfalls Schutzmaßnahmen erforderlich sind. Untersuchungen zur Gefährdung durch Staubentwicklungen beziehen sich auf mineralischen Staub kleiner 5 µm (A-Staub), der in die Alveolen (Lungenbläschen) gelangen kann. Bei einem Gehalt an freier kristalliner Kieselsäure (Quarz) von 5 Gew.-% im A-Staub wird auch der früher festgelegte MAK-Wert (maximal zulässige Arbeitsplatzkonzentration, neu AGM = Arbeitsplatzgrenzwerte gemäß neuer Gefahrenstoffverordnung (GefStoffV) 2005) von 0,15 mg/m^3 für Quarzfeinstaub eingehalten. Messungen im Tunnelbau haben nur bei 18 % der Messungen Quarzgehalte über 1 % ergeben. Diese Fälle werden zurückgeführt auf ungewaschene Gesteinskörnung. Eine regelmäßige Überprüfung wird dennoch empfohlen [2.7].

Spritzbetonieren

Art des Betons	Prüfungen	Prüfdichte	
		Anzahl	Bezogene Leistungsmenge
Prüfebene 1 Bereitstellungsgemisch			
Beton	Nachweis der geforderten Eigenschaften des Betons	Entsprechend den Eigenschaften	In der Erstprüfung
erdfeuchter Transportbeton und Baustellenbeton für das Trockenspritzverfahren	Eigenfeuchte	1 Serie	bis 100 m³ bzw. 500 m²	100 bis 300 m³ bzw. 500 bis 1500 m²	zu Beginn des Betonierens und über 300 m³ bzw. 1500 m²
für das Nassspritzverfahren und Trockenspritzverfahren mit Wasserzugabe	Konsistenz Frischbetonrohdichte Druckfestigkeit	1 Serie	bis 100 m³ bzw. 500 m²	100 bis 300 m³ bzw. 500 bis 1500 m²	zu Beginn des Betonierens und über 300 m³ bzw. 1500 m²
Prüfebene 2 Spritzbeton			
2 Frischbeton	Konsistenz Frischbetonrohdichte Wassergehalt	1 Serie	bis 100 m³ bzw. 500 m²	100 bis 300 m³ bzw. 500 bis 1500 m²	zu Beginn des Betonierens und über 300 m³ bzw. 1500 m²
Prüfebene 3 Festbeton			
3 Festbeton	Festbetonrohdichte Druckfestigkeit	1 Serie	bis 100 m³ bzw. 500 m²	100 bis 300 m³ bzw. 500 bis 1500 m²	zu Beginn des Betonierens und über 300 m³ bzw. 1500 m²

Tabelle 2.3 Prüfdichte für die Prüfebenen Spritzbeton (nach DIN 18551)

2.1.3 Spritzbetonverfahren

Bezüglich der **Verfahrensweise** beim Spritzbetonieren wird zwischen dem Trocken- und dem Nassspritzverfahren unterschieden (Bild 2.15).

Das Trockenspritzverfahren ist eine Dünnstromförderung. Das Nassspritzverfahren kann eine Dünnstromförderung und eine Dichtstromförderung sein. Die Dünnstromförderung nass verwendet die gleichen Spritzmaschinen wie beim Trockenspritzen und unterscheidet sich nur dadurch, dass die Wasserzugabe an der Spritzdüse fehlt. Dieses Verfahren wird jedoch kaum noch angewandt [2.7].

2.1.3.1 Trockenspritzverfahren

Beim Trockenspritzverfahren als dem älteren Verfahren wird ein Trockengemisch aus Zement, Gesteinskörnung und gegebenenfalls beschleunigenden Zusätzen mittels Druckluft durch Schläuche zu einer Spritzdüse gefördert. Erst an der Spritzdüse wird das Wasser zugesetzt und damit die richtige Konsistenz des Spritzbetons eingestellt. Verwendet wird erdfeuchter Transportbeton, erdfeuchter Baustellenbeton oder Trockenbeton. Die Eigenfeuchte des Materials sollte nicht mehr als 4 % betragen. Trockenes Material kann vorgefeuchtet werden. Einrichtungen dazu sind geschlossene Förderschnecken, die zwischen Siloauslauf der Trockenmischung und Aufgabetrichter der Spritzmaschine geschaltet werden.

Es wird nur soviel Wasser zugegeben, wie der Spritzbeton zum Haften an der Unterlage benötigt, bzw. der für den Auftrag optimale Wassergehalt wird durch den Düsenführer eingestellt. Der Wasserzementwert des Gemisches liegt bei etwa 0,5. Der minimal erreichbare w/z-Wert liegt bei 0,42. Die Zugabe von Mikrosilika beim Trockenspritzverfahren erfolgt entweder pulverförmig zur Trockenmischung oder als Slurry an der Düse. Das Düsensystem muss dem Zusatzmittel, dem Beschleuniger bzw. dem Zusatzstoff angepasst werden. Wird z. B. mit dem schnell wirksamen Wasserglas gearbeitet, muss dieses kurz vor Verlassen der Spritzdüse zugeführt werden.

Als günstig erweist sich ein Zementanteil von etwa 350 kg/m^3 Beton. Die trockene Gesteinskörnung sollte ein Größtkorn von 16 mm nicht überschreiten. Durch den Rückprall vorzugsweise der gröberen Zuschläge, der beim Trockenspritzverfahren bis zu 25 % betragen kann, steigt die Zementmenge im aufgetragenen Spritzbeton auf ca. 400 kg/m^3 an.

Mithilfe leistungsstarker Kompressoren lassen sich Förderweiten von bis zu 100 m erreichen. Das Trockenspritzverfahren ist flexibel einsetzbar und hat sich vor allem in der Betoninstandsetzung durchgesetzt. Der Spritzvorgang kann jederzeit unterbrochen werden.

2.1.3.2 Nassspritzverfahren

Beim Nassspritzverfahren (Bild 2.14) wird der fertig gemischte Beton durch einen Schlauch oder eine Rohrleitung gefördert und gespritzt. An der Spritzdüse wird dem Beton kein Wasser, ggf. aber Beschleuniger beigemischt. Dieses Verfahren ermöglicht hohe Spritzleistungen und ist im Zusammenhang mit der Verwendung von mechanischen Spritzarmen zweckmäßig. Vorteilhaft ist zudem die im Vergleich zum Trockenspritzverfahren geringere Staubbelastung des Arbeitsbereiches.

Spritzbetonieren 2

Bild 2.14 Maschinenkomplex für das Nassspritzen

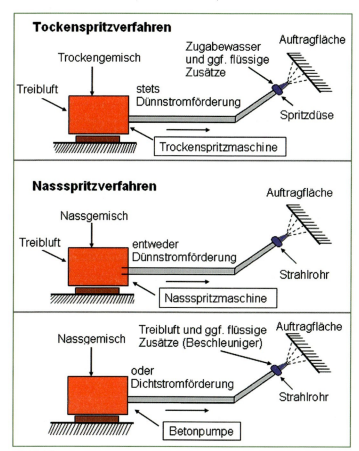

Bild 2.15 Verfahrenstechniken beim Spritzbetonieren (nach [2.7])

Infolge der geringeren Auftreffenergie des Betons lässt sich bei diesem Verfahren nur ein geringerer Haftverbund erreichen. Deswegen wird dieses Verfahren weniger für Sanierungsarbeiten eingesetzt. Durch die Optimierung des Mehlkorngehaltes wird die Förderbarkeit und Haftung des Spritzbetons verbessert. Als Richtwerte für den Mehlkorngehalt je m^3 verdichteten Beton beim Nassspritzverfahren gelten in Abhängigkeit vom Größtkorn der Gesteinskörnung 475 … 525 kg bei 8 mm bzw. 400 … 450 kg bei 16 mm Größtkorn.

Beim Nassspritzverfahren entsteht ein Rückprall von bis zu 35 %. Der Rückprall nimmt mit steigendem Größtkorn rasch zu. Mit der Zugabe von Beschleunigern in Größen von 0,1 … 0,5 % der Zementmenge lassen sich die Rückprallmengen reduzieren. Gleichzeitig wird damit eine Erhöhung der in einem Arbeitstakt herstellbaren Schichtdicke um etwa 1/3 möglich.

Mit dieser Technik werden Spritzleistungen von bis zu 35 m^3/h erreicht, wobei das Größtkorn inzwischen 32 mm betragen kann.

Bei der Vorbereitung einer Baumaßnahme, für die das Nassspritzen vorgesehen ist, muss beachtet werden, dass der Manipulator möglicherweise nicht alle Stellen sicher erreichen kann. In solchen Fällen muss eine Einrichtung zum Trockenspritzen und entsprechendes Material mit vorgehalten werden. Auch wird empfohlen, empfindliche Stellen, z. B. Fugenbänder mit Dichtfunktion trocken vorzuspritzen [2.8].

2.1.4 Maschinentechnik des Spritzbetons

Die wesentlichen Maschinengruppen sind die Spritzbetonpumpe und die Spritzdüse. Die Maschinentechnik für das Spritzen von Beton wird auch als Spritzanlage bezeichnet. Man versteht darunter die Gesamtheit der Geräte einschließlich des Kompressors. Bezüglich der Pumpen werden die Dünnstromförderung und die Dichtstromförderung unterschieden. Die Dichtstromförderung ist gleichbedeutend mit der Förderung des Nassgemisches.

2.1.4.1 Dünnstromförderung

Bei der Dünnstromförderung wird die Druckluft direkt am Mischer dem Trockenmischgut zugegeben. Das trockene Mischgut gelangt dabei direkt vom Aufgabetrichter in den Luftstrom. Abhängig vom Hersteller kommt ein Taschenrad, ein Zellenrad, ein Trommelrotor oder eine Schnecke zum Einsatz. Ein Trommelrotor besteht aus einem rotierenden hohlen Stahlzylinder mit durchgehenden Kanälen, der das Material aus dem Aufgabetrichter entnimmt und es nach Drehung um 180° direkt in den Luftstrom übergibt. Zusätzlich wird weitere Druckluft zugeführt, um eine intensivere Förderung des im Luftstrom befindlichen Materials zu erreichen.

Mit den Trockenspritzgeräten lassen sich Leistungen von 0,3 bis 15 m^3/h erreichen. Der Luftbedarf bei einem Luftdruck von 4 bis 7 bar liegt zwischen 5 und 8 m^3/min [2.6].

2.1.4.2 Nassspritzverfahren (Dichtstromförderung)

Beim Nassspritzverfahren kommt die Dichtstromförderung zum Einsatz. Als Pumpen werden Schnecken- und Kolbenpumpen verwendet. Diese Anlagen unterscheiden sich kaum von den Anlagen beim Pumpen von Frischbeton. Der mit einer Pumpe durch eine Schlauchleitung geförderte Beton wird am Schlauchende in einer Düse mit Druckluft beaufschlagt und erreicht damit die erforderliche Auftreffgeschwindigkeit, die beim Auftreffen des Betons auf die Wand als Verdichtungsenergie genutzt wird. Leistungen von 20 bis 25 m³/Std. mit Drücken von 70 bis 80 bar und 30 bis 35 kW sind möglich.

2.1.4.3 Spritzdüsen

Die Spritzdüse muss je nach Spritzverfahren das Zuführen von Anmachwasser, Druckluft und ggf. auch von Zusatzmitteln in den Materialstrom ermöglichen.

Beim Trockenspritzverfahren wird mithilfe feiner Düsenlöcher ein Wasserstrahl erzeugt, durch den das Spritzgut hindurchfließt und gleichmäßig angenässt wird. Die Qualität des Spritzbetons wird hierdurch maßgeblich beeinflusst, insbesondere die Einhaltung der Betonkonsistenz. Für das Trockenspritzen werden Ringdüsen verwendet, die einen Wasservorhang vor dem Materialdurchgang erzeugen und damit eine gleichmäßige Benetzung bewirken. Der Wasserdruck muss so groß sein, dass das Material vollständig durchdrungen wird. Mitunter werden zur Erzeugung sehr hoher Wasserdrücke, die für sehr feine Düsen erforderlich sind (z. T. bis 100 bar), noch zusätzlich Pumpen zwischengeschaltet. Besondere Pumpsegmente sind auch erforderlich, wenn in der Düse ein flüssiges Zusatzmittel zugemischt werden muss.

Beim Nassspritzverfahren erfolgt die Luftzugabe in der Spritzdüse, um dem Spritzbeton die erforderliche Auftreffenergie zu übertragen. Günstig ist hierbei das Beimischen des Beschleunigers in den Druckluftstrom bei Anwendung des Dichtstromverfahrens. Der Luftstrom zerstäubt den Beschleuniger, diese reißt den Betonstrom auf und verwirbelt ihn [2.6].

2.1.4.4 Betonspritzmaschinen

Kleinere Betonspritzmaschinen mit Förderleistungen bis ca. 5 m³/h werden auf handgeführten Wagen oder Anhängern aufgebaut. Größere Maschinen sind als mobile Einheit auf LKW-Fahrgestellen oder als selbstfahrendes Trägermobil mit Spritzarm ausgeführt.

Die für das Trockenspritzen eingesetzten Spritzmaschinen sind die Zweikammermaschine, die Rotormaschine und der Spritzautomat.

Die Zweikammermaschine besteht aus zwei übereinander liegenden Kammern. Die obere Kammer wird nach außen geschlossen, wenn das Material aus ihr in die ständig unter Druck stehende untere Kammer geführt wird. Die obere Kammer wird damit ebenfalls unter Druck gesetzt. Zwischen beiden Kammern sind Glockenventile angeordnet.

Die Rotormaschine besteht ebenfalls aus zwei Teilen. Der untere Teil ist ein sich drehender Trommelrevolver-Zylinder mit senkrechter Achse, der obere Teil ist der Vorratsbehälter. Zwischen beiden befindet sich ein Dichtungsring, der einem hohen Verschleiß unterworfen ist.

Der Spritzautomat hat nur eine unter Druck stehende Arbeitskammer, aus der das Material durch ein Taschenrad mit senkrechter Welle abgezogen wird. Darüber befindet sich ein Konusrad mit waagerechter Achse und Taschen zur laufenden Befüllung des Taschenrades.

Als Spritzmanipulatoren werden maschinell geführte Spritzdüsen bezeichnet, die auf Baumaschinen mit hydraulischem Antrieb aufgebaut werden. Die Steuerung erfolgt aus der Kabine oder mittels Fernsteuerung. Die Fernsteuerung ermöglicht eine bessere Sicht des Düsenführers auf die Einbaustelle, insbesondere wegen des Spritzwinkels, ist jedoch mehr dem Spritznebel ausgesetzt. Bild 2.16 und Bild 2.17 zeigen eine Spritzdüse (Spritzkopf) an einem Teleskoparm eines Baggers mit Raupenfahrgestell für unwegsames Gelände.

Selbstfahrende Spritzeinheiten sind so genannte Spritzmobile. Sie vereinigen auf einem Fahrgestell Spritzkopf, Ausleger, Betonpumpe, Tank und Dosierung des Beschleunigers, Wassertank und Wasserpumpe, Dieselgenerator, zentrale elektrische Steuerung und Beleuchtung. Zum Spritzen großer Flächen und speziell für den Tunnelbau wurden hydraulisch bewegliche und faltbare Ausleger entwickelt. Die Spritzdüse wird maschinell geführt. Durch Fernbedienung und die hohe Beweglichkeit des Auslegers ist der Düsenführer in der Lage, die gesamte Tunnelwandung punktgenau zu erreichen und ist nicht dem unmittelbaren Wirkungsbereich des Spritzbetons ausgesetzt.

Spritzroboter verfügen über Laserscannner, die die Geometrie des zu bearbeitenden Untergrundes erfassen, Abstand und Bewegung festlegen und gleichzeitig die Vermessung vor und nach dem Spritzen vornehmen [2.6].

Für große Betonieraufgaben wurde eine hydraulisch angetriebene raupenfahrbare Spritzanlage entwickelt, die aus zwei Zweizylinder-Betonpumpen mit gemeinsamen Aufgabetrichter, zwei Spritzarmen mit je einem Bedienungsstand, zwei Zusatzmittel- und Beschleunigerdosieranlagen und einem Antriebsaggregat besteht. Die Förderleistung erreicht 40 m³/h.

Das Beschicken dieser nach dem Nassspritzverfahren arbeitenden Geräte erfolgt mittels Transportmischer (Fahrmischer).

Bild 2.16 Spritzkopf mit den Zuführungen Bereitstellungsgemisch, Beschleuniger und Druckluft

Bild 2.17 Spritzkopf am Teleskopausleger eines Baggers mit Raupenfahrwerk

2.1.4.5 Treibluftversorgung

Die Druckluftversorung erfolgt durch das Druckluftnetz der Baustelle oder durch Kompressoren. Mit dem Maschinenkomplex Spritzbeton werden Kompressoren meist mitgeführt. Vor Beginn der Arbeiten muss geprüft werden, ob Luftdruck und Luftmenge ausreichen. Das Nassspritzverfahren hat einen geringeren Luftbedarf, da er nicht zur Förderung des Betons bis zur Spritzdüse erforderlich ist. Die Luftmenge wird mit 40 m³/m³ Beton für das Nassspritzen und mit 240 m³/m³ Beton für das Trockenspritzen angegeben. Für eine Spritzleistung von 1 bis 2 m³ Beton/Std. sind Kompressoren mit 55 bis 75 KW und 7 bis 8 bar ausreichend [2.6]. In Gegenden außerhalb Deutschlands, in denen extrem hohe Luftfeuchtigkeiten herrschen, können für das Trockenspritzen Einrichtungen zum Entfeuchten der Förderluft notwendig werden, weil das Material sonst zu viel Feuchtigkeit erhält und Klumpen bilden kann [2.8].

2.1.4.6 Dosiersysteme für Beschleuniger

Von großer Bedeutung ist die möglichst genaue Zugabe der Beschleuniger. Die Zugabemenge wird auf den Zementgehalt abgestimmt, da der Beschleuniger auf diesen einwirkt (Bd. 1 Abschnitt 1.4.2).

Eine zu geringe Menge bleibt ohne Wirkung und eine Dosierung über die vom Hersteller angegebene maximal zulässige Menge führt zum Abfall der Druckfestigkeit. Deshalb sind Dosiereinrichtungen für den Beschleuniger unerlässlich. Beim Trockenspritzen kann der Beschleuniger als Pulver in die Trockenmischung oder flüssig mit Wasser mit der Wasserzugabe in die Düse gegeben werden. Dabei wird durch eine Rückflusssicherung verhindert, dass Beschleuniger in das Wassernetz gelangt. Bild 2.18 zeigt die Kalibrierung einer Dosierpumpe hinsichtlich ihrer Anzeige der Zugabemenge. Die Dosierpumpen sind

Bild 2.18 Kalibrierung der Anzeige einer Dosierpumpe für Beschleuniger

stufenlos regelbar. Es gibt auch Dosiergeräte, die mit der Betonpumpe synchronisiert werden können, d.h. die Zylinderhubzahlen der beiden Pumpen werden synchronisiert. Damit wird die Zugabe des Beschleunigers unterbrochen, wenn der Rohrschieber beim Umschalten kurzfristig die Betonförderung unterbricht. Meist will jedoch der Düsenführer die Dosierung per Hand den Erfordernissen anpassen.

2.1.4.7 Stahlfaserzugabegeräte

Die Zugabe von Stahlfasern ist schwierig, da diese dazu neigen, Klumpen zu bilden.

Während des Transports von der Anlieferungsebene in den Mischer bzw. Fahrmischer müssen die Stahlfasern, die in Kartons angeliefert werden, so behandelt werden, dass eine kontinuierliche Zugabe gewährleistet ist. Anschließend muss noch eine Vereinzelung erfolgen. Dosiertrommeln bringen die Stahlfasern in Bewegung und vereinzeln die Fasern, die mit einer Injektordüse mit ca. 50 kg/min. in den Mischer eingebracht werden. Die Zugabe in den Fahrmischer erfolgt über Gurtförderer. Anschließend folgt die Durchmischung mit mindestens 1 min/m³ Beton. Es gibt weitere Zugabegeräte, wie spezielle Dosierbänder, Zugabegeräte in dem Aufzugskübel oder Schaufelradgebläse. Bild 2.19 zeigt ein spezielles Förderband für die Zugabe in den Fahrmischer.

Bild 2.19 Gerät für die Zugabe von Stahlfasern in den Fahrmischer

2.2 Vakuumieren des Betons

Vakuumbetonieren ist eine Bauweise, bei der die schalungsfreie Oberfläche flächiger Bauteile nach dem Abziehen höhengenau und ebenflächig als Nutzschicht fertiggestellt wird. Im Allgemeinen wird die Oberfläche nach dem Abziehen mithilfe einer Vibrationsbohle mit einer durch Vakuum erzeugten Auflast von ca. 90 kN/m² belastet und anschließend durch Glätten zusätzlich verdichtet.

Vakuumtechnik für Stützen kam in einem Geschossbau der TH Dresden in den 50er Jahren zum Einsatz. Gemäß [2.18] wurde das Vakuumieren des Betons für den Bau fester Fahrbahnen vorgeschlagen, um die Lagesicherung einzurüttelnder Schwellen und Gleisroste zu erreichen.

Nach [2.19] ist der Einsatz wirtschaftlich bis zu einer Dicke des Betons von 30 cm für Industrieböden, Decken, Parkhäusern und Abstellplätzen.

In Tabelle T.2.2 der DIN 1045-2 wird für die Verschleißbeanspruchung in der Expositionsklasse XM 3 die Vakuumbehandlung und das Flügelglätten als eine Anforderung an den Beton aufgeführt.

Im Leistungsverzeichnis muss die Vakuumbehandlung beschrieben werden [2.17]. Dazu sind folgende Angaben erforderlich:

- Ausgangskonsistenz des Betons
- Vakuumunterdruck
- abgesaugte Wassermenge
- Dauer der Vakuumierung
- Art und Dauer der Nachbehandlung.

Eignungsversuche sind an Probeplatten durchzuführen. Bei der Ausführung sind die erreichten Werte zu erfassen und zu protokollieren.

2.2.1 Wirkungsweise der Vakuumbehandlung

Durch die kombinierte Oberflächenbehandlung, die schematisch in Bild 2.21 dargestellt ist, wird ein Teil des Zugabewassers des Betons und der restlichen Verdichtungsporen nachträglich entzogen. Die Mehlkornanteile des Frischbetonleims werden praktisch vollständig zurückgehalten und verbleiben im Beton.

Der w/z-Wert an der Betonoberfläche wird reduziert. Dadurch und durch den infolge der Vakuumierung entstandenen Unterdruck wird die Früh- und Endfestigkeit erhöht und das Schwinden des Betons durch die dichtere Lagerung der Betonbestandteile vermindert. Beides zusammen führt zu einer Druckfestigkeitszunahme von 15–20 N/mm². Bild 2.20 zeigt die Ergebnisse einer Untersuchung nach [2.24].

Für eine Vakuumbehandlung sind eine Reihe von Betonen geeignet. Die Betone sollten nicht mehlkornreich sein und eine Konsistenz zwischen F2 und F3 besitzen. Heute sind Zementgehalte ≤ 400 kg/m³ und häufig ≤ 350 kg/m³ üblich. Der Zement sollte nicht zu fein gemahlen sein und hinsichtlich des Erstarrungsverlaufes die relativ lange Verarbeitungszeit für Einbau, Verdichten und Vakuumieren sicherstellen. Der Sieblinienbereich der Gesteinskörnung sollte zwischen den Sieblinien A und B nahe der Sieblinie A liegen [2.20].

Eine Eignungsprüfung über Versuchsplatten wird empfohlen. Dabei wird die Eignung des Betons zum Vakkumieren ermittelt. Folgende Daten sind für die spätere Ausführung zu protokollieren: erzielter Unterdruck, abgesaugte Wassermenge und Dauer der Vakuumierung. Die Druckfestigkeit an Bohrkernen ist mit der Druckfestigkeit des nicht vakuumierten Betons (Prüfwürfel) zu vergleichen.

Beim Vakuumverfahren wird der allseitig auf das Betonteil wirkende Luftdruck an der Betonoberfläche auf 10–30 % vermindert. Der Unterdruck wirkt als Zugkraft auf das Anmachwasser und saugt das Wasser aus dem Frischbeton heraus. Das auf der Betonoberfläche aufliegende Filtertuch und das Kornsystem des Betons wirken als »Filter«, so dass fast klares Wasser abgesaugt wird. Die Wasserschichten um die einzelnen Körner des Kornsystems werden dünner und es entsteht eine dichtere Lagerung.

Beim Aufbringen des Vakuums wird verhältnismäßig viel Wasser abgesaugt. Der Wasserabfluss wird aber während der Vakuumbehandlung immer geringer, bis er schließlich

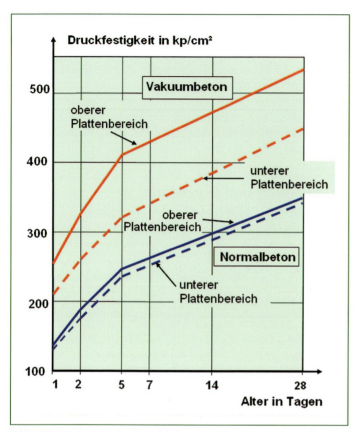

Bild 2.20 Verlauf der Druckfestigkeitsentwicklung im oberen und unteren Bereich einer Versuchsplatte (Hannovertest) [2.24]

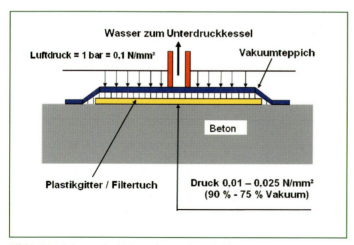

Bild 2.21 Schema des Vakuumierens des Frischbetons

vollständig versiegt. Zu diesem Zeitpunkt ist ein Gleichgewicht zwischen dem Unterdruck und den im Wasser-Korngefüge des Frischbetons herrschenden Kräften erreicht. Ein weiterer Wasserentzug kann nicht mehr stattfinden. Der mögliche Wasserentzug aus dem verdichteten Frischbeton nimmt mit zunehmender Tiefe im Beton ab. Vakuumbehandlung wirkt deshalb nur bis zu einer Betondicke von 30 cm.

Bei Anwendung des Verfahrens wird der Wasserzementwert an der Betonoberfläche um 10–20 % gesenkt. Die 28-Tage-Druckfestigkeit steigt um 30–50 %. Die Rohdichte erhöht sich um ca. 3 %. Die Haftzugfestigkeit eines eingebauten C35/45 kann auf Werte von 3,0 … 5,0 N/mm² verbessert werden [2.21].

2.2.2 Technische Ausrüstung und Durchführung

Vor dem Vakuumieren muss der Frischbeton mit einer Vibrationsbohle verdichtet und abgezogen werden. Nachfolgend werden Filtermatten ausgelegt, die als Abstandshalter zwischen der Betonoberfläche und dem luftdicht aufliegenden Vakuumteppich dienen. Die Filtermatte bildet über die gesamte Oberfläche Kanäle, wobei das abgesaugte Wasser über ca. 10000 Öffnungen/m² abfließen kann. Die Filtermatten haben eine Länge zwischen 4 und 6 m und eine Breite von ca. 1,2 m (Bild 2.22). Sie werden überlappend ausgelegt. Der Vakuumteppich ist ein luftdichter Kunststoffteppich mit Gewebeeinlage und besteht aus Elementen mit einer Länge bis zu 6 m und einer Breite von 4–6 m. Die vier Kanten des Teppichs müssen mit einer Breite von 10 bis 20 cm auf dem Beton dicht aufliegen, damit der Teppich gegen den atmosphärischen Druck abgedichtet ist.

Zwischen Betonoberfläche und Filtermatte wird über eine Vakuumpumpe (Bild 2.23), die einen Unterdruck von ca. 0,9 bar realisiert, ein Vakuum erzeugt, wobei der Beton statisch verdichtet wird (Bild 2.21). Das Manometer der Vakuumpumpe sollte einen Unterdruck von 0,7 bis 0,9 bar anzeigen. Wird dies nicht erreicht, muss die Abdichtung des Vakuumteppichs überprüft werden. Die abgesaugten Wassermengen liegen zwischen 4–12 l/m² bei einer Betondicke von 25 cm. Im Regelfall kann man davon ausgehen, dass bei einem Ausgangswasserzementwert von 0,55 pro cm Betondicke ca. 1 bis 2 min. abgesaugt werden muss (Bild 2.24). Die Vakuumbehandlung einer 25 cm dicken Betonplatte dauert demzufolge 25–50 min. In einem Arbeitstakt können mit 2 Vakuumteppichen etwa 50–60 m² Betonoberfläche behandelt werden. Die üblichen maximalen Tagesleistungen liegen bei Einsatz von 2 Vakuumteppichen bei ca. 400 m².

Im Anschluss an die Vakuumbehandlung kann die Betonoberfläche sofort weiter bearbeitet werden, da die erreichte Grünstandsfestigkeit ein unmittelbares Betreten der Oberflächen erlaubt. Im allgemeinen wird die Oberfläche nachfolgend mit Rotorscheiben maschinell abgescheibt. Während der erste Abscheibvorgang eine »Sandpapierstruktur« erzeugt, kann mit einem zweiten Abscheiben eine ebene, geschlossene Oberfläche erzielt werden. Weitere Abscheibvorgänge erzeugen kellenglatte Betonoberflächen.

Zum Glätten werden manuell geführte Glättmaschinen mit verschiedenen Glättwerkzeugen – Glättscheiben, Flügelglätter mit 3 oder 4 Flügeln – verwendet. Diese Glättmaschinen werden mit Durchmessern der Glättwerkzeuge zwischen 700 und 1200 mm bei Drehzahlen von 50–110 Umdrehungen/min eingesetzt. Die Antriebsleistungen liegen zwischen 2,0–5,5 kW. Es werden Glättleistungen zwischen 100–150 m²/h erreicht. Nach

Vakuumieren des Betons

Bild 2.22 Auslegen der Filtermatten und des Vakuumteppichs nach dem Abziehen mit der Rüttelbohle

Bild 2.23 Vakuumpumpe

Bild 2.24 Aus dem Beton abgesaugtes Wasser

dem Glätten ist die Betonoberfläche durch Abdecken mit Folien oder Aufsprühen eines Nachbehandlungsmittels (sofern zugelassen) nachzubehandeln.

2.2.3 Vorteile des Vakuumierens

Wird eine Betonfläche nach dem Abziehen vakuumbehandelt, so wird

- der Beton deutlich besser verdichtet
- die Betonoberfläche nach 12 h oder früher begehbar
- die Frühfestigkeit nach 2 Tagen etwa der nach 5 Tagen bei Normalbetonen entsprechen
- die dichte Oberfläche eine 1,5 bis 2-fache Verschleißfestigkeit zeigen
- die Wasserundurchlässigkeit, der Frost-Tausalz-Widerstand u. a. verbessert und Schwindrisse werden weitgehend vermieden.

Von Vorteil ist auch die lärmarme und umweltfreundliche Durchführung des Verfahrens.
Der wesentliche Anwendungsbereich von Vakuumbeton liegt bei Betonflächen, die nach ihrer Herstellung direkt beansprucht werden.

2.3 Unterwasserbetonieren

Unterwasserbeton als Bauverfahren kommt zur Anwendung

- wenn Baugruben nicht trockengelegt werden können,
- wenn Bauwerke unter Wasser hergestellt werden müssen
- beim Küstenschutz
- bei der Herstellung von Großbohrpfählen.

Unterwasserbeton ist nach DIN 1045 ein Beton mit besonderen Eigenschaften, der unter den Bedingungen für Beton der Überwachungsklasse 2 hergestellt und eingebaut werden muss.
Nach der Art des Einbringens des Frischbetons unterscheidet man das

- Einbringen von fertig gemischtem Beton unter Wasser
    - geschützt über Rohre oder Schläuche direkt zur Einbaustelle sowie
    - im freien Fall durch das Wasser als zementgebundenes Gemisch und das
- Aufspalten des Betoniervorganges in 2 Phasen (Ausgussbeton) durch
    - Einbringen eines Grobkorngerüstes der Gesteinskörnung mit
    - nachfolgendem Verpressen der im Korngerüst verbliebenen Hohlräume mit Zementmörtel.

Bei allen Verfahren muss die Entmischung des Betons oder Mörtels beim Einbringen vermieden werden. Der Beton oder Mörtel darf erst dann mit dem Wasser in Berührung kommen, wenn er seine endgültige Lage erreicht hat [2.22] [2.23].

Unterwasserbeton kann in den wenigsten Fällen verdichtet werden. Bindemittel und Feinanteile können ausgewaschen werden und die visuelle Kontrolle ist nur durch Taucher und auch dann nur eingeschränkt möglich. Werden unter Wasser Betonsohlen betoniert, ist für den Fall des Lenzens der Baugrube die Auftriebssicherung der Betonsohle zu beachten. Die Auftriebssicherung erfolgt entweder durch entsprechende Bemessung der Masse der Betonsohle oder durch Verankerung der Sohle im Untergrund.

2.3.1 Zusammensetzung des Unterwasserbetons

Unterwasserbeton muss als zusammenhängende Masse eingebaut werden, damit ein geschlossenes Gefüge entsteht. An den Unterwasserbeton werden folgende Anforderungen gestellt:

- Wasserzementwert $\leq 0{,}60$
- Zementgehalt $\geq 350\,kg/m^3$ bei Größtkorn 32 mm
- Mehlkorngehalt ca. $400\,kg/m^3$ bei Größtkorn 32 mm (empfohlen)
- Sieblinie der Gesteinskörnung zwischen A und B
- Konsistenz in den Ausbreitmaßklassen F3 bzw. F4 (Ausbreitmaße 45–50 cm und > 55 cm).

Der **Mindestzementgehalt** kann unter Beachtung der Richtlinie »Verwendung von Flugasche nach DIN EN 450 im Betonbau« bei Einsatz von Steinkohlenflugasche auf $280\,kg/m^3$ (Größtkorn 32 mm) gesenkt werden. Derartiger Unterwasserbeton ist gut zusammenhängend, fließfähig, pumpbar, schwer entmischbar und im erhärteten Zustand wasserundurchlässig. Zur Verbesserung der Fließfähigkeit und zur Verlängerung der Verarbeitbarkeit kann die Zugabe von Fließmitteln und Erstarrungsverzögerern hilfreich sein. In den letzten Jahren werden diesen Betonen häufig auch Polymere als Betonzusatz zugegeben. Mittels dieser Zusätze wird der Zusammenhalt des Betons weiter verbessert, man spricht auch vom so genannten Kolloidalbeton. Der erosionsfeste Kolloidalbeton ist zähklebrig und fließfähig und kann bis zu 6 m ungeschützt durch das Wasser fallend eingebracht werden.

Injektionsmörtel für das Unterwasservermörteln von Schüttungen von Gesteinskörnungen besitzen Wasserzementwerte von 0,45–0,55. Die Sande haben in der Regel einen stetigen Kornaufbau bis 2 oder 4 mm Größtkorn. Die Mischungsverhältnisse zwischen Zement und Sand bewegen sich etwa bei 1:1 bis 1:2, so dass unter Berücksichtigung des zu vergießenden Schottergerüstes ein Gesamtzementgehalt von $240\text{–}360\,kg/m^3$ Unterwasserbeton entsteht.

Beispielhafte Zusammensetzungen für Unterwasserbeton und Injektionsmörtel können Tabelle 2.4 entnommen werden.

2 Spezielle Betonierverfahren und -methoden

	Unterwasserbeton				Injektionsmörtel
Druckfestigkeitsklasse	C20/25	C20/25	C20/25	C20/25	–
Konsistenz	F3	F3	F3	F3	–
Zementart	CEM III/A 32,5	CEM I 32,5 R	CEM III/A 32,5	CEM I 32,5 R	CEM I 32,5 R
Zement [kg/m³]	325	350	280	250	700
Wasser [kg/m³]	179	190	180	199	385
w/z-Wert	0,55	0,50	0,60	(0,80)	0,55
Gesteinskörnung [kg/m³]	1768	1723	1808	1600	1012
Zusatzstoff [kg/m³]	25 (Trass)	70 (FA)	70 (FA)	250 (FA)	–
Zusatzmittel (Art)	VZ	BV	FM	VZ, FM	VZ
Stahlfasern [kg/m³]	–	–	–	40	–

Tabelle 2.4 Beispiele der Zusammensetzung für Unterwasserbeton und Injektionsmörtel [2.23]

2.3.2 Verfahrensvarianten

Unterwasserbeton wird heute am häufigsten bei der Wand-Sohle-Bauweise eingesetzt, die häufig aus sicherheitstechnischen und umweltrelevanten Gründen erforderlich ist. Die Baufolge ist in Bild 2.25 dargestellt.

In Phase 4 ist der Unterwasserbeton einzubringen. Dafür stehen unterschiedliche Einbauverfahren zur Verfügung. Bei allen Verfahren ist sicherzustellen, dass der Beton nicht ausgewaschen wird, sich nicht mit Schlamm vermischt und eine ausreichende Ebenheit erlangt.

Handelt es sich um unter Wasser geschütteten Beton, so stehen heute das Contractor-Verfahren, das Hop-Dopper-Verfahren, das Pump-Verfahren, das Hydroventil-Verfahren, das Kübel-Verfahren sowie das Einbringen im freien Fall zur Verfügung.

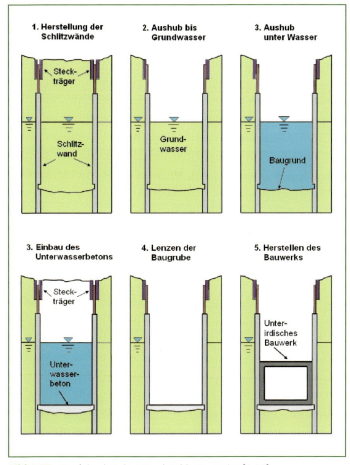

Bild 2.25 Baufolge bei der Wand-Sohle-Bauweise [2.23]

Contractor-Verfahren

Die Anwendung erfolgt dort, wo in Tiefen bis 50 m hochwertiger, homogener Beton erforderlich ist. Der Frischbeton wird durch senkrecht angeordnete Rohre eingebracht; im Regelfall 1 m lange Rohre, die untereinander leicht zu befestigen sind und einen Durchmesser von 200 bis 300 mm besitzen (Bild 2.26). Die Rohre sind an einer Übergabekonstruktion aufgehängt.

Zu Beginn des Betonierens werden die Rohre bis auf den Grund abgelassen, ein Gummiball oder ein Pfropfen eingesetzt und Frischbeton eingefüllt. Unter der Eigenmasse des Frischbetons sinkt der Pfropfen nach unten und drückt Luft und Wasser heraus. Durch vorsichtiges Anheben kann der Frischbeton aus dem Rohr an der Grubensohle austreten. In dem Maße, wie der Frischbetonspiegel im Wasser steigt, werden die Schüttrohre gezogen. Dabei muss immer darauf geachtet werden, dass sich die Rohre mindestens 1 m tief im Beton befinden.

Die Einbautiefe wird mittels Peilstab oder anderen Messeinrichtungen ermittelt.

Das Verfahren ist geeignet für das Betonieren von dicken horizontalen oder vertikalen Bauteilen, wie z. B. Großbohrpfählen und Schlitzwänden.

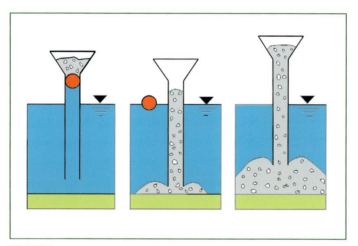

Bild 2.26 Contractorverfahren (Schema) [2.23]

Hop-Dobber

Eine Verbesserung des Verfahrens erfolgte durch die Entwicklung eines so genannten Hop-Dobber. Der Dobber (Schwimmer) besteht aus einem Hohlkörper, der um das Schüttrohr angeordnet ist und einen Schwimmeffekt hervorruft. Dieser Hohlkörper ist so ausgelegt, dass ein geringer, abwärts gerichteter Druck erzeugt wird. Damit verbleibt der Kragen am Ende des Schüttrohres in dem bereits eingebauten Beton und Ausspülungen werden verhindert. Mit dieser Methode wurden Einbauleistungen zu bis 200 m³/h erreicht und Flächen mit Längen bis zu 100 m betoniert [2.23].

Pumpverfahren

Das Pumpverfahren ist nur eine Variante des Contractor-Verfahrens. Dabei wird der Frischbeton durch eine Betonpumpe mit Verteilermast in ein Schüttrohr gefördert, das von einem Floß geführt wird und dessen Länge mindestens der Wassertiefe entsprechen muss. Das Schüttrohr sollte mindestens 1 m tief in den Frischbeton hineinreichen. Die erforderlichen Verstellbewegungen werden über den Verteilermast vorgenommen.

Hydroventil-Verfahren

In einen Trichter, an dem ein elastisches und zusammendrückbares Schlauchteil befestigt ist, wird Frischbeton eingefüllt. Wenn eine genügend große Menge vorhanden ist, drückt der Frischbeton den Schlauch auseinander und öffnet damit das Ventil (Bild 2.27). Da nur größere Frischbetonmengen den Wasserdruck und die Reibung im Schlauch überwinden können, wird der Frischbeton nicht kontinuierlich, sondern pfropfenweise eingebracht. Der Schlauch besitzt einen höhenverstellbaren Stahlzylinder, der sich nicht im Beton, sondern oberhalb der geschütteten Lage befindet. Aus diesem Grund können auch dünnere Schichten bis etwa 20 cm eingebaut werden.

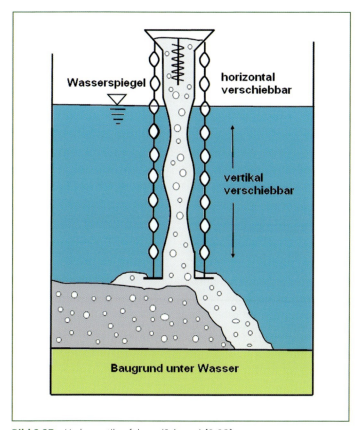

Bild 2.27 Hydroventilverfahren (Schema) [2.23]

Unter Wasser entstehender Beton (Ausgussbeton) – Colcrete-Verfahren

Zunächst wird ein Grobkorngerüst als Steinschüttung eingebracht und verdichtet. Anschließend wird der Mörtel in das Korngerüst injiziert. Dieses Prinzip wird angewandt beim Colcrete-Verfahren, bei dem ein spezieller Injektionsmörtel in das Gesteinskörnungsgerüst unter Druck eingebracht wird. Die Aufbereitung des Spezialmörtels erfolgt in einem besonderen Zweiphasen-Trommelmischer, in dem zunächst der Zementleim bei hoher Drehzahl (bis 2400 U/min) vorgemischt und dann anschließend mit Sand (Korngröße bis 4 mm) versetzt wird. Dieser Colcrete-Injektionsmörtel wird in halb- oder vollautomatischen Mischanlagen hergestellt, die eine Leistung zwischen 6 und 12 m^3/h bei Mischzeiten von 1 bis 2 min. besitzen.

Die Korndurchmesser des Gesteinsgerüstes sind so groß wie möglich zu wählen, um das Einpressen und Ausfüllen der Hohlräume durch den Mörtel zu erleichtern.

Zum Injizieren werden Stahlrohre in Abständen von 2 bis 3 m mit einem Durchmesser von 35 bis 60 mm vibrierend eingebracht und über ein Schlauchsystem verbunden. Beim Einbringen des Mörtels von unten nach oben werden die Rohre, die sich zu Beginn in Sohlennähe befinden, höher gezogen. Der Einbau ist auch bei schneller fließendem Wasser möglich, weil die Fließgeschwindigkeit innerhalb des Steingerüstes soweit abgemindert wird, dass ein Entmischen nicht stattfindet. Anforderungen an den Mörtel bestehen hinsichtlich guter Fließfähigkeit (auch ohne chemische Zusätze), geringem Absetzen, gutem Haftvermögen und der verminderten Neigung, sich nach dem Mischvorgang mit weiterem Wasser zu verbinden. Geringe Wasserdurchlässigkeit wird ebenfalls vorausgesetzt.

Zum Fördern des Mörtels dienen Schnecken- und Spezialplungerpumpen, die mit einem Druck bis 25 bar betrieben werden.

Prepaktverfahren

Beim Prepakt-Verfahren wird der Injektionsmörtel aus Zement, Wasser und Flugasche sowie einem verflüssigenden und treibenden Zusatzmittel als Suspension in einem langsamer laufenden so genannten Prepakt-Mischer hergestellt.

Vorteile der Anwendung des Unterwasserinjektionsverfahrens sind der geringere Bindemittelverbrauch, da bei Berührung zwischen Spezialmörtel und Wasser kein Entmischen auftritt sowie die niedrigere Wärmeentwicklung beim Erhärten. Darüber hinaus wird ein dichter Unterwasserbeton mit geringem Schwindmaß und hohen Festigkeiten erzielt. Die Vermörtelungsleistungen sind hoch.

Zur **Kontrolle der Verfüllung** werden bei beiden Verfahren Temperaturfühler eingebaut, mit deren Hilfe auch der Stand und Fortgang der Verfüllung aufgezeichnet werden kann. Verwendet werden weiterhin Beobachtungsrohre, die vorher in das Korngerüst eingebracht wurden und in die der Mörtel über Schlitze eindringt. Durch Herablassen eines Fühlers kann das Einbringniveau festgestellt werden, d. h. wie hoch der Injektionsmörtel eingebracht ist.

Kübel-Verfahren

Bei diesem Verfahren wird der mit Beton gefüllte Spezialkübel langsam durch das Wasser bis zur vorgesehenen Stelle geführt und dort entleert. Es ist ein diskontinuierliches Verfahren, bei dem der Beton direkt auf die Bausohle oder auf bereits eingebrachten Beton ausläuft. Eine bewehrte Sohle kann mit diesem Verfahren nicht hergestellt werden, da dann der Frischbeton durch das Wasser fallen muss und die Gefahr des Auswaschens besteht, wenn nicht besondere Betonzusammensetzungen verwendet werden.

Ein **Einbringen im freien Fall** erfordert einen erosionsfesten Frischbeton, um Entmischungen zu vermeiden. Im Allgemeinen wird dieses Verfahren nur dort angewandt, wo geringe Betonmengen eingebaut werden müssen und die üblichen Verfahren zu aufwändig sind.

2.4 Beton für Ortbetonbohrpfähle und Ortbetonrammpfähle

Ist die Tragfähigkeit eines anstehenden Baugrundes für Bauwerke nicht ausreichend, wird das entsprechende Bauwerk oft mit Pfählen tiefer gegründet. Die Ableitung der Lasten in den Untergrund wird über den Spitzen- und Manteldruck des Pfahles über größere Tiefen des Untergrundes verteilt. Durch Fuß- und Mantelverpressung des Pfahles kann diese Wirkung noch verbessert werden. Zunehmende Bedeutung erlangt heute auch die Anwendung von Pfählen, insbesondere von Bohrpfählen zur Baugrubensicherung, insbesondere im innerstädtischen Bereich und in der Deckelbauweise für Tunnel und Gebäude (Bild 2.28).

Während vor Jahrhunderten die Pfähle im Wesentlichen aus Holz bestanden, wird heute vornehmlich Beton verwendet. Je nach Herstellung unterscheidet man folgende Ortbetonpfahlsysteme (Bild 2.29):

- Bohrpfähle nach DIN EN 1536 und FB 129 verrohrt oder unverrohrt, indem in einen gebohrten Hohlraum im Baugrund unbewehrter oder bewehrter Beton eingebracht wird. Bei ihrer Herstellung wird Boden gefördert.
- Verdrängungspfähle nach DIN EN 12699 als Ortbetonpfähle sind Ortbetonrammpfähle, Schraubpfähle oder verpresste Verdrängungspfähle. Ortbetonrammpfähle werden unterschieden in Pfähle mit Innenrohrrammung (Frankiphahl) oder Kopframmung (Simplexpfahl).
- Schraubpfähle, bei denen das Vortreibrohr durch Drehen und Drücken eingebracht wird. Der verpresste Verdrängungspfahl wird hergestellt, indem ein vorgefertigter Stahlbetonpfahl eingerüttelt oder der durch eine Hohlbohrschnecke erzeugte Raum sofort mit Beton gefüllt wird. Bei ihrer Herstellung wird der Boden vollständig verdrängt.
- Mikropfähle nach DIN EN 14199 als Ortbetonpfähle oder Verbundpfähle, wobei der Beton beim Ziehen des Bohrrohres eingepresst oder ein eingebrachter Betonfertigpfahl eine Mörtelverpressung erhält. Ein DIN-Fachbericht ist in Vorbereitung [2.28].

Es gibt weitere Pfahlsysteme, die in keiner Norm erfasst sind und eine bauaufsichtliche Zulassung benötigen. Dazu zählen Rohrverpresspfähle und pfahlähnliche Elemente [2.28] wie Betonrüttelsäulen, vermörtelte Stopfsäulen, Fertigmörtelstopfsäulen und Stabilisierungssäulen zur Untergrundverbesserung.

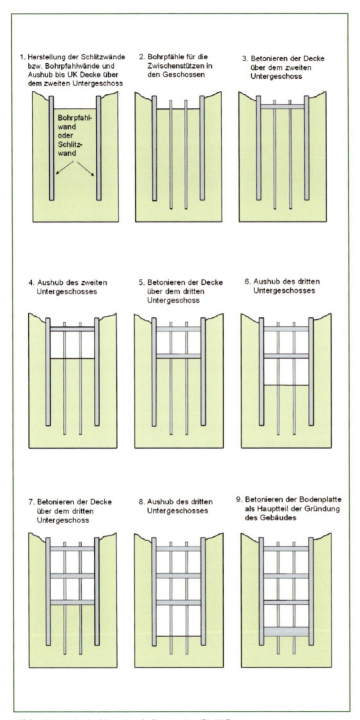

Bild 2.28 Prinzipskizze Deckelbauweise ([2.52])

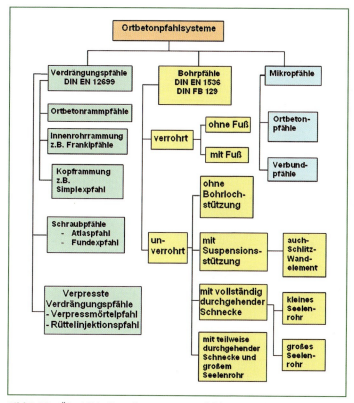

Bild 2.29 Überblick über die genormten Pfahlsysteme der Ortbetonpfähle (nach [2.28])

Bemessung von Pfählen

Die Berechnung und Bemessung von Pfählen erfolgt nach DIN 1054:2005-01. Die europäische Bemessungsnorm ist die DIN EN 1997-1 (EC7-1). Ihre Einführung erfolgt nach Umstellung aller Vorschriften auf das Teilsicherheitskonzept.

2.4.1 Pfahlsysteme

2.4.1.1 Ortbetonrammpfähle

Bei Ortbetonrammpfählen wird der zu betonierende Hohlraum durch Rammen hergestellt. Ortbetonrammpfähle werden nach DIN EN 12699 gefertigt. Nach der Herstellung wird unterschieden zwischen Ortbetonrammpfählen mit Innenrohrrammung (Frankipfahl) und mit Kopframmung (Simplexpfahl).

Der Ortbetonrammpfahl muss der DIN EN 1536 entsprechen (wie in DIN EN 12699 angegeben; siehe dazu dort Abschnitt 6.3.1). Erdfeuchter Beton kann verwendet werden. Er muss gestampft werden. Der Zementgehalt muss mindestens 350 kg/m³ betragen. Die Druckfestigkeitsklasse muss mindestens C25/30 entsprechen.

2 Spezielle Betonierverfahren und -methoden

Innenraumrammung (Frankipfahl)

Bei der Innenraumrammung wird die Rammenergie mit dem im Rohr fallenden Bär auf den Fuß des Rohres übertragen. Dazu wird in dem Bereich des Fußes ein Propfen aus Kies,

Bild 2.30   Gerät zur Herstellung von Rammpfählen

Bild 2.31   Bohrpfahlgerät bei der Herstellung des Hohlraumes für die Pfahlbetonage

144

Sand oder trockenem Beton gebildet, der zur Energieübertragung und als Rammpolster dient, den Pfropfen unten abdichtet und somit das Eindringen von Wasser und Erdreich verhindert. Wenn die erforderliche Tiefe erreicht und eine Fußaufweitung geplant ist, kann diese durch Austreiben des Pfropfenmaterials und Zuführung weiteren Materials hergestellt werden. Frankipfähle sind in der Größe beschränkt. Sie werden mit Rohrdurchmessern 42, 51, 56 und 61 cm hergestellt. Schrägpfähle können bis zu einer Neigung von 4:1 hergestellt werden. Bild 2.30 zeigt eine Frankipfahlramme und den Betoneinbau.

Kopframmung (Simplexpfahl)

Bei der Herstellung mit Kopframmung wird das Vortreibrohr mittels Kopframmung durch den Bär (Diesel- oder Hydraulikabtrieb) in den Boden gerammt. Das Rohr ist unten mit einer Fußplatte verschlossen, die im Boden als Aufstandsfläche des Pfahles verbleibt. Mit Erreichen der geplanten Tiefe wird der Bewehrungskorb eingesetzt, Beton eingebracht und das Rohr mit der Betoneinfüllhöhe gezogen. Durchmesser der Simplexpfähle sind 42, 51, 56 und 61 cm. Schrägpfähle können eine Neigung von 4:1 haben.

2.4.1.2 Schraubpfähle

Schraubpfähle sind ebenfalls Pfähle nach DIN EN 12699. Unterschieden wird zwischen dem Atlaspfahl und dem Fundexpfahl.

Beim Atlaspfahl wird das Vortreibrohr mit einem Schneidkopf drehend und drückend eingetrieben, das Rohr ist unten geschlossen. Nach Erreichen der Tiefe wird der Bewehrungskorb eingeführt und mit dem Ziehen des Rohres der Beton eingebracht. Durchmesser sind 41/51, 46/56 und 51/56 cm für den wendelförmigen Betonpfahl.

Der Fundexpfahl wird mit einer Wendel am glatten Vortreibrohr, die im Boden verbleibt, eingedreht und eingedrückt. Bewehrungsbau, Betoneinbau und Ziehen des Rohres erfolgen wie üblich. Der Rohrdurchmesser beträgt 38 oder 44 cm.

2.4.1.3 Verpresste Verdrängungspfähle

Unterschieden werden Verpressmörtelpfähle (VMI-Pfähle) und Rüttelinjektionspfähle (RI-Pfähle). Der VM-Pfahl ist ein Rammpfahl aus Stahl mit einer Fußausbildung. Er wird zusammen mit Mörtel in den Boden gerammt. VM-Pfähle werden ebenso wie RI-Pfähle meist als Zugpfähle eingesetzt. Bei RI-Pfählen werden ebenfalls Fertigpfähle verwendet, die jedoch durch die kleinere Fußspitze einen geringeren Raum zwischen Pfahl und Erdwand lassen, so dass dieser Raum über Injektionsrohre mit Zementmörtel verpresst werden muss.

2.4.1.4 Mikropfähle

Mikropfähle, die vor Ort hergestellt werden, haben einen Schaftdurchmesser kleiner als 300 mm, Mikropfähle als Fertigteile haben einen Schaftdurchmesser oder eine Querschnittsbreite kleiner als 150 mm. Vor Ort hergestellte Mikropfähle können verrohrt oder unverrohrt hergestellt werden. Sie können aus Zementmörtel, Verpressmörtel oder Beton bestehen. Mikropfähle können verfüllt oder verpresst werden. Die Verrohrung kann verbleiben oder wieder gezogen werden. Beim Einbringen wird ein Vortreibrohr verwendet, das unten geschlossen ist. Das Vortreibrohr wird in den meisten Fällen während des Verpressens oder Verfüllens gezogen. Hinsichtlich des Betons verweist die DIN EN 14199 auf die EN 206-1. Spezifische Anforderungen sind:

- in Zeitabständen von sieben Arbeitstagen sind 2 Sätze je 3 Prüfkörper herzustellen
- die Zylinderdruckfestigkeit muss mindestens 25 N/mm² betragen
- für Beton unterhalb des Grundwasserspiegels muss der Zementgehalt mindestens 375 kg/m³ betragen
- das Größtkorn soll 16 mm sein.

Mikropfähle können bei beengten Platzverhältnissen lärm- und erschütterungsarm hergestellt werden.

2.4.1.5 Pfahlsysteme nach Zulassung

Rohrverpresspfähle sind Stahlrohre, die am Fuß und im Schaft mit Zementmörtel verpresst werden. Bei einem Durchmesser kleiner als 300 mm gelten sie als Mikropfähle nach DIN EN 14199 und bei einem größeren Durchmesser bedürfen sie der Zulassung. Pfahlähnliche Elemente, die der Zulassung bedürfen sind Betonrüttelsäulen, vermörtelte Stopfsäulen, Fertig-Mörtel-Stopfsäulen und Stabilisierungssäulen zur Untergrundverbesserung [2.28].

2.4.1.6 Bohrpfähle

Die Herstellung von Bohrpfählen regelt die DIN EN 1536:2010-12 zusammen mit der DIN-SPEC 18140:2012-02 »Ergänzende Festlegungen zu DIN EN 1536:2010-12 – Ausführung von Arbeiten im Spezialbeton – Bohrpfähle«.

Unterschieden wird zwischen Bohrpfählen mit kreisrundem Querschnitt und Schlitzwandelementen mit anderen Formen, wie quadratisch, rechteckig, T-förmig oder L-förmig.

Bei den Bohrpfählen werden Pfähle mit konstantem Querschnitt, mit teleskopartig veränderlichen Schaftabmessungen, mit ausgehobener Fußaufweitung oder mit angehobener Schaftaufweitung unterschieden. Die Form des Pfahlfußes wird mit dem beim Aushub verwendeten Greifer hergestellt.

Die geometrischen Merkmale erfordern für einen Pfahl mindestens eine 5-mal größere Tiefe zum mindestens 30 cm großen Durchmesser und eine Mindestbreite für das Schlitzwandelement von 40 cm. Bohrpfähle aus Beton haben heute Durchmesser von 0,3 bis 3 m.

Nach der Anordnung der Pfähle wird zwischen Einzelbohrpfählen, Bohrpfahlgruppen und Bohrpfahlwänden unterschieden.

Bohrpfahlwände werden zur Baugruben- und Hangsicherung eingesetzt.

Bohrpfahlwände

Eine aufgelöste Bohrpfahlwand kann ausgeführt werden, wenn der anstehende Boden für die Zeit, in der der stufenweise Aushub erfolgt, standfest ist und durch Ausfachung der Zwischenräume mit Spritzbeton oder Ortbeton oder Zementinjizierung auch wasserundurchlässig ausgefacht werden kann (Bild 2.32).

Eine tangierende Bohrpfahlwand (dicht nebeneinander stehende Bohrpfähle) wird vorgesehen, wenn nur Erddruck und Bauwerkslasten aufzunehmen sind. Die Wand ist nicht wasserundurchlässig.

Eine überschnittene Bohrpfahlwand wird im Pilgerschritt hergestellt, indem unbewehrte Bohrpfähle durch bewehrte Sekundärpfähle mit 10–20 % Überschneidung ergänzt werden. Nach [2.28] kann auch diese Wand nicht wasserundurchlässig hergestellt werden, da beim Anschneiden des Primärpfahles Bohrgut in den Spalt eingetragen wird. Bild 2.33 zeigt die zur Abführung des Schichtenwassers angebrachte Drainageleitung.

Bild 2.32 Aufgelöste Bohrpfahlwand

Bild 2.33 Wasserabführung an einer überschnittenen Bohrpfahlwand

Bohrpfahlwände werden üblicherweise über Bohrschablonen hergestellt, die zur Führung der Bohrrohre dienen. Die Bohrgenauigkeit kann während des Bohrens kontrolliert werden. Es gibt Messgeräte für die Seilneigung sowie im Werkzeug.

Bohrpfähle werden gegen den anstehenden Boden betoniert oder verpresst. Damit wird eine gute Verzahnung mit dem Boden erreicht. Bei Durchmessern über 80 cm wird vorzugsweise verrohrt gebohrt und der Beton einschließlich der Bewehrung unter gleichzeitigem Ziehen des Rohres eingebracht. Bei kleineren Durchmessern wird vorzugsweise bei standfesten Böden unverrohrt gebohrt bzw. bei nicht standfesten Böden die Bohrungswand durch eine Suspension (Bentonit) abgestützt. Nach der Bohrlochfertigung wird der Bewehrungskorb eingebracht und das Bohrloch mit Beton verpresst, im zweiten Fall unter Verdrängung der Stützflüssigkeit.

Verrohrte Bohrpfähle

Das Bohrrohr wird in den Boden eingedreht. Danach erfolgt das Ausbohren des Bohrrohres im so genannten Dreh-Aushubverfahren. Die Tiefe wird mit Tiefenmessern überwacht, damit gewährleistet wird, dass nicht tiefer als die Verrohrung gebohrt wird. Rohre im Grundwasserbereich haben wasserdichte Anschlüsse der Rohrschüsse. In den so entstandenen Hohlraum wird der Bewehrungskorb bei bewehrten Pfählen und der Beton eingebracht. Gleichzeitig wird die Verrohrung gezogen (Bild 2.31).

Bohrmethoden bei Verrohrung sind der Aushub mit einem Greifer, mit einer kurzen Schnecke oder einem Bohreimer sowie mit einer durchgehenden Schnecke. Ein Bohreimer ist ein zylindrischer Behälter mit Schneidplatten und Zähnen im Boden, der zur Aufnahme des Bohrguts aufklappbar ist. Pfahllängen von 50 m und mehr sind möglich.

Unverrohrte Bohrpfähle

Unverrohrtes Bohren ist auch bei nicht standfestem Boden möglich. Es werden zwei Verfahren unterschieden. Das erste ist der unverrohrte und unbewehrte Schneckenbohrpfahl nach [2.28]. Die Bohrschnecke ist hohl und endlos. Sie wird nach der Ausrichtung bis auf die erforderliche Tiefe in den Boden eingedreht. Die Bohrschnecke ist mit Boden gefüllt, wodurch die Bohrlochwand gestützt wird. Dann wird der Beton in das Zentralrohr (Seelenrohr) der Bohrschnecke eingebracht und die Bohrschnecke wird ohne Drehung gezogen und gleichzeitig durch den Beton nach oben gedrückt. Das Seelenrohr bleibt bis zum Beginn des Betonierens geschlossen. Der Bohrvorgang und der Betondruck werden computergesteuert, überwacht und dokumentiert. Die Anschlussbewehrung für die Bauteile auf den Pfählen wird in den frischen Beton eingerüttelt.

Bei dem zweiten Verfahren des unverrohrten Bohrens ist das Zentralrohr so groß, dass in dieses ein Bewehrungskorb eingeführt werden kann und somit ein bewehrter Bohrpfahl hergestellt wird.

Für die Herstellung der Bohrpfähle sind noch die Begriffe »Betonierhöhe« und »Kapphöhe« oder »Planmäßige Pfahlkopfhöhe« wichtig. Die Kapphöhe ist der oberste Bereich des Pfahles, der über die planmäßige Pfahlhöhe hinausreicht und nach Fertigstellung des Pfahles abgespitzt wird.

Besondere Bohrverfahren

Als »besondere« Bohrverfahren können das Lufthebeverfahren und das Spülbohrverfahren genannt werden. Beim Lufthebeverfahren wird Luft an das Ende des Saugrohres gepumpt und der dadurch gelockerte Boden nach oben gefördert. Häufiges Anwendungsgebiet für Kleinbohrungen ist der öffentliche Verkehrsbereich. Beim Spülbohrverfahren erfolgt die Auflockerung durch Wasser.

Bewehrung

Pfähle werden mit Bewehrungskörben bewehrt. Diese bestehen aus der Längs- und Spiralbewehrung, aus Aussteifungsringen und Abstandshaltern. Große Stabdurchmesser sollten bevorzugt werden, insbesondere bei stark bewehrten Pfählen.

2.4.2 Anforderungen an die Betonbestandteile und an den Beton

Die Herstellung der Bohrpfähle erfordert neben der Bohrtechnik auch besondere betontechnische Kenntnisse. Diese beziehen sich sowohl auf die Betonrezeptur als auch auf den Betoneinbau. An Bohrpfähle werden häufig auch besondere Anforderungen hinsichtlich Korrosionsschutz, chemischer Widerstandsfähigkeit und Wasserundurchlässigkeit gestellt.

Der Zement muss der DIN EN 197-1 entsprechen, der Einsatz von CEM II-Zementen und der Einsatz von Flugasche wird empfohlen. Der DIN-Fachbericht erweitert die in der DIN genannten Zementtypen um die CEM II-Zemente Portlandpuzzolanzement, Portlandschieferzement, Portlandkalksteinzement und Portlandkompositzement. Hinsichtlich des k-Wert-Ansatzes wird auf die DIN EN 206-1 verwiesen. Die Gesteinskörnung sollte jedoch eine gute Kornverteilung haben und bevorzugt aus Rundkorn bestehen, da der Beton nicht durch Rütteln verdichtet wird. Das Größtkorn muss auf den kleinsten Bewehrungsabstand (nicht kleiner als ¼ des Abstandes der Längsbewehrungsstäbe) abgestimmt und nicht größer als 32 mm sein.

Die Betonzusammensetzung muss den Anforderungen der DIN 1045-2/DIN EN 206-1 entsprechen. Die Druckfestigkeitsklasse muss zwischen C20/25 und C30/37 liegen. Primärpfähle von Pfahlwänden können eine niedrigere Festigkeitsklasse haben, wenn keine weiteren Anforderungen bestehen. Beton mit höherer Druckfestigkeit ist für Bemessung und Ausführung erlaubt. Dabei sollte sicher sein, dass die Bedingungen die Herstellung zulassen. Nach der alten DIN 4014 durften höhere Festigkeiten bei Bohrpfählen mit einem Durchmesser bis 0,75 m rechnerisch nicht in Ansatz gebracht werden.

Bohrpfahlbeton muss ein gutes Zusammenhaltevermögen, eine gute Mischungsstabilität, eine hohe Verformbarkeit sowie eine gute Fließfähigkeit besitzen und muss sich selbst verdichten. Die Verarbeitbarkeit muss beim Einbringen und beim Ziehen einer Verrohrung vorhanden sein.

Der Wasserzementwert sollte < 0,6 sein.

Bei Einsatz von Flugasche wird $(w/z)_{eq}$ mit $k_f = 0{,}70$ berechnet. Auch bei chemischem Angriff (XA) ist $(w/z)_{eq}$ mit $k_f = 0{,}7$ zugelassen, da die dauerhafte Umgebungsfeuchte für die Nachbehandlung und die Nacherhärtung beste Bedingungen bietet. Betone mit Flugasche erreichen dadurch ein dichtes Gefüge.

Nicht angerechnet werden darf die Flugasche bei den Zementen CEM II/B-V, CEM III/C, CEM II/B-P, CEM II/A-D. Ihr Einsatz ohne Anrechnung der Flugasche ist erlaubt.

Der Zementgehalt für das Einbringen im Trockenen soll $\geq 325\,\text{kg/m}^3$ und $\geq 375\,\text{kg/m}^3$ für Unterwasserbeton betragen.

Bei Anrechnung von Flugasche muss der Mindestzementgehalt bei einem Größtkorn von 32 mm bei $\geq 270\,\text{kg/m}^3$ und bei einem Größtkorn von 16 mm bei $\geq 300\,\text{kg/m}^3$ betragen.

Der Feinkornanteil soll $\geq 400\,\text{kg/m}^3$ bei einem Größtkorn > 8 mm und $\geq 450\,\text{kg/m}^3$ bei einem Größtkorn ≤ 8 mm betragen.

Zum Einsatz von Flugasche gilt für den Gehalt an Zement und Flugasche gemäß DIN-Fachbericht: bei einem Größtkorn von 16 mm $\geq 400\,\text{kg/m}^3$ und bei einem Größtkorn von 32 mm $\geq 350\,\text{kg/m}^3$.

Der Mindestzementgehalt bei Anrechnung von Flugasche muss bei einem Größtkorn von 16 mm bei $300\,\text{kg/m}^3$ und bei einem Größtkorn von 32 mm bei $270\,\text{kg/m}^3$.

Die folgende tabellarische Zusammenstellung (Tabelle 2.5) der Bedingungen für den Einsatz von Flugasche ist [2.26] entnommen.

Kriterium	Bedingung
Druckfestigkeitsklasse	$\geq$ C 20/25 bzw. nach Expositionsklasse
Größtkorn 32 mm	$z \geq 270$ und $(z + f) \geq 350\,\text{kg/m}^3$
Größtkorn 16 mm	$z \geq 300$ und $(z + f) \geq 400\,\text{kg/m}^3$
$(w/z)_{eq}$	$< 0,6$
k_f	0,7
Anrechnung von Flugasche bei	CEM I, CEM II/A-M (S-V), CEM IIA (S,V,P,T,LL), CEM II/B-M (S-V), CEM II/B (S,T,LL), CEM III/(A,B)
Zugabe möglich, aber keine Anrechnung bei	CEM II/B-V, CEM II/A-D, CEM II/B-P, CEM III/C

Tabelle 2.5 Bedingungen für den Einsatz von Flugasche für Bohrpfahlbeton (nach [2.26])

Wird Hochofenzement eingesetzt, sollte der Hüttensandanteil im Zement 70 Masse-% nicht übersteigen.

Je nach Größtkorn der Gesteinskörnung (8 / 16 / 32 mm) werden als mörtelwirksamer Sand die Fraktionen 0–1 mm, 0–2 mm oder 0–4 mm berücksichtigt. Je nach Größtkorn sollte dieser mörtelwirksame Sand 34 Vol.-%, 37 Vol.-% oder 40 Vol.-% betragen. Damit wird bei Bohrpfahlbeton ein konstanter Mörtelstoffraum von ca. 59 Vol.-% eingestellt. Der »Grobzuschlagraum« beträgt demzufolge konstant 41 Vol.-%, wenn die Gesteinskörnung vorzugsweise eine gedrungene Form aufweist. Bei gebrochener Gesteinskörnung oder plattiger Form ist der Mörtelanteil um 5–10 % zu erhöhen [2.23].

Für das Ausbreitmaß werden unterschiedliche Größen je nach den Einbaubedingungen in der Tabelle 2 der DIN EN 1536 (Tabelle 4 der DIN E 1536) angegeben. Diese werden hier als Tabelle 2.6 und Tabelle 2.7 wiedergegeben.

Einbaubedingung	Ausbreitmaß
Betonieren im Trockenen	460 bis 530 mm
Pumpbeton	530 bis 600 mm
Mit Kontraktorrohren eingebrachter Unterwasserbeton	530 bis 600 mm
Im Kontraktorverfahren unter Stützflüssigkeit eingebrachter Beton	570 bis 630 mm

Tabelle 2.6 Konsistenzbereiche für Bohrpfahlbeton bei unterschiedlichen Anwendungsbedingungen (DIN 1536, Tabelle 2)

Ausbreitmaß (mm)	Absetzmaß (Slump) (mm)	Anwendungsbedingungen
460 bis 530	130 bis 180	Betonieren im Trockenen
530 bis 600	≥ 160	Pumpbeton
		Kontraktorverfahren
570 bis 630	≥ 180	Kontraktorverfahren mit Stützflüssigkeit

Tabelle 2.7 Konsistenzbereiche für Bohrpfahlbeton bei unterschiedlichen Anwendungsbedingungen (DIN E 1536, Tabelle 4)

Der Bohrpfahlbeton der Konsistenzklasse ≥ F4 darf ohne Fließmittel hergestellt werden.

Bohrpfahlbeton muss eine ausreichende Verarbeitbarkeitszeit und eine gute Verformbarkeit aufweisen. Mit Blick auf die Verarbeitungszeit wird häufig Hochofenzement eingesetzt, da Bohrpfähle in der Regel eine geringe Einbaugeschwindigkeit ermöglichen und so eine gewisse Überschreitung der zulässigen Verarbeitungszeit von 90 min. in Kauf genommen werden kann. Dabei muss vorausgesetzt werden, dass der spätere Erstarrungsbeginn für den verwendeten Zement auch bekannt ist.

Ein weiterer Aspekt ist die Festigkeitsentwicklung. In [2.28] wird darauf hingewiesen, dass der Beton für die Primärpfähle eine geringe Anfangsfestigkeit haben muss, damit das Anschneiden beim Bohren der Sekundärpfähle das Schneidwerkzeug nicht überfordert (zu hohe Antriebskräfte). Dies ist besonders für große Pfahldurchmesser von Bedeutung. Die Druckfestigkeit der Betons sollte nicht über 10 N/mm² liegen.

Der Einsatz von Fließmitteln für Bohrpfahlbeton ist mit den Fließmitteln mit längerer Wirksamkeitsdauer möglich geworden.

Nach [2.23] wird die Verwendung von Stabilisierern empfohlen, wenn der Mehlkorngehalt begrenzt ist und der Mindestzementgehalt nicht wesentlich überschritten werden soll. Verzögerer sollte für lange Großbohrpfähle eingesetzt werden. Dabei wird die Verlängerung der Verarbeitbarkeitszeit bei Längen von 10 bis 20 m um 5 Std. sowie bei Längen über 20 m um 10 Std. empfohlen. Mit diesen Zeiten kann auch eine kurzfristige Störung des Betonierablaufs überbrückt werden.

Beispiele von Betonzusammensetzungen für Bohrpfahlbeton

Beispiele ausgewählter Zusammensetzungen von Bohrpfahlbetonen sind in Tabelle 2.8 enthalten.

In dieser Tabelle sind die Bezeichnungen nach den alten Vorschriften nicht verändert [2.23].

Tabelle 2.9 nennt Betonzusammensetzungen mit CEM III/A- und CEM I-Zementen + Flugasche, für die chemischer Angriff anzusetzen war (nach [2.27]).

	Kläranlage	Lärmschutzwand	Uferbefestigung
Besondere Eigenschaften nach DIN 1045:1988	hoher Widerstand gegen chemischen Angriff		hoher Widerstand gegen chemischen Angriff
Druckfestigkeitsklasse[1]	B 35	B 25	B 35
Konsistenz	KR	KF	KF
Zementart und -festigkeitsklasse	CEM III/B 32.5-NW/HS/NA	CEM III/B 32.5-NW/HS/NA	CEM III/B 32.5-NW/HS/NA
Zementgehalt	380 kg/m^3	400 kg/m^3	350 kg/m^3
w/z-Wert	0,47	0,50	0,57
Zuschlag Sieblinienbereich Gehalt	A16/B16 1845	A16/B16 1695	A32/B32 1807
Gehalt an SFA	60 kg/m^3	–	50 kg/m^3
Art Betonzusatzmittel	BV/FM	BV	–

[1] frühere Bezeichnung

Tabelle 2.8 Zusammensetzungen von Bohrpfahlbeton für ausgewählte Bauwerke

Bauteil	Bohrpfahlwand Beispiel 1		Bohrpfahlwand Beispiel 2	
	Primärpfahl	Sekundärpfahl	Primärpfahl	Sekundärpfahl
Druckfestigkeitsklasse	C25/30	C25/30	C25/30	C35/45
Konsistenz	F5	F5	F5	F5
Zement CEM III/A 32,5	170	320	–	–
Zement CEM I 32,5 R	–	–	200	240
Flugasche	180	80	140	200
Wasser	203	215	170	185
$(w/z)_{eq}$	1,02	0,57	0,57	0,48
k_f	0,7	0,7	0,7	0,7

Tabelle 2.9 Betonzusammensetzungen von Bohrpfahlbeton mit CEM II/A- und CEM I-Zementen + Flugasche für Betone bei chemischem Angriff (nach [2.27])

2.4.3 Betoneinbau

Beim Einbau von Bohrpfahlbeton ist eine Reihe von Regeln zu beachten (DIN EN 1536 (8.3)):

- Wird im Trockenen betoniert darf im Bohrloch kein Wasser vorhanden sein. Ansonsten ist Unterwasserbeton erforderlich und der Beton ist entsprechend einzubringen.
- Der Beton darf beim Einbringen nicht gegen die Bewehrung und gegen die Bohrlochwand prallen. Mittels Trichter und Fallrohr muss der Beton mittig eingebracht werden. Das Fallrohr muss mindestens 2 m lang sein, weiter kann im freien Fall betoniert werden.
- Trockene, grobkörnige Böden können vorgenässt werden [2.28].
- Der Innendurchmesser des Schüttrohres muss 8 × Größtkorn betragen.
- Der Betoniervorgang sollte für den Pfahl stetig erfolgen. Die Verarbeitbarkeit des Betons muss ständig vorhanden sein. Insbesondere Fußaufweitungen müssen ohne Unterbrechung betoniert werden.
- Die erforderliche Verarbeitungszeit des Betons muss bei der Erstellung der Rezeptur berücksichtigt werden.
- Der Betoneinbau unter Wasser und unter einer Stützflüssigkeit muss mit einem Kontraktorrohr erfolgen, das auch an den Kupplungen wasserdicht sein muss. Beton darf nicht frei durch das Wasser oder die Stützflüssigkeit fallen. Für den Innendurchmesser des Rohres ist 6 × Größtkorn oder mindestens 150 mm, für den Außendurchmesser 35 % des Pfahldurchmessers oder des Rohres innen, 60 % des Bewehrunskorbes innen oder 80 % der lichten Weite des Bewehrungskorbes bei Schlitzwänden gefordert. Es muss bis zur Bohrlochsohle reichen und beim Betoneinbau und Ziehen mit der Unterseite ständig im Beton eingetaucht bleiben.
- Wenn das Kontraktorrohr die Eintauchtiefe verliert, muss geprüft werden, ob der Beton noch für ein Wiedereintauchen verarbeitbar ist, Verunreinigungen nur im Kappbereich auftreten, eine ordnungsgemäße Arbeitsfuge hergestellt und weiter betoniert werden kann, der Pfahl vollständig entfernt und neu aufgebaut werden kann oder ob der Pfahl aufgegeben werden muss.
- Auch die Lanzen von Prepacked-Pfählen müssen bis zur Sohle reichen und beim Verpressen ständig eingetaucht sein.
- Die Kapphöhe muss vergrößert werden, wenn sie tief unter der Arbeitsebene liegt oder wenn Unterwasserbeton eingebracht wird bzw. wenn die Verrohrung gezogen wird.
- Beton muss so lange eingebracht werden, bis der verunreinigte Beton vollständig über die zu kappende Höhe aufgestiegen ist.
- Beim Abspitzen der Kapphöhe muss der Beton ausreichend erhärtet sein. Der darunter liegende, verbleibende Beton des Pfahles darf nicht beschädigt werden. Mechanische Geräte sind vorsichtig einzusetzen.

Probenahme

Die Probenahme und die Prüfungen sind in der DIN EN 1536 (6.3.3 und Tabelle 10) festgelegt:

Der einzusetzende Beton ist durch Eignungsprüfungen (Erstprüfungen) zu belegen.

Bei jedem Fahrzeug ist der Lieferschein zu kontrollieren und die Konsistenz des Betons durch das Ausbreitmaß oder das Setzmaß zu prüfen.

Für Anzahl und Häufigkeit der Proben für die Prüfung der Druckfestigkeit gilt:

- Eine Probe besteht aus vier Prüfkörpern.
- Von den ersten drei Pfählen ist je eine Probe zu nehmen.
- Für die jeweils fünf folgenden Pfähle ist je eine Probe zu nehmen. Beträgt die Betonmenge je Pfahl nicht mehr als 4 m³ gelten 15 Pfähle.
- Werden 75 m³ Beton an einem Tag eingebracht, ist für diese Menge eine Probenahme erforderlich.
- Bei einer Druckfestigkeitsklasse von C35/45 und höher ist eine Probe je Pfahl erforderlich.
- Bei Vorlegen eines umfassenden Qualitätssicherungssystems (QS) können abweichende Prüfanforderungen vereinbart werden. Bezüglich des QS verweist der DIN-Fachbericht 129 auf DIN1045-2 bezüglich der Produktionskontrolle, der Konformitätskontrolle, der Konformitätskriterien und der Regeln der Bewertung, Überwachung und Zertifizierung und der dann zulässigen Prüfhäufigkeit gemäß Anhang A der DIN 1045-3 (3 Proben je 300 m³ oder je 3 Betoniertage bei ÜK 2), die vereinbart werden kann.
- Wesentlich ist, das auch für Beton der Überwachungsklasse 1 Proben in der gleichen Prüfdichte wie für die Überwachungsklasse 2 zu nehmen sind.

2.4.4 Pfahl-Integritätsprüfungen

Grundsätzlich steht die Überwachung und Nachweisführung während der Herstellung zusammen mit den visuellen und mechanischen Prüfungen von Prüfkörpern für den Qualitätsnachweis von Pfählen im Vordergrund. Dennoch ist oft eine nachträgliche Nachweisführung für die eingebauten Pfähle notwendig. Zur Prüfung von fertigen und auf voller Länge im Baugrund eingebetteten Pfählen gibt es physikalische Untersuchungsmethoden, die speziell für Pfähle als Integritätsprüfungen bezeichnet werden. Dieses sind Impuls- und Ultraschallprüfungen. Die Prüfverfahren und die Verfahren der Auswertung mit den Beurteilungsklassen sind in [2.28] beschrieben.

Die Ultraschall-Integritätsprüfung erfolgt über Messrohre, es sind also Kernbohrungen im Pfahl erforderlich. Gemessen werden der zeitliche Verlauf der Welle und Geschwindigkeitsänderungen bei Querschnittsänderungen und Fussverbreiterungen sowie Diskontinuitäten, die auf Fehler hinweisen können. Fehler liegen vor, wenn keine Auswertung der Signale möglich ist.

2.5 Beton für den Gleitbau

2.5.1 Gleitbauverfahren

Das Gleitbauverfahren ist dadurch gekennzeichnet, dass der Beton fortlaufend in einer ebenfalls fortlaufenden oder in kurzen Zeitabschnitten weiter geführten Schalung eingebaut wird. Der Betoneinbau erfolgt frisch auf frisch. Diese Schalungsart wird als Gleitschalung bezeichnet. In Gegensatz dazu spricht man von einer Kletterschalung, wenn die Schalung in festgelegten Höhenabschnitten versetzt wird und der Beton mit vorher festgelegten Arbeitsfugen zwischen diesen Abschnitten eingebaut wird. Die Errichtung von vertikalen und hohen Bauteilen mit gleichbleibendem oder wenig veränderlichem Querschnitt, wie hohe Brückenpfeiler, Silos, Türme, Treppenhäuser, Stützen, Wände, Hochregallager, Kraftwerksbauten und Kühltürme erfolgt im Gleitbauverfahren.

Aber auch die Herstellung von horizontalen Bauteilen kann im Gleitbauverfahren erfolgen, z. B. Betondecken, Randstreifen, Schutzwände und feste Fahrbahnen im Verkehrswegebau. Dazu werden spezielle Fertiger eingesetzt. Ausführungen zur Herstellung von Straßenbeton enthält der Abschnitt 3.5.

Im Merkblatt »Gleitbau« des Deutschen Beton- und Bautechnik-Vereins [2.30] werden Empfehlungen für die fachgerechte Anwendung des Gleitbauverfahrens, Angaben zur Konstruktion der Bauteile, zur Betontechnologie, Schalungskonstruktion, Produktionsplanung, Qualitätssicherung und zur Arbeitssicherheit gegeben.

Ausrüstung und Gleitprozess

Die Errichtung von vertikalen und hohen Bauteilen erfolgt mit einer kurzen, den ganzen Querschnitt umfassenden Schalung. Die Klettereinrichtung besteht aus der Schalung, den im Bauteil angeordneten Kletterstangen, den hydraulischen Hubgeräten auf den Jochbalken der Kletterstangen, der Arbeitsbühne und der Nachlaufbühne sowie aus den Einrichtungen zur Einhaltung der geplanten Abmessungen und der Genauigkeit. Die Kletterstangen sind durch ein Mantelrohr vom Frischbeton getrennt. Eine zusätzliche Arbeitsbühne kann oberhalb der Hauptarbeitsbühne eingerichtet werden. Die Hauptarbeitsbühne muss sehr steif sein, damit diese und die Hubzylinder beim Heben gleichmäßig belastet werden. Die Nacharbeiten und die Nachbehandlung erfolgen von der Nachlaufbühne aus. Im Bereich großer Aussparungen in der Wand müssen die Kletterstangen temporär konstruktiv gegen Ausknicken gesichert werden. Bild 2.34 zeigt den prinzipiellen Aufbau einer Gleitschalung, die in der Regel 1,20 m hoch ist. Sie ist meist eine Stahlschalung, um die Reibungskräfte beim Anheben klein zu halten. Verwendet werden aber auch gehobelte Holzschalungen und kunststoffbeschichtete Schalungen. Aussparungen, Einbauteile und Verwahrkästen müssen gegen lotrechtes und waagerechtes Verschieben gesichert sein. Sie sind in der Wandebene etwas kleiner als die Wandstärke, damit beim Gleitvorgang nichts mitgerissen wird. So hat auch die Schalung selbst einen so genannten »Schalungsanzug«, d. h. der Abstand der Schalung ist unten etwas größer als oben.

Änderungen der Wanddicke (Verringerung) werden durch Mitnahmekästen in der Schalung erreicht.

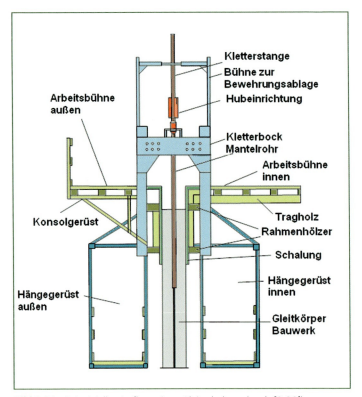

Bild 2.34 Prinzipieller Aufbau einer Gleitschalung (nach [2.30])

Die Hubtakte erfolgen gleichmäßig. Der Beton muss dann im untersten Bereich der Schalung, der dann freigelegt wird, standfest sein. Nach [2.30] soll der Beton beim Verlassen der Schalung mindestens eine Druckfestigkeit von 1 N/mm² aufweisen und 1,5 N/mm² nicht überschreiten.

Der Bauablauf des gesamten Gleitprozesses einschließlich des Steuerns der Gleitschalung und des Auf- und Abbaus der Gleitvorrichtung wird in [2.30] ausführlich beschrieben. Checklisten sollen dem Ausführenden und Überwachenden als Arbeitsmittel dienen.

2.5.2 Anforderungen an die Konstruktion

Die Wanddicke sollte größer als 20 cm sein. Auch die Betonierbarkeit sollte die Wanddicke bestimmen. So ergibt sich aus den Maßen der Betondeckung und der Verwendung eines Einbauschlauches am Betonierkübel von 10 cm Durchmesser eine Wanddicke von 27 cm [2.30]. Für die Betondeckung gilt die DIN 1045-1, Abschn. 6.3. Nach [2.30] wird ein Nennmaß von 40 bis 50 mm festgelegt, für die Expositionsklassen XD und XS 55 mm. Die Sicherstellung der Betondeckung erfolgt über Gleithaken aus Profilstahl oder Bewehrungsstahl (Rundstahl), die an der Schalung befestigt sind und dem Nennmaß der Betondeckung entsprechen. Der Abstand der Gleithaken beträgt 1,20 m, die Länge 25 cm und muss mindesten zwei horizontale Bewehrungsstäbe erfassen. Der beim Gleiten durch die Gleithaken entstehende Hohlraum muss wieder vollständig geschlossen werden. Die waagerechte Bewehrung muss schalungsseitig angeordnet sein, damit die Betondeckung durch Gleithaken wirksam werden kann. Die Verbundbedingungen für alle Bewehrungsstäbe im Gleitbau sind (DIN 1045-1,12(4)) mäßig, was bei der Planung der Verankerungs- und Übergreifungsstoßlängen zu berücksichtigen ist. Die Bewehrung bei gekrümmten Grundrissen soll vorgebogen werden, um eine Federwirkung im Beton oder ein Abplatzen des noch nicht erhärteten Betons zu vermeiden. Stabenden sollten generell nach innen abgebogen sein. Der Abstand zwischen Quertraverse und Schalung muss mindestens 50 cm betragen. Er ist jedoch begrenzt und für den Bewehrungsbau beengt. Die Bewehrungskonstruktion sollte darauf Rücksicht nehmen. Kurze Stäbe sind zu bevorzugen. Für die gestaffelt angeordneten lotrechten Stäbe wird nach [2.30] eine Länge von max. 5,50 m in Abhängigkeit vom Stabdurchmesser empfohlen.

Bei Anwendung der Vorspannung sind die Bauteilabmessungen der Spannköpfe so zu wählen, dass die Betonierbarkeit gegeben ist.

2.5.3 Anforderungen an den Beton

Der Beton muss einen Erhärtungsverlauf bis zur Frühstandsfestigkeit haben, durch den ein kontinuierlicher Gleitvorgang ermöglicht wird. Verwendet wird in der Regel ein Portlandzement. Hochofenzement sollte der Festigkeitsklasse 42,5 entsprechen. Jedoch sollte CEM I 42,5 R nach [2.30] nur bei hohen Gleitgeschwindigkeiten und tiefen Temperaturen zum Einsatz kommen. Der Zementgehalt beträgt zwischen 360 und 380 kg/m^3. Der Mehlkorngehalt sollte hoch sein. Eine Veränderung des Zementgehaltes bei geänderten Außentemperaturen und Witterungsbedingungen muss vorgesehen werden. Verzögerer könnten bei großen Querschnitten und langen Einbauzeiten erforderlich werden. Die Konsistenz ist F3. Üblich ist ein Größtkorn von 16 mm. Die Betondruckfestigkeiten C30/37 und C35/45 sind erreichbar, sollten aber nicht höher angesetzt werden. Nach [2.30] wurde auch hochfester Beton mit entsprechender Qualitätskontrolle eingesetzt.

Unter Berücksichtigung der Randbedingungen Transportweg, Förderart, Baustellenbedingungen und oft auch auf Erfahrung beruhend, wird die Rezeptur ermittelt. Zur Ermittlung oder Prüfung des Erstarrungs- und Erhärtungsverhaltens werden vor Gleitbeginn Eignungsversuche durchgeführt. Diese können im Labor mit der Penetrationsnadel oder/und mit einem Versuchskörper mit der Höhe der Schalung durchgeführt werden. In Zeitabständen wird mit einem Bewehrungsstab und einer Rüttelflasche ermittelt, welche Eindringtiefe in den Betonkörper erreicht werden kann. Da damit keine exakten Messwerte erhalten werden, ist auch die Erfahrung mit maßgebend für die Festlegung des Gleitablaufes. Mit dem Versuchskörper sollten auch die Prüfkörper für die Ermittlung der Druckfestigkeit im frühen Bereich und der Normwerte hergestellt und entsprechend geprüft werden. Mit Varianten der Zusammensetzung können auch Temperaturunterschiede simuliert werden.

2.5.4 Betoneinbau

Der Beton wird in Lagen von 20 cm eingebracht. Der Betonierablauf ist kontinuierlich. Je nach Größe des Querschnitts ist die Betonierleistung unterschiedlich, in den meisten

Fällen jedoch gering. 5 bis 7 m Bauhöhe je Tag kann als durchschnittliche Betonierleistung angenommen werden. Der Rhythmus der Betonlieferung, die Füllmenge je Fahrmischer und die Entladedauer müssen zwischen Baustelle und Betonherstellung abgestimmt sein, da das Transportbetonwerk auch nachts mit geringer Leistung arbeiten muss. Erforderlich ist eine direkte Verbindung zwischen der Einbaustelle und dem Mischerfahrer. Beim Verdichten mit dem Innenrüttler dürfen die Bewehrungsstäbe nicht berührt werden. Der Verbund mit der vorhergehenden Betonierlage muss einwandfrei hergestellt werden. Tritt eine längere Unterbrechung des Betonierens ein, muss die Schalung in Abständen bewegt werden. Da eine Unterbrechung nicht vorhersehbar ist, sollte der Beton immer gleichmäßig in der Schalung eingebracht sein. Die Stillstandsdauer sollte nach [2.30] nicht mehr als 30 min. betragen, 10 min. sind anzustreben. Die Öffnungen der Kletterstangen dürfen offen bleiben. Die Arbeitsbühne muss ständig sauber gehalten werden. Regenwassser muss abgeleitet werden.

2.5.5 Oberfläche

Eine Farbgleichheit der Gleitbetonflächen kann nicht erreicht werden, da sich die Einbaubedingungen im Tages- und Nachtverlauf ändern. Mit Farbunterschieden muss daher gerechnet werden. Der Beton kann schalungsrau belassen werden. In der Regel wird er von der Nachlaufbühne verrieben und nachbehandelt. Ob es notwendig ist, zu verreiben, muss anhand der Oberflächenstruktur nach dem Ziehen der Schalung entschieden werden. Die Nachbehandlung ist besonders wichtig, da zum einen ein sehr frischer Beton freigelegt wird und zum anderen in großen Höhen fast immer mit Wind zu rechnen ist. Farbunterschiede der Betonoberfläche sind durch das lagenweise und langsame Einbringen des Betons verfahrensbedingt und unvermeidbar. Nachbehandlungsmittel können eingesetzt werden. Wenn eine spätere Beschichtung vorgesehen ist, muss die Verträglichkeit bzw. die Haftfähigkeit berücksichtigt werden.

2.5.6 Genauigkeiten

Nach [2.30] werden folgende Maße für Genauigkeiten (Abweichungen) angegeben, die mit »üblichem Aufwand« im Gleitbau erreicht werden können:

- Wanddicken
  - ± 15 mm
  - ± 10 mm im Offshorebau
- Lot von Wänden
  - ± 25 mm auf die gesamte Höhe
  - ± 10 mm auf 5 m Höhenabstand
- Kreisform im Grundriss — ± Durchmesser/500 (Angabe in der Ausgabe 96)
- Aussparungen / Einbauteile — ± 25 mm in der Ansicht vertikal und horizontale Verdrehung 3° bis 5°

Messverfahren sind optisches Lot und vorwiegend die Laser-Lot-Technik. Für sehr große Höhen sind ergänzende Vermessungsverfahren notwendig. So werden auch GPS und DGPS eingesetzt. Die Kontrollmessungen während der Bauphase sind infolge Witterungseinflüssen und Ungenauigkeiten der Hilfskonstruktionen schwierig.

2.5.7 Frischbetondruck und Schalungsreibung im Gleitbau

Die Gleitbauausrüstung muss das Eigengewicht, Lasten aus Materialauflagerungen, die Schalungsreibung und den Frischbetonseitendruck aufnehmen. Spitzenwerte der Reibung und des Frischbetondrucks treten zeitlich versetzt auf. Die größte Reibung tritt beim Wiederanfahren der Schalung und nach einer längeren Ruhezeit auf. Der echte Frischbetondruck tritt dann nicht auf, da sich der Beton von der Schalung löst. Durch Zwängung der Bühnenkonstruktion kann jedoch ein aktiver Schalungsdruck auftreten.

2.5.7.1 Frischbetondruck

Der Frischbetondruck ist mit der hydrostatischen Betrachtung wie bei der Standschalung nicht vergleichbar, da er im Gegensatz zum Betoneinbau in eine lotrechte Standschalung, mehr Einflüssen ausgesetzt ist. Diese sind der Arbeitstakt (ob das Einfüllen des Betons nach oder vor dem Heben erfolgt), der Zeitpunkt (zu Beginn des Gleitens oder später), die Konstruktion der Gleitbühne und deren Steifigkeit sowie die Gleichmäßigkeit der Hebevorrichtung.

In [2.31] wird über umfangreiche Messungen des Frischbetondrucks und der Reibungskräfte an Gleitschalungen im Labor und bei der Ausführung berichtet. So wurde festgestellt, dass neben dem Frischbetondruck auf die Schalung auch am oberen Rahmenholz Drücke auftreten, die bei der hydrostatischen Betrachtung nicht vorhanden waren. Die Erklärung dafür ist, dass dieser Druck aus leichten Ungleichmäßigkeiten im Hydrauliksystem entsteht und ein aktiver Schalungsdruck ist. Da die Schalung leicht konisch ist, ist die Höhe, bei der sich der Beton von der Schalung löst und kein Frischbetondruck auftritt, nicht bekannt. Im Ergebnis der Auswertung der in [2.31] durchgeführten Messungen wird für die Bemessung der Schalung aus dem Frischbetondruck für die Heberböcke und das untere Rahmenholz bis 0,25 h der hydrostatische Druck gleichbleibend bis 0,6 h und auf 0 abfallend bis zum Schalungsende und für das obere Rahmenholz bis 0,5 h der Frischbetondruck $p_b = \rho \cdot h/2$ und dann auf 0 abfallend vorgeschlagen (Bild 2.35).

2.5.7.2 Schalungsreibung

Für das Gleiten ist eine geringe Reibung wichtig. Es treten Gleitreibung und Haftreibung auf. Die Gleitreibung ist abhängig von der Oberflächenrauigkeit der Schalung und der Zusammensetzung des Betons. Nach [2.31] steigen die Haftreibungswerte mit der Zeit, in der der Beton in der Schalung liegt an und zwar schneller nach dem Erreichen des Erstarrungsendes, und fallen nach Erreichen eines Maximalwertes wieder ab. Die Ruhezeit bestimmt somit die Größe der Haftreibungskraft. Die Haftreibungswerte sind bis zu 10-mal größer als die Gleitreibungswerte. Daraus folgt, dass die Gleitreibung für die Bemessung der Gleitschalung nicht berücksichtigt werden muss. Die somit maßgebende Reibungskraft wird als Schalungsreibung bezeichnet. Auf der Grundlage der Versuchsergebnisse wurde ein Diagramm entwickelt, durch das die Schalungsreibung mit den Einflüssen Schalungsmaterial, Zementart, Form der Gesteinskörnung, Betonalter nach dem Mischbeginn bzw. Ruhezeit zwischen zwei Hüben ermitttelt werden kann (Bild 2.36). Aus der so erhaltenen Größe der Schalungsreibung wird die erforderliche Tragfähigkeit der Heber abgeleitet. Der Schalungsrauigkeit liegen Rauigkeitsklassen mit zugeordneten Beiwerten zugrunde.

2 Spezielle Betonierverfahren und -methoden

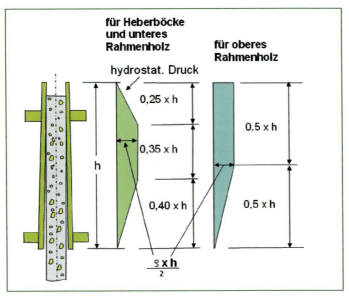

Bild 2.35 Vorschlag zum Ansatz des Frischbetondrucks bei Bemessung einer Gleitschalung [2.31]

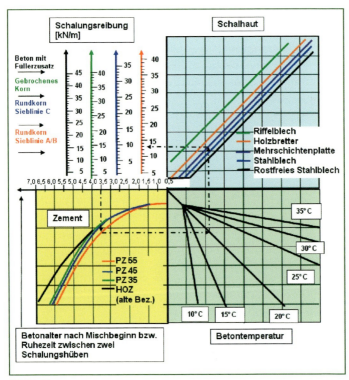

Bild 2.36 Diagramm zur Bestimmung der Schalungsreibung [2.31]

Als empfohlene Werte zum Ansatz der Schalungsreibung bei Bemessung der Gleitschalung bei Ruhezeiten der Schalung von weniger als 15 Minuten zwischen zwei Hüben wird als unterer Grenzwert für sehr glatte Schalung 3,4 kN/m und als oberer Grenzwert für sehr raue Schalung 10 kN/m angegeben. Dazwischen werden glatter Schalung 4,0 kN/m und Holzbrettern 6,8 kN/m zugeordnet. Sehr glatte Schalungen sind nicht abgenutzte Mehrschichtplatten mit glatter Beschichtung, Stahlblech, rostfreies Stahlblech und PTFE. Glatte Schalungen sind Mehrschichtplatten und abgenutzte Bleche. Empfohlen wird ein zwischenzeitlicher Leerhub zur Abminderung der Schalungsreibung [2.31].

2.6 Leichtverdichtbarer Beton (LVB)

2.6.1 Stoffliche Charakteristik

Mit den Ausbreitmaßklassen »fließfähig« und »sehr fließfähig« nach DIN EN 206-1/DIN 1045-2 sind weiche Betone genormt. Die fließfähige Konsistenz ist nicht mehr an den Einsatz eines Verflüssigers oder Fließmittels und einer zusätzlichen Richtlinie gebunden. Der Einsatz eines Fließmittels ist jedoch noch der Regelfall, um mit einem kleinen w/z-Wert bzw. w/b-Wert hohe Anforderungen zu erfüllen. Die Fließfähigkeit wurde erweitert durch die Ausbreitmaßklasse »sehr fließfähig«, das nach der Norm zulässige Ausbreitmaß wurde auf 70 cm erhöht. Darüber gilt die Richtlinie für selbstverdichtenden Beton und der Beton muss den Anforderungen dieser Richtlinie entsprechen. Betone der Ausbreitmaßklassen F5 (Ausbreitmaß 560 bis 620 mm) und F6 (Ausbreitmaß 630 bis 700 mm) werden als leicht verdichtbare Betone bezeichnet.

Die Entwicklung des LVB erforderte eine Veränderung der Zusammensetzung, um die Stabilität zu gewährleisten, da mit weicheren Betonen die Gefahr der Entmischung größer ist. Man spricht dabei von robusten LV-Betonen. Vor allem der Mehlkorngehalt wurde erhöht. Nach [2.32] erhöht sich der Gehalt von Zement + Zusatzstoff auf 16 bis 19 Vol.-%. Das entspricht etwa 300 bis 350 kg/m³ Zement und bis ca. 100 kg/m³ Flugasche. Der Mehlkorngehalt liegt bei etwa 450 kg/m³. Bewährt haben sich Zemente mit mehreren Hauptbestandteilen [2.36]. Möglich ist auch der Einsatz eines Stabilisierers.

Im Gegensatz zum SVB können LVB auch in den unteren Druckfestigkeitsklassen hergestellt werden.

2.6.2 Frisch- und Festbetoneigenschaften

Für den Einsatz von LVB werden von den Herstellern Anwendungshinweise gegeben. Diese sind insbesondere im Hinblick auf das Verdichten wichtig. Vielfach wird angegeben, dass das Verdichten mit dem Innenrüttler nicht zulässig ist. LVB sollte durch leichtes Rütteln und Stochern verdichtet werden. Diese recht ungenaue Angabe muss durch Aussagen des Herstellers und eigene Erfahrungen konkretisiert werden. Wie verdichtet werden muss, ist abhängig von den Einbaubedingungen, der Bauteilgeometrie und dem Bewehrungsgrad. Es ist notwendig, den Betonhersteller in die Vorbereitung des Betonierprozesses mit einzubeziehen. Die Verdichtung ebener Flächen soll mit Schwabbelstangen erfolgen, mit denen der Beton in Wellenbewegungen versetzt wird. Damit wird zugleich die Oberfläche fertiggestellt, da sich eine feinstoffreiche Schicht an der Oberfläche bildet

[2.33]. Über den Einsatz von Außenrüttlern, um eine lunkerfreie Sichtbetonfläche herzustellen, wird berichtet [2.36].

Auch hinsichtlich der Nachbehandlung sollten die Herstellerangaben beachtet werden. So wird für ebene Flächen der Einsatz von Schutzfilmen auf dem frischen Beton gefordert, damit auch der Zeitraum bis zum Aufbringen von Abdeckungen vor schädlichen Einflüssen geschützt ist. Von der Bestellung von Restbeton »auf Zeit« wird abgeraten, da zumindest optisch negative Auswirkungen zu erwarten sind.

Besondere Maßnahmen zur Abdichtung der Fugen der Schalungselemente sind nicht erforderlich. Spalten > 3mm sollten jedoch geschlossen werden.

Die Konsistenz kann auch mit dem Ziehmaß bestimmt werden. Die Normprüfung für den LVB ist jedoch die Prüfung des Ausbreitmaßes mit dem Ausbreittisch. Andere Konsistenzklassen gibt es für LVB nicht.

Widersprüchlich wird noch der Frischbetonseitendruck gesehen. Untersuchungen nach [2.34] mit Rahmenschalungen haben ergeben, dass mit hydrostatischen Druckverhältnissen zu rechnen ist. Druckmindernde Einflüsse wie Variation des Betonierablaufes, Bauteilgeometrie, Bewehrungsgehalt und Einbauteile können nicht verallgemeinert und daher nicht berücksichtigt werden (siehe auch Abschnitt 2.7.7).

Andere Untersuchungen haben bei Betonsteiggeschwindigkeiten von 2,5 bis 3 m/Std. einen Frischbetonseitendruck von 100 kN/m² bei Einsatz von Außenrüttlern ergeben [2.36].

Der Frischbetonseitendruck wird nach der alten DIN 18218 nur für Fließbeton bei dort genannten Normalbedingungen bis zu einer Betonsteiggeschwindigkeit von 3,5 bis 4 m/Std. für Wände beschrieben. Mit der Neufassung der DIN 18218 sind die Konsistenzklassen F5, F6 und SVB in diese Norm eingegliedert (siehe EDIN 18218, Abschnitt 4.1.5). Dabei wird angenommen, dass auch die Ausbreitmaßklassen F5 und F6 mit Innenrüttlern verdichtet werden. Die für den Horizontaldruck maßgebenden Grenzwerte sind das Erstarren, der Siloeffekt und der maximale hydrostatische Wert. Den Konsistenzklassen sind Seitendruckbeiwerte und Wandreibungswerte zugeordnet [2.24]. Berücksichtigt wird das Erstarrungsende des Betons. Bei einer Ausbreitmaßklasse von F6, einem Erstarrungsende unter 5 Stunden und einer Betonsteiggeschwindigkeit von 2 m/Std. wird ein Frischbetonseitendruck von 100 kN/m² ermittelt. Die zugehörige hydrostatische Druckhöhe ist 4 m. Dies bedeutet, dass mit der Tragfähigkeit der Schalung von 100 N/mm² mit der gleichen Betonsteiggeschwindigkeit eine größere Bauteilhöhe weiter betoniert werden kann, bedeutet aber gleichzeitig, dass der Aufwand für den Schalungsbau unverhältnismäßig groß ist und die Betonsteiggeschwindigkeit mit 1,5 m/Std. eine einigermaßen normale Schalungskonstruktion mit der zulässigen Tragfähigkeit von 80 kN/m² ermöglicht. Bei Befüllungen von unten muss in jedem Fall der volle hydrostatische Druck für die Bemessung der Schalung angesetzt werden.

2.6.3 Anwendungen von leicht verdichtbarem Beton

Die Entwicklung und Bereitstellung der leicht verdichtbaren Betone (LVB) erfolgte zusammen mit der des selbstverdichtenden Betons. Die Hersteller haben diese Betone gleichzeitig mit Spezifizierungen für entsprechende Anwendungsgebiete mit Produktnamen versehen. So wird auch werksgemischter LVB mit Stahlfasern für Betonböden hergestellt. Ziel des Einsatzes von LVB ist eine Verringerung der Verdichtungsarbeit und ein schnelleres

Betonieren. Zeitermittlungen haben für vertikale Bauteile 25 % und für horizontale Bauteile 70 % »Zeitvorteile« ergeben [2.32]. Nach [2.36] betrug der Anteil dieser Betone in den Ausbreitmaßklassen im Jahr 2007 9,5 %.

Anwendungsgebiete sind ebene Decken und Fundamentplatten (insbesondere für Einfamilienhäuser), Hallenböden und Industrieböden, Wände, Dreifachwände und Spezialanwendungen wie Unterwasserbeton. Als besondere Anwendung wird in [2.32] über das Unterfüllen einer angehobenen Bodenplatte und den Betoneinbau für eine Bodenplatte, bei der ein absolutes Erschütterungsverbot gefordert wurde, berichtet. Durch das Betonieren einer Wand über zwei Geschosse konnten die kritischen Anschlüsse Wand-Decke und Decke-Wand elegant überbrückt werden [2.36].

2.7 Selbstverdichtender Beton (SVB)

Selbstverdichtender Beton ist ein Frischbeton, der sich unter dem Einfluss der Schwerkraft ohne Verdichtungsenergie beim Einbringen selbst entlüftet, fließt, damit auch schwer zugängliche Stellen in der Schalung erreicht und dabei nur geringe oder keine Entmischungserscheinungen zeigt. Es ist möglich, mit SVB Flächen und Formen nahezu zielsicher herzustellen, die mit normalem Beton so nicht herzustellen wären. Ein Wundermittel ist der SVB trotzdem nicht. Seine Anwendung erfordert die Kenntnisse seiner Besonderheit und möglichst viel Erfahrung. Die Mitwirkung des Betontechnologen ist in allen Phasen der Anwendung erforderlich.

Der Begriff »Selbstverdichtender Beton« (SVB) ist in Deutschland der gängige Begriff. Der englische Begriff ist »Self Compacting Concrete« (SCC) und ist mit dem Namen Okamura verbunden [2.38], [2.39], da die ersten Anwendungen vor über 20 Jahren aus Japan bekannt wurden.

2.7.1 Vorschriften

SVB ist ein Beton nach DIN EN 206-1/DIN 1045-2 und DIN 1045-3 mit ergänzenden Regeln nach DIN EN 206-9 sowie der überarbeiteten DAfStb-Richtlinie »Selbstverdichtender Beton (SVB-Richtlinie)« mit Teil 1 (Änderungen zur DIN 1045-1), Teil 2 (Änderungen zur DIN EN 206-1/DIN 1045-2) und Teil 3 (Änderungen zu Teil 1045-3).

Die DIN EN 206-9 nennt Verarbeitbarkeitsklassen als Hinweise und Empfehlungen, die in den Teilen 8 bis 12 als Ergänzung der Reihe der DIN EN 12350 »Prüfung von Frischbeton« durch Prüfungen nachzuweisen sind, wenn sie so vereinbart wurden (siehe Abschnitt 2.7.5. und Tabelle 2.10).

Das DBV-Merkblatt »Selbstverdichtender Beton (SVB)« [2.48] gibt Hinweise zur Auswahl der Ausgangsstoffe, zu den einzustellenden Frischbetoneigenschaften, zu den notwendigen Einbauverfahren und zur Qualitätssicherung im Herstellerwerk und auf der Baustelle.

2.7.2 Stoffliche Charakteristik

Das Fließen des SVB auch durch die Bewehrung bis fast zum vollständigen Niveauausgleich ist nur möglich durch eine andere Zusammensetzung im Vergleich zum Beton gemäß

DIN EN 206-1/DIN 1045-2. SVB hat eine höhere Konsistenz und einen höheren Mehlkornanteil. Die Konsistenz als Ausbreitmaß übersteigt die zulässigen 70 cm, so dass das Ausbreitmaß nicht mehr als Prüfmethode angewandt werden kann. Neben weiteren speziellen Prüfverfahren für die Konsistenz wird das Setzfließmaß verwendet (siehe auch Abschnitt 2.7.3 und 2.7.5). Der Mehlkorngehalt übersteigt den üblichen Mehlkorngehalt des Normalbetons, der für die Expositionsklassen XM und XF mit 400 bzw. 450 kg/m³ nicht überschritten werden soll (DIN 1045, Tabelle F.4.1) in der Regel durch Zugabe von Zusatzstoffen.

Nach der Richtlinie SVB (Punkt 5.3.2) ist der Mehlkorngehalt ≥ 450 kg/m³ (entspricht 160 l/m³ Leimgehalt) und höchstens 650 kg/m³ (entspricht 250 l/m³ Leimgehalt).

Das Größtkorn für die Gesteinskörnung beträgt 16 mm. Rezyklierte Gesteinskörnungen dürfen nicht verwendet werden.

SVB hat eine andere Struktur als Beton nach DIN EN 2061/DIN 1045-2.
Ein selbstverdichtender Beton zeigt ein

- entmischungsfreies Fließen
- vollständiges Ausfüllen aller Hohlräume innerhalb einer Schalung und
- gleichzeitiges weitgehendes Entlüften während des Einbaues.

Es werden drei Mischungskonzepte bzw. SVB-Typen unterschieden [2.37]:

- der Mehlkorntyp
- der Stabilisierertyp
- der Kombinationstyp.

2.7.2.1 Der Mehlkorntyp

Beim Mehlkorntyp entsteht aus Mehlkorn, Wasser und Fließmittel eine Suspension mit ausreichender Viskosität, die nahezu die Dichte der groben Gesteinskörnungen erreicht und diese in der Schwebe halten sowie ihr Absetzen vermeiden kann.

Der Gehalt an Gesteinskörnungen beträgt weniger als 50 Vol.-%, das entspricht etwa 30 bis 40 % Feststoffanteil, da ca. 30 % der geschütteten Gesteinskörnung aus Luft besteht. Der Leimgehalt liegt deutlich über 300 l/m³, im Mittel über 350 l/m³. 70 bis 60 Vol.-% (auch 50 bis 80 Vol.-%) ist Mörtel bestehend aus Mehlkorn (Zement, Zusatzstoff, Gesteinskörnung bis Korngröße 0,125 mm), Sand (feine Gesteinskörnung) und Wasser. Im Mörtel beträgt der Anteil der feinen Gesteinskörnung (Sand) 40 Vol.-% und der Anteil Wasser und Mehlkorn 60 Vol.-%. Die Konsistenz wird durch den Einsatz eines leistungsfähigen Fließmittels eingestellt. Die Stoffraumanteile eines selbstverdichtenden Betons werden in Bild 2.37 im Vergleich mit einem Normalbeton gleicher Endfestigkeit beispielhaft dargestellt [2.40].

Als Zementkomponente fungiert im Regelfall ein Portlandzement niedriger oder mittlerer Festigkeitsklasse. Soll das Schwinden reduziert werden, ist ein C2S-reicher Portlandzement hilfreich.

Die Leimmenge wird insbesondere durch Zugabe eines Gesteinsmehls und/oder einer Steinkohlenflugasche vergrößert. Das Gesteinsmehl darf nur einen geringen Tongehalt aufweisen. Die Korngrößen müssen im Bereich des Zementes oder besser liegen.

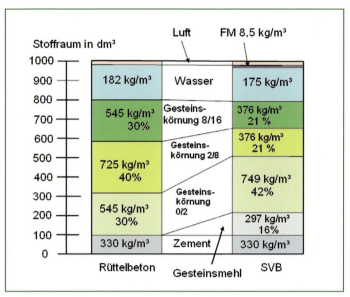

Bild 2.37 Stoffraumanteile eines Betons nach DIN EN 206-1/DIN 1045-2 (Rüttelbeton) und eines selbstverdichtenden Betons (SVB) mit einem w/z-Wert = 0,55 [2.40]

Als Sandkomponente (feine Gesteinskörnung) wird sowohl Sand 0/1 mm oder 0/2 mm und/oder Brechsand gleicher Körnung eingesetzt [2.42]. Daraus folgt, dass bei einer Festsetzung des Gehalts der feinen Gesteinskörnung (Korngröße bis 4 mm) von 40 Vol.-% im Mörtel der Anteil bis 4 mm Korngröße in der groben Gesteinskörnung berücksichtigt werden müsste, wenn dieser dort vorhanden ist [2.37]. Der Anteil bis 0,125 mm in der feinen Gesteinskörnung muss im Mehlkorngehalt berücksichtigt werden.

Selbstverdichtender Beton weist einen Luftgehalt auf, der im Allgemeinen höher liegt als bei Normalbetonen. Es werden Luftgehalte von 1,5–4,5 Vol.-% ausgewiesen.

Die üblichen Wasserzement-Werte liegen bei 0,6–0,5.

Die Vorgehensweise zur Erstellung eines Mischungsentwurfs ist in [2.37] dargelegt.

2.7.2.2 Der Stabilisierertyp

Beim Stabilisierertyp erfolgt die stabilisierende Wirkung über Zusatzmittel auf organischer oder anorganischer Basis, so dass der Mehlkorngehalt verringert werden kann oder soll. Der Volumengehalt der groben Gesteinskörnung kann etwas höher sein. Auch der Gehalt der feinen Gesteinskörnung ist höher. Für die Vorgehensweise zur Erstellung des Mischungsentwurfes gibt es kein Schema. Verschiedene Rezepturen müssen verglichen werden.

2.7.2.3 Der Kombinationstyp

Mit dem Kombinationstyp kann ein robusterer Beton hergestellt werden, indem der Mehlkorngehalt verringert und die Stabilität durch Zusatzmittel (Stabilisierer) unterstützt wird. Dadurch könnten Auswirkungen durch Schwankungen der Eigenschaften in der feinen

Gesteinskörnung (Feuchtegehalt) verringert werden. Beim SVB als Mehlkorntyp führen bereits geringfügige Abweichungen des Wassergehaltes zur Sedimentation oder zur Unterschreitung des erforderlichen Fließmaße

2.7.3 Frisch- und Festbetoneigenschaften

Die maßgebende Eigenschaft des frischen SVB ist die Verarbeitbarkeit, die so sein muss, dass der Beton fließt, dabei einen Niveauausgleich erreicht, die Schalung voll ausfüllt, dabei vollständig entlüftet, sich nicht entmischt und diese Eigenschaft bis zum Einbauende und möglichst bei unterschiedlichen Temperaturen mit den gleichen Messgrößen beibehält. Die Verarbeitbarkeit ist komplex und setzt sich aus folgenden verschiedenen Eigenschaften zusammen [2.37], [2.44]:

- der Fließfähigkeit
- dem Nivelliervermögen
- der Blockierneigung
- der Sedimentationsstabilität
- der Entlüftungsneigung
- der Verarbeitbarkeitszeit.

Die Fließfähigkeit und das Nivelliervermögen beschreiben die Eigenschaft des Betons, bis zum Niveauausgleich zu fließen und dabei eine Schalung zu füllen. Die Blockierneigung beschreibt ebenfalls das Fließvermögen, jedoch durch ein Hindernis, wie durch zwei Bewehrungsstäbe hindurch. Die Sedimentationsstabilität ist die Eigenschaft, nicht zu entmischen und kein Wasser abzusondern (Bluten). Die Entlüftungsneigung ist die Fähigkeit sich durch Selbstentlüftung zu verdichten, damit der Luftgehalt etwa dem Luftgehalt der durch Rütteln verdichteten Betone entspricht. Die Verarbeitbarkeitszeit ist die zeitliche Entwicklung des Setzfließmaßes und damit die Zeit, in der der Beton verarbeitbar ist. Das ist beim SVB nicht nur der Zeitpunkt, bis zu dem der Beton eingebaut werden kann, sondern die Zeit, bis das Bauteil fertig betoniert ist. Im Abschnitt 2.7.6 wird näher darauf eingegangen. Die Prüfungen und die Prüfgeräte werden im Abschnitt 2.7.5 beschrieben.

Der Einfluss der Temperatur auf diese Eigenschaften muss bereits im Rahmen der Erstprüfungen ermittelt werden und Bestandteil der messtechnischen Beschreibung des Betons sein.

Die Verarbeitbarkeit ist nur in einem engen Rahmen gegeben. Man spricht von der Sensibilität von SVB [2.41]. Schwankungen in den Ausgangsstoffen und in der Zusammensetzung wirken sich stärker aus als bei normalem Beton. Geringe Unterschreitungen beim Wassergehalt bewirken meistens, dass die Fließfähigkeit für die Verarbeitung nicht mehr gegeben ist. Die Fließfähigkeit wird nahezu bis zur Grenze des Zusammenhaltevermögens eingestellt. Wie weit man gehen muss, ist von der Geometrie des Bauteils abhängig, d. h. wie weit der Beton fließen muss.

Die genannten Eigenschaften müssen mit der Erstprüfung nachgewiesen werden. Auch eine Erprobung in einem Baustellenversuch ist erforderlich, damit sichergestellt ist, dass die geplante und erforderliche Verarbeitbarkeit auch nach dem Transport und streng genommen auch für die Dauer des Betonierens eines Bauteils vorhanden ist. Für Sichtbeton ist die Erstellung einer Probewand erforderlich. Danach wird die zulässige Spannweite der Verarbeitbarkeit in einem Verarbeitungsfenster festgelegt, in dem die Messgrößen Setzfließmaß und Trichterauslaufzeit in einem Koordinatensystem angegeben sind (siehe auch 2.7.5).

Da bei einer Probewand die Abmessungen kleiner sind als bei dem herzustellenden Bauteil kann es sein, dass die für die Entlüftung des SVB erforderliche Fließstrecke nicht ausreicht und zunächst eine unbefriedigende Sichtfläche entsteht. Ein langsamer Einbau und das Einbringen des Betons an einer Seite der Wand könnten diesem Umstand Rechnung tragen.

Die festen Betonbestandteile werden günstigerweise trocken vorgemischt und nach Wasserzugabe einschließlich Fließmittel ca. 150 s gemischt. Der Luftgehalt beträgt ca. 2–3 Vol.-%.

Für Beton mit der Anforderung XF2 oder XF4 ist nach der Richtlinie SVB der Gesamtluftporengehalt zu bestimmen und für die Mikroluftporen ein Gehalt von $A_{300} \geq 1,8\%$ und ein Abstandsfaktor von $\geq 0,20$ mm gefordert (SVB-Richtlinie).

Wird SVB für horizontale Bauteile eingesetzt und die Nachbehandlung vernachlässigt sowie der SVB der Zugluft ausgesetzt, tritt eine ausgeprägte Rissbildung ein, die deutlich über der von vergleichbaren Normalbetonen liegt.

Die Druckfestigkeiten von SVB liegen hoch. Für die Ermittlung der Rissweitenbegrenzung sollten die Werte aus der Eignungsprüfung herangezogen werden. Die Werte für den E-Modul liegen im Bereich vergleichbarer Normalbetonzusammensetzungen oder etwas niedriger. Der SVB zeigt jedoch eine etwas erhöhte Trockenschwindung. Mit zunehmender Fließweite des selbstverdichtenden Betons nimmt die Entmischung zu, wobei die Druckfestigkeitswerte zeigen, dass die Entmischungen dennoch in engen Grenzen bleiben.

Diskutiert werden noch das Sedimentationsverhalten beim Einbau und beim eingebauten Beton bis hin zur Erstarrung sowie die Dauerhaftigkeit.

2.7.4 Anwendung von Selbstverdichtenden Betonen

Die Richtlinie SVB gilt nicht für Leichtbeton, Standardbeton, Beton nach Zusammensetzung, Spannbeton, Beton der Expositionsklasse XM3 und Beton der Druckfestigkeitsklassen ab C80/95. Für diese Betone ist SVB nicht oder nur mit einer allgemeinen bauaufsichtlichen Zulassung anwendbar.

Der Anwendungsumfang des SVB beschränkt sich in Deutschland auf exponierte Gebäude und Bauteile, die vorwiegend auf gestalterische Vorgaben durch Architekten bestimmt werden.

Trotz der ablehnenden Haltung vieler Menschen gegenüber der Moderne in der Architektur und insbesondere gegenüber dem Beton ist der SVB bekannt geworden, weil namhafte Architekten ihn für ihre elitären Bauten verwenden ließen. Genannt seien das Zentralgebäude des BMW-Werkes in Leipzig (Zaha Hadid), das Science-Center in Wolfsburg, der Neubau des Deutschen Historischen Museums in Berlin (Pei), das Krematorium in Dresden Tolkewitz (Lungwitz). Bild 2.38 zeigt eine Sichtbetonfassade aus SVB.

Selbstverdichtender Beton kann sowohl als Ortbeton als auch zur Herstellung von Betonfertigteilen eingesetzt werden. Die meisten Anwendungen findet man in Japan. SVB wird auch beim Ausbetonieren von Verbundstützen eingesetzt. So wurde z. B. beim

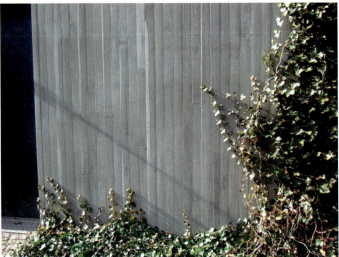

Bild 2.38 Sichtbetonfassade aus selbstverdichtendem Beton

Millenium Tower in Wien der Hohlraum an 6 m hohen Verbundstützen zwischen einem Stahlvollkern und einem Stahlmantel, der bei 12 cm Abstand eine Vielzahl von Einbauten enthielt, von oben mittels Krankübel ohne Schüttrohre und Verdichtungsgeräten mit SVB ausgefüllt. Das Fließverhalten (Ausbreitmaß 70 cm) verhinderte jegliche Hohlraumbildung [2.46].

Weiterentwicklungen erfolgen für den Leichtbeton (SCLB) und ultrahochfesten Beton (UHPC) mit und ohne Fasern [2.50].

Selbstverdichtender Leichtbeton (SVLB)

Spezifische Merkmale für den SVLB ergeben sich aus der leichten Gesteinskörnung. So erfolgt das Fließen und damit auch das Entlüften langsamer als bei SVB mit normaler Gesteinskörnung. Ist die Gesteinskörnung wesentlich leichter als der Mörtel, kann sie aufschwimmen. Die Wasseraufnahme bei offenporigen leichten Gesteinskörnungen kann ebenfalls zur Beeinträchtigung der Verarbeitbarkeit führen. Das Aufschwimmen der leichten Gesteinskörnung kann durch die Reduzierung der Mörtelrohdichte verhindert werden. Dazu werden Flugasche und Stabilisierer eingesetzt. Die Vorgehensweise zur Erprobung von geeigneten Leim-und Mörteleigenschaften mit einer geringen Fließgrenze und einer hohen Viskosität wird in [2.45] beschrieben. SVLB ist nicht nach der DAfStb-Richtlinie geregelt und bedarf einer bauaufsichtlichen Zulassung.

Selbstverdichtender Faserbeton

Mit Fasern wird dem SVB ein weiterer Bestandteil hinzugefügt, der das Fließen beeinflusst und inhomogen werden lässt. Wie groß die Beeinflussung ist, hängt von der Art, Form und Menge der Faser ab. So werden die schwereren Stahlfasern die größere Beeinflussung ausüben. Über Versuche mit verschiedenen Stahlfaserarten im SVB zur Ermittlung des maximal zulässigen Fasergehaltes sowie über den Einsatz von Kohlefasergelegen wird ebenfalls in [2.45] berichtet.

2.7.5 Prüfungen und Abnahme auf der Baustelle

Folgende Normen für die Prüfverfahren des Selbstverdichtenden Betons als Ergänzung der Reihe der DIN EN 12350 »Prüfung von Frischbeton« liegen vor:

- Teil 8 Setzfließversuch
- Teil 9 Auslauftrichterversuch
- Teil 10 L-Kastenprüfung
- Teil 11 Bestimmung der Sedimentationsstabilität im Siebversuch
- Teil 12 Blockierringversuch.

Die den Prüfverfahren zugeordneten Klassen sind in Tabelle 2.11 zusammengefasst.

2.7.5.1 Prüfverfahren

Setzfließversuch ohne Blockierring (DIN EN 12350-8)

Beim Setzfließversuch wird die Fließfähigkeit nur unter Einwirkung der Schwerkraft bestimmt. Prüfgeräte sind eine Ausbreitplatte 900 × 900 mm und der Setztrichter nach DIN 12350-2, der umgekehrt auf die Platte gesetzt wird, nach DIN 12350-8 jedoch wie nach DIN 12350-2 verwendet werden soll. Der Beton wird in den Setztrichter eingefüllt. Nach dem Ziehen des Trichters wird gemessen, wie weit sich der Beton ausbreitet. Die Abweichung von einem Zielwert sollte nicht mehr als 50 mm betragen. Dabei wird auch die Zeit gemessen, bis der Beton den markierten Ring bei 500 mm erreicht hat, was als Fließzeit (t_{500}-Zeit oder Setzfließzeit) bezeichnet wird. Außerdem wird das Zusammenhaltevermögen optisch beim Fließen und durch Aufnehmen mit der Kelle beurteilt (Bild 2.39).

Trichterauslaufversuch für Beton (DIN EN 12350-9)

Mit dem Trichterauslaufversuch (oder auch Auslauftrichterversuch) wird ebenfalls die Fließfähigkeit und die Viskosität gemessen. Ein speziell geformter Trichter wird mit Beton gefüllt, die untere Verschlussklappe geöffnet und die Zeit (Trichterauslaufzeit) gemessen, in der der Beton ausläuft (Bild 2.40).

L-Kasten-Versuch (DIN EN 12350-10)

Selbstnivellierung und Blockierneigung werden auch mit der L-Box (L-Kasten) geprüft. Sie besteht aus dem vertikalen Teil (60 cm hoch und 20 x 10 cm) und dem horizontalen Teil (70 cm lang, 20 cm breit und 15 cm hoch). Die beiden Teile sind durch einen Schieber verbunden, in der Öffnung sind Bewehrungsstäbe. Der vertikale Teil wird mit Beton gefüllt und der Schieber geöffnet. Gemessen wird die Zeit, die der Beton nach 20 cm, 40 cm und am Ende erreicht und die Höhe an den Stellen, nachdem der Beton nicht mehr läuft (Bild 2.41).

Setzfließversuch mit Blockierring (Blockierring-Versuch) (DIN EN 12350-12)

Beim Setzfließversuch mit dem Blockierring wird die Blockierneigung, d. h. die Umströmung der Bewehrung mit Maß und Zeit der Ausbreitung gemessen und beurteilt, wie die Bewehrung ohne Stau umflossen wird, bzw. ob ein größerer Anteil der groben Gesteinskörnung die Bewehrung nicht durchflossen hat. Der Blockierring hat einen Durchmesser von 300 mm und eine Höhe von 125 mm. Die Stäbe D = 18 mm sind glatt und die Anzahl ist je Größtkorn unterschiedlich (GK8-11,4 = 22, Gk16-22 = 16, Gk32 = 10) (Bild 2.42).

U-Box-Versuch

Mit dem U-Box-Versuch wird ebenfalls die Fließfähigkeit, dabei besonders die Fähigkeit zum Ausnivellieren und die Blockierneigung geprüft. Die U-Box ist ein Behälter aus zwei Kammern (68 cm hoch und 20 x 28 cm im Grundriss), die im unteren Teil durch einen Schieber verbunden sind. Außerdem befinden sich in dieser Öffnung Bewehrungsstäbe. Eine Kammer wird mit Beton gefüllt und der Schieber geöffnet. Die Höhendifferenz des Betons in beiden Kammern wird gemessen und sollte nicht mehr als 20 bis 30 mm betragen. Dieser Versuch ist nicht in der DIN EN 12350 aufgeführt. (Bild 2.43).

Bestimmung der Sedimentationsstabilität (DIN EN 12350-11)

Mindestens 11 l Beton werden auf ein Siebblech mit der Lochweite 5 mm (nach ISO 3310-2, Quadratlochsieb) aus einer Höhe von ca. 500 mm geschüttet. Das Sieb liegt zusammen mit einem Auffangbehälter auf einer Waage. Gemessen wird die Masse, die durch das Sieb hindurchläuft. Die Entmischung ist das Verhältnis der aufgegebenen Betonmasse zur durchgelaufenen Betonmasse (Bild 2.44).

Bild 2.39 Setzfließversuch ohne Blockierring

2 Spezielle Betonierverfahren und -methoden

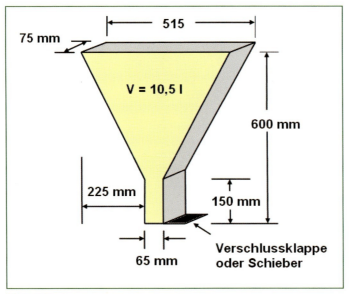

Bild 2.40 Trichterauslaufversuch

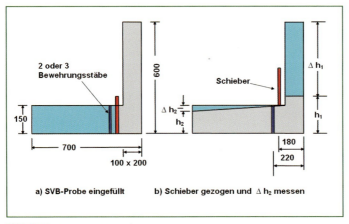

Bild 2.41 L-Kasten-Versuch

Kegelauslaufversuch (nach DAfStb-Richtlinie)

Der Kegelauslaufversuch ist ein kombiniertes Prüfverfahren zur Bestimmung der Kegelauslaufzeit und des Setzfließmaßes. Dabei ist ein handelsüblicher Setztrichter, der durch einen Schieber in der Halterung an der Unterseite verschlossen werden kann, auf eine Halterung mit Stativ montiert. Der Setztrichter befindet sich 300 mm über der Ausbreitplatte. Es können verschiedene Auslaufdüsen verwendet werden (50, 60, 70 80 mm). Setzmaß und Kegelauslaufzeit können gleichzeitig bestimmt werden.

Sedimentationsrohr (nach DAfStB-Richtlinie)

Mit dem Sedimentationsrohr wird die Sedimentationsstabilität am Festbeton gemessen. Ein Betonkörper, der in einem Rohr h = 500 mm und d = 100 mm hergestellt wird, wird nach dem Erhärten und Zersägen hinsichtlich der Verteilung der groben Gesteinskörnung beurteilt.

Auswaschversuch (nach DAfStB-Richtlinie)

Mit dem Auswaschversuch wird die Sedimentationsstabilität am Frischbeton gemessen. Ein Rohr mit h = 500 mm und d = 150 mm ist durch Schieber in 3 Segmente unterteilt, die nach dem Einbringen des Betons geschlossen werden. Durch Auswaschen der drei Teile des frischen Betons werden die Anteile der groben Gesteinskörnung (8–16 mm) gemessen.

In der Literatur werden noch andere Prüfeinrichtungen beschrieben.

Herstellung der Prüfkörper für Festbetonprüfungen

Das Befüllen der Prüfkörper mit SVB sollte über eine ca. 1 m lange Rinne in einem kontinuierlichen Betonfluss erfolgen, damit sich der Beton entlüften kann.

Die Tabelle 2.11 enthält eine Übersicht der Prüfverfahren mit Richtwerten für die Messwerte.

Bild 2.42 Setzfließversuch mit Blockierring

2 Spezielle Betonierverfahren und -methoden

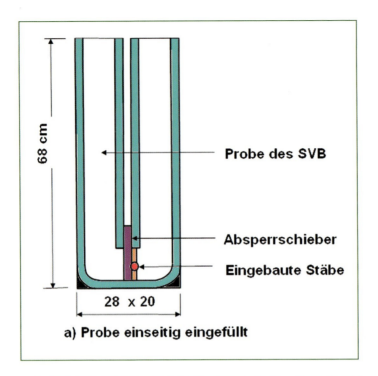

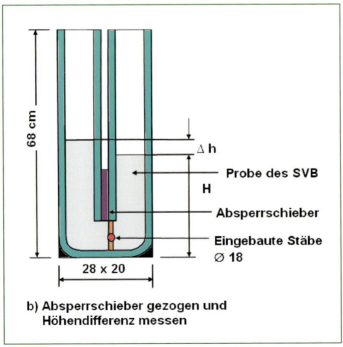

Bild 2.43 U-Box-Versuch

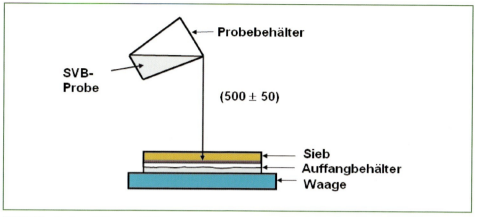

Bild 2.44 Sedimentationsstabilität

Norm	Klassen	Bezeichnung	Maße
DIN EN 12350-8	Setzfließmaß	SF 1	550 bis 650 mm
		SF 2	660 bis 750 mm
		SF3	760 bis 850 mm
	Setzfließzeit T_{500}-Zeit	VS 1	< 2,0 s
		VS 2	≥ 2,0 s
DIN EN 12350-9	Trichterauslaufzeit	VF 1	< 9,0 s
		VF 2	9,0 bis 25,0 s
DIN EN 12350-10	L-Kastenwert	PL 1	≥ 0,80 mit 2 Bewehrungsstäben
		PL 2	≥ 0,80 mit 3 Bewehrungsstäben
DIN EN 12350-11	Sedimentierter Anteil	SR 1	≤ 20%
		SR 2	≤ 15%
DIN EN 12350-12	Blockierneigungsmaß	PJ 1	≤ 0,10 mm mit 12 Bewehrungsstäben
		PJ 2	≤ 0,10 mm mit 16 Bewehrungsstäben

Tabelle 2.10 Klassen der Verarbeitbarkeit von SVB nach DIN EN 206-9

Eigenschaften	Prüfung	Prüfgerät	Prüfmaße (Richtwerte)
Fließfähigkeit	Setzfließmaß	Ausbreitplatte 900×900 mit Markierung Ø 500 und Setztrichter nach DIN EN 12350-2 mit Ø100/Ø200/Ø300 (Ø100 ist unten)	Durchmesser des Betons auf der Platte nach Ende des Fließens 700 bis 800 mm
	t_{500}-Zeit	Ausbreitplatte w.v. und Stoppuhr	Zeit, bis der 500 mm-Ring auf der Ausbreitplatte erreicht ist, ca. 5 bis 11 s
	Fließzeit	Beton-V-Trichter	Auslaufzeit 10 bis 20 s
	U-Box-Versuch	U-Box	Spiegeldifferenz des Betons < 20 mm
Nivelliervermögen	U-Box-Versuch	U-Box mit 2 Kammern und 1 Schieber im Fußbereich, der beide Kammern trennt, H = 680 mm und 280×280 innen gesamt	Spiegeldifferenz des Betons < 20 mm
Blockierneigung	Setzfließmaß und augenscheinlich	Blockierring mit 19 Ø 18 auf der Ausbreitplatte	Durchmesser des Betons auf der Ausbreitplatte nach Ende des Fließens nicht weniger als 50 mm des Maßes ohne Ring
	t_{500}-Zeit mit Blockierring	Ausbreitplatte w.v., Blockierring Stoppuhr	ca. 2 bis 3 s über der Zeit ohne Blockierring
	L-Box-Versuch	L-Box mit einer vertikalen (h = 600) und einer horizontalen Kammer (h = 700), die mit einem Schieber und durch Bewehrung getrennt sind	Höhendifferenz < 0,8 Fließzeit t_{200} ≈ 2 s Fließzeit t_{400} ≈ 5 s
	Versuch mit Fließschikane	Kasten 500×500×300 mit horizontalen Stäben in mehreren Lagen	Höhendifferenz < 0,9

Tabelle 2.11 Prüfung der Verarbeitbarkeit des selbstverdichtenden Betons [2.44]

Selbstverdichtender Beton (SVB) 2

Eigenschaften	Prüfung	Prüfgerät	Prüfmaße (Richtwerte)
Sedimentationsstabilität (Zusammenhaltevermögen)	Prüfung mit Sedimentationsrohr	Rohr mit l = 500, d = 150 und Trennung der Höhe in 3 Segmente, nach dem Füllen mit Beton segmentweise entleeren, wiegen, auswaschen und wieder wiegen	Volumenabweichung der groben Gesteinskörnung vom Sollwert < 10%
		Kunststoffrohr Abmessungen wie vor	visuelle Beurteilung der Verteilung der groben Gesteinskörnung am Festbeton
	Prüfung am Setzfließmaß	mit der Schaufel den geflossenen Beton auf der Ausbreitplatte aufnehmen	optische Beurteilung, dass die Feststoffe nicht auf der Platte haften bleiben und sich vom groben Korn trennen
Entlüftungsneigung	Frischbetonrohdichte	Füllen der Form oder Schalung über eine Rutsche und wiegen nach den Ausformen am nächsten Tag	Vergleich der ermittelten Rohdichte mit der theoretischen Rohdichte
Verarbeitbarkeitszeit	Prüfung der Fließfähigkeit, des Nivelliervermögens und der Blockierneigung in entsprechenden Zeitabständen und bei verschiedenen Temperaturen	wie für Fließfähigkeit, Nivelliervermögen und Blockierneigung	wie für Fließfähigkeit, Nivelliervermögen und Blockierneigung
	Eindringwiderstand	Penetrometer Aus einer definierten Höhe fällt ein Stab mit einer Kegelspitze in eine Betonprobe. Das Gerät wurde für die Bestimmung der Plastizität am ungestörten Beton entwickelt	Messen der Eindringtiefe des Penetrometerstabes, eine Aussage ohne Vergleich mit anderen Prüfungen ist kaum möglich

Tabelle 2.11   Prüfung der Verarbeitbarkeit des selbstverdichtenden Betons [2.44]

2.7.5.2 Abnahme und Prüfung von SVB auf der Baustelle

Die erforderliche Verarbeitbarkeit muss beim Einbau (Probewand) geprüft und nachgewiesen werden, wonach das Verarbeitungsfenster festgelegt wird. Bei der Ausführung wird jede Betonlieferung (Fahrmischer) auf die Einhaltung dieser Vorgaben geprüft.

Die Verarbeitbarkeit wird durch die Eigenschaften Fließfähigkeit, Viskosität und Zusammenhaltevermögen (Sedimentationsneigung, Bluten) bestimmt.

Die Prüfungen auf der Baustelle sind:

- das Sedimentationsverhalten und die Viskosität als Sichtprüfung
- das Setzfließmaß mit und ohne Blockierring
- die Fließzeit bis 500 mm mit und ohne Blockierring
- die Fließzeit mit dem Trichterauslaufversuch
- die Prüfungen mit der L- bzw. U-Box werden in Stichproben durchgeführt oder kommen in Sonderfällen zur Anwendung.

Ein Prüfverfahren für die Sedimentationsneigung muss vereinbart werden.

Gemäß Richtlinie SVB sind das Setzfließmaß und die Trichterauslaufzeit die Prüfverfahren für die messtechnische Beschreibung des SVB und die Festlegung der zulässigen Abweichungen für das Verarbeitungsfenster.

Die messtechnische Beschreibung des SVB als Frischbeton, d.h. die zu prüfenden Messgrößen und der durch Versuche festgelegte Bereich, sollten in Form eines »Verarbeitungsfensters« dokumentiert und für die Kontrolle und Überwachung verwendet werden. Der Begriff des Verarbeitungsfensters ergibt sich aus der Darstellung der Größen Setzfließmaß und Fließzeit in einem Koordinatensystem.

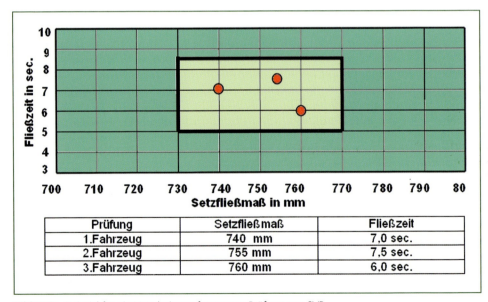

Prüfung	Setzfließmaß	Fließzeit
1.Fahrzeug	740 mm	7,0 sec.
2.Fahrzeug	755 mm	7,5 sec.
3.Fahrzeug	760 mm	6,0 sec.

Bild 2.45 Beispiel für ein Verarbeitungsfenster zur Prüfung von SVB

Mit der Prüfung des Setzfließmaßes mit und ohne Blockierring ist es zweckmäßig, gleichzeitig die Fließzeit bis zum 500 mm-Ring sowie das Sedimentationsverhalten optisch zu prüfen. So lässt sich das Verarbeitungsfenster auch mit dem Setzfließmaß und der Fließzeit bis 500 mm erstellen.

Bild 2.45 zeigt dafür ein Beispiel. Die Werte des angelieferten SVB müssen in dem umrandeten Bereich liegen. Die Sollwerte müssen um die Angabe der Nachdosierung von Fließmittel ergänzt werden, wenn das Setzfließmaß zu groß, die Setzfließzeit zu klein und eine Nachdosierung grundsätzlich erprobt ist. Für die Nachdosierung ist der Lieferant zuständig.

Diese Prüfungen sind für jedes Fahrzeug notwendig. Tabelle 2.12 zeigt Ergebnisse von Frischbetonprüfungen als Beispiel für zweckmäßige Messwerte aus der Anwendung von SVB [2.45].

Tabelle 2.13 zeigt ein Beispiel für die Zusammensetzung eines SVB und die zugehörigen Prüfergebnisse (Erstprüfung, Frischbetonprüfungen und Druckfestigkeiten der Annahmeprüfung).

Prüfverfahren		SVB Sorte 1	SVB Sorte 2
Setzfließmaß (mm) nach	5 min	805	830
	30 min	790	825
	60 min	785	815
Setzfließzeit t_{500} (sec) nach	5 min	2,0	4,0
	30 min	3,2	4,5
	60 min	3,5	6,0
Blockierring-Versuch	Setzfließmaß (mm)	765	790
	Setzfließzeit t_{500} (sec)	6,5	8,3
	Höhendifferenz (mm)	0	0
L-Kasten-Versuch	H1/H2	–	–
	Fließzeit t_{20} (sec)	1,7	2,1
	Fließzeit t_{40} (sec)	3,1	5,0
Fließzeit durch den Beton-V-Trichter (sec)		14,0	17,5
Luftgehalt (Vol.-%)		1,1	1,2
Frischbetonrohdichte (kg/m³)		2350	2379

Tabelle 2.12 Ergebnisse von Frischbetonprüfungen eines SVB [2.45]

Beschreibung eines SVB	
Hersteller: Transportbeton GmbH	
Transportbetonwerk: Friedrichstadt Johannstraße	
Produktname: SVB Fließ	
Sortennummer: 11111111	
Druckfestigkeitsklasse: C30/37	Expositionsklasse: XC4, XF1, XA1
Zementart: CEM II B/S 32,5 R	Zementgehalt: 325 kg/m^3
Zusatzstoffart: Flugasche	Zusatzstoffgehalt: 185 kg/m^3
Gesteinskörnung: 1584 kg/m^3	Sieblinie: 49% 0/2, 16% 2/8, 35% 8/16
Zusatzmittel: 1,8% BV-FM; 0,4 kg/m^3 ST	w/b: 0,49

Ergebnisse der Erstprüfung					
Setzfließmaß (cm)	690	755	710	700	710
Fließzeit t_{500} (sec)	7,5	6,0	5,0	5,5	5,0
Setzfließmaß mit Blockierring (cm)	710	700	700	720	700
Fließzeit mit Blockierring t_{500} (sec)	5,0	5,5	6,0	6,0	6,0

Frischbetonprüfungen auf der Baustelle						
Fahrmischer	Sollwert	1	2	3	4	5
Lieferschein-Nr.		87437	87441	87447	87449	87457
Belademenge (m^3)	21	5	5	5	4	2
Beladezeit		9.23	10.02	11.00	11.47	12.56
Ankunft (Uhrzeit)	10.00	10.00	10.40	11.35	12.15	13.25
Beginn (Uhrzeit)		10.10	10.45	11.55	12.50	13.35
Ende (Uhrzeit)	13.00	10.50	11.40	12.50	13.30	13.45
Beginn Probenahme (Uhrzeit)		10.00	10.48	11.45	12.32	13.30
Setzfließmaß (cm)	730 ± 20	735	755	730	715	685
T_{500} (sec)	5	6	7	7	9	9
Setzfließmaß mit Blockierring (cm)	690 ± 20	720	710	735	705	665
T_{500} B (sec)	7	12	10	10	–	17
Optische Beurteilung		i.O.	i.O.	i.O.	i.O.	i.O.
Betontemperatur (°C)		16	15	16	15	15
Lufttemperatur (°C)		12	11	10	11	11

Druckfestigkeit nach 28 Tagen (N/mm^2)												
Nr.	1	2	3	4	5	6	7	8	9	10	11	12	MW
	61	61	65	59	53	48	51	61	46	64	61	46	56

Tabelle 2.13 Beispiel für die Zusammensetzung eines SVB und die zugehörigen Prüfergebnisse (Erstprüfung, Frischbetonprüfungen und Druckfestigkeiten der Annahmeprüfung)

Für die Kontrolle und Protokollierung der Prüfungen durch die Bauleitungen (Ausführender und Überwachender) wird die Verwendung des Formblattes der Tabelle 2.13 empfohlen. Statt der hier angegebenen Setzfließzeit können auch die Auslauffließzeit oder Messgrößen der anderen genannten Prüfverfahren eingetragen werden.

Beim Einsatz von Fasern im SVB sind Voruntersuchungen besonders wichtig, da unterschiedliche Fasern (Stahl, Glas, PP) unterschiedliche Auswirkungen auf die Verarbeitbarkeit (Fließvermögen) haben [2.50].

2.7.6 Einbau von Selbstverdichtendem Beton

Der Einbau von SVB erfordert Erfahrung, insbesondere beim Betonieren von Wänden mit Öffnungen, wie Türen, Fenstern und Durchbrüchen.

Es muss ein Betonierplan vorliegen, der den Ablauf genau beschreibt.
Folgende Grundregeln sind zu beachten:

- SVB sollte gepumpt werden.
- Durch Betonieren im freien Fall kann Luft eingebracht werden.
- Der Pumpenschlauch muss aus zwei Gründen unter der Betonoberfläche bleiben. Zum einen hat SVB die Eigenschaft, nach kurzer Zeit eine Haut zu bilden, die als Elefantenhaut bezeichnet wird, nach dem Ausschalen auch in der Wand sichtbar ist und für Sichtbeton nicht akzeptiert werden kann. Zum anderen wird verhindert, dass Luft in den Beton eingetragen wird, wenn der Pumpenschlauch ständig unter der Betonoberfläche verbleibt.
- Der Pumpenschlauch darf auch nicht zu tief eintauchen, damit Beton, der zuerst eingebaut wurde, z. B. in einer hohen Wand, nicht ganz nach oben getrieben wird und sich als Nest ausbildet.
- Dies erfordert, dass der Endschlauch auch bei engen Wänden unbedingt in die gesamte Wandhöhe eintauchen muss und entsprechend Verlängerungen der Endschläuche vorbereitet und eingesetzt werden müssen.
- Der Betonierplan muss festlegen, ob mehrere Eintauchstellen und damit mehrere Betonpumpen erforderlich werden, z. B. bei Türöffnungen in der Wand. Auch hier müssen die durch Türen getrennten Wandteile gleichmäßig »hochgezogen« werden, der Beton darf nicht über einen Sturz in den anderen Wandteil herunterfallen, denn dann wird Luft in den Beton eingetragen, Fehlstellen sind nicht ausgeschlossen und es entsteht kein Sichtbeton.
- Eine andere Möglichkeit des Betoneinbaues ist das Befüllen der Schalung über einen Stutzen am Fuß der Schalung. Auch hier muss in einem Zuge betoniert werden. Der Beton der gesamten Wandhöhe wird nach oben getrieben und der Frischbetonseitendruck ist eindeutig die hydrostatische Druckhöhe.
- Das Betonieren muss so zügig wie möglich ablaufen. Das nächste Fahrzeug muss schon »beprobt« werden, wenn das vorherige noch entleert. Der Fahrzeugwechsel muss so eingerichtet werden, dass keine Pause entsteht. Es ist zu ermöglichen, dass zwei Fahrzeuge in die Pumpe übergeben können. Ebenso muss der Betonierablauf mit dem Transportbetonwerk unter Berücksichtigung der Fahrwegweite und der Verkehrsverhältnisse abgestimmt sein und eingerichtet werden.

- Beim Betonieren von Stützen oder Stützenverstärkungen sollte der Beton über eine geneigte Rinne eingebracht werden. Da der Beton dabei ein kurzes Stück fließt, wird eine ausreichende Entlüftung erreicht [2.41].
- Kompliziert ist das Betonieren von Decken mit SVB. Die beim Einbringen des Betons entstehenden langen und nicht vorher bestimmbaren Fließwege führen zu turbulenten Strömungen, wodurch Zeichnungen auf der Deckenunterseite entstehen. Saubere, glatte und farblich einheitliche Deckenflächen können nicht erwartet werden. Hier ist die Erfahrung gefragt.
- Eine Schalungswache ist erforderlich (Abschnitt 2.7.8).

2.7.7 Frischbetonseitendruck bei Selbstverdichtendem Beton

Auch bei [2.43] wird berichtet, dass der Frischbetonseitendruck beim Einbau von SVB nach wie vor nicht eindeutig bekannt ist und man allgemein den hydrostatischen Druck zugrunde legen muss. Beim zweckmäßigen Einbau durch Pumpen von unten muss immer mit dem hydrostatischen Druck gerechnet werden.

Der Frischbetonseitendruck wird nach der alten DIN 18218 nur für Fließbeton bei dort genannten Normalbedingungen bis zu einer Betonsteiggeschwindigkeit von 3,5 bis 4 m/Std. für Wände beschrieben. Mit der Neufassung der DIN 18218 werden die Konsistenzklassen F5, F6 und SVB in diese Norm eingegliedert.

Die für den Horizontaldruck maßgebenden Grenzwerte sind das Erstarren, der Siloeffekt und der maximale hydrostatische Wert. Den Konsistenzklassen sind Seitendruckbeiwerte und Wandreibungswerte zugeordnet [2.35]. Berücksichtigt wird das Erstarrungsen-

Bild 2.46 Schalung mit großer Wandhöhe für den Einsatz von SVB

de des Betons. Bei einem Erstarrungsende unter 5 Stunden und einer Betonsteiggeschwindigkeit von 2 m/Std. wird ein Frischbetonseitendruck von ca. 90 kN/m² ermittelt. Die zugehörige hydrostatische Druckhöhe ist 4 m. Das heißt, dass mit der Tragfähigkeit der Schalung von 90 N/mm² mit der gleichen Betonsteiggeschwindigkeit eine größere Bauteilhöhe weiter betoniert werden kann, bedeutet aber zugleich, dass der Aufwand für den Schalungsbau unverhältnismäßig groß ist und die Betonsteiggeschwindigkeit mit 1,5 m/Std. eine einigermaßen normale Schalungskonstruktion mit der zulässigen Tragfähigkeit von 80 kN/m² ermöglicht. Bei Befüllungen von unten muss in jedem Fall der volle hydrostatische Druck für die Bemessung der Schalung angesetzt werden. Bild 2.46 zeigt den Aufwand für eine Schalung bei einer großen Wandhöhe und dem Einsatz von SVB.

Die Richtlinie SVB gibt den Hinweis, dass bei nachträglich durch Ortbeton zu ergänzenden Deckenplatten die Fugen sorgfältig abgedeckt werden müssen.

2.7.8 Anforderungen an Schalung, Fugen, Dichtigkeit, Einbauteile, Auftriebssicherung

Infolge des höheren Frischbetonseitendrucks und der längeren Verarbeitbarkeit wirkt auch der Auftrieb stärker als bei normalem Beton. Auftrieb wirkt bei Unterseiten von Aussparungen und wenn die Schalung an der Unterkante unterlaufen wird. Kritisch kann es werden, wenn in einem Betonierabschnitt unterschiedliche Wandhöhen unvermeidlich und Deckschalungen mit nachträglich zu schließenden Einfüllöffnungen erforderlich sind. Bei einer Höhendifferenz von 1,00 m muss bereits ein Druck von 25 kN/m² als Auflast auf die Deckschalung gelegt oder nach unten abgetragen werden. Erfolgt dies an der Schalung, kann sie insgesamt ausgehoben werden.

Der höhere Frischbetonseitendruck hat auch stärkere Auswirkungen auf die Elemente der Schalung, normalerweise handwerklich ausgeführt werden und für die es noch keine Regelausführungen gibt, wie Stirnschalungen, Deckschalungen, Anschlüsse, Aussparungen, Durchführungen u. Ä. Bei bisherigen Ausführungen waren diese Stellen oft Schwachstellen, die während des Betonierens mit erheblichen Anstrengungen operativ repariert werden mussten (Bild 2.47). Die Erfahrung des Schalungsbauers basierte eben auf dem normalen Beton.

Auch auf die Herstellung der Anschlussfugen muss hingewiesen werden. Die Anker an dieser Stelle müssen vorgespannt werden. Der höhere Frischbetonseitendruck bewirkt auch hier eine größere Verformung gegenüber dem bereits betonierten Wandabschnitt. Auch wenn die Schalung auf einen höheren Frischbetonseitendruck ausgelegt ist (voller hydrostatischer Druck), tritt die Verformung auf.

Die Fugen der Schalelemente, insbesondere die Aufstandsflächen der Schalung, müssen dicht sein. Hier darf ein Unterlaufen durch den SVB nicht eintreten, sonst wirkt der Auftrieb der gesamten Wandhöhe, wenn diese betoniert ist.

Einbauteile müssen stärker an der Schalung befestigt werden, als bei normalem Beton. Die Schalung ist zwar für den auftretenden Frischbetonseitendruck, nicht aber für die Einhaltung von Verformungswerten, bemessen. Deshalb tritt mit höheren Lasten eine höhere Verformung auf und die Einbauteile können sich von der Schalung lösen.

Ein funktionierender SVB bereitet für normal dichte Fugen und sorgfältig angebrachte Ankerkronen weniger Probleme als ein zur Entmischung neigender C25/30.

2 Spezielle Betonierverfahren und -methoden

Bild 2.47 Operatives Aufbringen einer Last gegen den Auftrieb aus unterschiedlichen Wandhöhen

2.7.9 Überwachung beim Einbau von Selbstverdichtendem Beton

SVB erfordert einen wesentlich höheren Vorbereitungs- und Überwachungsaufwand, als er sonst im Betonbau notwendig ist.

Der Einsatz von SVB erfordert eine sorgfältige Planung. Darüber ist eine Dokumentation zu erstellen, die seitens der Überwachung geprüft und dann zur Ausführung freige-

Bild 2.48 Probewand mit SVB als Sichtbeton

geben wird. Anhand dieser Dokumentation ist die Ausführung zu überwachen. Da SVB oft für Sichtbeton eingesetzt wird, geht diese Vorbereitung mit der Erarbeitung des Sichtbetonkonzeptes konform. Bereits in der Baubeschreibung sollte ein solches Konzept gefordert werden.

Anhang R der DAfStb-Richtlinie schreibt einen Qualitätssicherungsplan vor, in dem festgelegt wird, welche Prüfungen durchzuführen sind. Die Ergebnisse sind zu dokumentieren. Die Ausführenden sollten über eine ausreichende Erfahrung verfügen und Schulungen nachweisen.

SVB ist mindestens in die Überwachungsklasse 2 einzuordnen, ab C55/67 wie bei Normalbeton in Überwachungsklasse 3.

Die Erstellung einer Probewand ist zu empfehlen. Bild 2.48 zeigt eine Probewand, mit der die Freigabe zum Einbau des SVB erfolgte.

Die in 2.7.5 aufgeführte Tabelle 2.13 als eine vereinfachte Zusammenstellung der für den SVB maßgebenden Daten ist ein Beispiel für die Kontrolle und Protokollierung der Prüfungen durch die Bauleitungen (Ausführender und Überwachender).

2.8 Literatur

[2.1] ÖVBB: Richtlinie Spritzbeton, Anwendung und Prüfung. Wien, 12/2003.

[2.2] Deutscher Ausschuss für Stahlbeton: DAfStb-Richtlinie Stahlfaserbeton, 2003.

[2.3] Deutscher Beton und Bautechnikverein e.V.: DBV-Merkblatt Stahlfaserbeton, 10/2001.

[2.4] Guthoff, K.: Untersuchungen über den Einfluss der Düsenführung bei der Spritzbetonherstellung. BMT Baumaschine und Bautechnik 37 (1990) H. 1, S. 7–13.

[2.5] Ausbildungsbeirat »Verarbeiten von Kunststoffen im Betonbau beim Deutschen Betonverein«: Vorläufige Prüfungsordnung für den Befähigungsnachweis zum Verarbeiten von Spritzmörtel und Spritzbeton mit Kunststoffzusatz (Düsenführer). Fassung 29. Januar 1991.

[2.6] Schorn, H., Sonnenberg, R., Maurer, P.: Spritzbeton: Schriftenreihe Spezialbetone Band 6, Verlag Bau+Technik GmbH, Düsseldorf, 2005.

[2.7] Ruffert, G.: Spritzbeton. Beton-Verlag GmbH, Düsseldorf, 1991.

[2.8] Kusterle, W.: Spritzbeton-Technologie 2006. Berichtsband der 8. internationalen Fachtagung, Alpbach, Januar 2006.
Göhringer, H., Aldrian, W.: Einfluss der Klebrigkeit des Nassmischgutes auf die Festigkeitseigenschaften von Spritzbeton. S. 117–124.
Kubens, Ch.: Instandsetzung von Beton- und Stahlbeton im Wasserbau mit Spritzbeton bei Anwendung der ZTV-W LB 219.
Richter, W., Wagner, O.: Die Neue Österreichische Richtlinie Spritzbeton.

[2.9] Manns, W.: Spezialzement für Spritzbeton. beton (2001), H. 9, S. 482–486.

[2.10] Saalmann, W., Tünte, B.: Bauwerke in offener Bauweise bzw. Spritzbetonbauweise, Beton-Information 1.92, S. 3–9.

[2.11] Breitenbücher, R., Springenschnid, R., Dorner, H. W.,: Verringerung der Auslaugbarkeit von Spritzbeton im Tunnelbau durch besondere Auswahl von Zementen und Betonzusätzen, Beton-Information 1.92, S. 10–15.

[2.12] Westendarp, A.: Betoninstandsetzung im Wasserbau – Aktueller Stand und Ausblick auf neue Regelwerke. Vortrag am 23. November 2006 bei der Güteschutzgemeinschaft Betoninstandsetzung, Berlin und Brandenburg e. V.

[2.13] Westendarp, A. u.a.: Instandsetzung von Wasserbauwerken aus Beton. beton (2006), H1/2, S. 22–29, H3, S. 94–100.

[2.14] ZTV-W LB: Instandsetzung von Wasserbauwerken aus Betonarbeiten.

[2.15] Bundesanstalt für Wasserbau: Merkblatt Spritzmörtel/Spritzbeton nach ZTV-W LB 219. Abschnitt 5 (BAW-Merkblatt »Spritzmörtel«, Juni 2005).

[2.16] EFNARC-Richtlinie (Europäische Richtlinie für Spritzbeton) 1997.

[2.17] Musewald, J.: Prüfung der Wirksamkeit der Vakuumierung; Internat. Kolloquium on industrial floors, Esslingen, 1991 (in: Industriefussböden, Ostfildern, 1991, S.179–184)

[2.18] Gläser, E.: Feste Fahrbahnen aus Vakuumbeton und Verfahren zur Herstellung, Patent DE 19854609A1, 31.05.2000.

[2.19] König, H.: Maschinen im Baubetrieb, Grundlagen und Einsatzbereiche. Bauverlag GmbH, Wiesbaden und Berlin, 1996.

[2.20] Zantz, E.: Industriefußböden aus Vakuumbeton. beton (1980), H. 6, S. 209–212.

[2.21] Zantz, E.: Vakuumbeton im Brückenbau. beton (1986), H. 6, S. 251–254.

[2.22] Verein Deutscher Zementwerke e. V.: Zementmerkblatt Betontechnik, Unterwasserbeton.

[2.23] Tegelaar, R.: Unterwasserbeton. Böhling, E., Giesbrecht, P.: Bohrpfahlbeton. Schriftenreihe, Spezialbetone Band 1, Verlag Bau+Technik, Düsseldorf, 1998.

[2.24] Prüfzeugnis-Nr. 35/74/298 des Instituts für Baustoffkunde und Materialprüfwesen der Technischen Universität Hannover: Untersuchungen über den Einfluss des Tremix-Vakuum-Verfahrens auf die Eigenschaften von Beton.

[2.25] DIN-Fachbericht 129:2003: Anwendungsdokument zu DIN EN 1536:1999-06, Ausführung von besonderen geotechnischen Arbeiten (Spezialtiefbau) – Bohrpfähle.

[2.26] Bundesverband Kraftwerksnebenprodukte e. V.: BVK-Betontechnische Merkblätter, Merkblatt Bohrpfahlbeton. Ausgabe 2007.

[2.27] www.jacbo.de

[2.28] Arbeitskreis »Pfähle« der Deutschen Gesellschaft für Geotechnik e. V.: Empfehlungen des Arbeitskreises »Pfähle« EA-Pfähle«. Verlag Ernst & Sohn, Berlin, 2007.

[2.29] Borchert, K-M., Kirsch, F., Mittag, J.: Betonsäulen als pfahlartige Tragglieder – Herstellverfahren. www.gudconsult.de

[2.30] Deutscher Beton- und Bautechnik-Verein E. V.: Merkblatt Gleitbauverfahren, Fassung Februar 2008.

[2.31] Kordina, K.; Droese, S.: Versuche zur Ermittlung von Schalungsdruck und Schalungsreibung im Gleitbau, Deutscher Ausschuss für Stahlbeton, Heft 414, Beuth Verlag, Berlin, 1990.

[2.32] Aßbrock, O., Böing, R., Brunner, M.: Leicht verarbeitbare Betone – viele Vorteile für die Bauausführung. beton (2007), H. 7+8, S. 308–313.

[2.33] www.cemex.at

[2.34] Schmidt, D., Kapphahn, G.: Messung des Drucks von LVB und SVB auf die Schalung, beton (2008), H. 3, S. 84–89.

[2.35] Schuon, H., Leitzbach, O.: Aktuelle Berechnungsgrundlagen für den Frischbetondruck auf lotrechte Schalung. beton (2008), H. 3, S. 78–83.

Literatur 2

[2.36] Rothenbacher, W.: Robuster F6-Beton als Sichtbeton für ein Verwaltungsgebäude. beton (2009), H. 9, S. 392–395.

[2.37] Brameshuber, W.: Selbstverdichtender Beton. Schriftenreihe Spezialbetone Band 5, Verlag Bau+Technik, Düsseldorf, 2004.

[2.38] Nishio, T., Tamura, H., Ohashi, M.: Self-compacting concrete with high-volume crushed rock fines, 5. Canmet/ACI/JCI International Conference, Tokushima, Japan, 1998.

[2.39] Hashumoto, A., Edamatsu, Y., Mizukoshi, M., Nagaoka, S.: Study of the shrinkage crack resistance of self compacting concrete, 5. Canmet/ACI/JCI International Conference, Tokushima, Japan, 1998.

[2.40] Grube, H. u. a.: Selbstverdichtender Beton – ein weiterer Entwicklungsschritt des 5-Stoff-Systems Beton. beton (1999), H. 4, S. 239–244.

[2.41] Breitenbücher, R.: Selbstverdichtender Beton. beton (2001), H. 9, S. 496–499.

[2.42] Walraven, J. u. a.: Selbstverdichtender Beton. Zement + Beton (1999), H. 1, S. 23–27.

[2.43] Bohnemann, C.: 18. Kolloquium »Rheologische Messungen an Baustoffen«, beton (2009) H. 5, S. 221/222.

[2.44] Jablinski, M. u. a.: Überwachung ausgewählter Bauprozesse – Beton und Stahlbetonarbeiten. Praxiswissen für Bauleiter, Band 7, Rudolf-Müller-Verlag, Köln, 2005.

[2.45] König, G., Holschemacher, K., Dehn, F. u. a.: Selbstverdichtender Beton – Innovationen im Bauwesen, Beiträge aus Praxis und Wissenschaft. Bauwerk, Berlin, 2001.

[2.46] Karner, A.: Millenium Tower – Self compacting concrete, Zement+Beton (1998), H. 4, S. 4–7.

[2.47] Deutscher Beton und Bautechnikverein e.V.: DBV-Merkblatt Gleitbauverfahren, 02/2008.

[2.48] Deutscher Beton und Bautechnikverein e.V.: DBV-Merkblatt Selbstverdichtender Beton, 04/2008.

[2.49] Deutscher Beton und Bautechnikverein e.V.: DBV-Merkblatt Unterwasserbeton, 05/1999.

[2.50] Mechtcherine, Viktor: Sonderbetone als Sichtbeton. 7. Dresdner Betontag am 02.03.2010.

[2.51] Manns, W., Schellhorn, H.: Spezialzemente für Spritzbeton. beton (2000), H. 9, S. 482–486.

[2.52] Seitz, M. J., Schmidt, H.-G.: Bohrpfähle. Ernst & Sohn, Berlin, 2000.

[2.53] Vogel, R.: Deutung von U-Box-Messungen. R-Vogel-Forschung, Mitteilung 04/8, www.vogellabor.de/de/U-Box-Messungen.pdt

[2.54] Kordts, S., Breit, W.: Kombiniertes Prüfverfahren zur Beurteilung der Verarbeitbarkeit von SVB-Auslaufkegel. beton (2004), H. 4, S. 213–219.

3 Sonderaufgaben im Betonbau

Wenn die Ausführung der Betonbauwerke unter speziellen Witterungsbedingungen erfolgen muss oder spezielle Anforderungen an die Konstruktion gestellt werden bzw. die Abmessungen der Bauteile gesonderte Maßnahmen erfordern, handelt es sich um besondere Aufgaben, die erhöhte Aufmerksamkeit in der Objekt- und Tragwerksplanung sowie in der Bauausführung verlangen und zusätzliche Aufwendungen nach sich ziehen. Eine qualitätsgerechte und dauerhafte Durchführung der Bauvorhaben verlangt in diesen Fällen immer die ausreichende Beachtung der Konsequenzen aus der Spezifik der Bauaufgabe in der konstruktiven Gestaltung, bei der Auswahl der Zusammensetzung des Betons und für die fachgerechte Ausführung der Betonarbeiten.

3.1 Betontechnische Maßnahmen bei der Herstellung massiger Bauteile (Massenbetonbau)

Der Begriff Massenbeton wird verwendet, wenn es sich um Bauwerke oder Bauteile mit derart großen Abmessungen handelt, dass die beim Erhärten des Betons frei werdende Hydratationswärme neben der Temperaturerhöhung und den daraus resultierenden Zwangsspannungen auch Temperaturdifferenzen im Querschnitt und damit Eigenspannungen hervorruft, die zu Rissen führen können und demzufolge nicht zu vernachlässigen sind (siehe dazu Bd. 2 Abschnitte 3.1 und 3.2). In Bild 3.1 ist die Besonderheit der massigen Bauteile anhand der Temperaturverhältnisse dargestellt. Je dicker das Bauteil, desto langsamer wird die Wärme über die Oberfläche an die Umgebung abgegeben und desto höher steigt die maximale Bauteiltemperatur an. Der Temperaturausgleichsvorgang führt dann zu den Zwangsspannungen (vgl. dazu Bd. 2 Bild 3.9). Mit Zunahme der Bauteildicke werden die Differenzen zwischen den Temperaturen am Rand und im Kern immer größer. Die maximale Temperaturdifferenz stellt sich zum Zeitpunkt der Bauteilhöchsttemperatur ein und ruft entsprechend große Eigenspannungen hervor. Aufgrund der hohen Bauteiltemperaturen findet eine beschleunigte Entwicklung der mechanischen Kenngrößen des Betons, vor allem des E-Moduls, statt. Die Folge sind eine verringerte Relaxation und größere Spannungen (Bd. 2 Abschnitte 2.4 und 2.5).

Neben Staumauern und anderen wasserbaulichen Anlagen, die traditionell Massenbetonbauwerke darstellen, müssen auch bei massigen Fundamenten im Industriebau, dickeren Bodenplatten, Brückenwiderlagern und ähnlichen Konstruktionen betontechnologische und konstruktive Maßnahmen zur Verminderung der Wärmeentwicklung und deren Auswirkungen ergriffen werden. Im Allgemeinen werden alle Bauteile dazugerechnet, deren kleinste Abmessung 1 m übersteigt. Aber auch bereits bei Bauteildicken ab 40 cm können die betontechnologischen Gesichtspunkte des Massenbetons eine Rolle spielen, wenn ungünstige Bedingungen der Wärmeentwicklung und der Beanspruchung im jungen Betonalter vorliegen.

Weiterhin ist zu berücksichtigen, dass die Abmessungen dieser Baukörper zu veränderten Bedingungen für den Feuchtehaushalt und das Austrocknen führen. Die Austrock-

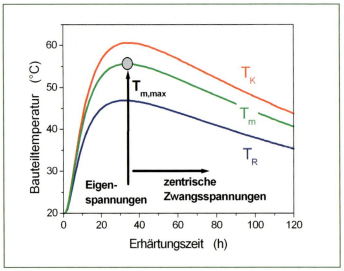

Bild 3.1 Temperaturverhältnisse infolge Hydratationswärme. Aufbau der Maximaltemperaturen, die zu den zentrischen Zwangsspannungen führen und der Temperaturdifferenzen zwischen Kern (T_K) und Rand (T_R).

nung schreitet von der Außenfläche in das Innere relativ langsam voran. Das Schwinden der Randbereiche der Bauteile wird durch den Kern behindert, so dass Spannungen entstehen, die sich überlagern und ebenfalls Rissbildungen verursachen oder zumindest begünstigen. Daraus resultierend sind Vorkehrungen zur Verhinderung von kritischen Schwindspannungen zu treffen.

3.1.1 Auswirkungen der Wärmeentwicklung in dickeren Bauteilen

Die grundsätzlichen Zusammenhänge bei der Wärmeentwicklung während des Hydratationsvorganges sind im Bd. 2 Abschnitt 1.8, die Entwicklung der Bauteiltemperatur und der Temperaturdifferenzen in Bd. 2 Abschnitt 3.1 und das Verhalten des jungen Betons bei Zwangsbeanspruchung im Bd. 2 Abschnitt 3.2 dargestellt.

Massige Bauteile weisen gegenüber üblichen Konstruktionen eine Reihe von Besonderheiten auf:

- Aufgrund der Bauteildicke herrschen im Innern über einen längeren Zeitraum nahezu adiabatische Verhältnisse, die zu entsprechenden Temperaturhöhen führen (Bild 3.2, Bild 3.4). Bei Verformungsbehinderung durch die Fundamentsohle oder einen bereits betonierten Bauabschnitt treten Zwangsspannungen auf, die zu durchgehenden Spaltrissen führen können.

Betontechnische Maßnahmen bei der Herstellung massiger Bauteile (Massenbetonbau)

- Mit steigender Bauteildicke nehmen die Temperaturdifferenzen im Querschnitt und die Eigenspannungen zu, die Gefahr der Bildung von Schalenrissen wird vergrößert (Bild 3.3). Die daraus resultierende Verringerung der Zugfestigkeit des erhärtenden Betons wird bei der rechnerischen Beschränkung der Rissbreite durch einen entsprechend größeren Wert für den Koeffizienten K berücksichtigt (Bd. 2 Abschnitt 3.3.2).

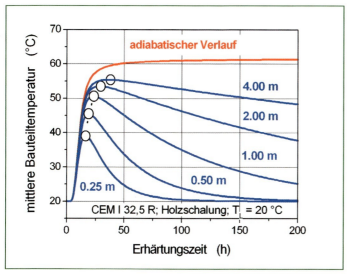

Bild 3.2 Maximaltemperaturen und Temperaturverlauf in Abhängigkeit von der Bauteildicke

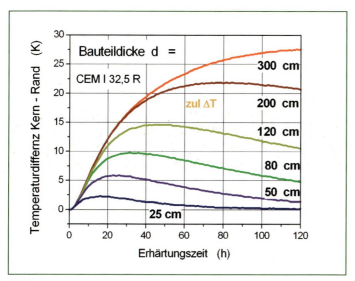

Bild 3.3 Temperaturdifferenzen zwischen Kern und Rand in Abhängigkeit von der Bauteildicke

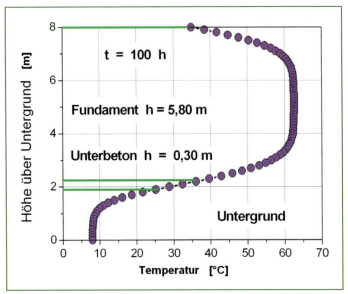

Bild 3.4 Temperaturprofil in einer dicken Fundamentplatte und im Übergangsbereich zum Untergrund (CEM III B 32,5 – LH/HS/NA)

- Das Temperaturmaximum tritt in Abhängigkeit von der Bauteildicke zeitlich verzögert auf, so dass sich eine größere kritische Temperaturdifferenz gegenüber der Ausgleichstemperatur ausbilden kann. Bei der Ermittlung der rissbeschränkenden Mindestbewehrung wird diesem Sachverhalt dadurch Rechnung getragen, dass die Abminderungsbeiwerte $k_{z,t}$ zur Ermittlung der wirksamen Zugfestigkeit vergrößert sind (Bd. 2 Abschnitt 3.3.2).
- Bei Sohlplatten entstehen nicht nur Temperaturdifferenzen innerhalb des Bauteiles, sondern auch gegenüber dem Unterbeton und dem Untergrund. Die Zwangsspannungen werden durch den flachen Übergang im Temperaturprofil von der Sohlplatte zum Untergrund vermindert.

3.1.2 Betontechnologische und konstruktive Maßnahmen zur Verminderung der Rissgefahr

Eine Übersicht der Maßnahmen zur Verminderung bzw. Vermeidung von Zwangsspannungsrissen ist in Bd. 2 Abschnitt 3.2 zu finden. Diese reichen im Massenbetonbau oft nicht aus und sind durch spezielle Maßnahmen, wie z. B. Rohrinnenkühlung zu ergänzen.

3.1.2.1 Zusammensetzung des Betons

Bei massigen Bauteilen ist eine wirkungsvolle Senkung des Temperaturanstieges nur durch den Einsatz eines geeigneten Zementes mit niedrigerer Hydratationswärme und die Verminderung des Zementanteiles im Beton zu erreichen.

Für wasserbauliche Anlagen wurden bereits vor Jahrzehnten spezielle C_3A-arme Zemente entwickelt, da dieser Klinkerbestandteil wesentlich zur Wärmeentwicklung beiträgt. Vorteilhaft sind Zemente mit geringerer Mahlfeinheit, die eine langsamere Erhärtung aufweisen und eine niedrigere Festigkeitsklasse besitzen. Die Wärmeentwicklung wird verzögert und, da die Wärmeabgabe an der Bauteiloberfläche über einen längeren Zeitraum hinweg erfolgt, die Temperaturerhöhung im Bauteil merklich verringert. Eine weitere Reduzierung der Hydratationswärme kann durch hüttensandhaltige Zemente und LH-Zemente erreicht werden.

Erfolgreich eingesetzt wurden auch Massenbetone aus Portland- und Hochofenzementen mit hohen Flugascheanteilen. Zusammensetzungen mit Unterschreitung des Mindestzementgehaltes nach DIN 1045 (7.88) waren durch Zustimmung im Einzelfall anwendbar [3.1].

Eine Senkung des Zementgehaltes kann über die Reduzierung des w/z-Wertes vorgenommen werden. Mischungen mit steiferer Konsistenz können nur bei unbewehrten Betonbauwerken eingebaut werden, ansonsten ist die Zugabe verflüssigender Zusatzmittel erforderlich.

Eine Zunahme des Größtkorndurchmessers trägt zur Verringerung der Oberfläche der Gesteinskörnungen und des Wasseranspruches bei und kann bei unbewehrten Konstruktionen genutzt werden. Beispielsweise kann der Zementgehalt einer Betonzusammensetzung mit 25 mm Größtkorn, der etwa 250 kg/m³ beträgt, bei 50 mm Größtkorn auf 240 kg/m³ und bei 70 mm auf 220 kg/m³ gesenkt werden. Bei Talsperren und ähnlichen wasserbaulichen Bauwerken wird deshalb der Querschnitt in Kern- und Vorsatzbeton unterteilt. Der Kernbeton kann ein Größtkorn bis 125 mm oder 150 mm besitzen, in Ausnahmen sogar bis 200 mm. Eine Begrenzung ergibt sich durch die Verarbeitung des Frischbetons und die eingesetzten Fördermittel. Der Randbeton dagegen ist entsprechend der jeweiligen Beanspruchung zusammengesetzt.

3.1.2.2 Unterteilung der Konstruktion in Betonierabschnitte

Eine Aufteilung in einzelne Betonierabschnitte wird bei größeren wasserbaulichen Anlagen vorgenommen, um durch die Verringerung der Abmessungen der zu betonierenden Blöcke eine Vergrößerung und Beschleunigung der Wärmeabgabe über die Oberfläche zu erreichen. Eine Unterteilung kann aber auch durch die Betonierleistung und die Ablaufplanung erforderlich werden. Nachteilig sind die dadurch entstehenden Betonierfugen.

Bei massigen Bauteilen des Hoch- und Industriebaus wird in der Regel keine Unterteilung der Konstruktion in Betonierabschnitte vorgenommen und das fugenlose Betonieren durch Zugabe von Erstarrungsverzögerern unterstützt. Die Entstehung und der Verlauf der Zwangsspannungen müssen aber rechnerisch verfolgt werden.

Eine Unterteilung kann grundsätzlich in einzelne vertikale Blöcke mit senkrechten Fugen oder in horizontale Schichten vorgenommen werden. Im ersteren Fall besteht der Vorteil darin, dass ein kontinuierliches Betonieren möglich ist; nachteilig sind der höhere Schalungsaufwand und die Notwendigkeit, die beim Abkühlen der Zwischenblöcke entstehenden Fugen verpressen zu müssen. Diese Probleme treten beim Betonieren in einzelnen Schichten nicht auf. Der Nachteil ist aber, dass Betonierpausen zur Abkühlung

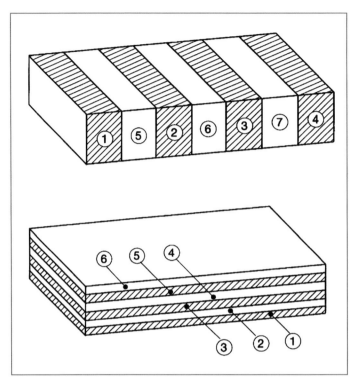

Bild 3.5 Aufteilung massiger Betonbauteile in Betonierabschnitte [3.3]
a) Vertikale Anschlussflächen   b) horizontale Unterteilung

erforderlich sind. Überlagerungen der Wärmeentwicklung sind nicht vollständig auszuschließen (Bild 3.5).

Bei größeren Baukörpern werden auch Kombinationen der beiden Vorgehensweisen angewandt.

Bei einer Aufteilung des Betonvolumens in Abschnitte bleiben die Höchsttemperaturen gegenüber einer Betonage ohne Unterteilung deutlich niedriger (Bild 3.6). Der Abkühlungsvorgang dauert aber einen längeren Zeitraum an, so dass sich die Wärmeentwicklung nacheinander betonierter Bauteilabschnitte sowie die Wirkung der temperaturbedingten Zwangs- und Schwindspannungen überlagern können (Bild 3.6). Die Rissbildung kann dadurch selbst bei fortgeschrittener Erhärtung des Betons eintreten.

Zur Vermeidung von Spaltrissen werden in Abhängigkeit von der Temperaturdifferenz zwischen dem erhärtenden Betonbauteil und dem Fundament zulässige Längen für Betonierabschnitte vorgegeben (Bild 3.7). Grund hierfür ist die Entwicklung der Zwangsspannungen in Abhängigkeit von der Geometrie, d. h. vom Verhältnis der Bauteilhöhe zur Bauteillänge (siehe Bd. 2 Abschnitt 3.2.2.2). Eine Abschätzung des zu erwartenden Rissabstandes kann mithilfe von Bild 3.7 vorgenommen werden.

3 Betontechnische Maßnahmen bei der Herstellung massiger Bauteile (Massenbetonbau)

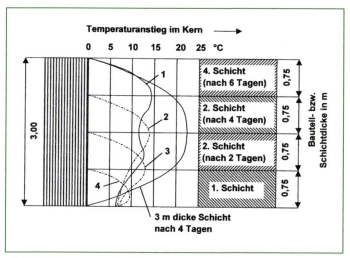

Bild 3.6 Temperaturverlauf beim Betonieren aufeinanderfolgender Schichten oder der gesamten Bauteildicke in einem Betoniergang (nach Carlson).
1 – 2 Tage nach Betonieren der 4. Schicht, nach insgesamt 8 Tagen
2 – nach 6 Tagen
3 – nach 4 Tagen
4 – nach 2 Tagen

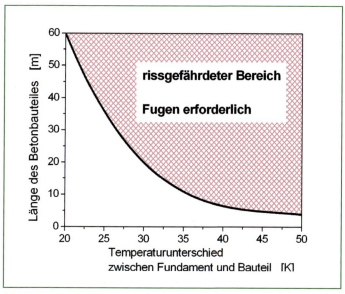

Bild 3.7 Zulässige Länge des Betonbauteiles in Abhängigkeit vom Temperaturunterschied zwischen Bauteil und Fundament [3.4]

3.1.2.3 Senkung der Frischbetontemperatur

Sind Bauwerke ohne Fugen zu errichten bzw. Unterteilungen in Betonierabschnitte nicht beabsichtigt und reicht die Verminderung der Wärmeentwicklung nicht aus, um die Rissgefahr auszuschließen, muss die Einhaltung der zulässigen Temperaturdifferenz durch künstliche Kühlung der Ausgangsstoffe für den Beton, der Frischbetonmischung oder des eingebrachten und erhärtenden Betons erreicht werden.

Die Herabsetzung der Frischbetontemperatur kann über die Kühlung der Gesteinskörnungen und des Anmachwassers vorgenommen werden. Dazu wird die Gesteinskörnung mit kaltem Wasser berieselt, das als Grundwasser vorhanden ist oder in Kaltwasseranlagen gekühlt wird. Bei Wind und trockener Luft trägt die Verdunstungskälte zur Senkung der Temperatur bei. Grobe Gesteinskörnungen werden auch kurzzeitig in Fluttanks mit Eiswasser gelagert.

Gekühltes Wasser wird auch zur Herstellung des Frischbetons verwendet. Häufig mischt man auch ein Teil des Anmachwassers in Form von **Splittereis** bis zu einer Scherbengröße von 1 cm bei. Die Schmelzwärme des Eises von 334 kJ/kg ermöglicht ein Absenken der Frischbetontemperatur um etwa 1 K bei einem Einsatz von 7 kg Eis/m³. Wichtig ist, dass das Eis noch während des Mischvorganges schmilzt, um Wasserlinsen im eingebauten Beton und später das Auftreten größerer Poren zu vermeiden. Aus diesem Grund wird feinkörnigem Eis und Eisschnee der Vorzug gegeben. Die Eiszugabe ist bei der Festlegung der Rezeptur zu berücksichtigen.

Vorteilhafter ist die **Verwendung von flüssigem Stickstoff** mit einer Temperatur von etwa 195 °C, der keine Rückstände hinterlässt, keine chemischen Reaktionen hervorruft und die Konsistenz nicht beeinflusst. Die Zugabe zum Frischbeton erfolgt in der Mischanlage oder im Fahrmischer.

Die Frischbetontemperatur T_{b0} ergibt sich nach der **Mischungsregel** aus der Temperatur der Betonbestandteile T_i, der zugehörigen Massen m_i in kg/m³ und ihrer spezifischen Wärme c_i in kJ/kg, K zu

$$T_{c0} = \frac{\sum T_i \cdot m_i \cdot c_i}{\sum m_i \cdot c_i} \qquad [°C] \qquad (3.1)$$

Für übliche Zusammensetzungen kann vereinfacht geschrieben werden:

$$T_{c0} = 0{,}1\, T_z + 0{,}65\, T_g + 0{,}25\, T_w \qquad [°C] \qquad (3.2)$$

Für eine Frischbetonmischung mit 1940 kg Zuschlag/m³ (c_g = 0,84 kJ/kg,K. T_g = 10 °C), 300 kg Zement/m³ (c_z = 0,84 Wh/kg, K. T_z = 15 °C) und w/z = 0,5 (d. h. 150 l Wasser/m³ mit c_w = 4,2 kJ/kg, K. T_w = 5 °C) ergibt sich eine Mischtemperatur von

$$T_{c0} = \frac{1940 \cdot 0{,}84 \cdot 10 + 300 \cdot 0{,}84 \cdot 15 + 150 \cdot 4{,}2 \cdot 5}{1940 \cdot 0{,}84 + 300 \cdot 0{,}84 + 150 \cdot 4{,}2} = 9{,}2\,°C$$

Wenn Eis zugegeben wird, ist der Zähler um den Ausdruck $m_{eis} (c_{eis} \cdot T_{eis} - 334)$ und der Nenner um den Betrag $m_{eis} \cdot c_{eis}$ zu erweitern. Die spezifische Wärme beträgt c_{eis} = 2,2 kJ/kg K, die Schmelzwärme des Eises wurde mit 334 kJ/kg eingesetzt.

3.1.2.4 Kühlung des erhärtenden Betons

Die Kühlung der Betonbauteile kann von außen durch Berieseln mit kaltem Wasser oder durch eine Rohrinnenkühlung vorgenommen werden.

Durch das **Berieseln mit kaltem Wasser** wird die Hydratationswärme zwar beschleunigt abgeführt, die Auswirkungen auf die Maximaltemperatur sind bei dicken Querschnitten aber geringer, als zunächst vermutet. Der Wärmehaushalt und die schlechte Wärmeleitung führen dazu, dass die mittlere Bauteiltemperatur und damit die zentrischen Zwangsspannungen nur relativ geringfügig vermindert werden können. Darüber hinaus wird die Temperaturdifferenz im Bauteil gegenüber unbeeinflusster Abkühlung angehoben. Als zweckmäßig hat sich die Vorgehensweise erwiesen, den Wärmeübergang bis zum Temperaturmaximum zu beschleunigen und danach die Temperaturdifferenzen durch wärmedämmende Abdeckungen zu vermindern (Bild 3.8).

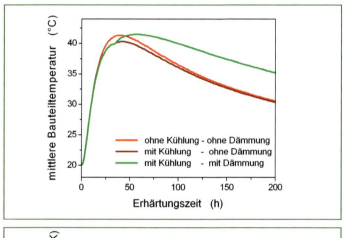

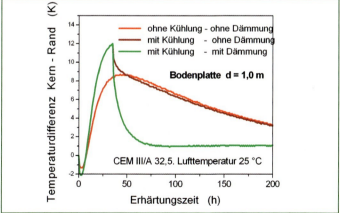

Bild 3.8 Verlauf der mittleren Bauteiltemperatur (a) und der Temperaturdifferenzen (b) in einer 1,0 m dicken Bodenplatte mit und ohne Kühlung bis zum Temperaturmaximum sowie ohne Dämmung während des Temperaturausgleichsvorganges

Über eine **Rohrinnenkühlung**, bei der ein einbetoniertes Rohrleitungsnetz von Kühlwasser durchströmt wird, kann die entstehende Hydratationswärme direkt abgeführt werden. Diese vergleichsweise teure Maßnahme reicht aber allein nicht aus, wenn höhere Zementgehalte oder sommerliche Temperaturen und größere Bauteilabmessungen vorhanden sind, so dass eine Unterstützung durch die Unterteilung in Betonierabschnitte oder die Senkung der Frischbetontemperatur vorgesehen werden muss. Ein Problem ergibt sich aus dem durch den Betrieb der Kühlung und dem Wirkungsradius der Kühlrohre hervorgerufenen Temperaturgefälle, das zu inneren Spannungen führt und einen besonderen Ablaufplan für die Kühlung erfordert. Umfangreiche Untersuchungen sind in [3.2] zu finden.

3.2 Konstruktionen mit erhöhten Anforderungen an die Dichtigkeit

3.2.1 Wasserundurchlässige Bauwerke

Bei wannenartigen Bauwerken im Grundwasser, Flüssigkeitsbehältern, Rohrleitungen und Kanälen sowie Offshore-Konstruktionen bestehen erhöhte Anforderungen an die Dichtigkeit. Wenn auf eine zusätzliche wasserdruckhaltende Abdichtung verzichtet werden soll, muss der Wandquerschnitt der Betonkonstruktion gleichzeitig die tragende und abdichtende Funktion übernehmen. Voraussetzungen dafür sind:

- Herstellung eines Betons mit hohem Wassereindringwiderstand durch geeignete Zusammensetzung und sorgfältige Verarbeitung
- Ausführung der Bauteile ohne wasserführende Risse
- Erstellen des Baukörpers mit wasserundurchlässigen Fugen, Bauteilstößen und Wanddurchführungen.

Obwohl wasserundurchlässige Bauwerke aus Beton seit Jahrzehnten hergestellt werden, sind immer wieder Misserfolge festzustellen. Ursachen dafür sind, dass die Bauaufgaben nicht in der Einheit der drei vorgenannten Bedingungen geplant und vorbereitet oder planerische Festlegungen bei der Durchführung der Bauarbeiten missachtet wurden.

3.2.1.1 Maßgebliche Beanspruchungen und Nutzungsklassen

Um die maßgeblichen Beanspruchungen festzulegen sind neben der Art, Belastbarkeit und Gleichmäßigkeit des Baugrundes bzw. der Unterkonstruktion, der Bemessungswasserstand und die betonangreifenden und korrosionsfördernden Bestandteile des einwirkenden Wassers festzulegen. Der maßgebende Bemessungswasserstand ist der höchste innerhalb der planmäßigen Nutzungszeit zu erwartende Wasserstand aus Grund-, Schichten- und Hochwasser unter Berücksichtigung langjähriger Beobachtungen und bekannter zukünftiger Gegebenheiten. Er wird in der Regel durch ein Bodengutachten festgestellt.

Aufgrund des Bemessungswasserstandes kann die Beanspruchungsklasse nach [3.51] festgelegt werden. In Tabelle 1.7 sind die Beanspruchungsklassen für wu-Bauwerke mit der zugeordneten Beanspruchungsart dargestellt.

Die Festlegungen der DIN 18195-6, hautförmige Abdichtungsmaßnahmen bei nicht bindigen Böden mindestens 30 cm über den Bemessungswasserstand und bei bindigen Böden mindestens 30 cm über Oberkante Gelände zu führen, sind auch auf weiße Wannen zu übertragen. Dabei sollte nach [3.52] eine zusätzliche Reserve von 30 cm bedacht und innerhalb der Wandhöhe kein Baustoffwechsel vorgenommen werden.

Entspricht das angreifende Wasser der Expositionsklasse XA3 (starker chemischer Angriff), ist ein zusätzlicher Schutz der Betonkonstruktion erforderlich (z. B. zwei Lagen PE-Folie je 0,2 mm Dicke mit geschweißten oder geklebten Stößen bei Bauwerksunterseiten, Abdichtung durch Bitumenbeschichtung).

Nach Kenntnis der Beanspruchungsklasse ist es möglich, für das wu-Bauwerk die Nutzungsklasse festzulegen. Mit der Nutzungsklasse wird die Wasserundurchlässigkeit des Bauwerks klassifiziert und damit der Wasserdurchtritt durch Beton, Fugen, Einbauteile und Risse quantitativ begrenzt. Nach Tabelle 3.1 unterscheiden wir die Nutzungsklassen A und B.

Nutzungsklasse Art der Nutzung	Anforderungen an die Wasserundurchlässigkeit und die Bauteiloberfläche	ggf. zusätzliche Maßnahmen für trockenes Raumklima, keine Tauwasserbildung
Nutzungsklasse A (z. B. Wohnhauskeller)	1) Feuchtetransport in flüssiger Form unzulässig 2) Feuchtstellen als Folge von Wasserdurchtritt auf der Bauteiloberfläche unzulässig[1)]	3) Raumklimatische Maßnahmen (z. B. Heizung, Lüftung zur Abführung der Baufeuchte) 4) bauphysikalische Maßnahmen (z. B. Wärmeschutz)
Nutzungsklasse B	5) Feuchtetransport in flüssiger Form im Bereich von Trennrissen, Sollrissquerschnitten, Fugen und Arbeitsfugen in begrenztem Maße zulässig[2)] 6) Entstehende Feuchtstellen mit Dunkelverfärbungen, ggf. auch Wasserperlen zulässig	
»freie« Klasse	Von Nutzungsklasse A bzw. B abweichende Anforderungen an die Gebrauchstauglichkeit sind im Bauvertrag oder in den Entwurfsunterlagen zu regeln.	

[1)] Nachweismöglichkeit mit »Löschblatttest«: lose auf Betonoberfläche aufgelegtes Löschblatt oder auch saugfähiges Zeitungspapier darf keine Dunkelverfärbung durch Feuchtigkeitsaufnahme zeigen.
[2)] Für temporär durchfeuchtende Risse, die sich durch Selbstheilung selbsttätig abdichten sollen, muss der Zeitpunkt für das Ende der Selbstheilung mit den Nutzungsanforderungen, die der Bauherr an das Bauwerk stellt, vereinbar sein.

Tabelle 3.1 Anforderungen an die Wasserundurchlässigkeit und die Bauteiloberfläche in Abhängigkeit von der Nutzungsklasse [3.51]

Die Festlegung der Nutzungsklasse sollte stets in Abstimmung mit dem Bauherrn erfolgen, da die festgelegte Nutzungsklasse den Bauaufwand nicht unerheblich bestimmt. Weitergehende Festlegungen für die Nutzungsklasse A bei hochwertiger Raumnutzung sind in [3.57] enthalten.

3.2.1.2 Konstruktion

Sind die Art der Beanspruchung und die Funktion sowie Nutzung des Bauwerks von Bauherr und Planer hinreichend festgelegt, kann der Entwurf des Bauwerks erfolgen. Da die Funktion des Bauwerks wesentlich durch Risse beeinträchtigt werden kann, sind die Eigen- und Zwangsbeanspruchungen möglichst zu vermeiden oder zumindest so gering wie möglich zu halten.

Zwangsbeanspruchungen können nach [3.52] gering gehalten werden durch

- **konstruktive Maßnahmen**
  Wahl der Lagerungsbedingungen mit geringer Verformungsbehinderung, z. B. bei Sohlplatten mit ebener Unterseite
  zweckmäßige Anordnung von Sollrissquerschnitten, z. B. bei langen Wänden
  Abklären der entsprechenden Zwangsbeanspruchung infolge frühen Zwangs, z. B. abfließende Hydratationswärme
  Abklären der entsprechenden Zwangsbeanspruchung infolge späten Zwangs, z. B. durch Schwinden des Betons, Temperatureinwirkungen oder Setzungen
  Vorspannen von Bauteilen zur Begrenzung der Zwangsbeanspruchungen
- **betontechnische Maßnahmen**
  Auswahl geeigneter Ausgangsstoffe für den Beton, z. B. Zementart, Gesteinskörnung, Zusätze
  Festlegung einer geeigneten Betonzusammensetzung, z. B. Konsistenz, Wasserzementwert, Zementgehalt
- **ausführungstechnische Maßnahmen**
  Festlegung von geeigneten Betonierabschnitten, z. B. Betonierfugen
  gutes Verdichten und Nachverdichten des Betons
  witterungsbedingte Wahl von Schutzmaßnahmen und Nachbehandlungsverfahren, z. B. Abdecken mit Folie oder nassen Jutebahnen oder längere Zeit in Schalung stehen lassen
  Qualitätskontrolle auf der Baustelle, z. B. Prüfung des verwendeten Betons, Kontrolle des Betoneinbaus und der Fugenabdichtung, Kontrolle angelieferter Dreifachwände und Überwachung ihrer Montage und des Betoniervorganges; Überwachung der Baustelle gemäß DIN 1045-3.

Da Risse in wasserundurchlässigen Betonbauwerken jedoch immer ein gewisses Restrisiko darstellen, kann die Konstruktion nur so gestaltet werden, dass Eigen- und Zwangsspannungen gering gehalten und damit Trennrisse weitgehend vermieden werden. Dennoch entstehende wasserführende Risse werden nachträglich abgedichtet.

Eigen- und Zwangsspannungen werden durch eng liegende, rissverteilende Bewehrung aufgenommen. Es entstehen Risse, die die Dichtheit und Dauerhaftigkeit des Bauwerks nicht beeinträchtigen.

Auf eine umfangreiche rissverteilende Bewehrung und enge Fugenabstände wird verzichtet. Das Entstehen von Rissen wird hingenommen. Die Abdichtung der Risse ist Bestandteil der Baumaßnahme.

3 Konstruktionen mit erhöhten Anforderungen an die Dichtigkeit

Alle Konstruktionen sollen eine klare, einfache und eindeutige Lastabtragung ermöglichen, keine oder nur geringe Zwangbeanspruchungen entstehen lassen und eine einfache Ausführung auf der Baustelle muss möglich sein. Dies bedeutet hinsichtlich der

- Bauteillängen die grundsätzliche Entscheidung zwischen engen Fugenabständen zur Begrenzung der Rissbildung oder dem Einbau einer rissbreitenbegrenzenden Bewehrung. Große Bauteillängen sind nur mit Bewehrung möglich.
- Bauteildicken die Orientierung an einer Mindestdicke (siehe auch Tabelle 3.2). Die Dicke der Betonbauteile ist so zu wählen, dass tragende und dichtende Funktionen gleichermaßen erfüllt werden. Die Bauteile müssen unter Beachtung der Bewehrungslagen, der Fugenabdichtungen und der Einbauteile fachgerecht betoniert werden können.

Bauteil[1)2)]	Wände		Bodenplatte	
	Beanspruchungsklasse			
Ausführungsart	1 Druckwasser	2 Feuchte	1 Druckwasser	2 Feuchte
Ortbeton[3)]	24,0 cm	20,0 cm	25,0 cm	15,0 cm
	(... ≈ < 27,5 cm)		(... ≈ < 29,0 cm)	
Fertigteil	20,0 cm	10,0 cm	20,0 cm	10,0 cm
	(... ≈ < 23,0 cm)		(... ≈ < 23,0 cm)	
Dreifachwand[3)] (Elementwand)	24,0 cm	24,0 cm[4)]		
	(... ≈ < 27,5 cm)			

[1)] Bei Ausnutzung der Mindestdicken im drückendem Wasser: $(w/z)_{eq} \leq 0,55$
[2)] Die Werte in Klammern geben den Geltungsbereich für die Ausnutzung der Mindestbauteildicken nach [Rili verzögerter Beton] an, was einer rund 15%igen Erhöhung entspricht.
[3)] Erforderlicher Einbauraum b_{wi} im Fußpunktbereich bei Ausnutzung dieser Mindestwanddicken für die Beanspruchungsart 1 und mittig liegender Fugenabdichtung:
bei einem Größtkorn von 8 mm: $b_{wi} \geq 12$ cm
bei einem Größtkorn von 16 mm: $b_{wi} \geq 14$ cm
bei einem Größtkorn von 32 mm: $b_{wi} \geq 18$ cm
[4)] Unter Beachtung besonderer betontechnologischer und ausführungstechnischer Maßnahmen ist eine Abminderung auf 20 cm möglich, z. B. mit sehr fließfähigen Betonen der Konsistenzklasse F6.

Tabelle 3.2 Empfohlene Mindestdicken von Bauteilen nach [3.52]

- Wandhöhen die Beachtung des Bemessungswasserstandes und der Betonierbarkeit. Die Wandhöhe sollte den Bemessungswasserstand um mindestens 30 cm überschreiten. Um die Betonierbarkeit zu gewährleisten, sollte die freie Fallhöhe des Betons beim Einbringen 1,0 m nicht überschreiten. Um mit Schüttrohr oder Pumpenschlauch arbeiten zu können, sollten die Wände Dicken von ≥ 30 cm besitzen.
- Vorsprünge und Querschnittsänderungen in Bauteilen deren weitgehende Vermeidung. Vertiefungen in Sohlplatten oder Querschnittsänderungen in Wänden führen zu zusätzlichen Zwängen, die Risse zur Folge haben können.

- Öffnungen in Wänden, dass keine offen bleibenden Öffnungen im Bereich drückenden Wassers eingebaut werden können. Fensteröffnungen in Kelleraußenwänden sind durch Lichtschächte, die wasserundurchlässig ausgebildet werden müssen, zu sichern (siehe auch [3.52], 5.4.5).
- Durchdringung von Bauteilen eine wasserundurchlässige Ausbildung. Schalungsanker verbleiben günstigerweise in wasserundurchlässiger Ausbildung in den Wänden. Als Abstandshalter sind Ausführungen aus Beton oder Faserbeton vorteilhaft. Rohr- und Kabeldurchführungen werden als Spezial-Rohrdurchführung mit Futterrohr und Elastomerdichtung, Flanschrohr mit Dichtflanschen, Mantelrohr mit Abdichtung o. ä. ausgeführt.

3.2.1.3 Fugenausbildung

Bauwerks- und herstellungsbedingt besitzen wu-Konstruktionen Fugen. Alle WU-Bauwerksfugen müssen angepasst an die Beanspruchungsart wasserdicht ausgebildet werden. Bei wasserundurchlässigen Bauwerken unterscheidet man

- Arbeitsfugen (sie entstehen zwischen Betonierabschnitten, z. B. zwischen Sohlplatte und Wänden)
- Sollrissquerschnitte (z. B. Scheinfugen zum Abbau von Zwangsbeanspruchungen im jungen Beton, Stoßfugen bei Elementwänden)
- Bewegungsfugen (z. B. zwischen getrennten Bauwerken mit unterschiedlichem Baugrund, zum Abbau von Zwangsbeanspruchungen durch Temperaturänderungen).

Fugenabdichtungen sind Bestandteil des Leistungsverzeichnisses und in die Ausführungsunterlagen aufzunehmen. In der Regel sollten solche Fugenabdichtungen verwendet werden, die ein geschlossenes System bilden. Es sind jedoch auch Arbeitsfugen ohne Fugenabdichtung zulässig, wenn Wanddicken über 300 mm, eine Beanspruchungsklasse 2 und eine Nutzungsklasse B vorliegen sowie eine sehr sorgfältige Ausführung (siehe auch DIN 1045-3; 8.4) gewährleistet ist.

Fugenabdichtungen müssen genormt bzw. in der DAfStb-Richtlinie [11.39] geregelt oder über ein allgemeines bauaufsichtliches Prüfzeugnis zugelassen sein. Im Wesentlichen kommen folgende Fugenabdichtungen zur Ausführung:

- Fugenbänder (Elastomer-Fugenbänder nach DIN 7865 und Fugenbänder aus thermoplastischen Kunststoffen nach DIN 18541)
  Fugenbänder werden vorzugsweise innen oder außen liegend zur Abdichtung von Arbeits- und Bewegungsfugen eingesetzt. Innen liegende Fugenbänder sind geschützt und können hohe Wasserdrücke von innen und außen aufnehmen. Sie sind jedoch für Bauteile mit geringer Dicke nicht geeignet, erfordern eine Anpassung der Bewehrung und sind in horizontaler Lage schwierig einzubauen. Außen liegende Fugenbänder sollten nur auf der Seite des einwirkenden Wassers angeordnet werden.
  Die Verbindungen von Fugenbändern an Ecken, T-Stößen, Kreuzungen oder Übergängen sind mit Hilfe werksseitiger Formteile herzustellen. Fugenbänder aus thermoplastischen Kunststoffen werden geschweißt, Elastomer-Fugenbänder vulkanisiert.

- Fugenbleche (unbeschichtete Fugenbleche nach Anforderungen und Regelung der WU-Richtlinie [3.51])
  Fugenbleche liegen im mittleren Bereich des Querschnittes und werden je zur Hälfte beidseitig der Fuge eingebunden. Bei Beanspruchungsklasse 1 und Nutzungsklasse A sind Fugenbleche nur für Arbeitsfugen zulässig. Stöße und Kreuzungen von Fugenblechen werden durch Kleben, Schweißen, Verschrauben oder Zusammenpressen mit einer dichtenden Zwischenlage hergestellt.
- Mittig liegende, nicht geregelte Fugenabdichtungen (jeweils durch ein allgemeines bauaufsichtliches Prüfzeugnis mit zutreffender Gültigkeitsdauer belegt, siehe auch [3.52])
  Bei diesen Fugenabdichtungen handelt es sich um beschichtete Fugenbleche, Injektionssysteme (Injektionsschläuche oder -kanäle, in Verbindung mit Rissfüllstoffen nach DIN V 18028), Quellbänder, Fugenschienen (kombiniert mit Quellband und/oder Injektionssystem) für Sollrissfugen, Dichtrohre (aus Weich-PVC mit innerer Aussteifung) für Sollrissfugen in Wänden und Kompressionsdichtungen (aus Elastomeren mit geschlossenzelliger Struktur) insbesondere für Fugen bei Fertigteilen.

Ungeeignete Fugenabdichtungen sind Fugendichtungsmassen oder Fugenvergussmassen nach DIN 18540, da sie bei Wasserdruck nicht wirksam sind. Nachträglich in Bauwerksfugen eingedrückte Fugenprofile unterschiedlicher Art dienen dem optischen Verschließen der Fugen, können aber drückendem Wasser nicht widerstehen. In Bild 3.9 sind beispielhafte Fugenabdichtungen für Bauwerke aus Ortbeton dargestellt.

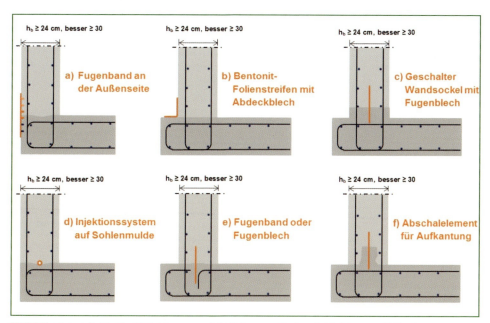

Bild 3.9 Beispiele für die Abdichtung von Arbeitsfugen zwischen Sohlplatten und Wänden

3.2.1.4 Bauausführung und Überwachung

Wasserundurchlässige Bauteile erfordern eine gewissenhafte Ausführung und Überwachung. Zu beachten sind sowohl der Einbau der Bewehrung als auch das Einbringen, das Verdichten und die Nachbehandlung des Betons. Besondere Aufmerksamkeit verdienen dabei folgende Punkte:

- Um die Funktion der Bewehrung vollständig zu gewährleisten, ist die gesamte Bewehrung zu einem steifen Gerippe zu verbinden und so zu befestigen, dass sie beim Einbringen und Verdichten des Betons ihre jeweilige Lage behält. Wird eine Fundamentplatte unmittelbar auf dem Baugrund hergestellt, ist die Bewehrung günstigerweise über Abstandshalter auf einer Sauberkeitsschicht aus Beton einzubauen. Beim Verlegen ohne Sauberkeitsschicht auf Folien drücken sich die Abstandshalter ein und verringern damit die Betondeckung. Linienförmige Abstandshalter sind zu staffeln, um einer Rissgefahr vorzubeugen.
  Die Lage der oberen Bewehrung von Sohlplatten wird durch Unterstützungskörbe oder Stehbügel in ihrer Lage gesichert. Bei wasserundurchlässigen Decken dürfen die Unterstützungen aus Rippenstahl nicht unmittelbar auf der Schalung stehen (Korrosionsgefahr!).
  Das paarweise Verlegen der rissverteilenden Bewehrung verbessert das Einbringen und Verdichten des Betons.
- Für eine möglichst rissfreie Konstruktion ist es vorteilhaft, Wände und Sohle gleichzeitig zu betonieren. Dazu muss die innere Wandschalung über kräftige Stehbügel auf der Sauberkeitsschicht abgestützt und mit einer kleinen Deckschalung in Höhe Oberkante Sohlplatte versehen werden. Beim Betonieren wird zunächst der Beton über den gesamten Umfang der Sohle eingebracht und verdichtet. Mit dem Nachlassen der Fließmittelwirkung und Beginn der Erhärtung werden die Wände und die weiteren Teile der Sohlplatte schrittweise betoniert.
- Die Bestellung der Betonmengen pro Zeiteinheit, das Einbringen des Betons in die Schalung und das Verdichten ist so zu organisieren, dass ein kontinuierlicher Betoneinbau bis zum Ende des Betonierabschnittes erfolgen kann. Bei längeren Unterbrechungen entstehen Fugen, die die Funktion des wasserundurchlässigen Bauwerkes beeinträchtigen können. Entstehen längere Unterbrechungen ist der Verbund zwischen Altbeton und Frischbeton durch sorgfältige Reinigung der Altbetonoberfläche (Freilegen des Korngerüstes) und durch Einbringen einer Vorlaufmischung (Beton mit Gesteinskörnungen ≤ 8mm) auf die mattfeuchte Altbetonoberfläche zu verbessern.
- Vor Beginn des Betonierens sind die Stababstände hinsichtlich des vorgesehenen Größtkorn des Betons sowie die Einfüllöffnungen bzw. Rüttellücken zu kontrollieren.
- Da häufig hohe Wände in Wandschalungen betoniert werden müssen, darf sich der Beton beim Einfüllen nicht entmischen. Der Beton ist beim Einfüllen durch Fallrohre zusammenzuhalten und der Betoniervorgang muss mit einer Anschlussmischung begonnen werden. Nach der Richtlinie »Wasserundurchlässige Bauwerke aus Beton« [3.51] ist eine Anschlussmischung bereits bei Wandhöhen ≥ 1m zu wählen.
- Vorzugsweise ist der Frischbeton in Schüttlagen von 30–50 cm Höhe einzubringen und gründlich zu verdichten. Nach [3.52] ist Beton für wasserundurchlässige Bauteile

immer nachzuverdichten. Beim Nachrütteln muss der Beton wieder plastisch werden. Es sollte so spät wie möglich nachgerüttelt werden.
- Die Nachbehandlung hat so lange zu erfolgen, bis der oberflächennahe Beton mindestens 50 % seiner charakteristischen Festigkeit erreicht hat. Hat der Beton beim Ausschalen diese bereits zu 70 % erreicht, ist keine weitere Nachbehandlung mehr erforderlich.
- Beton für wasserundurchlässige Bauwerke ist stets in der Überwachungsklasse 2 zu verarbeiten. Ausnahme siehe ([3.52], S. 384).

3.2.1.5 Selbstheilung der Risse

Liegen die Risse unterhalb einer kritischen Breite, kann die Dichtheit durch einen Selbstdichtungsprozess wiederhergestellt werden, wenn ein zeitlich begrenzter Wasserdurchtritt vertretbar ist. Wenn der Riss von Wasser durchströmt wird, können physikalische und chemische Vorgänge ein langsames Verstopfen bewirken. Die Selbstheilung wird auf das Quellen und Nachhydratisieren des Zementsteines, die Bildung von wasserunlöslichem Kalziumkarbonat sowie Ablagerungen an den Rissflanken aus Feinststoffen des Wassers und losen Betonpartikeln zurückgeführt. Die Geschwindigkeit und Wirksamkeit der Selbstabdichtung ist vom Druckgefälle (Druckwasserhöhe h_w/Bauteildicke h_b) und der Rissbreite abhängig. In verschiedenen Untersuchungen und langjährigen Beobachtungen wurde festgestellt, dass bei Rissbreiten bis 0,20 mm und ausreichend langer Wasserbeaufschlagung eine vollkommene Abdichtung nach etwa 5 Wochen eintreten kann. Da der Selbstheilungseffekt in den ersten Tagen am größten ist, kann bei einer Verringerung der Rissbreite in relativ kurzer Zeit mit einer Dichtheit gerechnet werden [3.53], [3.54] und [3.55]. Bei höheren Druckgradienten und/oder breiteren Rissen beträgt die Dauer des Selbstabdichtungsprozesses etwa 20–40 Wochen, wenn geringere Leckraten nicht in Kauf genommen werden sollen. Ein Vorschlag von zulässigen Rissweiten bei Selbstabdichtung ist für verschiedene Druckgradienten in Tabelle 3.3 zu finden [3.52]. Bei sich bewegenden Rissen können nur sehr geringe Rissweiten durch Selbstheilung abgedichtet werden.

rechnerische Rissbreiten w_k [mm]	Druckgefälle $i = h_w/h_b$ [mm] für eine Begrenzung des Wasserdurchtritts durch Selbstheilung	
	nach Beobachtungen Lohmeyers [3.52]	nach weiteren Untersuchungen [3.53], [3.54] und WU-Richtlinie
≤ 0,20	≤ 2,5	≤ 10
≤ 0,15	> 2,5 bis ≤ 5	> 10 bis ≤ 15
≤ 0,10	> 5 bis ≤ 25	> 15 bis ≤ 25

Tabelle 3.3   Rechnerische Rissbreiten w_k

Tritt die Dichtheit durch Selbstheilung nicht ein oder kann diese nicht herangezogen werden und ist ein Verpressen nicht möglich, sind rissüberbrückende Beschichtungen erforderlich.

3.2.1.6 Bauen mit Elementwänden

Das Bauen mit Elementwänden (Dreifachwand) für wasserundurchlässige Bauwerke ist seit einigen Jahren anerkannte Regel der Technik. Die Elementwände stehen für eine Bauweise, bei der zwei dünne Elementplatten durch Gitterträger im Fertigteilwerk zu einem Doppelelement mit verbleibendem Zwischenraum verbunden und nach Einbau auf der Baustelle mit Ortbeton verfüllt werden. Die Erfahrungen mit dieser Bauweise führten zu ihrer Aufnahme in die Richtlinie »Wasserundurchlässige Bauwerke aus Beton« [3.51] und in die Erläuterungen zur wu-Richtlinie im Heft 555 des DAfStb. Für wu-Bauwerke dürfen nur Elementwände verwendet werden, die eine allgemeine bauaufsichtliche Zulassung des DIBt besitzen.

Die beiden Elementplatten und der Kernbeton wirken im Verbund und werden statisch als Gesamtquerschnitt angenommen. Voraussetzung ist eine ausreichende Verbindung zwischen dem Kernbeton und den kornrauen Innenflächen der Elementwände. Elementwände können als bewehrte oder unbewehrte Wände hergestellt werden. Die Stoßfugen der Elementplatten wirken wie Kerben und führen zu Sollrissen, die bei Feuchtebeanspruchungen entsprechende Abdichtungsmaßnahmen erfordern.

Gebräuchliche Elementwände haben Längen von 6 m und Höhen von 3 m. Die Dicke der Fertigteilschalen beträgt mindestens 4 cm und im wu-Fall allgemein 6 cm. Da der Zwischenraum mindestens 12 cm betragen muss (Einfüllen des Betons!), besitzt die wu-Elementwand mindestens eine Wanddicke von 24 cm, besser von 30 cm. Die Betone für die Elementwände sollen eine Druckfestigkeitsklasse $\geq$ C30/37, einen w/z-Wert $(w/z)_{eq} \leq 0{,}55$ sowie einen hohen Wassereindringwiderstand besitzen und den Anforderungen an die Dauerhaftigkeit entsprechend Expositionsklasse genügen.

Der Kernbeton für Elementwände muss ebenfalls ein Beton mit hohem Wassereindringwiderstand sein. Bei Ausnutzung der Mindestwanddicken und Druckwasserbeanspruchung muss zudem ein äquivalenter Wasserzementwert $(w/z)_{eq} \leq 0{,}55$ und ein Größtkorn der Gesteinskörnung von 16 mm eingehalten werden. Empfohlen werden zudem Betone der Konsistenzklasse F3 oder weicher sowie mit einem Leimgehalt ≤ 290 l/m³. Beim Einbringen des Betons wird zunächst eine Anschlussmischung aus weichem Beton mit 8 mm Größtkorn in einer Lage von mindestens 30 cm Höhe eingebracht und ausreichend verdichtet. Nachfolgend kann der Kernbeton mit einer Geschwindigkeit von 50–80 cm/h, je nach bauaufsichtlicher Zulassung der Elementwände eingebracht, verdichtet und nachverdichtet werden. Die freie Fallhöhe des Frischbetons soll 100 cm nicht überschreiten.

Die Elementwände werden flucht- und lotrecht auf der Sohlplatte ausgerichtet und durch Schrägstützen sowie Spannketten in ihrer Position gesichert. Zwischen Sohlplatte und Elementwand muss durch Anordnung von Montageklötzchen, z. B. aus Faserzement, ein Abstand von mindestens 30 mm angeordnet werden. Dadurch wird dem einzufüllenden Kernbeton die Möglichkeit gegeben, diese Fuge vollständig auszufüllen. Die Fuge wird z. B. durch Anordnung eines Kantholzes abgedichtet. Auch alle lotrechten Fugen sind abzudichten, wenn die Fugenbreite 3 mm überschreitet. Werden als Kernbeton leicht verdichtbare oder selbstverdichtende Betone eingesetzt, sind alle Fugen mit speziellen Dichtstreifen abzudichten.

Besonderes Augenmerk muss auch hier den Fugenabdichtungen geschenkt werden. Wählt man mittige Fugenabdichtungen, sind

- beschichtete und unbeschichtete Fugenbleche
- Fugenbänder mit Quellteil
- Injektionssysteme und Sollrissfugensysteme mit Injektionssystemen
- Quellbänder
- Kompressionsdichtungen oder
- Dichtrohre

einsetzbar. Mittig liegende Fugenbänder sind ebenfalls möglich, aber schwierig auszuführen.

Häufig werden auch wasserseitige äußere Fugenabdichtungen gewählt. Dabei sind außen liegende Fugenbänder, Quellmaterialstreifen, kunststoffmodifizierte Bitumendickbeschichtungen oder Bahnenstreifen üblich. Bei der Auswahl des jeweiligen Dichtungssystems sind die Beanspruchungs- und Nutzungsklasse sowie das jeweilige baufsichtliche Prüfzeugnis zu beachten. Beispiele für mögliche Fugenabdichtungen sind in Bild 3.10 dargestellt.

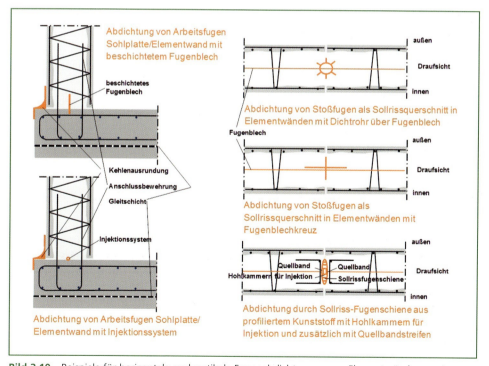

Bild 3.10 Beispiele für horizontale und vertikale Fugenabdichtungen von Elementwänden

3.2.2 Betonbau im Umgang mit wassergefährdenden Stoffen

Betonbauwerke sind auch zur Rückhaltung wassergefährdender Stoffe zum Schutz des Bodens und des Grundwassers geeignet. Zu den Auffangbauwerken gehören Wannen und Ableitflächen für Anlagen zum Herstellen, Behandeln und Verwenden von wassergefährdenden Flüssigkeiten (HBV-Anlagen) sowie zum Lagern, Abfüllen und Umschlagen (LAU-Anlagen). Beispiele sind Tanktassen, Fasslagerflächen und Umfüllstationen. Die gesetzlichen Regelungen und behördlichen Auflagen sind in [3.5], [3.6], [3.7] und [3.8] enthalten. Weitere unterstützende Angaben sind aus [3.9], [3.10], [3.11] und [3.12] zu entnehmen.

3.2.2.1 Nachweis der Dichtigkeit

Wassergefährdende Stoffe dringen über das Kapillarporensystem in den Beton ein. Damit hängt das Eindringverhalten sowohl von Art und Anteil der Kapillarporen des Betons (w/z-Wert, Hydratationsgrad) als auch von den physikalischen Eigenschaften der Flüssigkeiten (Viskosität η, Oberflächenspannung σ) ab. Das Eindringverhalten kann noch durch einen chemischen Angriff auf den Beton überlagert werden.

Nach der DAfStb-Richtlinie [3.6] kann folglich beim Eindringen von Flüssigkeiten in Beton zwischen folgenden Möglichkeiten unterschieden werden:

- **Eindringen in ungerissenen Beton ohne chemischen Angriff**
  Bei einer Regelaufschlagsdauer von 72 h kann die mittlere Eindringtiefe e_{72m} für FD-Betone mit $e_{72m} = 10 + 3{,}33 \cdot (\sigma/\eta)^{0{,}5}$ [mm] abgeschätzt werden. Bei Beaufschlagungen von t bis 2200 h darf die Eindringtiefe über $e_m = e_{72m} \cdot (t/72)^{0{,}5}$ [mm] extrapoliert werden. Für die Bemessung ergibt sich die »charakteristische« Eindringtiefe e_{tk} zu $e_{tk} = 1{,}35 \cdot e_m$.
- **Eindringen in ungerissenen Beton mit chemischem Angriff**
  Bei ruhenden oder leicht bewegten Säuren beliebiger Konzentration beträgt die Schädigungstiefe s_{C72m} für FD-Beton mit unlöslicher Gesteinskörnung in 72 h 5 mm. Bei Zeiten bis 360 h kann wieder wie vor extrapoliert werden. Wurden lösliche Gesteinskörnungen benutzt oder sollen geringere Schädigungstiefen berücksichtigt werden, sind gesonderte Prüfungen nach [3.6] erforderlich. Gleichzeitig auftretende mechanische Verschleißbeanspruchungen sind gesondert zu bewerten.
- **Eindringen in gerissenen Beton ohne chemischen Angriff**
  Hat ein Beton Risse, wird das Eindringverhalten von Flüssigkeiten durch Rissbreite, Rauigkeit der Rissflanken, Druckhöhe, Viskosität und mitgeführte Feststoffe bestimmt. Die Eindringtiefe in durchgehende Risse ist nach [3.6] zu ermitteln.
- **Eindringen in gerissenen Beton mit chemischem Angriff**
  Kommt ein chemischer Angriff auf den Beton hinzu, kann sich die Eindringtiefe sowohl erhöhen als auch verringern. Eine objektbezogene Betrachtung nach [3.6] ist erforderlich.

Nach dem Wasserhaushaltsgesetz [3.5] darf bei Auffangbauwerken keine Leckrate auftreten. Der Nachweis ist nach Bild 3.11 zu führen.

3 Konstruktionen mit erhöhten Anforderungen an die Dichtigkeit

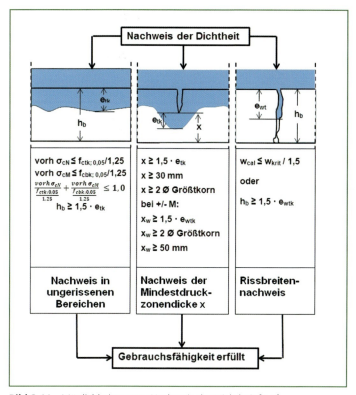

Bild 3.11 Möglichkeiten zum Nachweis der Dichtheit [3.6]

- σ_{cN} Betonzugspannung infolge Normalkraft Zustand I
- σ_{cM} Betonzugspannung infolge Biegemoment Zustand I
- x Druckzonendicke
- x_w Dicke der gerissenen Druckzone
- e_w Eindringtiefe in der gerissenen Druckzone
- w_{cal} größte rechnerische Rissbreite unter Gebrauchsbeanspruchung ($w_{cal,beton}$ = 0,1 mm)
- w_{krit} kritische Rissbreite abhängig von Medium, Bauteildicke und Einwirkungszeit t unter Gebrauchsbeanspruchung
- $f_{ctk;\,0,05}$ charakteristischer Wert der zentrischen Zugfestigkeit gemäß DIN 1045-1; Tab. 9 (bei elastischer Bettung können die Werte um 30 % erhöht werden)
- $f_{cbk;\,0,05}$ charakteristischer Wert der Biegezugfestigkeit des Betons

Der Nachweis der Dichtheit kann auch vereinfacht mit folgenden Randbedingungen geführt werden:
- Plattenabmessungen (Länge, Breite) $\leq$ 50 m
- mittlere Verkehrsbelastung $\leq$ 10 kN/m²
- Verwendung von Gleitschichten nach [3.6]; mindestens 2 Lagen PE-Folie (je 0,2 mm dick) oder gleichwertig

- Ebenheitsanforderungen an den Untergrund von Gleitschichten nach DIN 18202, Tabelle 3, Zeile 3
- keine Verzahnung mit dem Untergrund
- FD- oder FDE-Beton der Druckfestigkeitsklasse C30/37
- Betondeckung $\geq 3{,}5\,\text{cm}$
- maximaler Bewehrungsgehalt je nach Plattendicke und Eindringtiefe nach [3.6].

3.2.2.2 Konstruktion und Bauausführung

Eine wesentliche Zielstellung für den Entwurf von Betonbauteilen beim Umgang mit wassergefährdenden Stoffen ist die Ausbildung einer möglichst zwangsfreien Konstruktion. Zwangsspannungen durch abfließende Hydratationswärme, witterungs- und betriebsbedingte Temperaturänderungen sowie Schwinden sind durch konstruktive, betontechnologische und ausführungstechnische Maßnahmen zu mindern oder zu vermeiden.

Derartige Betonbauteile sind vorzugsweise

- in einem Arbeitsgang herzustellen
- mit einer Bodenplatte und keinen Streifen- oder Einzelfundamenten zu gründen
- ohne Verzahnung mit dem Untergrund herzustellen
- ohne Zwangsspannung erzeugende geometrische Formen (Aussparungen, einspringende Ecken, Querschnittsänderungen) zu planen bzw. ohne zusätzliche konstruktive Maßnahmen (Ausrundungen, verstärkte Bewehrungen) einzuordnen und
- mit begrenzten Verformungsbehinderungen zwischen Bauwerk und Auflage herzustellen.

Fugen sind möglichst zu vermeiden, u. a. durch Vorspannungen. Unvermeidbare Fugen sind sorgfältig zu planen und auszuführen.

3.2.2.3 Überwachung

Bauliche Anlagen beim Umgang mit wassergefährdenden Stoffen müssen in regelmäßigen Abständen durch einen Sachverständigen geprüft werden. Die Prüfung ist zu dokumentieren. Die Häufigkeit und der Umfang der Prüfungen wird in [3.6] geregelt.

Zudem ist jeder Betreiber verpflichtet, ein Konzept für den Beaufschlagungsfall zu entwickeln. Darin sind folgende Punkte festzulegen:

- Erkennung und Bewältigung einer Leckage regeln; Benennung von Verantwortlichkeiten, von Kontrollperioden und -methoden; Festlegung der Kommunikationswege und der verfügbaren Entsorgungsdienste
- Angabe der höchstzulässigen Zeitdauer zwischen Eintritt einer Beaufschlagung und der Beseitigung des wassergefährdenden Stoffes
- nach Eintritt und zur Bewältigung eines Beaufschlagungsfalles die Maßnahmen bezüglich der Betonkonstruktion klären und festlegen.

3.2.2.4 Maßnahmen nach der Beaufschlagung

Nach der Beaufschlagung ist auf der Grundlage des Konzeptes zum Beaufschlagungsfall zu prüfen, wie die Bauteiloberfläche zu reinigen ist und welche Instandsetzungsmaßnahmen (z. B. neue Dichtfläche, Dichtflächenergänzung, Beschichtung, Betonersatz, Füllen von Rissen) durchzuführen sind. Eingedrungene Flüssigkeiten können in vielen Fällen weitgehend verdampfen. Es kann geprüft werden, ob das Verdampfen z. B. durch hohe Luftwechselraten, durch Unterdruck oder Erwärmung beschleunigt werden kann. Ist die Flüssigkeit maximal zu einem Viertel der Bauteildicke eingedrungen, kann eine Reinigung ausschließlich durch Verdampfung angenommen werden.

3.3 Ausführung der Betonarbeiten unter Winterbedingungen

Die Planung von Bauinvestitionen berücksichtigt die Jahreszeit im Allgemeinen nicht.
Eine planmäßige Winterpause für das Bauen gehört in Mitteleuropa schon lange der Vergangenheit an. Die umfangreichen finanziellen Aufwendungen für Maschinen und Schalungssysteme, die kürzeren Bautermine und die Termineinhaltung, insbesondere bei besonderen Bauvorhaben sowie auch größere Objektbetonmengen machen es erforderlich, die Herstellung und Verarbeitung des Frischbetons selbst bei ungünstigen Witterungsbedingungen sicherzustellen. Mit den heute vorhandenen technischen Möglichkeiten können auch bei niedrigen Lufttemperaturen und anderen ungünstigen Einflüssen qualitätsgerechte Betonkonstruktionen hergestellt und Beeinträchtigungen des Bauablaufes vermieden werden. Voraussetzung dafür ist jedoch, dass eine darauf gerichtete Arbeitsvorbereitung erfolgt, in der die erforderlichen Maßnahmen für die Betonherstellung und das Betonieren bei tiefen Temperaturen geplant werden. Dabei muss damit gerechnet werden, dass der Wintereinbruch plötzlich eintritt. Die Einholung von Wetterdaten ist notwendig. Eine Unterbrechung ist erforderlich bei ungewöhnlich starkem Schneefall, der auch zum Katastrophenzustand führen kann oder wenn lang anhaltender Frost die Gewinnung der Gesteinskörnung zum Erliegen bringt bzw. derart beeinträchtigt, dass eine Verwendung zur Betonherstellung nicht möglich und zulässig ist. Beachtet werden sollte auch, dass Tagestemperaturen von +10 °C nachts Temperaturen von −5 °C folgen können, ohne dass der Beton die Gefrierbeständigkeit erreicht hat. Für das Betonieren unter Winterbedingungen ist eine vorlaufende Beurteilung des Temperaturverlaufes und der Festigkeitsentwicklung im Bauteil unerlässlich.
Nach den anerkannten Regeln sind Winterbaumaßnahmen vorzusehen, wenn die Lufttemperaturen +5 °C unterschreiten können, da dann die Strukturbildungsprozesse bereits deutlich verlangsamt sind und die Gefahr besteht, dass bei einem kurzzeitigen Absinken der Temperatur in den Nachtstunden die Gefriergrenze erreicht wird. Nach VOB/C ATV DIN 18331 ist der Schutz des jungen Betons bis zum genügenden Erhärten gegen Witterungseinflüsse zwar eine Nebenleistung, nicht aber die Vorsorge- und Schutzmaßnahmen für das Betonieren unter +5 °C Lufttemperatur. Diese werden den besonderen Leistungen zugerechnet. Somit sollten diese Leistungen auch beschrieben werden (Standardleistungstexte [3.25]). Gleiches gilt für den Verkehrswegebau nach VOB/C ATV DIN 18316.

3.3.1 Auswirkungen des Winterwetters

3.3.1.1 Folgen der Einwirkung des Winterwetters

Die hauptsächlichen Folgen der Einwirkung des Winterwetters sind:

- Während des Transportes und des Einbaues sowie durch Wärmeübergang an die Schalung, an die Bewehrung und an die Einbauteile sinkt die Temperatur des Frischbetons. Dadurch wird die Erstarrung verzögert.
- Die Hydratations- und Strukturbildungsprozesse verlangsamen sich beim weiteren Absinken der Betontemperaturen und kommen schließlich zum Stillstand. (z. B. Bd. 2, Bilder 1.25 und 1.27). Dadurch wird die Eigenwärmeentwicklung herabgesetzt und die deutlich abnehmende Festigkeitsentwicklung führt zur Verlängerung der Ausschal- und Vorspannfristen. Bei zügigem Baufortschritt können die Belastungen während der Bauzeit die Tragfähigkeit überschreiten und das Versagen der Konstruktion herbeiführen (Bd. 2 Abschnitt 2.7). Die Tabellen 3.4 und 3.5 enthalten Richtwerte verschiedener Quellen für den Erhärtungsverlauf bei niedrigen Temperaturen. In den Tabellen ist auch die nicht mehr übliche Zementfestigkeitsklasse Z 25 aufgeführt. Da in der Tabelle 3.4 zwischen normal und langsam erhärtenden Zementen nicht unterschieden wird, könnte diese Zeile für einen CEM III/B 32,5 o. ä. angewandt werden. Weil weiterhin die Werte für einen w/z-Wert zwischen 0,45 und 0,70 gelten sowie ein Festigkeitsbereich der Zementfestigkeit angegeben ist, wäre die untere Prozentzahl dem höheren w/z-Wert zuzuordnen. Diese Richtwerte dienen lediglich der Einschätzung des Festigkeitsverlaufes. Für eine Verwendung zur Festlegung des Ausschalzeitpunktes wird auf [3.31] verwiesen. In diesem DBV-Merkblatt werden die Bedingungen und Beispiele für die Verwendung von Anhaltswerten der Festigkeitsentwicklung genannt. Für die Berechnung des Erhärtungsverlaufes des eingebauten Betons ist ein Beispiel in Abschnitt 3.3.6 enthalten. Weiterführende Zusammenhänge zur Ermittlung des Temperaturverlaufes unter verschiedenen Umgebungsbedingungen werden ausführlich in Band 2, Abschnitt 3.1 und in [3.28] behandelt.

Festigkeits-klasse des Zementes	Erhärtungsdruckfestigkeit des Betons in % bei einer Umgebungstemperatur von					
	20 °C			5 °C		
	nach					
	3 Tagen	7 Tagen	28 Tagen	3 Tagen	7 Tagen	28 Tagen
25	30 … 50	45 … 65	100	10 … 15	20 … 40	70 … 80
30 bis 35	45 … 60	55 … 70	100	20 … 45	35 … 60	80 … 85
40 bis 45	55 … 65	70 … 80	100	40 … 50	50 … 65	85 … 95

Tabelle 3.4 Richtwerte des Erhärtungsverlaufes nach TGL 33412 (frühere DDR-Vorschrift) nach [3.14]

Zementfestig-keitsklasse	Festigkeit bei einer Lagerung bei +5°C in % der Druckfestigkeit bei einer ständigen Lagerung bei +20°C nach		
	3 Tagen	7 Tagen	28 Tagen
Z 52,5; Z 42,5 R	60 bis 70	75 bis 90	90 bis 105
Z 42,5; Z 32,5 R	45 bis 60	60 bis 75	75 bis 90
Z 32,5	30 bis 45	45 bis 60	60 bis 75
(Z 25)	15 bis 30	30 bis 45	45 bis 60

Tabelle 3.5 Richtwerte für die Druckfestigkeitsentwicklung von Beton bei Verwendung verschiedener Zementklassen und einer ständigen Lagerung bei +5°C nach [3.15]

- Bildung einer Eisschicht an den Oberflächen der Bewehrung, die den Verbund mit dem erhärtenden Beton verhindert. Die Schalung kann ebenfalls eine Eisschicht tragen, die zur Veränderung des Wasserhaushaltes in der Randzone führt und die Erhärtung besonders nachteilig beeinflusst.
- Die Temperaturdifferenz zwischen der wärmeren Betonoberfläche und der kalten Luft kann das Austrocknen ungeschützter Oberflächen und das »Verdursten« der Randzone des Bauteiles verursachen (Bd. 2 Abschnitt 2.3)
- Die Temperaturunterschiede zwischen Kern und Rand des Bauteiles und vor allem zwischen Bauteiloberfläche und umgebender Luft können Eigen- und Zwangsspannungen hervorrufen sowie Rissbildungen begünstigen (Bd. 2 Abschnitt 3.1.7.2). Diese Temperaturunterschiede treten vor allem dann und nachteilig auf, wenn ein erwärmtes Bauteil ausgeschalt oder die wärmedämmende Abdeckung entfernt wird.
- Bei zu frühzeitigem Gefrieren des erhärtenden Betons treten Zerstörungen im Mikrogefüge auf, die zu bleibenden Schäden führen können. Die Festigkeit kann herabgesetzt werden. Auch andere Betoneigenschaften, wie z.B. die Wasserundurchlässigkeit oder die Dauerhaftigkeit können nachhaltig beeinträchtigt werden. Auftretende Schalenbildung und Abplatzungen verursachen Sanierungskosten oder können zur Folge haben, dass die Nutzung nicht mehr gegeben ist (z.B. bei Betonstraßen und Hallenfußböden).
- Bei höheren Windgeschwindigkeiten wird ein Staudruck auf Einhausungen ausgeübt, der bei deren Konstruktion berücksichtigt werden muss. Aufgrund der proportionalen Beziehung zwischen dem Staudruck und dem Quadrat der Windgeschwindigkeit ergibt sich bei 2 m/s eine Belastung von ca. 2,5 N/m^2 und bei 20 m/s bereits ca. 250 N/m^2.
- Bei dünnen Bauteilen können sich aufgrund des ungünstigen Wärmehaushaltes niedrige Temperaturen besonders nachteilig auswirken. Betone aus langsam erhärtenden Zementen sind unter Winterbedingungen ebenfalls gefährdet.

3.3.1.2 Phasen der Einwirkung tiefer Temperaturen

Für den Grad der Beeinträchtigung der Betoneigenschaften ist entscheidend, zu welchem Zeitpunkt negative Temperaturen erreicht werden. Grundsätzlich können dabei folgende Phasen unterschieden werden:

- **Gefrieren des Frischbetons vor dem Erstarren**
  Durch die Eisbildung im Anmachwasser werden die Reaktionen weitestgehend unterbunden, indem die Zementpartikel durch Eiskristalle vom freien Wasser abgetrennt werden, das für die Hydratation benötigte Wasser entzogen und die Grenzreaktionstemperatur unterschritten wird. Nach dem Auftauen setzt die Erhärtung ein und wird ohne Einbuße an Festigkeit und Dichte abgeschlossen.
  Tritt dieser Fall ein, ist die Beurteilung durch einen Betonfachmann erforderlich [3.23]. Es muss eindeutig festgestellt werden, dass die Hydratation noch nicht eingesetzt hat und die Festigkeiten erreicht werden. Das ist schwierig, da die Festigkeiten erst nach einer gewissen Zeit ermittelt werden können.

- **Gefrieren des jungen Betons während des Erstarrens**
  Die Ausdehnung des gefrierenden Wassers ruft Zerstörungen im Gefüge hervor, das aus den Hydratationsprodukten gebildet wurde. Diese Einwirkungen, die mit Auflockerungen verbunden sind, können nicht wieder aufgehoben werden und führen entsprechend der Frischbetonzusammensetzung und des Hydratationsgrades zur Verringerung der Dichte und der Festigkeiten.

- **Gefrieren des jungen Betons während der Erhärtung**
  Zerstörungen des Feststoffgerüstes sind erst dann nicht mehr zu erwarten, wenn durch die Hydratation die Wassermenge, die gefrieren kann, eingeschränkt ist und eine ausreichende Verfestigung herbeigeführt wurde. Dieser Mindesterhärtungsgrad wird mit dem Begriff der Gefrierbeständigkeit bezeichnet.

- **Mehrmalige Frost-Tau-Wechsel während der Erhärtung**
  Der noch nicht ausgetrocknete oder durch Niederschlag wieder durchfeuchtete Beton kann wiederholt gefrieren oder auch schroffen Frost-Tau-Wechseln unterworfen sein. Die dadurch entstehenden Risse werden durch die Eisbildung ständig erweitert und können zur Schädigung oder Zerstörung des erhärtenden Betons führen. Sie sind nur durch eine höhere Mindestfestigkeit der Frostbeständigkeit zu unterbinden. Im Regelfall ist diese Festigkeit nur bei geeigneter Zusammensetzung und Normlagerung nach 28 Tagen vorhanden.

Den ungünstigen Bedingungen für die Ausführung der Betonarbeiten im Winter ist durch geeignete Maßnahmen entgegenzuwirken. Aus den klimatischen Bedingungen in Mitteleuropa folgt, dass die Winterbaumaßnahmen vor allem den Temperaturbereich von +5 °C bis zu −10 °C abdecken müssen.

Besondere Maßnahmen sind erforderlich, wenn extreme Witterungsbedingungen herrschen, die Temperaturen unter −10 °C absinken oder Dauerfrost herrscht.

Wenn die entsprechenden Vorkehrungen getroffen werden, ist bei einem im Winter ausgeführten Betonbauwerk keine Qualitätsminderung zu befürchten.

3.3.2 Maßnahmen für die Ausführung der Betonarbeiten im Winter

Ziel der Winterbaumaßnahmen ist es, im Bauteil einen Wärmehaushalt herzustellen, der eine ausreichende Festigkeitsentwicklung garantiert und die erforderlichen Mindestfestigkeiten zum Zeitpunkt des Gefrierens, der Belastung der Bauteile während der Bauzeit und zum Zeitpunkt des Ausschalens sicherstellt.

Vorbedingung ist, dass der Frischbeton eine Mindesttemperatur beim Einbau besitzt, damit die Erhärtung beginnen kann.

3.3.2.1 Mindesteinbautemperatur

Vorgeschrieben ist nach DIN 1045-3, Abschnitt 8.3:

- Bei Lufttemperaturen zwischen +5 °C und −3 °C darf die Frischbetontemperatur beim Einbringen +5 °C nicht unterschreiten.
- Sie darf +10 °C nicht unterschreiten, wenn der Zementgehalt im Beton niedriger als 240 kg/m³ ist oder Zemente mit niedriger Hydratationswärme verwendet werden.
- Bei Lufttemperaturen unter −3 °C muss die Betontemperatur beim Einbringen mindestens +10 °C betragen. Sie soll anschließend wenigstens 3 Tage auf dieser Temperatur gehalten werden oder bei davon abweichenden Temperaturen bis die ausreichende Festigkeit erreicht ist.
- Der Beton darf durchfrieren, wenn während der ersten 3 Tage der Hydratation 10 °C nicht unterschritten wurden, oder wenn er eine Druckfestigkeit von $f_{cm} = 5\,N/mm^2$ erreicht hat.
- Die Temperatur des Einpressmörtels muss mindestens +10 °C betragen. Die Luft und das Bauteil müssen beim Verpressen mindestens eine Temperatur von +5 °C haben (DIN EN 446, (7.5)).

Die ZTV-Ing. (Teil 3, Abschnitt 2, (7.4.3)) fordert Schutzmaßnahmen gegen Frosteinwirkung bis zum Erreichen einer Würfeldruckfestigkeit von 5 N/mm².

Diese Angaben können nur ein Anhaltspunkt sein, weil die Festlegung der erforderlichen Temperatur vor dem Einbringen von der anschließenden Wärmeabgabe an die Schalung und Bewehrung, der Schalungsdämmung und von anderen Faktoren abhängt. Anhand internationaler Empfehlungen ergeben sich die Mindesteinbautemperaturen in Abhängigkeit von den Lufttemperaturen nach Tabelle 3.6. Der Temperaturausgleich mit der Bewehrung und Schalung beim Einbringen des Frischbetons ist dabei berücksichtigt. Bei ungünstigen Bedingungen (Stahlschalung, hoher Bewehrungsgrad) reichen diese Temperaturen nicht aus. Schlanke und flächige Bauteile sind in der Tabelle berücksichtigt. Für den Gleitbau sind infolge der geringen Betoniergeschwindigkeit jedoch höhere Temperaturen erforderlich.

Mindesttemperatur	Temperatur der umgebenden Luft in [°C]			
	0/−1	−5	−10	−15
beim Einbau in die Schalung	10	10	15	20
Dicke < 0,30 m	15	15	20	25
Dicke > 1,00 m	5	5	10	10
beim Erstarrungsbeginn	5	5	10	15

Tabelle 3.6 Empfohlene Mindesttemperaturen des Frischbetons in °C beim Einbau in die Schalung und beim Erstarrungsbeginn

Grundsätzlich gilt, dass Frischbeton nur dann eingebaut werden darf, wenn die Schalung und die Bewehrung eisfrei ist. An gefrorene Bauteile darf ebenfalls nicht anbetoniert werden. Durch Frost geschädigter Beton ist vor dem Weiterbetonieren zu entfernen.

Zur Verbesserung des Wärmehaushaltes im Bauteil bestehen die nachfolgend aufgeführten Möglichkeiten. Welche davon auszuwählen sind, richtet sich nach den vorliegenden Witterungsbedingungen, nach der Art und den Abmessungen der Bauteile, evtl. nach den vorgegebenen Betonzusammensetzungen (Verwendung von Zementen CEM I oder CEM III, Zusatz von Flugasche usw.) und nach dem Betonierablauf.

3.3.2.2 Auswahl einer geeigneten Zusammensetzung für den Winterbeton (Winterrezepturen)

Über die Rezeptur des Frischbetons ist eine hinreichende Eigenwärmeentwicklung und eine schnelle Festigkeitsentwicklung zu gewährleisten. Wirkungsvoll sind:

- die Verwendung von Zementen mit hoher Hydratationswärme
  Geeignet sind Portlandzemente höherer Festigkeitsklassen und schnellerer Erhärtung (Band 1, Abschnitt 1.1). Mit einem Mindestzementgehalt von 300 kg/m^3 ist selbst bei Temperaturen unter –5 °C eine wirksame Stützung des Wärmehaushalts möglich. Soll die Wärmeentwicklung im Bauteil noch gesteigert werden, ist der Zementgehalt zu erhöhen. Die betontechnologischen Begrenzungen hinsichtlich des maximalen Mehlkorngehaltes sind zu beachten (Bd. 1 Abschnitt 2.4.1). Bei Zementen mit niedriger Hydratationswärme ist die Erhöhung der Zementmenge unerlässlich.
- Senkung des Wasser-Zement-Wertes
  Grundsätzlich ist der w/z-Wert so niedrig wie möglich zu halten. Neben einem schnelleren Festigkeitsanstieg ergibt ein niedriger w/z-Wert eine Verbesserung der Gefrier- und Frostbeständigkeit.
- Zugabe von chemischen Zusatzmitteln
  Die im Winterbau verwendeten Zusatzmittel dürfen nur eingesetzt werden, wenn die Einflüsse auf die Betoneigenschaften bekannt sind oder anhand von Eignungsprüfungen beurteilt werden können.
  Durch Produkte, die hauptsächlich Chloride enthalten, wird der Gefrierpunkt des Wassers herabgesetzt. Das so genannte Kaltbetonverfahren ist bis zu –20 °C eingesetzt worden. Da chloridhaltige Zusatzmittel korrosionsfördernd sind, ist der Einsatz auf unbewehrte Bauteile beschränkt (Massenbeton, Schnellbeton). Außerdem können Ausblühungen auftreten.
  Chemische Zusatzmittel sind vor allem dann sinnvoll, wenn niedrige Temperaturen zu erwarten sind und der vorgewärmte Frischbeton ohne sonstige Schutzmaßnahmen eingebaut werden muss.
  Erstarrungsbeschleuniger verkürzen die Zeitspanne bis zum Beginn der Freisetzung der Hydratationswärme. Die Beeinträchtigung der Endfestigkeit und anderer Eigenschaften ist möglich und zu beachten. Ausblühungen können ebenfalls auftreten. Wenn Beschleuniger Chloride enthalten, ist Korrosionsgefahr der Bewehrung gegeben. Der Einsatz sollte auf Ausnahmefälle beschränkt werden.
  Luftporenbildende Zusatzmittel erhöhen die Beständigkeit des Betons gegen Frosteinwirkung und verbessern gleichzeitig die Verarbeitbarkeit des Frischbetons durch die

Vorteile einer günstigen Veränderung des Mischungsaufbaues. Die Verringerung der Druckfestigkeit ist zu berücksichtigen, die vorgeschriebene Dosierung einzuhalten.

3.3.2.3 Ermittlung der Frischbetontemperatur

Die Frischbetontemperatur T_{b0} ergibt sich nach der Mischungsregel aus der Temperatur der Betonbestandteile T_i, der zugehörigen Massen m_i in kg/m³ und ihrer spezifischen Wärme c_i in kJ/kg, K zu

$$T_{b0} = \frac{\sum T_i \cdot m_i \cdot c_i}{\sum m_i \cdot c_i} = \frac{m_z \cdot c_z \cdot T_z + m_g \cdot c_g \cdot T_g + m_w \cdot c_w \cdot T_w}{m_z \cdot c_z + m_g \cdot c_g + m_w \cdot c_w} \quad [°C] \qquad (3.3)$$

Es bedeuten:
T_{b0} = Mischungstemperatur in [°C]
T_i = Temperatur des Zementes (T_z), der Gesteinskörnung (T_g), des Wassers (T_w), des Zusatzstoffes (T_{zs}) jeweils in [°C]
m_i = Menge des Zementes (m_z), der Gesteinskörnung (m_g), des Wassers (m_w), des Zusatzstoffes (m_{zs}) jeweils in [kg/m³]
c_i = Wärmekapazität des Zementes mit 0,84 kJ/kg, K, der Gesteinskörnung mit 0,84 kJ/kg, K, des Wassers mit 4,2 kJ/kg, K.
Zusatzstoffe werden ebenfalls mit 0,84 kJ/kg, K eingesetzt.

Mit den vorgenannten Mittelwerten für die jeweilige spezifische Wärmekapazität ergibt sich entsprechend [3.28]:

$$T_{b0} = \frac{m_z \cdot T_z + m_g \cdot T_g + 5 \cdot m_w \cdot T_w}{m_z + m_g + 5 \cdot m_w} \quad [°C] \qquad (3.3a)$$

Für übliche Zusammensetzungen (repräsentiert durch folgende Werte: 300 kg Zement, 1940 kg Gesteinskörnung, 150 kg Wasser) kann vereinfacht geschrieben werden:

$$T_{b0} = 0{,}1\, T_z + 0{,}65\, T_g + 0{,}25\, T_w \quad [°C] \qquad (3.3b)$$

Beispiel:
Für eine Frischbetonmischung mit 1940 kg/m³ Gesteinskörnung (c_g = 0,84 kJ/kg, K. T_g = 10 °C), 300 kg Zement/m³ (c_z = 0,84 Wh/kg, K. T_z = 15 °C) und w/z = 0,5 (d. h. 150 l Wasser/m³ mit c_w = 4,2 kJ/kg, K. T_w = 5 °C) ergibt sich nach Formel (3.3) eine Mischungstemperatur von

$$T_{b0} = \frac{1940 \cdot 0{,}84 \cdot 10 + 300 \cdot 0{,}84 \cdot 15 + 150 \cdot 4{,}2 \cdot 5}{1940 \cdot 0{,}84 + 300 \cdot 0{,}84 + 150 \cdot 4{,}2} = 9{,}2\,°C$$

Die Frischbetontemperatur kann auch aus Bild 3.12 und Bild 3.13 entnommen werden. Die Mischungsregel (3.3) bildet die Grundlage für das Diagramm in Bild 3.12. Die Zementtemperatur ist, wie allgemein üblich, mit +5 °C angenommen.
Aus der Gleichung (3.3a) ist Bild 3.13 entstanden. Die Faktoren vor den Temperaturwerten sind die Steigungen der Geraden. Die Summe der an der Ordinate abgelesenen Temperaturbeiträge ergibt einen Orientierungswert für die Frischbetontemperatur.

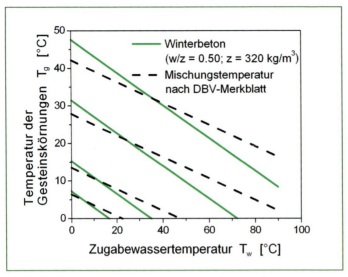

Bild 3.12 Frischbetontemperatur in Abhängigkeit von der Temperatur des Anmachwassers und der Gesteinskörnung

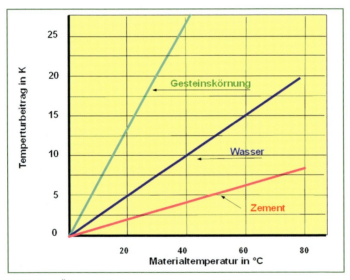

Bild 3.13 Überschlägige Bestimmung der Frischbetontemperatur aus den Temperaturen der Bestandteile Zement, Gesteinskörnung und Wasser (nach [3.27])

Zur Verfügung stehende unterschiedliche Werte für die Wärmekapazität von verschiedenen Gesteinsarten (Gesteine unterschiedlichen petrografischen Typs), wie in [3.28] angegeben, haben keinen Einfluss, der bei der nach der Mischungsregel (3.3) zu errechnenden Frischbetontemperatur berücksichtigt werden muss.

3.3.2.4 Zuführung von Wärme während des Herstellungs-, Verarbeitungs- und Erhärtungsprozesses

Im Normalfall werden Wasser oder die Gesteinskörnung oder beide soweit erwärmt, dass die Frischbetontemperatur die für den Einbau vorgeschriebene und für die Erhärtung erforderliche Temperatur aufweist. Mit Hinblick auf den Zeitpunkt des Wärmeeintrages wird unterschieden zwischen:

- **Herstellen von Warmbeton**
  Nach Beendigung des Mischvorganges besitzt der Frischbeton eine Temperatur von über 20 °C bis zu etwa 40 °C. Die Herstellung des Warmbetons kann durch Vorerwärmung der Betonkomponenten oder durch Zuführung von Heißdampf während des Mischens (Dampfmischen [3.18]) erfolgen. Auch eine Kombination von Vorerwärmung der Gesteinskörnungen bzw. des Anmachwassers und anschließendem Dampfmischen ist möglich. Bei der Aufbereitung von Warmbeton mit Vorerwärmung der Betonbestandteile werden in der Regel die frostfrei gelagerten Gesteinskörnungen mit heißem Wasser vermischt und anschließend wird der unter Außentemperaturen gelagerte Zement zugegeben. Dadurch wird vermieden, dass bei einer Wassertemperatur von über 60 °C und unmittelbarem Kontakt mit Zement schädigende Wirkungen eintreten (Festigkeitsabfall, verstärktes Schwinden). Liegt die Temperatur der Gesteinskörnung um oder unter +5 °C, reicht die Energiezufuhr über das erwärmte Zugabewasser nicht aus. Die Erwärmung der Gesteinskörnung wird außerhalb des Mischers vorgenommen. Dazu stehen verschiedene Verfahren wie Warmluftheizungen, Dampflanzen und Elektroregister zur Verfügung.
  Die auf 30 °C begrenzte, vorgeschriebene maximale Abgabetemperatur am Mischer sollte jedoch eingehalten werden, da sonst die Hydratation zu schnell beginnt und zu schnell fortschreitet. Auch wenn der Beton noch verarbeitet werden kann, wird die Hydratation gestört und Festigkeitseinbußen und andere Schäden sind die Folge.
  Beim **Dampfmischen** werden die frostfrei gelagerten Gesteinskörnungen mit dem nur auf 10 °C vorgewärmten Anmachwasser vermischt. Die Steigerung der Betontemperatur wird über die gleichzeitige Zuführung von Niederdruckdampf bis 1 bar oder Hochdruckdampf über 1 bar vorgenommen, der durch gesteuerte Düsen in den Mischraum strömt. Die Aufwärmgeschwindigkeit beträgt ca. 1 Sekunde/K. Die mit dem Dampf mitgeführte Wassermenge würde den w/z-Wert unkontrolliert verändern und muss deshalb erfasst werden. Dazu dient z. B. die Konsistenzmessung im Mischer.
  Die Frischbetontemperatur darf beim Dampfmischen höher als +30 °C sein [3.18]. Warmbeton ist eine wichtige Grundlage für viele Winterbaumethoden.
- **Elektroerwärmung des Frischbetons vor dem Einbau in die Schalung**
  In verschiedenen Ländern, vor allem in der früheren Sowjetunion, wird der durch den Transport abgekühlte Frischbeton oder der mit relativ niedriger Mischguttemperatur hergestellte Baustellenbeton direkt im Betonierkübel durch Widerstandserwärmung beschleunigt aufgeheizt. Die Einbautemperaturen können bis zu 60 °C betragen. Details dazu sind z. B. in [3.19] enthalten.

- **Äußere Erwärmung des Betons nach dem Einbau in die Schalung**
  Wenn die Öffnungen des Bauwerkes verschlossen werden können, ist eine Wärmezufuhr durch Infrarotstrahler und elektrische und ölbetriebene Heizgeräte oder durch Niederdruckdampfleitungen möglich.
  Eine weitere Möglichkeit ist der Einsatz beheizbarer Schalungen. Die Beheizung ist elektrisch oder über Dampfleitungen möglich. Beheizbare Schalungen verhindern nicht nur den Wärmeverlust, sondern erlauben auch eine gezielte Wärmebehandlung durch Steuerung der Wärmezufuhr. Eine intensive Wärmeübertragung ist jedoch nur mit Stahlschalungen möglich. Mit Widerstandsdrähten versehene gedämmte Schalungen dienen hauptsächlich zur Verhinderung des Wärmeabflusses, werden aber auch zur intensiven Erwärmung mit gezielten Behandlungsprogrammen verwendet.
- **Innere Erwärmung des Betons nach dem Einbau in die Schalung**
  In den skandinavischen Ländern werden Heizdrähte eingesetzt, die durch einen Kunststoffschlauch isoliert sind und vor dem Betonieren im Querschnitt der Schalung eingesetzt werden. Damit können dicht bewehrte und komplizierte Querschnitte bestückt und bei entsprechender Anordnung gleichmäßig erwärmt werden. In Verbindung mit einer Dämmung der Oberflächen können auch sehr feingliedrige Bauteile bei niedrigen Lufttemperaturen erfolgreich erwärmt werden.
  Im hohen Norden Russlands herrscht 9 Monate Winter. Frostfrei ist nur die Zeit von Mitte Juni bis Ende August. Von Mitte September bis Ende Mai herrscht Dauerfrost mit 5–6 Monaten unter −30 °C und einer Windgeschwindigkeit von 15 m/s. Trotzdem muss betoniert werden. Neben Einhausungen, Herstellen von Warmbeton und Beheizen der Luft wird das Prinzip der elektrischen Beheizung angewandt. Dazu werden isolierte Heizleiter mit einem Durchmesser von 1,2 cm an der Bewehrung befestigt und mit einbetoniert. Das Erreichen der Gefrierbeständigkeit des Betons wird über Gradstunden abgeschätzt. Die Temperatur im Beton wird an zahlreichen Stellen gemessen und per Datenfernübertragung an die Bauleitung weitergegeben. Mit dieser Methode wurde Beton bis zu Außentemperaturen von −45 °C eingebaut [3.88].

Bei allen Beheizungsverfahren darf der Anstieg der Betontemperatur nicht mehr als 20 K/Std. betragen. Bei Leichtbeton ist ein Anstieg von 10 K/Std. einzuhalten [3.23]. Die für das Dampfmischen angegebenen Höchsttemperaturen von +60 °C für Außenbauteile und +80 °C für Innenbauteile sind einzuhalten [3.18]. Auch ein direktes Bestrahlen muss vermieden werden, damit dem Beton nicht Wasser entzogen wird.

Spannglieder dürfen nur erwärmt werden, wenn das gesamte Bauteil erwärmt wird (DIN EN 447, Abschnitt 7.8).

3.3.2.5 Verminderung der Wärmeverluste bei Transport, Förderung und Einbau des Frischbetons

Da die maximale Abgabetemperatur am Mischer begrenzt ist und eine Mindesttemperatur für Frischbeton beim Einbringen in die Schalung gefordert wird, müssen die Wärmeverluste während des Transportes und während der Förderung vermindert werden.

Nach Möglichkeit sind kurze **Transportentfernungen** zu wählen und entsprechende Mischanlagen einzusetzen. Pausen und Zwischenumschläge müssen vermieden werden.

Wenn keine Anwärmung der Fahrmischtrommel erfolgt, sollte die erste Frischbetonladung eine höhere Temperatur aufweisen. Sollten Kippfahrzeuge zum Einsatz kommen, ist eine Dämmung und eine schützende Abdeckung erforderlich. Nach [3.23] ist beim Transport mit einem Temperaturabfall von 0,3 K bis 3 K je 15 min. zu rechnen. Die unteren Werte gelten für abgedeckte und gedämmte Muldenfahrzeuge für den Transport im Konsistenzbereich F1 und die höheren Werte für Fahrmischer. Angaben zum Temperaturabfall beim Transport sind auch in [3.20] enthalten.

Die **Förderung des Frischbetons** mit Betonpumpen und Rohrleitungen kann bis zu Außentemperaturen von −5 °C ohne besondere Schutzmaßnahmen durchgeführt werden. Bei darunter liegenden Lufttemperaturen sowie bei starkem Wind sind die Leitungen geschützt oder gedämmt zu verlegen. Vor Inbetriebnahme sind die Rohrleitungen durch Dampf, Heißluft oder Warmwasser zu erwärmen. Die ersten Mischungen, die gefördert werden, sollten eine höhere Temperatur aufweisen. Nach [3.23] ist mit einem Temperaturabfall von 3 K je 100 m Rohrlänge zu rechnen. Angaben zum Temperaturabfall bei der Rohrförderung sind auch in [3.20] angegeben.

Bei **Verwendung von Kranübeln** muss die Entnahme und der Einbau zügig erfolgen. Kübel mit größerem Inhalt weisen einen geringeren Wärmeverlust auf. Bei starker Frosteinwirkung werden auch gedämmte Kübel eingesetzt, die das Betonieren bei Temperaturen von −10 bis −15 °C ermöglichen. Bild 3.14 und 3.15 enthalten Nomogramme für die Bestimmung der Liefertemperatur bei Kübelförderung bei Mindesteinbautemperaturen von +5 °C und +10 °C (nach [3.23]). Daraus ist ersichtlich, dass Bauteile, die eine Einbauzeit von einer Stunde erfordern, nicht mehr betoniert werden können.

Vor dem **Einbau** sind die Anschlussflächen an den Betonierfugen abzutauen und vorzuwärmen. Sind Bauteile stark bewehrt und/oder sind Bewehrungsstähle größeren Durchmessers (ab ca. 25 mm) vorhanden, muss die Bewehrung auf mindestens ±0 °C vorgewärmt oder eine höhere Einbautemperatur gewählt werden.

Je nach Witterung und Betonierfolge sind die einzelnen Frischbetonlagen oder die freien Oberflächen der Schalungen abzudecken. Eine nicht geschützte Bauteiloberfläche, die nach dem Betoneinbau eine Temperatur von +15 °C besitzt, kann bei einer Außenluft von −5 °C nach ca. 3 Stunden die Gefriergrenze erreichen. Bei einer anfänglichen Ober-

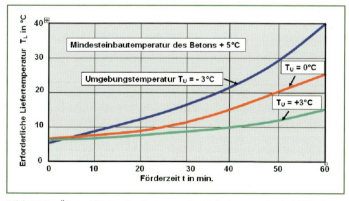

Bild 3.14 Überschlägige Bestimmung der Liefertemperatur bei Kübelförderung bei einer Mindesteinbautemperatur von +5 °C (nach [3.23])

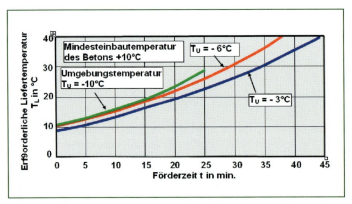

Bild 3.15 Überschlägige Bestimmung der Liefertemperatur bei Kübelförderung bei einer Mindesteinbautemperatur von +10 °C (nach [3.23])

flächentemperatur von +10 °C und einer Lufttemperatur von −10 °C ist dies bereits nach ca. 1,5 Stunden der Fall.

3.3.2.6 Verminderung der Wärmeabgabe des erhärtenden Betons

Wärmeverluste können durch wärmedämmende Ummantelungen eingeschränkt werden. Das Betonbauteil kann damit durch die zugeführte oder durch Hydratation entstehende Wärme die für die Hydratation erforderliche Temperatur erhalten.

Folgende Maßnahmen sind geeignet:

- Verwendung von Holzschalungen, da deren Dämmwert wesentlich größer ist als der von Stahlschalungen
- Anbringen von zusätzlichen Dämmstoffen bei vorgefertigten Schalungssektionen
- Abdecken frisch betonierter Bauteile mit Strohmatten, Planen und dgl.
- Dämmung freier Oberflächen betonierter Bauteile
- Einhausung von Bauteilen mit wärmedämmenden Folien.

Der Einsatz dieser Mittel ist vor allem bei mäßigem Frost oder während kurzer Frostperioden vorteilhaft. In Verbindung mit nachträglicher Erwärmung sind sie auch anwendbar zur intensiven Beschleunigung der Festigkeitsentwicklung bei nachhaltigem Frost und sehr niedrigen Temperaturen.

In Abhängigkeit von der Konstruktion des Bauwerkes und den zu betonierenden Bauteilen werden schützende Einhausungen errichtet, die aus Gerüst- oder Schalungselementen bestehen, mit Folien verkleidet sind und stationär oder verschieblich zum Einsatz kommen. Weiterhin sind spezielle Winterbauhallen in Leichtbauweise und Traglufthallen in Anwendung. Die Beheizung kann durch die eindringende Wärmestrahlung unterstützt werden. Eine entsprechende Gestaltung ist erforderlich.

Einhausungen sind besonders dann zweckmäßig, wenn flächige Bauteile (Hallenfußböden u. dgl.) oberflächenfertig auszuführen sind. Sie sind unumgänglich, wenn auf der Baustelle Stahlbetonfertigteile hergestellt werden müssen.

3.3.2.7 Winterbetoniermethoden

Unter Berücksichtigung der einzuhaltenden Bauzeit und der daraus resultierenden notwendigen Festigkeitsentwicklung, der Abmessungen und der Form der Bauteile sowie der zu erwartenden Witterungsbedingungen muss bei Abwägung der Kosten eine Auswahl und auch eine Kombination der vorgenannten Einzelmaßnahmen vorgenommen werden, die dann die jeweilige Winterbaumethode ergibt.

Als Beispiele für diese wirtschaftlichen, technologisch zweckmäßigen und wirkungsvollen Winterbaumethoden können angegeben werden:

- Verwendung von Warmbeton, Verminderung der Wärmeabgabe durch eine gedämmte Schalung und Gewährleistung der ausreichenden Eigenwärmeentwicklung bei der Hydratation durch eine geeignete Zusammensetzung (passive Therrmosmethode)
- Einbringen eines Frischbetons mit einer Temperatur um 20 °C, der in der Schalung anfänglich weiter erwärmt wird bzw. bei dem Wärmeverluste durch gedämmte Schalungen eingeschränkt werden (aktive Thermosmethode)
- Einbau eines vorgewärmten Betons und anschließende laufende Erwärmung in der Schalung (z. B. durch Schalungsheizungen) bis zur ausreichenden Erhärtung und
- Sicherung der Erhärtung des Frischbetons mit geringer Vorerwärmung bei negativen Temperaturen durch chemische Zusatzmittel.

Die Festlegung der Art, der Menge und des Zeitpunktes der Wärmezufuhr führt zu verschiedenen Behandlungsprogrammen, die einen spezifischen Temperaturverlauf im Bauteil hervorrufen. Die Vorhersage der zu erwartenden Festigkeiten kann auf der Grundlage des Zusammenhangs zwischen Temperaturverlauf, Hydratationsgrad und Festigkeitsentwicklung vorgenommen werden (Bd. 2 Abschnitt 2.5.3).

In Tabelle 3.7 sind, nach den drei Temperaturbereichen unterteilt, mögliche und erforderliche Maßnahmen für das Betonieren bei tiefen Temperaturen aufgeführt [3.21].

Temperaturbereich	übliche Maßnahmen	Vorkehrungen
über +5 °C	– keine Winterbaumaßnahmen (übliche Nachbehandlung)	Bei ungünstigen Wettervorhersagen – Rechtzeitige Beschaffung von Abdeckmaterial sicherstellen – Ersatzrezepturen vorsehen
+5 °C bis –3 °C	– freie Betonflächen abdecken – Mindesteinbautemperaturen beachten – Ausschalfristen und Nachbehandlungszeiten verlängern – Winterrezepturen verwenden	– Abdeckmaterial bereitstellen – Temperatur messen – Terminplanung anpassen – Winterrezepturen auswählen **Bei ungünstigen Wettervorhersagen** – Liefermöglichkeiten für Warmbeton klären – Heizgeräte rechtzeitig beschaffen – Ausfallzeiten einplanen
–3 °C bis –10 °C	– Schalung und Bewehrung vor dem Betonieren abdecken – Winterrezepturen verwenden – Warmbeton verwenden – Mindesteinbautemperaturen beachten – Stahlschalung mit Wärmedämmung verwenden – frisch betonierte Bauteile mit Wärmedämmung versehen – freie Betonflächen abdecken – Einbauteile beheizen – Ausschalfristen und Nachbehandlungszeiten verlängern	– Abdeckmaterial bereitstellen – Winterrezepturen auswählen – Warmbeton einplanen – Temperatur messen – Dämmmaterial bereitstellen – Abdeckmaterial bereitstellen – Heizgeräte bereitstellen – Terminplanung anpassen **Bei ungünstigen Wettervorhersagen** – Heizgeräte rechtzeitig beschaffen – Rohrleitungen dämmen – Ausfallzeiten einplanen
unter –10 °C	– Vollwetterschutz – Mindesteinbautemperaturen beachten – wärmedämmende Schalung – Schalung und Bewehrung vor Betoneinbau erwärmen – Warmbeton verwenden – Rohrleitungen dämmen – Schalung beheizen – ggf. Beton beheizen	– Vollwetterschutz planen – Temperatur messen – Abdeck- und Dämmmaterial bereitstellen – Heizgeräte bereitstellen – Warmbeton einplanen **Bei ungünstigen Wettervorhersagen** – Einsatzgrenzen der Maßnahmen festlegen und beachten – Ausfallzeiten einplanen

Tabelle 3.7 Maßnahmen für das Betonieren im Winter (nach [3.23])

3.3.3 Gefrierbeständigkeit des erhärtenden Betons

Wenn der erhärtende Beton einen einzelnen Frost-Tau-Wechsel ohne Schaden und ohne Beeinträchtigung seiner späteren Eigenschaften überstehen kann, wird er als gefrierbeständig angesehen. Aus dem Schädigungsmechanismus (Bd. 1 Abschnitt 5.3) folgt, dass die Gefrierbeständigkeit dann gegeben ist, wenn eine kritische Menge an gefrierfähigem Wasser im Zementstein nicht überschritten wird. Diese Bedingung ist bei einer Begrenzung des Kapillarporenraumes erfüllt, d. h. in Abhängigkeit vom w/z-Wert muss ein Mindesthydratationsgrad vorhanden bzw. eine bestimmte Vorlagerungszeit gegeben sein. Wenn mit der Hydratation eine Selbstaustrocknung verbunden ist und eine Sättigung des Porensystems durch von außen eindringendes Niederschlagswasser verhindert wird, reicht dafür die Erhärtungszeit nach Bild 3.16 aus.

Eine größere Abkühlungsgeschwindigkeit wirkt sich nachteilig aus, weil das gefrierende Wasser nicht in freie Kapillarräume gelangen und kein Druckausgleich stattfinden kann. Insofern ist eine schroffe Abkühlung beim Ausschalen zu vermeiden.

In Tabelle 3.8 sind Angaben für die erforderliche Erhärtungsdauer bis zum Erreichen der Gefrierbeständigkeit für verschiedene Zementarten, verschiedene w/z-Werte und bei Umgebungstemperaturen von +5 °C, +12 °C und +20 °C enthalten.

Nach DIN 1045-3, Abschnitt 8.3 ist die Gefrierbeständigkeit dann gegeben, wenn eine Würfeldruckfestigkeit von 5 N/mm² vorhanden ist. Diese Mindestdruckfestigkeit ist unabhängig von der Betonklasse und dem w/z-Wert angegeben. Die Begründung dafür ist, dass beispielsweise bei einem größeren w/z-Wert auch ein höherer Hydratationsgrad vorliegen muss, um die Mindestfestigkeit zu erreichen und dass damit auch der freie Kapillarporenraum zur Verfügung steht, um die Expansion aus dem größeren Wassergehalt aufzunehmen.

Für einen Beton mit mindestens 270 kg/m³ Zement mit rascher Erhärtung (CEM 32.5 R, 42.5, 42.5 R und 52.5) und einem w/z-Wert von höchstens 0.60 liegt diese Druckfestigkeit vor, wenn er wenigstens 3 Tage die Temperatur von +10 °C nicht unterschritten hat und nicht erneut durchfeuchtet worden ist.

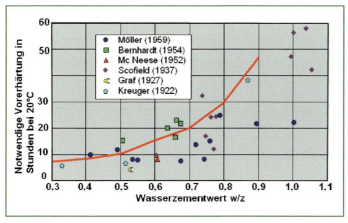

Bild 3.16 Erforderliche Vorhärtungszeit t_G bei 20 °C zur Sicherung einer Gefrierbeständigkeit des Betons in Abhängigkeit vom w/z-Wert [3.20]

Zementfestigkeitsklasse	Wasser-Zement-Wert	Erforderliche Erhärtungszeit in Tagen bei einer Betontemperatur von		
		5 °C	12 °C	20 °C
CEM 52,5 R	0,4	½	¼	¼
	0,6	¾	½	½
	0,8	1	¾	¾
CEM 42,5 R CEM 52,5 N	0,4	1	¾	¾
	0,6	2	1½	1
	0,8	4	3	2
CEM 32,5 R CEM 42,5 N	0,4	2	1½	1
	0,6	5	3½	2
	0,8	7	5	3
CEM 32,5 N	0,4	4	2½	1½
	0,6	9	5	3
	0,8	15	9	5

Tabelle 3.8 Erforderliche Erhärtungsdauer in Tagen zum Erreichen der Gefrierbeständigkeit [3.16] und [3.17]

Wenn in der Frühphase der Erhärtung mehrere Frost-Tau-Wechsel zu erwarten sind, reicht die Gefrierbeständigkeit des Betons jedoch nicht aus. Mindestfestigkeiten können dafür nicht angegeben werden. Entweder muss dann die Beständigkeit gegenüber Frost-Tau-Wechsel vorliegen oder es werden Schutzmaßnahmen angeordnet, die eine solche Beanspruchung des erhärtenden Betons verhindern. Wenn im Frühstadium mehrere Frost-Tau-Wechsel ohne Durchfeuchtung des Betons nicht auszuschließen sind, sollte die Herstellung des Frischbetons unter Zugabe von Luftporenbildnern erfolgen.

Wenn der Temperaturverlauf berechnet oder messtechnisch verfolgt wird, können über die Einschätzung der Festigkeitsentwicklung Aussagen zur Vorerhärtungszeit bis zum Erreichen der Gefrierbeständigkeit oder zu den dazu erforderlichen Maßnahmen getroffen werden.

3.3.4 Ausschalfestigkeit und Ausschaltermine bei kühler Witterung

Gemäß DIN 1045-3, Abschnitt 4.4 ist es Aufgabe des Bauleiters, den richtigen Zeitpunkt für das Ausschalen und Ausrüsten festzulegen und die Überlastung fertiger Bauteile zu vermeiden.

Der Abschnitt 5.6 dieser Norm formuliert lediglich, dass der Beton eine ausreichende Festigkeit haben muss, bevor er ausgeschalt werden darf. Verwiesen wird auf eine Erhärtungsprüfung oder eine Reifegradprüfung. Die Ergebnisse dieser Prüfungen müssen mit der erforderlichen Ausschalfestigkeit verglichen werden. Für diese muss die Belastung nach dem Ausschalen bekannt sein. Werden erhebliche Lasten auf frisch ausgeschalte Decken gelagert, kann diese Last die der späteren Gebrauchslast sogar überschreiten. Die Ausschalfestigkeit kann somit nur der Statiker angeben, wozu eine Statik der Bauzustände erforderlich wäre, was jedoch nur für komplizierte und weit gespannte Bauteile üblich ist [3.14]. Das Ausschalen erfolgt meistens früher als nach 28 Tagen. Dabei wird davon ausgegangen, dass die Ausschalfestigkeit unter der Festigkeit liegt, die der statischen Berechnung für das Tragwerk zugrunde liegt. Nach 28 Tagen wird unter Normlagerungsbedingungen im Prüfkörper mindestens die Festigkeit erreicht, die der statischen Berechnung zugrunde liegt. Im Bauwerk kann diese Festigkeit früher oder später als nach 28 Tagen erreicht sein.

Die in der DIN 1045:1988 in Tabelle 8 enthaltenen Anhaltswerte für Ausschalfristen sind in der neuen DIN 1045 nicht mehr enthalten. Die unterschiedlichen Bedingungen, die beim Erhärten des Betons auftreten, lassen eine pauschale Festlegung von Ausschalfristen nicht zu. Gemäß [3.31] sollten die Ausschalfristen durch einen Fachmann ermittelt werden. Die im DBV-Merkblatt [3.31] angegebenen Anhaltswerte (Tabelle 3.9) für Ausschalfristen sollten nur für übliche Stahlbetonbauteile im Hochbau und bei Balken und Decken nur bis 6 m Spannweite angewandt werden. Sind Formänderungen eingeschränkt, müssen die Fristen erweitert werden. Zusätzliche Lasten aus dem Baubetrieb sind nicht berücksichtigt, da lediglich eine Belastung von 70 % diesen Anhaltswerten zugrunde liegt.

Tritt während des Erhärtens Frost ein, so sind diese Ausschalfristen für ungeschützten Beton mindestens um die Dauer des Frostes zu verlängern.

Maßgebend für die Ausschalfrist ist die tatsächliche Festigkeitsentwicklung im Bauteil; diese kann festgestellt werden durch:

- Prüfung von Probekörpern, die im Freien unter gleichen Bedingungen (Temperatur, Feuchte, Wind, vergleichbarer Dämmwert der Schalung und Wärmeübergang) gelagert wurden.
- Messung des Temperaturverlaufes im Bauteil, Berechnung einer adäquaten Erhärtungszeit bei 20 °C oder der Reife und Vergleich mit dem Festigkeitsverlauf bei Normtemperatur (z. B. Bd. 2 Bild 2.103)

Die Grundlagen zur Berechnung des Temperaturverlaufes sind in Bd. 2, Abschnitte 1.8 und 2.5 angegeben. Beispiele zur Ermittlung der temperaturbeeinflussten Festigkeitsentwicklung sind in Bd. 2, Abschnitt 2.4.3 zu finden. Im folgenden Abschnitt 3.3.6 ist ein Beispiel für die Berechnung der Entwicklung der Druckfestigkeit in einer Wand dargestellt.

Temperatur im Bauteil	Festigkeitsentwicklung des Betons: $r = f_{cm2} / f_{cm28}$		
	schnell	mittel	langsam
	$r \geq 0{,}50$	$r \geq 0{,}30$	$r \geq 0{,}15$
$\geq 15\,°C$	4 Tage	8 Tage	14 Tage
$15\,°C > T > 5\,°C$	6 Tage	12 Tage	20 Tage

Tabelle 3.9 Anhaltswerte für Ausschalfristen gemäß DBV-Merkblatt, Tabelle 2 [3.31]

3.3.5 Kritische Temperaturdifferenzen

Durch die Abkühlung bis auf die niedrige Außenlufttemperatur, die nach dem Ausschalen besonders beschleunigt verläuft, kann es in Abhängigkeit von der Bauteildicke zu kritischen Temperaturdifferenzen kommen, die Spannungsrisse verursachen. Maßgebend sind dabei die Temperaturdifferenzen zwischen dem Kern und dem Rand des Bauteiles, zwischen der Oberfläche und der umgebenden Luft sowie die Erwärmungs- und Abkühlungsgeschwindigkeit. Empfohlene Grenzwerte sind in Tabelle 3.10 angegeben.

Bauteil	Maximal ΔT [K]
Bauteile < 1,00 m	15 bis 20
Bauteile > 1,00 m	20
Sehr dicke Bauteile (mehrere Meter)	15
Frühzeitiges Ausschalen	10
Strahlenschutzwände	10
Tunnel- und Trogbauwerke	15
Wasserbehälter, Schleusen	15
Staumauer	18
Analyse von Vorgaben und Vorschriften (in Abhängigkeit von der Relaxationsfähigkeit und der Nachgiebigkeit der Bauteilbehinderung)	15 … 20

Tabelle 3.10 Empfohlene Grenzwerte für Temperaturdifferenzen Kern/Rand (nach [3.16])

Temperaturverlauf und Temperaturverteilung in Betonbauteilen werden in Bd. 2 Abschnitt 3.1 ausführlich erläutert. In Bd. 2 Abschnitt 3.1.5 wird an einem Beispiel die Ermittlung der Temperaturdifferenz zwischen Bauteilrand und Umgebungsluft dargestellt.

Die Einhaltung der maximalen Temperaturdifferenzen kann nach Bd. 2 Abschnitt 3.1.5 mithilfe der Biot-Zahl kontrolliert werden. Die Biot-Zahl bezeichnet das Verhältnis zwischen dem Wärmeübergang an der Oberfläche und der Wärmeleitfähigkeit im Betonkörper.

$$Bi = \frac{k \cdot d}{2 \cdot \lambda} \tag{3.4}$$

k = Wärmeübergangskoeffizient
λ = Wärmeleitzahl des Betons in kJ / m h K mit im Mittel 7 bis 8 kJ / m h K
d = Bauteildicke in m

Gleichung (3.4) ist ein Eingangsparameter zur Bestimmung der Eigenwerte bei der Lösung der Differenzialgleichung der Wärmeleitung. Folgende Vereinfachungen führen bei stationärer Betrachtung ebenfalls zu ausreichend aussagefähigen Ergebnissen [3.28].

$$\frac{(T_K - T_R)}{(T_K - T_L)} = \frac{Bi}{Bi + 2} \tag{3.5}$$

T_K, T_R, T_L = Temperaturen im Kern, am Rand und in der Luft
T_m = mittlere Bauteiltemperatur
Unter der Annahme der Temperaturverteilung in Form einer Parabel errechnet sich die Randtemperatur zu (3.5)

$$T_R = \frac{1{,}5 \cdot T_m \cdot (1 - Z_{Bi}) + T_L \cdot Z_{Bi}}{1{,}5 - 0{,}5 \cdot Z_{Bi}} \qquad (3.6)$$

und

$$Z_{bi} = \frac{Bi}{Bi + 2} \qquad (3.6a)$$

Beispiel
Die mittlere Temperatur eines wandartigen Bauteiles (L/H = 7) mit d = 40 cm Dicke beträgt zum Zeitpunkt des Ausschalens = 22 °C, die Lufttemperatur T_L = −6 °C. Für den Wärmeübergang kann nach Bd. 2 Bild 3.3 für eine ungeschützte Oberfläche (nach dem Ausschalen) und einer Windgeschwindigkeit von 3,5 m/s der Wert K = 65 kJ/m² h K angesetzt werden. T_m wird hier als bereits berechnet vorausgesetzt (siehe Bd. 2 Abschnitt 3.1.5 und [3.28]). Die Biot-Zahl und die Randtemperatur ergeben sich nach den Gleichungen 3.4 und 3.6 zu

$Bi = \dfrac{65 \cdot 0{,}40}{2 \cdot 8{,}0} = 1{,}625$ und Hilfsgröße $Z_{bi} = 1{,}625 / 1{,}625 + 2 = 0{,}45$

$T_R = \dfrac{1{,}5 \cdot 22 \cdot (1 - 0{,}45) - 6 \cdot 0{,}45}{1{,}5 - 0{,}5 \cdot 0{,}45} = \dfrac{1{,}5 \cdot 22 \cdot 0{,}55 - 6 \cdot 0{,}45}{1{,}5 - 0{,}5 \cdot 0{,}45} = \dfrac{18{,}15 - 2{,}7}{1{,}5 - 0{,}225} = \dfrac{15{,}8}{1{,}275} = 12{,}4 °C$

$\Delta T = T_R - T_L = 12{,}4 - (-6) = 18{,}4 K$

Die zulässige Temperaturdifferenz zwischen dem Rand des Bauteiles und der umgebenden Luft in Höhe von 16 K (Tabelle 3.11) ist überschritten.

Bauteildicke [cm]	Verhältnis von Länge[1] / Höhe der Konstruktion				
	0[2]	3	5	7	≥ 20
0,3	29	22	19	17	12
0,6	22	18	16	15	12
0,9	18	16	15	14	12
1,2	17	15	14	13	12
1,5	16	14	13	13	12

[1] Länge ist die Dimension des Bauteils mit Verformungsbehinderung, die Höhe kann sich frei verformen
[2] sehr schlanke Konstruktionsteile, wie z. B. Stützen

Tabelle 3.11 Maximal zulässige Temperaturdifferenzen zwischen Bauteiloberfläche und umgebender Luft beim Betonieren unter Winterbedingungen (bei Windgeschwindigkeiten bis 6 m/s), nach [3.22]

3.3.6 Qualitätssicherung

Die Qualitätssicherung beginnt mit der Planung der Winterbaumaßnahmen.

Da eine bestimmte Betontemperatur für den Einbau und die Erhärtung erreicht werden muss, ist auch diese gezielt zu planen. Bild 3.17 zeigt eine Darstellung der zeitlichen Entwicklung der Betontemperatur während der Herstellung, des Transportes, des Einbaus und bei der Erhärtung [3.23] sowie ein Beispiel für die Berechnung des Temperaturverlaufs nach dieser Darstellung.

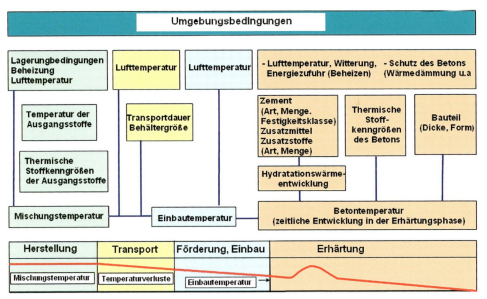

Bild 3.17 Darstellung der zeitlichen Entwicklung der Betontemperatur [3.23]

Die Darstellung der zeitlichen Entwicklung der Betontemperatur soll durch ein Rechenbeispiel unterlegt werden.

Beispiel: Zeitliche Entwicklung der Betontemperatur beim Betonieren einer Wand

Aufgabenstellung
1. Es soll die Einbautemperatur ermittelt werden, die erforderlich ist, damit unter angenommenen und beschriebenen normalen Einbau- und Umgebungsbedingungen die Gefrierbeständigkeit des Betons sicher erreicht wird. Die erforderliche Temperatur für die Gefrierbeständigkeit wird mit +7 °C vorgegeben, um etwas Sicherheit bei den Annahmen zu erhalten.
2. Es soll geprüft werden, ob die vorgeschriebene Mindesteinbautemperatur dazu ausreicht, welche Mischungstemperatur erforderlich ist und welche Temperatur die Betonbestandteile dazu haben müssen.
3. Für den Fall, dass die normalen Einbau- und Umgebungsbedingungen die Gefrierbeständigkeit nicht absichern, sind zusätzliche Maßnahmen festzulegen und durch eine Überschlagsrechnung zu belegen.

Außentemperatur
Es wird mit Frost bis –5 °C gerechnet.

Betonherstellung
Rezeptur, erreichbare Temperatur und die spezifische Wärmekapazität:

C30/37, W/B = 0,51	m [kg]	c [kJ/kg, K]	T [°C]
CEM I/32,5 R	340	0,84	15
FA	70	0,84	15
Gesteinskörnung AB16	1736	0,84	20
Wasser	188	4,2	8

Daraus ergibt sich nach der Mischungsgleichung (3.3) eine Herstelltemperatur von 15,7 °C.

Transport
Für die Fahrzeit von 30 min. wird ein Temperaturverlust von 2 °C angesetzt.

Betonförderung
Für die Förderung durch eine Autobetonpumpe mit einem 36 m-Mast wird ein Temperaturverlust von 2 °C angesetzt. Dieser Wert gilt für ein Fahrzeug.

Einbautemperatur
Somit ergibt sich für die Einbautemperatur
+15° C – (2 °C + 2 °C) = +11 °C. Dieser Wert gilt für die Menge eines Fahrmischers.

Einbaubedingungen
Außentemperatur –5 °C
Bauteilabmessungen: Außenwand L = 12 m, H = 6,00 m, B = 0,25 m
Schalung: Trägerschalung mit 3-Schichtplatte, melaminharzbeschichtet, d = 27 mm.

Die Berechnung erfolgt gemäß Bd. 2, Abschnitt 3.1.4 und [3.28]. Bei der Einbautemperatur von +11 °C erreicht der Bauteilrand die vorgegebene Gefrierbeständigkeit von 7,0 N/mm² nach einer äquivalenten Erhärtungszeit bei 20 °C von t_e = 16,5 Std. (Bild 3.18). Dieser vergleichbare Erhärtungszustand wird entsprechend dem Temperaturverlauf im Bauteil nach 24,3 Std. erreicht (Bild 3.19). Nach 72 Std. sinkt die Temperatur bis auf den Gefrierpunkt ab. Zu diesem Zeitpunkt beträgt die äquivalente Erhärtungszeit t_e = 42,5 Std., nach der eine Festigkeit von 24,0 N/mm² vorliegt (Bilder 3.18 und 3.19). Unter Einhaltung der genannten Bedingungen kann also betoniert werden. Zusätzliche Maßnahmen sind nicht erforderlich.

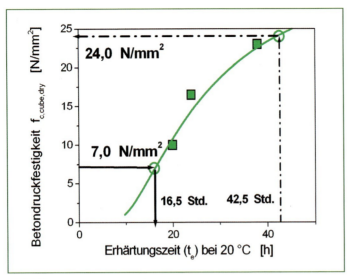

Bild 3.18 Beispiel für die zeitliche Entwicklung der Betondruckfestigkeit in der Wand

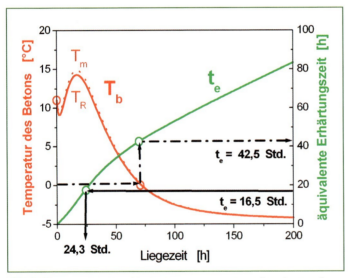

Bild 3.19 Verlauf der Frischbetontemperatur am Bauteilrand unter den Einbaubedingungen des Beispiels 1

Um zu gewährleisten, dass die in den Regelwerken enthaltenen Vorgaben hinsichtlich der Mindestfestigkeiten und kritischen Temperaturdifferenzen auch tatsächlich eingehalten werden, sind kontinuierliche Temperaturmessungen unerlässlich. Diese beginnen mit der Bestimmung der Frischbetontemperatur nach dem Herstellen der Mischung vor und nach dem Einbau in die Schalung und während des Erhärtungsprozesses.

Die Messung der Betontemperatur nach dem Einbau in die Schalung muss zu gleichen Zeitpunkten erfolgen und sollte mindestens zweimal täglich vorgenommen werden. Der Einsatz der Thermometer bzw. Thermoelemente ist an den Stellen der Konstruktion vorzusehen, die besonders beansprucht werden oder durch eine exponierte Lage einer schnellen Abkühlung unterworfen sind. Die Ergebnisse sind zu protokollieren. Die Verfolgung der Temperaturentwicklung im Bauteil erlaubt dann die Einschätzung der Festigkeitsentwicklung.

Die Messung der Lufttemperatur muss ebenfalls zu festen Zeitpunkten erfolgen. Die Ergebnisse sind in vorbereiteten Protokollen festzuhalten. Wenn die vier äquidistanten Beobachtungstermine 01, 07, 13 und 19 Uhr nicht eingehalten und keine Mittelwertbildung vorgenommen werden kann, muss das arithmetische Mittel aus dem täglichen Minimum und Maximum gebildet werden. Diese Mittelwerte sind dann die Grundlage für die Vorhersage der weiteren Festigkeitsentwicklung anhand der grafischen Darstellungen oder der Berechnung.

Dadurch ist es möglich, die Reife des Betons und den Verlauf der Festigkeitsentwicklung zutreffend zu verfolgen und den Zeitpunkt zum Ausschalen der Bauteile und anderer Maßgaben des Bauablaufes einzuschätzen. Der anhand von Probewürfeln gewonnene Festigkeitsverlauf bildet dann die Basis für die Ableitung der aktuell vorhandenen Bauteilfestigkeit.

Die Notwendigkeit des Nachweises der Erhärtungsdruckfestigkeit anhand von Würfelproben, die unter bauteiladäquaten Bedingungen auf der Baustelle gelagert worden sind, wird dadurch nicht aufgehoben.

In vielen Fällen wird nicht bedacht, dass nach dem Ausschalen eine drastische Verlangsamung oder ein Stillstand der weiteren Festigkeitsentwicklung stattfinden kann. Wenn im Zuge des weiteren Baufortschritts die Belastungen zunehmen, können die Bauzeitfestigkeiten überschritten werden und die überlasteten Bauteile (z. B. Stützen im Erdgeschoss) versagen (Bd. 2 Abschnitt 2.7.1). Insofern ist erforderlich, die Temperaturmessungen fortzuführen und die Bauzeitbelastung mit der im Nutzungszustand ständig zu vergleichen.

Neben den vorgenannten Maßnahmen der laufenden Temperaturmessungen zur Kontrolle und Steuerung der Erhärtung des Betons bei tiefen Außentemperaturen gehört auch die Vorbereitung der erforderlichen Maßnahmen mit der Erstellung eines Betonierplanes und eines Prüfplanes zur Qualitätssicherung im umfassenden Sinne [3.23].

3.4 Durchführung der Betonarbeiten im Sommer und im heißen Klima

Höhere Lufttemperaturen und niedrige relative Luftfeuchte beeinflussen sowohl die Frischbetonparameter bei der Herstellung und Verarbeitung als auch die Erhärtung des jungen Betons. Diese Einwirkungen werden durch gleichzeitig auftretende größere Windgeschwindigkeit verstärkt. Die Folge können nachteilige Veränderungen der Eigenschaften oder Risse in den Bauteilen sein. Diesen schädigenden Einflüssen muss durch geeignete Maßnahmen begegnet werden.

3.4.1 Wirkungen des heißen Wetters

Die höheren Temperaturen führen zu einem größeren **Wasserbedarf**, um eine Frischbetonmischung mit der Konsistenz zu erhalten, die für die Verarbeitbarkeit bei geringeren Temperaturen ermittelt wurde (z. B. Labortemperatur von ca. 20 °C). Der daraus resultierende höhere w/z-Wert würde zwangsläufig zu geringeren Festigkeiten führen. Um die erforderliche Verarbeitbarkeit mit der angestrebten Konsistenz unter Beibehaltung der Rezeptur zu gewährleisten, ist die Zugabe von Verflüssigern bzw. eine Erhöhung der Zugabemenge erforderlich, wenn die Rezeptur bereits Verflüssiger enthält. Die Wirkung muss durch Versuche geprüft werden.

Die **Konsistenz** des Frischbetons nimmt bei höheren Temperaturen schneller ab und das Ansteifen wird beschleunigt. Dadurch wird die Zeitdauer verkürzt, in der der Frischbeton verarbeitet werden muss. Mischfahrzeuge sollten nach DIN 1045, Abschnitt 8.2.1 (3) spätestens nach 90 min entladen sein. Beschleunigtes Erstarren durch Witterungseinflüsse ist zu berücksichtigen. Bei hohen Temperaturen, z. B. +30 °C, steht eine kürzere Verarbeitungszeit zur Verfügung und das Entladen muss weit unter den 90 min. beendet sein. Wenn das nicht eingehalten werden kann, können verzögernde Zusatzmittel zugegeben werden. Eignungsprüfungen mit dem verzögerten Beton und bei höherer Temperatur sind unumgänglich, um die Wirkung und insbesondere ein eventuelles »Umschlagen« der Wirkung zu kontrollieren.

Generell sind bei zu erwartenden hohen Temperaturen Eignungsprüfungen durchzuführen, um den Einfluss dieser Temperaturen auf die Konsistenz und Festigkeit festzustellen und die Eignung der Betonzusammensetzung nachzuweisen bzw. entsprechend zu verändern.

Beobachtet wurde auch, dass der **Luftporengehalt** im Frischbeton bei höheren Temperaturen nicht gehalten werden kann. Auch unter diesem Gesichtspunkt sind Eignungsprüfungen erforderlich.

Beim Anstieg der Frischbeton- und Erhärtungstemperatur nimmt zwar die Frühfestigkeit zu, die **Endfestigkeit** jedoch in Abhängigkeit von der Temperaturhöhe ab. Die Ursachen liegen in einer veränderten Mikrostruktur des Zementsteines. Bei höheren Temperaturen werden gröbere Hydrate gebildet, die in Verbindung mit einer größeren Porosität den Festigkeitsabfall herbeiführen (Bd. 2 Abschnitt 2.4.3.2 und Bild 2.67). Diese Zusammenhänge sind durch die Wärmebehandlung von Beton in der Vorfertigung bekannt und übertragbar. Bei einer Zunahme der Betontemperatur von +20 °C auf +30 °C ist eine Abnahme der Druckfestigkeit nach 28 Tagen Erhärtung um etwa 5–15 % festzustellen. Dabei werden Betone, die unter Verwendung von Zementen mit latent-hydraulischen und inerten Bestandteilen und/oder mit Einsatz von Steinkohlenflugasche hergestellt wurden, offensichtlich weniger nachteilig beeinflusst als solche mit Einsatz von Zementen, deren Hauptbestandteil vorwiegend aus Portlandzementklinker besteht, vor allem mit Zementen höherer Festigkeitsklasse und schnellerem Erhärtungsverlauf. Die Zugfestigkeit ist anscheinend stärker betroffen als die Druckfestigkeit des Betons.

Absinkende Druckfestigkeiten in den Sommermonaten sind als »Sommerloch« bekannt und gefürchtet. Dabei liegen die Druckfestigkeiten des Betons in den Monaten Juni bis August mitunter erheblich unter denen der anderen Jahreszeiten.

3.4.2 Begrenzung der Frischbetontemperatur

Zur Begrenzung der Auswirkung höherer Temperaturen wurde in DIN 1045-3, Abschnitt 8.3 (1) festgelegt, dass die Frischbetontemperatur bei der Entladung +30°C nicht übersteigen darf, wenn nicht sichergestellt werden kann, dass durch geeignete Maßnahmen nachteilige Folgen verhindert werden.

In der ZTV Beton wird die Frischbetontemperatur für Betontragschichten und Fahrbahndecken aus Beton ebenfalls auf ≤ 30°C begrenzt. Ab einer Lufttemperatur von +25°C ist eine ständige Kontrolle durchzuführen.

Bei risskritischen Bauteilen wird auch aus Gründen der Beeinflussung der Rissbildung die Höhe der Frischbetontemperatur begrenzt, z. B. gemäß ZTV WLB 215 für massige Bauteile (Abmessungen > 0,80 m) und in der LB 219 für Betonvorsatzschalen für Schleusenkammerwände im Rahmen von Instandsetzungsmaßnahmen und indirekt auch in der DAfStb-Richtlinie »Massige Bauteile«. (Siehe auch Abschnitt 3.1).

3.4.3 Absenkung der Frischbetontemperatur

Auch für die Ermittlung der Betontemperatur und die Zielsetzung, diese abzusenken, gilt die im Abschnitt 3.3 beschriebene Mischungsregel.

Die Temperatur der Gesteinskörnung hat den größten Einfluss auf die Frischbetontemperatur, da gemäß Mischungsregel der Masseanteil entscheidend für die Wirkung ist. Bereits eine Temperaturerhöhung um 15 K zieht einen Anstieg der Frischbetontemperatur um etwa 10 K nach sich. Bei Verwendung von Restwasser zur Betonherstellung tritt eine weitere Erhöhung der Frischbetontemperatur um 3 bis 4 K ein.

Um die Frischbetontemperatur um 1 K zu mindern, können für eine grobe Einschätzung folgende Werte zur Senkung der Temperatur der Betonbestandteile angesetzt werden [3.28]:

Zement	10 K
Gesteinskörnung	1,6 K
Wasser	3,6 K

Wenn die Temperaturen von Zement, Gesteinskörnung und Wasser um jeweils 10 K abgesenkt werden, ergeben sich für den Anteil an der Minderung der Frischbetontemperatur 1 K aus der Kühlung des Zementes, 1–3 K aus der Kühlung des Wassers und 6–7 K aus der Kühlung der Gesteinskörnung.

Bild 3.13 zeigt die Einflüsse der Temperatur der Betonbestandteile auf die Frischbetontemperatur.

Tabelle 3.12 enthält ein Beispiel für die Ermittlung der Frischbetontemperatur bei unterschiedlichen Temperaturen der Betonbestandteile nach Bild 3.13 [3.27].

Zementgehalt 300 kg/m³	Vor Aufheizen geschützte Ausgangsstoffe			Gesteinskörnung und Wasser aufgeheizt		
Ausgangsstoff	Gesteinskörnung	Zement	Wasser	Gesteinskörnung	Zement	Wasser
Materialtemperatur in °C	20	75	12	30	75	20
Beitrag zur Frischbetontemperatur in K	13	7,5	3	19,5	7,5	5
Frischbetontemperatur in °C	23,5			32		

Tabelle 3.12 Beispiel für die Frischbetontemperatur bei unterschiedlichen Temperaturen der Ausgangsstoffe nach Bild 3.13 (nach [3.27])

Die Kühlung des Zementes ist nicht effektiv und wird nicht durchgeführt [3.28]. Außerdem besteht die Gefahr, dass der Taupunkt unterschritten wird und die Staubentwicklung zu groß ist. Erforderliche Filter würden zu schnell wirkungslos werden [3.29]. Die Kühlung der Gesteinskörnung ist am wirkungsvollsten und durch Behandlung mit kühlem Grundwasser technisch möglich. So kann bei der Sandgewinnung durch die Verwendung von Kaltwasser bei der Klassierung eine Temperatur von 4 °C bis 7 °C erreicht werden. Die grobe Gesteinskörnung kann bei Haldenlagerung mit Wasser besprüht werden [3.29].

Der Einsatz von Splittereis oder Stickstoff ist erforderlich, wenn der Frischbeton mit sehr niedrigen Temperaturen hergestellt werden muss.

Siehe dazu auch Abschnitt 3.1.2.3 »Betontechnische Maßnahmen bei der Herstellung massiger Bauteile«.

3.4.4 Einsatz von Splittereis

Beim Einsatz von Splittereis wird ein Teil des Zugabewassers durch Splittereis ersetzt. Die Eissplitter sollen nicht größer als 1 cm sein, damit sie beim Mischen vollständig auftauen. Die Wirkung der Abkühlung durch das Eis beruht auf der Verdunstungswärme beim Übergang in den flüssigen Zustand.

Bei Eis ist die Schmelzenthalpie oder Schmelzwärme die Wärme, die dem Beton entzogen wird, indem Eis vollständig in Wasser umgewandelt wird und somit den Beton abkühlt. Die Schmelzwärme des Eises beträgt beim Übergang in den flüssigen Zustand bei 0 °C etwa 330 kJ/kg. Um 1 kg Eis zu schmelzen, benötigt man genau so viel Wärme, als ob man 1 kg Wasser von 0 °C auf 80 °C erhitzen würde. Hat das Eis eine niedrigere Temperatur, nimmt die benötigte Wärmemenge um weitere 4,2 kJ/k

Beispiel für die Ermittlung der Frischbetontemperatur, bei der die Hälfte des Zugabewassers durch **Splittereis mit einer Temperatur von –5 °C** ersetzt wird. Berücksichtigt ist in dieser Berechnung eine Eigenfeuchte der Gesteinskörnung.

Betonzusammensetzung:
    Zement $z = 300\,kg/m^3$ $T_z = 20\,°C$
    Gesteinskörnung $g = 1940\,kg/m^3$ $T_g = 25\,°C$
    Wasser gesamt $w1 = 145\,kg/m^3$
    Eigenfeuchte 1,5 % von 960 kg Sand 0/2 $ef = 14,4\,kg/m^3$ $T_{ef} = 25\,°C$
    Zugabewasser gesamt $w2 = 130,6\,kg/m^3$
    davon 50 % Splittereis $eis = 65,3\,kg/m^3$ $T_{eis} = -5\,°C$
    Zugabewasser $w3 = 65,3\,kg/m^3$ $T_w = 10\,°C$

Die Mischungstemperatur ohne Splittereis beträgt gemäß Mischungsregel Gleichung (3.3):

$$T_{b0} = \frac{1940 \cdot 0,84 \cdot 25 + 300 \cdot 0,84 \cdot 20 + 145 \cdot 4,2 \cdot 10}{1940 \cdot 0,84 + 300 \cdot 0,84 + 145 \cdot 4,2} = 21\,°C\;mm$$

Wenn die Hälfte der Zugabewassermenge durch Splittereis ersetzt wird, wird der Gesamtmasse der Mischung die Schmelzwärme des Eises ($Q_{eis} = 335 - 2 \cdot T_{eis} = 345\,kJ/kg$) entzogen.
Diese Wärmemenge Q_b beträgt:

$$Q_b = Q_{eis} \cdot 0,5 \cdot (w1 - ef) = 345 \cdot 0,5\,(145 - 14,4) = 22529\,kJ.$$

Die Temperaturdifferenz beträgt:

$$\Delta T = \frac{22529}{(0,84 \cdot 1940 + 0,84 \cdot 300 + 4,2 \cdot 145)} = 9,05 \approx 9\,K$$

Durch Kühlung mit Splittereis bei einer Temperatur von –5 °C wird eine Frischbetontemperatur von 21 °C – 9 K = 12 °C erreicht.
    Eine Faustregel gibt an, dass für die Abkühlung von 1 m³ Beton um 1 K eine Eismenge von 7,5 kg notwendig ist [3.30]. Bei der im obigen Rechenbeispiel errechneten Abkühlung um 9 K entspräche das einer Eismenge von

$$7,5\,kg/K \cdot 9\,K = 67,5\,kg,$$

was mit der dort angenommenen Eismenge von 65,3 kg recht gut übereinstimmt.
    Aber auch die Kühlung mit Eis kann nicht ausreichen, wenn der Zementgehalt und damit auch der Wassergehalt niedrig ist, was bei Massenbeton der Fall sein kann [3.30]. Siehe auch Abschnitt 3.1.

3.4.5 Kühlen durch flüssigen Stickstoff

Wenn die Ausgangsstoffe nicht in dem Maße gekühlt werden können, um eine erforderliche Senkung des Frischbetons zu erreichen, muss der Frischbeton direkt gekühlt werden. Dafür kann **flüssiger Stickstoff** verwendet werden. Flüssiger Stickstoff wird durch Verflüssigung der Luft hergestellt und hat eine Temperatur von −196 °C am Siedepunkt. Er wird in Tanks unter einem Druck von 5 bar gelagert und transportiert. Der flüssige Stickstoff wird direkt in den Mischer oder in den Fahrmischer eingedüst. Dabei entzieht er dem Frischbeton eine Wärmemenge von rund 200 kJ mit einem Kilogramm flüssigem Stickstoff. Eine Reaktion mit den Betonbestandteilen findet nicht statt. Der Mischer bzw. der Fahrmischer muss sich schnell bewegen, wenn der Stickstoff eingeführt wird. Dadurch wird ein Gefrieren verhindert. Die Zugabe kann dosiert werden. Die Wirkung der Kühlung muss durch Vorversuche ermittelt werden. Die größtmögliche Kühlung des Frischbetons wird mit 10 K und der Verbrauch an flüssigem Stickstoff mit 8 kg/m^3 für 1 K angegeben [3.29]. Erforderlich sind Frischbetonprüfungen nach der Kühlung, da sich der Luftgehalt erhöhen und das Ausbreitmaß verringern kann. Für den Umgang mit flüssigem Stickstoff sind Schulungen und Sicherheitsunterweisungen erforderlich.

3.4.6 Maßnahmen für das Betonieren bei heißem Wetter

Frischbetontemperaturen über +25 °C werden nicht nur an heißen Sommertagen sondern bereits bei niedrigeren Lufttemperaturen erreicht. Erfahrungen zeigen, dass die Frischbetontemperatur infolge des Energieeintrags beim Mischen und beim anschließenden Transport im Fahrmischer höher ist als die herrschende Lufttemperatur. Für eine Stunde Transport kann mit einer Erhöhung um 1 K gerechnet werden und für die Förderung mit der Autobetonpumpe sollten ebenfalls 1 bis 2 K in Abhängigkeit von der Rohrleitungslänge eingerechnet werden [3.28].

Somit sind bereits ab Lufttemperaturen von +25 °C besondere Maßnahmen erforderlich.

Nach dem Einbringen des Betons in die Schalung besteht die Gefahr eines Verlustes an Wasser, das für die Hydratation benötigt wird (Bd. 2, Abschnitt 2.1). Wie sich Temperatur und Windgeschwindigkeit auswirken, kann aus Bild 2.28, Bd. 2 entnommen werden. Wenn keine Vorkehrungen getroffen werden, sind Frühschwindrisse und Festigkeitseinbußen die Folge (Bd. 2, Abschnitt 2.1).

Die höhere Temperatur zu Beginn der Erhärtung steigert die Reaktionsgeschwindigkeit des Zementes, die Wärmefreisetzung führt zu einem ungünstigeren Temperaturverlauf (Bd. 2, Bild 2.28) und vergrößert die Gefahr, dass kritische Spannungen entstehen, die Risse nach sich ziehen (Bd. 2, Abschnitt 2.2 und 3.2). Die Rissgefahr wird durch die schnelle Austrocknung und durch die entstehenden Schwindspannungen gesteigert.

Das Betonieren bei hohen Temperaturen erfordert wie das Betonieren bei tiefen Temperaturen besondere Maßnahmen und eine vorausgehende Planung. Solche Maßnahmen sind:

- Abdecken und Berieseln mit kaltem Wasser, um zu verhindern, dass sich die Gesteinskörnungen aufheizen

- Senkung der Frischbetontemperatur durch Kühlung der Gesteinskörnungen und des Anmachwassers sowie Zugabe von Eis oder Zuführung von flüssigem Stickstoff (Abschnitt 3.1)
- Vergrößerung des Konsistenzmaßes des Frischbetons
- durch höheren Zementleimgehalt oder Zugabe von verflüssigenden Zusatzmitteln, ggf. in Verbindung mit dem Einsatz von Verzögerern
- Erhöhung der Zielfestigkeit des Betons
- durch Verringerung des w/z-Wertes, wenn erforderlich mit Zugabe von Betonverflüssigern (Bd. 1, Abschnitt 1.4)
- Einsatz von Zementen mit niedrigerer Hydratationswärme und langsamerer Festigkeitsentwicklung sowie Verminderung des Zementanteiles durch Zugabe von Steinkohlenflugasche (Bd. 1, Abschnitt 1.3)
- Berücksichtigung der beschleunigten Wärmeentwicklung zur Kontrolle der Entwicklung von Zwangsspannungen bei verformungsbehinderten Bauteilen (Bd. 2, Abschnitt 3.2)
- Vermeidung langer Transportwege und Wartezeiten, zügige Entladung auf der Baustelle und schnelle Verarbeitung des Frischbetons
- Beschatten oder Besprühen mit Wasser damit sich Schalung und Bewehrung nicht aufheizen
- Vornässen des Untergrundes
- Vermeidung direkter Sonneneinstrahlung (Beschatten, Zelte)
- Betonieren in der kühleren Tages- bzw. Nachtzeit
- Einhaltung der geplanten Betonierfolge
- Keine angesteiften Betone einbauen
- Nachbehandlung unter Verwendung von Schutzdächern oder anderen Möglichkeiten zur Verminderung der Sonneneinstrahlung, durch Abdeckungen und Verhinderung der Austrocknung (Bd. 2, Abschnitt 2.3)
- Sofortiger Beginn der Nachbehandlung
- Aufsprühen des Nachbehandlungsfilmes, umgehend und nach Angabe des Produktherstellers
- Verhindern, dass kaltes Wasser auf Betonflächen aufgebracht wird
- Abdecken mit wärmeisolierenden Matten
- Schutz des Beton vor Windeinwirkung

Für die Prüfkörper für die Normprüfung muss die Normlagerungstemperatur eingehalten werden.

Ausführungsbeispiele sind in [3.30] beschrieben. Für weitere Ausführungen zur praktischen Verwirklichung ausführungstechnischer Maßnahmen wie Kühlung der einzelnen Komponenten, Einsatz von Splittereis und Stickstoff, Kühlung der Schalung, Betoninnenkühlung, Isolierungen und deren Wirtschaftlichkeit wird auf [3.89] verwiesen.

3.5 Fahrbahndecken aus Beton

Betonstraßen sind in Deutschland seit 1888, als die Westseite des Blücherplatzes in Breslau mit einer Betondecke versehen wurde, bekannt.

Die Betondecken wurden nachfolgend konstruktiv, stofflich und technologisch weiterentwickelt und werden heute insbesondere für schwerbelastete Fahrbahnen eingesetzt.

Bei sachgerechter Herstellung verfügt eine Betondecke über vorteilhafte Eigenschaften. Aufgrund ihrer hohen Betondruck- und -biegezugfestigkeit besitzt sie eine hohe Tragfähigkeit mit großen Tragfähigkeitsreserven. Ihre hohe Verformungsstabilität lässt keine Spurrinnen zu. Sie ist unempfindlich gegen hohe und tiefe Temperaturen. Eine Betonstraße hat eine verlässliche Griffigkeit, die aufgrund ihres hohen Verschleißwiderstandes lange erhalten bleibt. In den Reifen-Fahrbahn-Geräuschen unterscheidet sie sich nicht mehr von Asphaltstraßen, in ihrer Helligkeit hebt sie sich jedoch deutlich hervor.

Die hohe Dauerhaftigkeit erfordert im Allgemeinen während der Nutzung nur geringe Unterhaltungskosten. Straßenbeton kann wiederaufbereitet und erneut als Gesteinskörnung eingesetzt werden.

Eine Betondecke kann jedoch nur so gut sein wie ihr Unterbau. Ausreichende Tragfähigkeit und dauerhafte Entwässerung des Unterbaues sind Voraussetzung für eine funktionsfähige Betondecke auf Straßen [3.32], [3.33].

3.5.1 Anforderungen an den Straßenbeton

Die **Bemessung** von Fahrbahndecken aus Beton muss unter Beachtung der Wirtschaftlichkeit die Gesamtkonstruktion und die Baustoffkennwerte umfassen.

Fahrbahnen mit Betondecken werden auf Grundlage der Richtlinien für die Standardisierung des Oberbaues von Verkehrsflächen-RStO 01 bemessen (siehe auch Bild 3.20 auf S. 242 + 243). Gemäß RStO werden auf Basis der Verkehrsbelastungszahl die Dicke der Betondecke, die Dicke des frostsicheren Überbaues einschließlich Tragschichtart und Tragschichtdicke festgelegt [3.34].

Die **Zusammensetzung des Betons** ist aufgrund einer Erstprüfung festzulegen.

Neben verschiedenen DIN-Vorschriften [3.35], [3.36], [3.37], [3.38] sind insbesondere die Technischen Lieferbedingungen für Baustoffe und Baustoffgemische für Tragschichten mit hydraulischen Bindemitteln und Fahrbahndecken aus Beton [3.39] zu beachten. Die Anforderungen an den Fahrbahnbeton ergeben sich aus Tabelle 3.13. Schwankungen des E-Moduls im Beton von bis zu 20 % und Schwankungen des Bettungsmodules der Unterlage von bis zu 50 % haben nur geringe Auswirkungen auf die erforderlichen Betonfestigkeiten.

Neben den Verkehrsbelastungen sind die Betondecken auch allen Witterungsbedingungen ausgesetzt. Temperaturänderungen führen zu behinderten Verformungen. Im Winter müssen Betondecken bei starker Durchfeuchtung Frost-Taumittel-Belastungen widerstehen. Ein frostsicherer Aufbau des Untergrundes und Unterbaues wird vorausgesetzt.

Betondecken müssen rissefrei ausgebildet werden und eine griffige sowie gleichzeitig extrem ebene Oberfläche besitzen. Die Griffigkeit ist Voraussetzung der Verkehrssicherheit, die Ebenheit dient dem Fahrkomfort und gewährleistet geringere Verkehrsgeräusche [3.40].

	Bauklasse	Anforderungen
Expositionsklassen	SV, I bis III	XC4, XF4, XM2[4)5)]
	IV-VI	XC4, XF4, XM1[4)]
Druckfestigkeitsklasse	SV, I bis VI	C 30/37
Zementgehalt	SV, I bis III	Festlegung aufgrund einer Erstprüfung ≤ 340 kg/m³
Kornzusammensetzung der Gesteinskörnungen	SV, I bis III	mind. 3 (2) Korngruppen: 0/2, 2/8, > 8 mm oder 0/4, 4/8, > 8 mm oder 0/2 oder 0/4, ≤ 8 (für Größtkorn 8 mm) Größtkorn: 8 mm, 16 mm, 22 mm oder 32 mm Siebdurchgang: 1 mm ≤ 27 M.-% 2 mm ≤ 30 M.-% 2 mm ≤ 35 M.-% bei Größtkorn 8 mm
	IV-VI	mind. 2 Korngruppen: 0/4 und > 4 mm Größtkorn: 16 mm, 22 mm oder 32 mm
Gehalt an feinkörnigen Bestandteilen < 0,25 mm	SV, I bis VI	≤ 450 kg/m³ ≤ 500 kg/m³ bei Größtkorn 8 mm > 500 kg/m³ bei Waschbeton
Mindestluftgehalt des Frischbetons[1)]	SV, I bis VI	für Betone ohne BV oder FM: Einzelwert ≥ 3,5 Vol.-% Tagesmittelwert ≥ 4,0 Vol.-% für Betone mit BV oder FM[2)]: Einzelwert ≥ 4,5 Vol.-% Tagesmittelwert ≥ 5,0 Vol.-%
Druckfestigkeit	SV, I bis VI	nach 28 Tagen: $f_{ck,cube}$ = 37 N/mm²
Biegezugfestigkeit[3)]	SV, I bis III	nach 28 Tagen: f_{cbt} ≥ 4,5 N/mm²
	IV-VI	nach 28 Tagen: f_{cbt} ≥ 3,5 N/mm²
Nachbehandlung	SV, I bis VI	– Nassnachbehandlung ≥ 3 Tage – Nachbehandlungsmittel mit Sperrkoeffizient ≥ 75 % bei Lufttemperaturen > 30 °C, starker Sonneneinstrahlung, starkem Wind oder rel. Feuchte < 50 % eine zusätzliche Nachbehandlung – Abdecken mit Folie – Wasser haltende Abdeckungen ≥ 3 Tage feucht halten

[1)] Für den Nachweis bei der Erstprüfung ist der Mindestluftgehalt des Frischbetons bei allen Größtkörnungen um 0,5 Vol.-% zu erhöhen.
[2)] Werden bei der Erstprüfung die Luftporen bestimmt und werden hierbei der Abstandsfaktor von 0,20 mm und der Gehalt an Mikroluftporen A_{300} von 1,8 Vol.-% nicht unterschritten, ist ein Mindestluftgehalt wie für Beton ohne BV oder FM ausreichend.
[3)] Nur bei der Erstprüfung nachzuweisen
[4)] Nur für Oberbeton

Tabelle 3.13 Anforderungen an den Fahrbahndeckenbeton

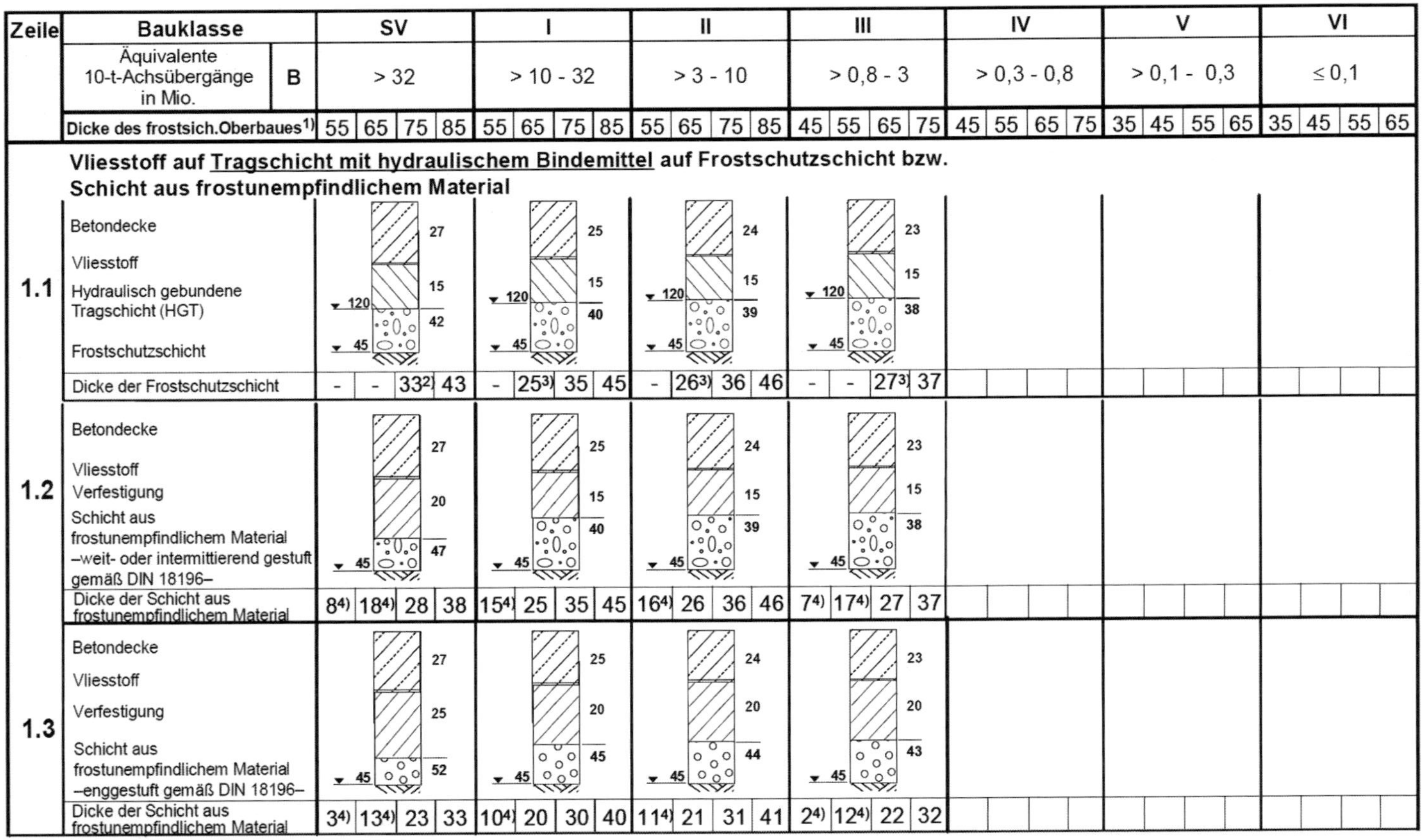

3 Sonderaufgaben im Betonbau

Zeile	Bauklasse		SV	I	II	III	IV	V	VI
	Äquivalente 10-t-Achsübergänge in Mio.	B	> 32	> 10 - 32	> 3 - 10	> 0,8 - 3	> 0,3 - 0,8	> 0,1 - 0,3	≤ 0,1
	Dicke des frostsich. Oberbaues[1]		55|65|75|85	55|65|75|85	55|65|75|85	45|55|65|75	45|55|65|75	35|45|55|65	35|45|55|65
	Vliesstoff auf Tragschicht mit hydraulischem Bindemittel auf Frostschutzschicht bzw. Schicht aus frostunempfindlichem Material								
1.1	Betondecke		27	25	24	23			
	Vliesstoff		15	15	15	15			
	Hydraulisch gebundene Tragschicht (HGT)		42	40	39	38			
	Frostschutzschicht		▼120 / ▼45	▼120 / ▼45	▼120 / ▼45	▼120 / ▼45			
	Dicke der Frostschutzschicht		- | 33[2]| 35 | 43	- | 25[3]| 35 | 45	- | 26[3]| 36 | 46	- | - | 27[3]| 37			
1.2	Betondecke		27	25	24	23			
	Vliesstoff		15	15	15	15			
	Verfestigung		20	20	20	20			
	Schicht aus frostunempfindlichem Material –weit- oder intermittierend gestuft gemäß DIN 18196–		47 / ▼45	40 / ▼45	39 / ▼45	38 / ▼45			
	Dicke der Schicht aus frostunempfindlichem Material		8[4]|18[4]|28|38	15[4]|25|35|45	16[4]|26|36|46	7[4]|17[4]|27|37			
1.3	Betondecke		27	25	24	23			
	Vliesstoff		25	20	20	20			
	Verfestigung		52	45	44	43			
	Schicht aus frostunempfindlichem Material –enggestuft gemäß DIN 18196–		▼45	▼45	▼45	▼45			
	Dicke der Schicht aus frostunempfindlichem Material		3[4]|13[4]|23|33	10[4]|20|30|40	11[4]|21|31|41	2[4]|12[4]|22|32			

Bild 3.20-1 Ausgewählte Bauweisen mit Beton für Fahrbahndecken (nach [3.34])

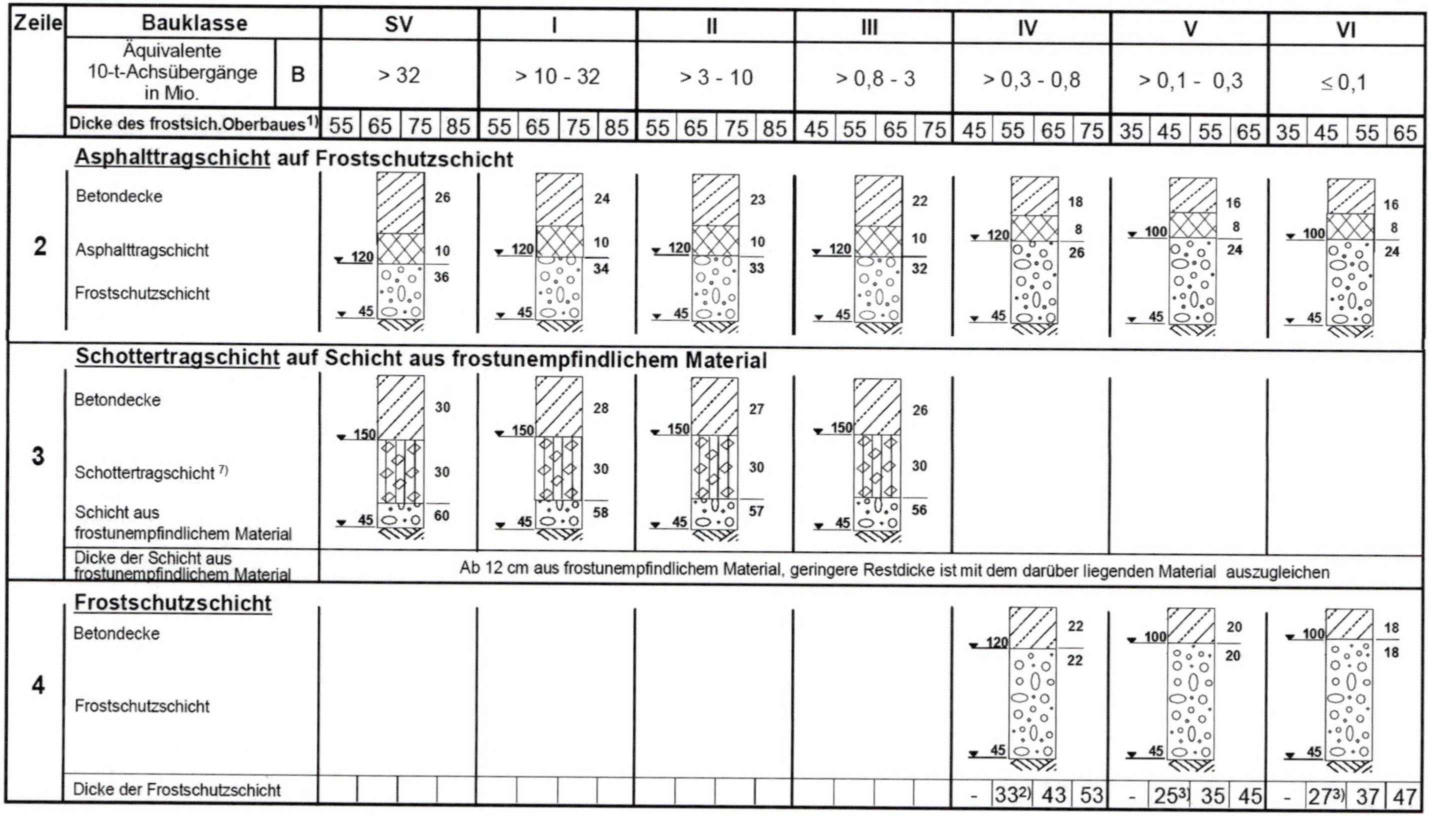

Fahrbahndecken aus Beton

Zeile	Bauklasse		SV	I	II	III	IV	V	VI
	Äquivalente 10-t-Achsübergänge in Mio.	B	> 32	> 10 - 32	> 3 - 10	> 0,8 - 3	> 0,3 - 0,8	> 0,1 - 0,3	≤ 0,1
	Dicke des frostsich.Oberbaues[1]		55 65 75 85	55 65 75 85	55 65 75 85	45 55 65 75	45 55 65 75	35 45 55 65	35 45 55 65
Asphalttragschicht auf Frostschutzschicht									
2	Betondecke		26	24	23	22	18	16	16
	Asphalttragschicht		10	10	10	10	8	8	8
	Frostschutzschicht		36	34	33	32	26	24	24
Schottertragschicht auf Schicht aus frostunempfindlichem Material									
3	Betondecke		30	28	27	26			
	Schottertragschicht[7]		30	30	30	30			
	Schicht aus frostunempfindlichem Material		60	58	57	56			
	Dicke der Schicht aus frostunempfindlichem Material		Ab 12 cm aus frostunempfindlichem Material, geringere Restdicke ist mit dem darüber liegenden Material auszugleichen						
Frostschutzschicht									
4	Betondecke						22	20	18
	Frostschutzschicht						22	20	18
	Dicke der Frostschutzschicht		-	-	-	-	33[3] 43 53	25[3] 35 45	- 27[3] 37 47

[1] Bei abweichenden Werten sind die Dicken der Frostschutzschicht bzw. des frostunempfindlichen Materials durch Differenzbildung zu bestimmen, siehe auch Tabelle 8
[2] Mit rundkörnigen Gesteinskörnungen nur bei örtlicher Bewährung anwendbar
[3] Nur mit gebrochenen Gesteinskörnungen und bei örtlicher Bewährung anwendbar
[4] Nur auszuführen, wenn das frostunempfindliche Material und das zu verfestigende Material als eine Schicht eingebaut werden
[7] Mit Anforderungen gemäß ARS 37/1997 des BMV vom 6. Oktober 1997

Bild 3.20-2 Ausgewählte Bauweisen mit Beton für Fahrbahndecken (nach [3.34]) (Fortsetzung)

3.5.2 Zusammensetzung des Straßenbetons

Die geforderten Frisch- und Festbetoneigenschaften für Fahrbahndecken sind nur mit normgerechten und überwachten Betonausgangsstoffen und geeigneten Betonzusammensetzungen zu erreichen [3.39].

Für Betondecken ist in der Regel ein Portlandzement der Festigkeitsklasse 32,5 R oder alternativ 42,5 N nach DIN EN 197-1 oder DIN 1164-10 zu verwenden. Der Portlandzement CEM I 32,5 R darf eine Mahlfeinheit von 3500 cm^2/g nicht überschreiten und eine Zwei-Tage-Festigkeit von höchstens 29,0 N/mm^2 erreichen. Der Wassergehalt zur Erzielung der Normsteife (Wasseranspruch) darf 28,0 Gew.-% nicht überschreiten. Das Na$_2$O-Äquivalent des Portlandzementes darf maximal 0,80 Masse-% betragen.

In Abstimmung mit dem Bauherrn können bei nach TL Beton-StB begrenztem Na$_2$O-Äquivalent auch Portlandhüttenzement (CEM II/A-S oder CEM II/B-S), Portlandschieferzement (CEM II/A-T oder CEM II/B-T) und Portlandkalksteinzement (CEM II/A-LL) der Festigkeitsklassen 32,5 oder 42,5 sowie Hochofenzement CEM III/A der Festigkeitsklasse 42,5 N eingesetzt werden.

Alle Zemente dürfen bei 20 °C frühestens nach zwei Stunden mit dem Erstarren beginnen. Die Zemente sind mit Temperaturen unter 80 °C auszuliefern. Werden Betondecken zweischichtig ausgebildet, müssen der Ober- und der Unterbeton mit Zement der gleichen Art und Festigkeitsklasse hergestellt werden.

Der Zementgehalt darf bei Decken der Bauklassen SV und I bis III maximal 340 kg/m^3 verdichteten Frischbetons betragen. Bei Waschbeton als Oberbeton muss ein Mindestzementgehalt von 420 kg/m^3 eingehalten werden.

Die das Stützgerüst im Beton bildenden **Gesteinskörnungen** dürfen unter Einwirkung von Wasser nicht erweichen, sich nicht zersetzen und keine betonschädigenden Verbindungen bilden. Sie müssen den Anforderungen der TL Beton-StB 07, Anhang A genügen [3.41]. Darüber hinaus muss bei zweischichtigem oder mehrlagigem Betoneinbau die jeweilige Schichtdicke mindestens das Dreifache des jeweiligen Größtkorns betragen. Die hohe Biegezugfestigkeit erfordert bei Bauklassen SV und I bis III einen Mindestanteil von 50 % gebrochener Gesteinskörnungen für Korngrößen > 8 mm ($C_{90/1}$), mindestens müssen jedoch 35 % der gesamten Gesteinskörnung gebrochen sein.

Die Sieblinie der Gesteinskörnungen muss für alle Kornzusammensetzungen im Bereich A/B nach DIN 1045-2, Bilder L1, L2 oder L3 liegen.

Wird Waschbeton als Oberbeton eingesetzt, ist ein Gesteinskörnungsgemisch 0/8 mm einzusetzen. Das Gemisch muss mindestens aus einer Korngruppe 0/2 mm oder 0/4 mm und einer Korngruppe ≤ 8 mm zusammengesetzt werden, die die Anforderungen $C_{100/0}$ oder $C_{90/1}$ und Fl_{15} oder Sl_{15} erfüllt.

Die gröberen Gesteinskörnungen eines Oberbetons müssen zudem einen ausreichenden Widerstand gegen Polieren aufweisen. Für Oberbeton der Bauklassen IV bis VI muss der PSV-Wert mindestens 42, in den Bauklassen SV, I-III mindestens 48 und im Falle von Waschbeton mindestens 53 betragen.

Bei Decken der Bauklasse SV, I bis III ist für den Beton (bei zweischichtiger Herstellung der Oberbeton) der Anteil feiner Gesteinskörnungen so zu begrenzen, dass der Siebdurchgang durch das 1 mm Sieb 27 Masse-% und durch das 2 mm Sieb 30 Masse-%, bei Waschbeton 35 Masse-% nicht überschreitet.

Die Gesteinskörnung muss eine bestimmte Menge an feinkörnigen Bestandteilen (Zement, Gesteinskörnung ≤ 0,25 mm und gegebenenfalls Zusatzstoff) beinhalten, um einen ausreichenden Oberflächenschluss zu erreichen. Der Gesamtanteil an feinkörnigen Bestandteilen darf aber 450 kg/m³, bei 8 mm Größtkorn 500 kg/m³ nicht überschreiten.

Für Gesteinskörnungen, die für Fahrbahndecken aus Beton verwendet werden sollen, sind die Alkali-Richtlinie und die Festlegungen der TL Beton-StB, Pkt. 2.1.2 zu beachten.

Größtkorn [mm]	Mittlerer Mindestluftgehalt für Beton [Vol.-%]
8	5,5
16	4,5
32 bzw. 22	4,0

Tabelle 3.14   Festlegungen zum Luftgehalt des Frischbetons

Um einen ausreichenden **Frost-Taumittel-Widerstand** des Straßenbetons zu erhalten, sind in den Beton mittels eines Luftporenbildners mindestens 1,5 Vol.-% **Mikroluftporen** einzubringen. Der ausreichende Gehalt an durch Luftporenbildner eingebrachten Mikroluftporen wird durch den Luftgehalt des Frischbetons nach Tabelle 3.14 abgesichert. Der Luftporenbildner verbessert i. Allg. die Verarbeitbarkeit des Frischbetons und senkt den Wasseranspruch des Baustoffgemisches. Werden zusätzlich Fließmittel/Betonverflüssiger oder Verzögerer eingesetzt, können sich die Wirksamkeiten von Luftporenbildnern verändern. Die Einhaltung der vorgeschriebenen Grenzen der Luftporenkennwerte ist für die vorgesehene Zusatzmittelkombination gesondert zu prüfen.

Betonzusatzstoffe haben für Straßenbetone nur geringe Bedeutung. Quarz- und Kalksteinmehle werden zur Erfüllung der Anforderungen an das Mehlkorn eingesetzt. Steinkohlenflugaschen sind nicht auf den Zementgehalt anrechenbar. In Sonderfällen wird Silikastaub in Betonrezepturen für Straßenbeton eingesetzt (z. B. bei Straßen für Spikesreifen). Auch zum Einsatz von Stahlfasern in Straßenbetonen liegen nur wenig Erfahrungen vor.

Der Wasserzementwert darf den Wert 0,50 nicht übersteigen. Im Betondeckenbau der Bauklassen SV, I bis III sind Werte von maximal 0,45 einzuhalten.

3.5.3   Herstellung und Einbau des Straßenbetons

Um Fahrbahndecken aus Beton herstellen zu können, ist ein kontinuierlicher Einbau von Beton mit gleich bleibenden Eigenschaften erforderlich.

Der Beton ist in einer Baustellenmischanlage oder einem Transportbetonwerk mit ausreichender Mischkapazität herzustellen. Um eine ausreichende Aktivierung der Luftporenbildner zu ermöglichen, muss die Mischzeit nach Zugabe aller Ausgangsstoffe mindestens 45 Sekunden betragen.

Der Frischbeton besitzt in der Regel eine steife Konsistenz. Er wird mit Fahrzeugen, die mit stählernen Kippmulden ausgerüstet sind, transportiert. Der Beton muss spätestens 45 min nach Abschluss des Mischens entladen sein und sofort eingebaut werden. Die

Transportzeit kann bei tiefen Temperaturen etwas verlängert und muss bei hohen Temperaturen verkürzt werden. Während des Transportes ist der Frischbeton vor dem Austrocknen zu schützen.

Straßenbeton wird heute ein- oder mehrlagig und ein- oder zweischichtig eingebaut. Gleiche Betonzusammensetzungen werden mehrlagig und unterschiedliche Betonzusammensetzungen zweischichtig eingebaut. Jede Schicht kann mehrlagig ausgebildet werden.

Betondecken werden heute innerhalb genau aufgestellter Standschalungen oder mit **Gleitschalungsfertigern** eingebaut. Mit einem Fertiger können Einbaubreiten bis 15,25 m und Tagesleistungen bis 1000 m Länge erreicht werden. Im Fertiger wird der Beton durch eine Verteilereinrichtung verteilt, durch Innenrüttler ausreichend verdichtet und durch einen Querglätter wird der erforderliche Oberflächenschluss der Betondecke hergestellt. Der frische, verdichtete Beton darf sich nach dem Weggleiten der Schalung nicht mehr verformen, er muss eine ausreichende Grünstandsfestigkeit besitzen.

Wird eine Betondecke zwischen einer **Standschalung** hergestellt, so wird einem geführten Verteiler eine Rüttel- und Abziehbohle nachgeschaltet.

Werden zur Herstellung von Straßenbeton Gesteinskörnungen mit hoher Kernfeuchte eingesetzt, so saugen die Gesteinskörnungen während des Einbringens und Verdichtens und erschweren die gleichmäßige Fertigung der Betondecke durch Konsistenzschwankungen.

Wird eine Betondecke mit einer Gleitschalungstechnologie eingebaut, so wird die Längsebenheit nach dem Querglätter durch einen Längsglätter erbracht. Beim Einbau mittels Rüttel- und Abziehbohle kann manuell geglättet werden.

Die Ausgangsgriffigkeit wird durch Herstellung einer Waschbetonoberfläche, durch Besenstrich oder Abziehen mit einem Kunstrasen erzeugt.
Um eine Waschbetonoberfläche herzustellen, wird auf den fertig geglätteten Oberbeton ein Oberflächenverzögerer und eine Nachbehandlung (flüssiges Nachbehandlungsmittel, Folie) oder ein Kombinationsmittel (Oberflächenverzögerer und Nachbehandlungsmittel) aufgebracht. Durch den Oberflächenverzögerer wird die Erhärtung der Betonoberfläche für eine begrenzte Zeit bis in eine definierte Tiefe verzögert. Ist der Beton ausreichend erhärtet, wird die Oberfläche ausgebürstet und ein gleichmäßiges System von Gesteinskörnungen an der Oberfläche freigelegt. Die Texturtiefe soll zwischen 0,6 mm und 1,1 mm liegen.

Beim Besenstrich wird mittels eines Stahlbesens quer zur Fahrtrichtung, beim Kunstrasen längs zur Fahrtrichtung strukturiert.

Die Lage der Betondecken ist in den Fugen durch Dübel oder Anker zu sichern. Dübel sind so einzubauen, dass sie in der Mitte der Betondecke sowie in Neigung und Längsrichtung der Fahrbahn liegen. Die Dübel werden entweder vor dem Betoneinbau verlegt, indem sie durch Stützkörbe in ihrer planmäßigen Lage gesichert werden oder in den verdichteten Beton durch ein Dübelsetzgerät eingerüttelt. Das Einrütteln der Dübel sollte vorzugsweise mit einem mehrlagigen Einbau kombiniert werden, da damit ein ungestörter Einbau der obersten Deckenlage erreicht wird.

Anker sind in Längsscheinfugen im unteren Drittelpunkt der Plattendicke, in Längspressfugen in Plattenmitte einzubauen.

Unmittelbar nach Fertigstellung der Betondecke muss der Beton ausreichend geschützt und sorgfältig nachbehandelt werden. Er muss sowohl vor Niederschlägen und starker

Sonneneinstrahlung als auch frühzeitigem Austrocknen geschützt werden. Die **Nachbehandlung** erfolgt insbesondere durch Aufbringen von Nachbehandlungsmitteln mit hohem Sperrfaktor und Weißwert, jedoch auch durch Nassnachbehandlung und Abdecken mit Folien. Da es sich um Luftporenbeton handelt, wird die Mindestnachbehandlungszeit nach DIN 1045-3 um 2 Tage verlängert. Gleichzeitig erfordert die Sicherung eines hohen Verschleißwiderstandes die Verdoppelung der Nachbehandlungszeit. Die jeweils größte Nachbehandlungszeit ist einzuhalten.

Werden Verkehrsflächen aus Beton im Herbst hergestellt, kann die Betonoberfläche vor der ersten Verkehrsübergabe häufig nicht ausreichend austrocknen. In diesen Fällen ist eine Imprägnierung der Betonoberfläche oder ein Verzicht auf Taumittel im ersten Winter hilfreich.

Während der Erhärtung des Straßenbetons wird Hydratationswärme frei, die den erhärtenden Beton erwärmt und langsam wieder abfließt. Da sich die Betondecke jedoch nicht frei auf der Unterlage bewegen kann, führen die damit verbundenen Verformungen zu inneren Zwängen und Rissgefährdungen in der Betondecke. Gleichzeitig unterliegt die Betondecke während der Nutzung dauerhaften Erwärmungen und Abkühlungen, die Temperatur- und Feuchtegradienten über die Deckendicke induzieren. Beiden Gefährdungen wird durch Anordnung von Längs- und Querfugen, insbesondere als Scheinfugen ausgebildet, begegnet. Die **Quer- und Längsscheinfugen** werden in Abständen vom 25-fachen der Deckendicke, normalerweise in einem Abstand von etwa 5 m, angeordnet. Um die Scheinfugen zu erzeugen, werden die Betondecken bei gerade ausreichender Erhärtung geschnitten (ca. 1/3 der Deckendicke). Bei anwachsendem innerem Zwang reißen die Decken an diesen Stellen. Zur Lagesicherung der Betondecke werden die Querscheinfugen verdübelt. Längsscheinfugen werden hingegen verankert. Die verdübelten Querscheinfugen öffnen sich im Winter und schließen sich in den Sommermonaten. Zur Funktionssicherung der Querscheinfugen werden die Fugen heute vorzugsweise durch elastische Fugenprofile, im Einzelfall auch mit Fugenvergussmassen geschlossen [3.42], [3.43].

Die ordnungsgemäße Herstellung der Betondecken wird durch **Kontrollprüfungen** überwacht.

3.5.4 Weitere Erfordernisse bei Betondecken

Betondecken sollen während ihrer Nutzung über eine dauerhafte Griffigkeit verfügen und ein geringes **Reifen-Fahrbahn-Geräusch** erzeugen.

Die Griffigkeit wird im Fall von Waschbetonoberflächen durch die Gesteinskornoberfläche und im Fall von Texturierungen zu Beginn der Nutzung insbesondere durch den Zementstein und nachfolgend zunehmend durch die Gesteinskornoberfläche beeinflusst.

Die Griffigkeit des Zementsteines wird durch Längs- oder Quertexturierung und durch Verwendung scharfen Sandes (Sand mit mikrorauer Oberfläche) abgesichert. Spielen die gröberen Gesteinskörnungen eine größere Rolle, so wird die Griffigkeit durch die Mikrorauheit der Gesteinskörnungen und ihre Polierresistenz beeinflusst.

Das Reifen-Fahrbahn-Geräusch wird durch Reifen, Fahrgeschwindigkeit und durch die Ebenheit der Fahrbahn sowie der Vermeidung von **Airpumping**-Geräuschen bestimmt. Hinsichtlich des Fahrbahneinflusses spielen die Fragen der Ebenheit, insbesondere die

Welligkeiten im Zentimeterbereich, die entscheidende Rolle. Airpumping-Geräusche werden vor allem durch eine Waschbetonoberfläche oder durch Längstexturierung unterdrückt. Die heute günstigste technische Lösung wird durch Waschbeton erzielt. Auf diese Weise erreicht man heute an Betonfahrbahnen Reifen-Fahrbahn-Geräusche, die die von geriffelten Gussasphalten um 2 dB(A) unterschreiten. Grundsätzlich neue Dimensionen in der Lärmminderung können mit offenporigen Betonbelägen (Dränbeton) erreicht werden. Die Nutzungsdauer solcher Beläge ist aber noch sehr begrenzt.

3.5.5 Verkehrsfreigabe

Betondecken dürfen erst nach ausreichender Erhärtung des Betons für den Verkehr freigegeben werden. Der Zeitpunkt der Verkehrsfreigabe wird durch die jeweilige aktuelle Betondruckfestigkeit bestimmt.

Bei Betondecken der Bauklassen SV und I bis III ist mindestens eine Druckfestigkeit von 26 N/mm^2 für die Verkehrsfreigabe erforderlich [3.44].

3.5.6 Straßenbeton unter Verwendung von Fließmitteln

Straßenbeton mit Fließmitteln wird für Verkehrsflächen, die bereits im jungen Alter hohen Beanspruchungen ausgesetzt (Instandsetzen von Einzelfeldern) sind sowie für Verkehrsflächen, bei denen kein Einsatz von Deckenfertigern möglich ist, verwendet. Das Fließmittel wird erst unmittelbar vor der Verarbeitung im Transportmischer zugegeben und eingemischt.

Frühhochfester Straßenbeton muss nach 2 Tagen eine **Druckfestigkeit** von mindestens 30 N/mm^2 erreichen. Er wird mit Portlandzement CEM I 42,5 R und einem Gesamtanteil an feinkörnigen Bestandteilen (Zement und Gesteinskörnungen $\leq$ 0,25 mm) von höchstens 500 kg/m^3 hergestellt. Durch das Fließmittel muss sich das **Ausbreitmaß** des Betons um mindestens 10 cm vergrößern. Der Luftgehalt ist gegenüber normalem Straßenbeton um 1 Vol.-% zu erhöhen. Aufgrund der zeitlich begrenzten Wirkung des Fließmittels ist der Beton innerhalb von 30 Minuten nach Fließmittelzugabe einzubauen.

Beton mit Fließmittel benötigt eine auf die Konsistenz abgestimmte Verdichtung (z. B. Rüttelbohle). Fahrbahnoberflächen mit Schrägneigungen über 3 % benötigen besondere Einbaumaßnahmen (z. B. zweilagiger Einbau). Die Oberflächentextur kann erst nach Abklingen der Fließmittelwirkung aufgebracht werden. Das Schneiden der Fugen muss aufgrund der schnellen Festigkeitszunahme frühzeitig erfolgen [3.44].

3.5.7 Befestigung von Straßen mit Walzbeton

Weniger belastete Verkehrsflächen können auch mit Walzbeton befestigt werden. Walzbeton ist gekennzeichnet durch hohe Einbauleistungen und die Verwendung preiswerter Baustoffe.

Das für Walzbeton verwendete Baustoffgemisch besitzt einen Zementanteil von 7 bis 14 Gew.-%. Das Größtkorn der Gesteinskörnung wird auf 22 mm begrenzt. Der optimale Wassergehalt liegt unter dem Wassergehalt für eine steife Konsistenz. Zur Erhöhung der Verdichtungswilligkeit werden Zusatzstoffe, z. B. Steinkohlenflugasche eingesetzt.

Der Einbau des Walzbetons erfolgt mit üblichen **Straßenfertigern** mit Hochverdichtungsbohle, die eine Vorverdichtung herbeiführt. Walzbeton wird dann endgültig mit nachgeschalteten Verdichtungswalzen verdichtet. Praktische Erfahrungen haben gezeigt, dass zunächst mit einer Vibrationswalze zu verdichten ist, die ersten Übergänge ohne Vibration, die weiteren mit Vibration. Der **Oberflächenschluss** wird am besten mit einer Gummiradwalze erreicht. Zur Verbesserung der Fahrbahnebenheit kann die Walzbetondecke mit einem Asphaltbelag versehen werden [3.45].

3.6 Betonböden

In Hallen oder auf Freiflächen werden häufig Betonböden angeordnet. Ein Betonboden ist wirtschaftlich in seiner Herstellung, günstig in der Unterhaltung und besitzt ein gutes Tragvermögen mit lastverteilender Wirkung auf den Untergrund. Die Planung eines Betonbodens ist auf seine künftige Nutzung abzustellen. Pflasterflächen werden in der Regel nicht den Betonböden zugerechnet.

Der Grundaufbau eines Betonbodens besteht aus einem tragfähigen Untergrund, einer Tragschicht und einer Betondecke. Er ist eine Verkehrsfläche.

Betonböden werden nicht durch eine eigenständige Norm geregelt. Wenn dem Betonboden keine aussteifende Wirkung im Bauwerk zugeordnet wird, und das ist der Regelfall, gilt er auch nicht als Bauteil/Bauwerk nach DIN 1055, DIN 1045-1 und DIN EN 206-1. Trotzdem wird ein Betonboden auf der Grundlage der DIN 1045-1, DIN EN 206-1 und gesonderter Literatur [3.46], [3.47] hergestellt.

Ein Betonboden kann sowohl mit als auch ohne Bewehrung eingebaut werden. Er sollte oberflächenfertig, ohne nachträglichen Aufbeton oder Estrich, häufig jedoch mit einer Hartstoffschicht hergestellt werden.

3.6.1 Einwirkungen auf Betonböden

Betonböden werden vielfältig beansprucht. In erster Linie müssen sie jedoch **ruhende Lasten und Verkehrslasten** aufnehmen. Gleichzeitig unterliegen sie physikalischen oder chemischen Einwirkungen. Je nach Nutzung können auch besondere Eigenschaften, wie z. B. ein hoher Verschleißwiderstand erforderlich werden.

Im Regelfall wirken ruhende und bewegliche Lasten punktförmig auf Betonböden ein. Je nach Lasteintragstelle unterscheidet man Belastungen in Plattenmitte, am Plattenrand oder Plattenecke. Entscheidend für die Bemessung sind die Beanspruchungen an Plattenrand und Plattenecke. Punktförmig einwirkende Lasten beanspruchen die Betonböden im Allgemeinen auf Biegezug.

Betonböden verteilen die Einwirkungen aus Punktlasten weitgehend auf die Tragschichten und den Untergrund. Die lastverteilende Wirkung kann jedoch nicht verhindern, dass sich größere Einzellasten auch in Senkungen des Unterbaues bemerkbar machen.

Allgemein liegen die Kontaktpressungen, wie sie etwa bei luftbereiften Rädern auftreten, bei 1 N/mm^2 oder darunter. Vollgummireifen können Kontaktpressungen bis 1,5 N/mm^2 und Sonderreifen aus speziellen Kunststoffen Kontaktpressungen bis 7 N/mm^2 erzeugen. Zwillingsreifen mindern die Punktbelastungen etwa um 10–30 %. Große Einzellasten können ebenfalls Kontaktpressungen über 4 N/mm^2 erzeugen. Kontaktdrücke über 4 N/mm² erfordern eine genaue Bemessung. Kontaktdrücke über 7 N/mm² müssen vermieden werden.

Flächenlasten spielen hinsichtlich Kontaktpressungen nur eine untergeordnete Rolle, sind jedoch wie alle Punktlasten in den Fällen einer behinderten Verformung zu berücksichtigen.

Neben den Einwirkungen aus Lasten müssen Betonböden auch **Verformungen durch Temperaturänderungen** sowie Schwinden und Quellen infolge Feuchteänderung aufnehmen. Die möglichen Verformungen durch Temperatur- und Feuchteänderungen sind insbesondere im jungen Alter, bei großen Fenster- und Türöffnungen sowie bei Betonböden im Freien zu beachten. Von besonderer Bedeutung ist jede Abkühlung und jede ungleichmäßige Temperaturänderung über den Querschnitt eines Betonbodens.

Trocknet die Betonplatte an ihrer Oberfläche aus, schwindet die austrocknende Betonschicht und setzt sich selbst unter Zugspannung. Die Austrocknungsfront erreicht im Allgemeinen nicht die Auflageseite der Betonplatte, so dass Verkürzungen der gesamten Betonplatte eher selten sind. Austrocknungs- und damit gekoppelte Schwindvorgänge machen sich folglich vielmehr durch eine Verwölbung des Betonbodens bemerkbar. Das Schwinden wird durch Begrenzung des Leimgehaltes des Betons reduziert.

Rutschende Schüttgüter oder starke mechanische Beanspruchungen führen zu einem starken mechanischen **Verschleiß der Betonoberfläche**. Je nach Beanspruchungsart handelt es sich um einen Schleif-, Roll- oder Stoßverschleiß. Ein hoher Schleifverschleiß erfordert alle Maßnahmen nach Bd. 1, Abschnitt 2.3.2.3.

Betonböden im Freien müssen einen frostsicheren Unterbau besitzen und einen **hohen Frost- und/oder Taumittelwiderstand** aufweisen. In Produktions- und Lagerbetrieben können auf die Betonoberfläche gelangende Stoffe den Beton chemisch angreifen oder durch Fugen und Risse dringen und somit Boden bzw. Grundwasser belasten.

3.6.2 Konstruktion und Bemessung von Betonböden

Unterlage des Betonbodens

Ein Betonboden muss vollflächig auf der Tragschicht bzw. dem tragfähigen Untergrund aufliegen. Er trägt keine anderen Bauteile und ist von allen aufgehenden Bauteilen durch eine Bewegungsfuge (Raumfuge) getrennt. Er liegt nicht auf Fundamenten, Schächten oder Kanälen und ist als einzeln aufliegendes Bauteil zu konstruieren und zu bemessen.

Zunächst müssen der Untergrund und die Tragschicht zur Aufnahme des Betonbodens vorbereitet werden. Untergrund und Tragschicht müssen je nach Größe der Punktlast auf den Betonboden einen zugehörigen Verformungsmodul aufweisen. Die Abhängigkeit zwischen maximaler Einzellast und mindestens erforderlichem Verformungsmodul des Untergrundes und der Tragschicht ist in Tabelle 3.15 ausgewiesen.

Neben der ausreichenden Tragfähigkeit muss der Untergrund eine gleichmäßige Zusammensetzung über die gesamte Fläche bei gleichzeitig guter Entwässerung aufweisen. Gegebenenfalls muss ein Untergrund verbessert oder durch geeignetes Material ergänzt werden.

Als Tragschichten sind ungebundene Tragschichten, hydraulisch gebundene Tragschichten und Betontragschichten möglich (siehe auch [3.48]). Die Tragfähigkeit einer

Belastung max. Einzellast Q [kN]	Verformungsmodul E_{v2} in [MN/m²]	
	Untergrund	Tragschicht
≤ 32,5	≥ 30	≥ 80
≤ 60	≥ 45	≥ 100
≤ 100	≥ 60	≥ 120
≤ 150	≥ 80	≥ 150

Tabelle 3.15 Erforderlicher Verformungsmodul E_{v2} des Untergrundes und der Tragschicht unter Betonplatten [3.46]

Tragschicht wird durch ihre Dicke und das eingesetzte Material bestimmt. Tragschichten sollten mindestens eine Dicke von 15 cm und ein Verhältnis von $E_{v2}/E_{v1} \leq 2{,}5$ besitzen.

Bei Betonböden im Freien ist gegen aufsteigende Feuchtigkeit stets eine 15 cm dicke kapillarbrechende Schicht und ein ausreichend dicker frostsicherer Aufbau erforderlich. Bei normalen Beanspruchungen sollte ein frostsicherer Aufbau von mindestens 60 cm Dicke und bei ungünstigen Grundwasserverhältnissen und kalten Klimazonen von mindestens 80 cm gewählt werden.

Die Auswahl der Tragschichten und Bodenverbesserungen sowie ihre Ausführung erfolgt auf Grundlage der Technischen Lieferbedingungen für Baustoffe und Baustoffgemische für Tragschichten mit hydraulischen Bindemitteln und Fahrbahndecken aus Beton (TL Beton-StB 07) und der Zusätzlichen Vertragsbedingungen und Richtlinien für den Bau von Tragschichten mit hydraulischen Bindemitteln und Fahrbahndecken aus Beton (ZTV Beton-StB 07). Hydraulisch gebundene Tragschichten und Betontragschichten sind zu kerben. Die Kerben sollten unter den Fugen der Betonplatte liegen.

In beheizten Hallen ist aus wirtschaftlichen und wärmeschutztechnischen Gründen unter Betonböden eine Wärmedämmung erforderlich. Die Dämmschichten müssen eine ausreichende Druckfestigkeit und eine geringe Stauchung besitzen. Sie werden im Allgemeinen auf einer festen gebundenen Unterlage, wenn eine ungebundene Tragschicht vorhanden ist, auf einer Estrich- oder Sauberkeitsschicht angeordnet. Üblicherweise werden Polystyrol-Extruderschaumplatten oder Schaumglas eingesetzt.

In Hallen wird unter Betonböden meist eine Trenn- oder eine Gleitschicht angebracht. Die Trennschicht ist immer dann erforderlich, wenn der Betonboden auf einer ungebundenen Tragschicht oder einer Wärmedämmung angeordnet wird. Die Anordnung einer Gleitschicht erlaubt größere zulässige Fugenabstände, da damit die bei Verformungen wirksame Reibungskraft zwischen Betonboden und Unterlage vermindert wird.

Im Freien sollten unter Betonböden ähnlich den Prinzipien des Betonstraßenbaues keine Trenn- oder Gleitschichten angeordnet werden, da sie das Paketreißen von ordnungsgemäßen Scheinfugen begünstigen. Die beschriebenen Fugenabstände werden vor allem durch die Temperaturänderungen während der Nutzung bestimmt.

Konstruktion und Bemessung der Betonplatte

Je nach Belastung sind die Dicke, die zwischen 14 cm und 30 cm schwanken kann, die Biegezugfestigkeit der Betonplatte und gegebenenfalls die Bewehrung festzulegen. Im Regelfall wird mit Betonen C25/30, C30/37 und C35/45 gearbeitet. Im Freien sind Betonplatten mindestens aus Beton C30/37 herzustellen. Für sehr hoch belastete und mechanisch sehr stark beanspruchte Betonplatten, die gesondert bemessen werden müssen, kann auch ein Beton C40/50 gewählt werden.

Beispiele für mattenbewehrte Betonbodenplatten sind in Tabelle 3.16 in Abhängigkeit von den Einzellasten gegeben.

Neben der mechanischen Belastung sind bei der Auswahl der Betone die Expositionsklassen, denen die Betonplatten ausgesetzt sind, zu berücksichtigen. Die jeweils höchsten Anforderungen sind zu beachten.

Einfach beanspruchte Betonböden werden in der Regel nicht bewehrt. Eine Bewehrung ist kein Ersatz für einen ungenügend tragfähigen Unterbau. Sie kann Rissentstehungen nicht vermeiden. Kann der Betonboden jedoch die Biegzugbelastung nicht mehr sicher aufnehmen, ist eine Bewehrung des Betonbodens vorzunehmen. Sollen Risse in Betonböden grundsätzlich vermieden werden, ist eine Spannstahlbewehrung anzuordnen.

Beanspruchungsbereich (z. B. infolge der Expositionsklasse XM1 bis XM3)	Bemessungswert der maximalen Radlast Q_d [2) [kN]	Regellast am Fahrbereich Bemessungswert G_d [3) [kN]	Betonfestigkeitsklasse	w/z-Wert des Betons[4)	Bewehrung jeweils oben und unten	Dicke h der Betonbodenplatte [cm] Nutzungsbereich[5)		
						A	B	C
Beanspruchungsbereich 1 (z. B. XM1)	10	15	C25/30	≤ 0,55	Q 524 A bzw. Listenmatten 100.8/ 100.8	≥ 14	≥14	≥ 16
	20					≥ 14	≥16	≥ 18
	30	25	C30/37	≤ 0,50		≥ 14	≥16	≥ 18
	40					≥16	≥ 18	≥ 20
Beanspruchungsbereich 2 (z. B. XM2)	50	35	C30/37	≤ 0,46	Listenmatten 100.10/ 100.10	≥16	≥ 18	≥ 20
	60					≥ 18	≥ 20	≥ 22
	80					≥ 20	≥ 22	≥ 24
Beanspruchungsbereich 3 (z. B. XM3)	100	50	C35/45	≤ 0,42	Listenmatten 100.12/ 100.12	≥ 20	≥ 22	≥ 24
	120					≥ 22	≥ 24	≥ 26
	140					≥ 24	≥ 26	≥ 28

[1)] gilt nur für Lastwechselanzahl $n \leq 5 \cdot 10^4$
[2)] der Bemessungswert Q_d der maximalen Radlast ergibt sich aus der charakteristischen Radlast Q_k unter Berücksichtigung von Teilsicherheitsbeiwert und Lastwechselzahl: $Q_d \approx 1{,}6 \cdot Q_k$
[3)] der Bemessungswert G_d der maximalen Regellast am Fahrbereich ergibt sich aus der charakteristischen Regellast G_k unter Berücksichtigung des Teilsicherheitsbeiwerts: $G_d \approx 1{,}2 \cdot G_k$
[4)] der w/z-Wert kann z. B. durch Fließmittel eingehalten oder nachträglich durch Vakuumbehandlung erzeugt werden.
[5)] Nutzungsbereiche nach Lohmeyer/Ebeling, Tafel 3.1

Tabelle 3.16 Beispiele für mattenbewehrte Betonbodenplatten in Hallen bei Verkehrsbelastungen durch Einzellasten mit begrenzter Anzahl von Lastwechseln[1)2)] und ohne Zwangsbeanspruchung [3.46]

Wird ein Betonboden bewehrt, so sind in Abhängigkeit von den Expositionsklassen die Rissbreite und die erforderliche Betondeckung zu beachten. Bei Einwirkung von chloridhaltigen Wässern wird z. B. ein Mindestmaß der Betondeckung (obere Bewehrung) von $c_{min} \geq 40$ mm vorgeschrieben.

Wird bei Betonböden eine höhere Duktilität erwartet, ist eine Stahlfaserbewehrung sinnvoll. Stahlfaserbetonböden sind nach der Richtlinie des DAfStb [3.49] zu bemessen. Stahlfasern in Betonböden liegen auch an der Oberfläche und können dort die Nutzung des Betonbodens (z. B. »Rostflecke«) beeinträchtigen. In diesen Fällen ist der Auftrag einer Hartstoffschicht nützlich.

Fugen in Betonböden

Um das Entstehen von Rissen zu vermeiden, werden auch in Betonböden Fugen angeordnet. Auf der anderen Seite stellen Fugen Schwachstellen in der Konstruktion dar, die eine Minimierung erfordern. Die Anordnung der Fugen ist zu planen.

Allgemein unterscheidet man Pressfugen, Scheinfugen und Raumfugen. Während Raumfugen nur an den Begrenzungen des Betonbodens gegenüber aufgehenden Bauteilen angeordnet werden, unterteilen Press- und Scheinfugen den Betonboden. Pressfugen entstehen beim Anbetonieren an bereits betonierte Flächen. Scheinfugen teilen die Fläche in einzelne Felder.

Fugen sind so anzuordnen, dass

- Flächen mit einem Seitenverhältnis von weniger als L/B = 1,5 entstehen,
- sich Längs- und Querfugen ohne Versatz kreuzen,
- Zwickel und einspringende Ecken vermieden werden und
- alle Fugen in Bereichen geringerer Belastung angeordnet werden.

Die Fugenabstände sind im Freien geringer als in geschlossenen Hallen. Die wesentlichsten Einflussgrößen sind die klimatischen Verhältnisse, die Plattendicke und die Ausbildung der Betonplattenauflage. Im Regelfall werden Fugenabstände gemäß Tabelle 3.17 gewählt.

Herstellbedingungen	Abstand L der Schein- und Pressfugen
Betonieren im Freien	$L \leq 6$ m und $L \leq 33 \cdot d$ bei Platten mit L/B $\leq 1{,}25$ $L \leq 30 \cdot d$ bei Platten mit $1{,}25 \leq$ L/B $\leq 1{,}5$
Betonieren in offenen Hallen bei normaler Ausführung	$L \leq 8$ m
Betonieren in geschlossenen Hallen bei normaler Ausführung	$L \leq 12$ m

Tabelle 3.17 Fugenabstände L in m, abhängig von Umgebungs- und Herstellbedingungen (siehe auch [3.46])

Bei höheren Radlasten (40–60 kN) und bei unvermeidbaren Verformungen der Unterlage, wie z. B. bei Wärmedämmungen, sind die Fugen zu verdübeln und zu verankern. Pressfugen werden im Allgemeinen verankert und Scheinfugen verdübelt. Die Verankerung der Pressfugen erfolgt entweder durch Stahlanker oder durch Anwendung des Feder-Nut-Prinzipes. Durch die Anordnung von Dübeln wird eine freie Beweglichkeit in Richtung der Dübel gewährleistet. Der Dübelabstand sollte in besonders belasteten Teilen mit ca. 25 cm ansonsten mit ca. 50 cm gewählt werden. Beweglichkeiten der Platten in senkrecht zueinander liegenden Richtungen sind zu vermeiden.

Zur Gewährleistung der Fugenfunktion sind die Fugen zu verschließen. Dies geschieht heute mittels Fugenverguss oder elastischem Fugenprofil Liegen hohe Radlasten vor, ist es günstig, alle Fugen anzufasen. Bei besonders hohen Belastungen ist der Schutz der Fugenkanten durch in der Betonplatte verankerte Winkelstähle hilfreich.

Bei Planung und Ausführung aller Fugen sind die Zusätzlichen Technischen Vertragsbedingungen und Richtlinien für Fugen in Verkehrsflächen (ZTV Fug-StB) zu beachten.

Ausbildung der Oberfläche von Betonböden

An die Oberfläche von Betonböden werden Anforderungen hinsichtlich Ebenheit, Griffigkeit, Verschleiß und Anordnung eines Gefälles gestellt. Die Oberflächenausbildung ist auf die spätere Nutzung abzustellen. Die Oberfläche eines Betonbodens sollte in einem Zuge, bei mehrschichtiger Ausführung frisch in frisch, hergestellt werden.

Die zulässigen Ebenheitstoleranzen sind in DIN 18202 festgelegt. Werden höhere Anforderungen gestellt, sind sie unter Beachtung der Ausführbarkeit gesondert zu planen.

Allgemein besitzen Betonböden eine raue und griffige Oberfläche. Sie wird durch Abziehen mittels einer Rüttelbohle mit und ohne nachträglicher Texturierung, z. B. Besenstrich erreicht. Geglättete und abgescheibte Oberflächen sind pflegeleicht und hygienisch, aber rutschanfällig [3.50].

Betonböden werden im Allgemeinen ohne Gefälle hergestellt. Im Freien erhalten Betonböden jedoch zur sicheren Entwässerung ein Gefälle von mindestens 2 %. Das Gefälle ist nicht durch einen Verbundestrich sondern direkt auszubilden. Sternförmige Gefälleausbildungen sind aus Ausführungsgründen zu vermeiden.

Fugen sollten nicht im Tiefbereich des Gefälles liegen. Das Gefälle soll von den Fugen wegführen.

3.6.3 Hinweise zur Ausführung von Betonböden

Die Ausführung von Betonböden gehört im weitesten Sinne in den Bereich der Tiefbauarbeiten und orientiert sich sehr stark an die Ausführung von Betonstraßen.

Betonböden können ebenfalls nur so gut sein wie ihr Unterbau. Untergrund und Tragschichten sind ausreichend zu entwässern und zu verdichten. Für die Ausführung der Arbeiten sind die DIN 18300, DIN 18315 und DIN 18316 hinzuzuziehen.

Hinsichtlich der **Zusammensetzung des Betons** sind die Grenzwerte nach Tabelle 3.18 zu beachten. Es kann sowohl Transport- als auch Baustellenbeton verwendet werden. Entsprechend der Einbautechnologie ist die Betonkonsistenz festzulegen.

Im Allgemeinen werden Seitenschalungen aus Holz oder Stahl höhengerecht verlegt und der Beton streifenförmig oder schachbrettartig eingebaut. Das Verdichten und Abziehen erfolgt durch Innenrüttler oder Rüttel- und Abziehbohlen. Größere Flächen können auch mit Gleitschalungsfertigern oder als Walzbeton eingebaut werden. Jeder Betonboden ist ausreichend nachzubehandeln.

Werden **besondere Anforderungen** an die Betonoberfläche gestellt, kann ein Einbau mit Fließbeton oder auch eine Vakuumbehandlung des Betons hilfreich sein.

Bei der Expositionsklasse XM3 kommen nur Hartstoffschichten nach DIN 18560-7 mit Hartstoffen nach DIN 1100 infrage. Sie sollten günstigerweise auf Beton C30/37 »frisch in frisch« eingebaut werden. Ist dies nicht möglich, ist zwischen Tragbeton und Hartstoffschicht eine Haftbrücke einzuordnen. Möglich ist auch das Einstreuen und Einarbeiten des Hartstoffes bzw. eines Hartstoff-Zement-Gemisches in einer Mindestmenge von 5 kg/m^3. Diese Mindestmenge gewährleistet im Mittel nur eine Schichtdicke von 2 mm und erfordert folglich ein sorgfältiges Arbeiten, um eine ganzflächige und voll deckende Hartstoffschicht zu erzeugen.

Expositionsklasse	Beispiele für die Zuordnung	Mindestdruck-festigkeitsklasse	Anforderungen an die Betonzusammensetzung
XM1[1]	tragende oder aussteifende Industrieböden mit Beanspruchung durch luftbereifte Fahrzeuge	C30/37 C25/30 LP möglich, wenn gleichzeitig XF	C30/37 max w/z ≤ 0,55 min z ≥ 300 kg/m^3 max z ≤ 360 kg/m^3 Mehlkorn ≤ 450 kg/m^3 bei max. z
XM2[1]	tragende oder aussteifende Industrieböden mit Beanspruchung durch luft- oder vollgummibereifte Fahrzeuge	C35/45 C30/37 LP möglich, wenn gleichzeitig XF C30/37 möglich bei Oberflächenbehandlung	C35/45 max w/z ≤ 0,45 min z ≥ 320 kg/m^3 max z ≤ 360 kg/m^3 Mehlkorn ≤ 450 kg/m^3 bei max. z C30/37 + Oberflächenbehandlung Anforderungen wie unter XM1
XM3[1]	tragende oder aussteifende Industrieböden mit Beanspruchungen durch elastomer- oder stahlrollenbereifte Gabelstapler, mit Kettenfahrzeugen häufig befahrene Oberflächen	C35/45 und mit Hartstoffen nach DIN 1100 C30/37 LP möglich, wenn gleichzeitig XF und mit Hartstoffen nach DIN 1100	C35/45 + Hartstoffe max w/z ≤ 0,45 min z ≥ 320 kg/m^3 max z ≤ 360 kg/m^3 Mehlkorn ≤ 450 kg/m^3 bei max. z

[1] Anforderungen an Gesteinskörnungen nach DIN Fachbericht 100, Pkt. 5.5.5: mäßig raue Oberfläche, gedrungene Gestalt, Korngemisch möglichst grobkörnig

Tabelle 3.18 Grenzwerte für die Betonzusammensetzung (in Anlehnung an [3.46])

Raumfugen müssen den Betonboden über seine gesamte Dicke von angrenzenden Bauteilen trennen. Sie werden durch sorgfältige Verlegung von Fugeneinlagen, zweckmäßigerweise aus Weichfaserplatten, ausgebildet. Die Fugeneinlagen sollten über die Seitenschalungen hinaus angeordnet werden.

Scheinfugen werden nach Erreichen einer ausreichenden Festigkeit und vor der Ausbildung schädigender Eigenspannungen geschnitten. Das Schneiden schwächt den Beton bei einer Schnittbreite von 3 mm und etwa 60 mm Tiefe. Die Fugen werden nach Erreichen der Endfestigkeit aufgeweitet und mit Fugenfüllstoffen geschlossen.

3.7 Architektonische Gestaltung der Oberflächen der Betonbauteilen

3.7.1 Architektur und Sichtbeton

Der Stein »Beton« kann unterschiedlich gestaltet werden. Nicht immer wurden ausdruckslose graue Flächen erzeugt. Die erste Schalung war die Brettschalung, die sich dauerhaft auf der Betonfläche abbildete. Als erster Sichtbeton kann wieder die Kuppel des Pantheons in Rom mit seiner ausdrucksstarken Struktur und Farbe genannt werden. Architekten nahmen sich des Betons und des Stahlbetons frühzeitig auch in der Gestaltung als Fläche an. Als erster Sichtbetonbau gilt die Kirche St. Jean de Montmatre von Anatole de Baudet, deren Bauzeit mit den Jahren 1894 bis 1897 angegeben wird. Es folgten in Deutschland die Lutherkirche Bad Steben (1908 bis 1910) von Richard Neidhardt mit der Formung des Betons im Jugendstil als erste Kirche in Eisenbeton und die Pauluskirche Ulm (1908 bis 1912) von Theodor Fischer, der die Vorreiterrolle der Moderne zugeschrieben wird.

In den zwanziger Jahren ragte das Goetheanum in Dornach von Rudolf Steiner (1925–1928) heraus. Die eigentliche Moderne begann mit Le Corbusiers Kapelle Notre Dame du Haut von Ronchamp (1955). Le Corbusier kannte Fischers Kirche in Ulm schon zu dessen Lebzeiten. Nur wenige Jahre später wurde Sichtbeton in Dresden als Vakuumbeton an einem Hochschulgebäude mit Erfolg hergestellt (Bild 3.21 und 3.22). Bemerkenswert ist der Mut zum Wohnen in brettgeschaltem Sichtbeton von 1976 (Bild 3.23).

In den neunziger Jahren begann eine breite Anwendung von »Bauen in Sichtbeton« mit großen und glatten Betonflächen (Bild 3.24), und auch der Begriff des »skulpturalen Baukörpers« wurde eng mit dem Begriff »Sichtbeton« verbunden (Bild 3.25). Es wurden neue und spektakuläre Formen der Gebäudearchitektur verwirklicht.

Mit dem selbstverdichtenden Beton sind komplizierte Aufgaben (Bewehrungsdichte und Bauform) lösbar, die jetzt auch in die Bereiche eindringen, die bisher nur der Statik und der Dauerhaftigkeit entsprechen mussten.

Bild 3.26 zeigt ein Brückenwiderlager mit sehr dichter Bewehrung und bewegten Formen.

Auch für die Gestaltung des Stadtraumes wird Sichtbeton eingesetzt (Bild 3.27).

Bild 3.28 zeigt ein Brückenwiderlager mit zwei verschiedenen Sichtbetonflächen und Bild 3.29 ein modernes Wohnhaus. Fassaden aus Sichtbetonfertigteilen sind weitgehend üblich (Bild 3.30).

3 Architektonische Gestaltung der Oberflächen der Betonbauteilen

Somit ist Sichtbeton ein Architekturbegriff, der den Betoningenieur fordert. Notwendig ist eine Zusammenarbeit mit Beginn der ersten Planungsphase, was problematisch ist, denn der Ausführende ist noch nicht bekannt. Trotzdem müssen Wege der Zusammenarbeit in einem möglichst frühen Stadium gefunden werden.

In [3.58] wird ein Querschnitt der Betonbauwerke der letzten 50 Jahre gezeigt. Auf unterschiedliche Sichtweisen auf Sichtbeton, warum die Verwendung seine Verwendung von Architekten so geschätzt und von Laien oftmals vehement abgelehnt wird, wird in [3.59] verwiesen.

Bild 3.21 Stützen in Sichtbeton eines Hochschulgebäudes aus den 50er Jahren

Bild 3.22 Stützen in Sichtbeton, vakuumiert (Detail aus Bild 3.21)

Bild 3.23 Wohnhaus mit Sichtbeton im Wohnraum

Bild 3.24 Sichtbetonfassade aus selbstverdichtendem Beton (SVB)

Bild 3.25 Ehemaliges Feuerwehrhaus in Weil am Rhein (Architektin: Zaha Hadid)

Architektonische Gestaltung der Oberflächen der Betonbauteilen 3

Bild 3.26 Brückenwiderlager in SVB

Bild 3.27 Sichtbeton für die Gestaltung des öffentlichen Stadtraumes

Bild 3.28 Verschiedene Arten von Sichtbeton an einem Brückenwiderlager

Bild 3.29 Fassade eines Wohnhauses in Sichtbeton

Bild 3.30 Fassade eines Hochschulgebäudes aus Sichtbetonfertigteilen

3.7.2 Begriffe und Abgrenzungen

An Betonoberflächen werden sehr unterschiedliche Anforderungen gestellt, die sich auf die Auswahl der Schalung auswirken, die Betontechnologie beeinflussen, die Maßgenauigkeit der Ausführung bestimmen und in einzelnen Fällen auch eine besondere Bearbeitung von sichtbaren Flächen verlangen.

Wenn die Betonkonstruktion nur eine tragende Funktion zu erfüllen hat und mit anderen Materialien verkleidet oder verputzt wird, werden an die Betonoberfläche keine Anforderungen gestellt. Dann bleibt die Art der Schalung und der Herstellung dem Auftragnehmer überlassen. Die Regelausführung ergibt schalungsraue, unbearbeitete Betonflächen; nicht geschalte Flächen sind roh abgezogen (VOB/C – DIN 18331). Ausbesserungen sind zulässig (DIN 18217). Die Ebenheitstoleranzen, wenn nicht anders festgelegt, sind wie in DIN 18202, Tabelle 3, Zeilen 1 und 5 angegeben, einzuhalten.

Aber auch die Oberflächen von Betonkonstruktionen mit tragenden Funktionen haben Anforderungen zu erfüllen. Brückenwiderlager sind der Witterung ausgesetzt, Kühlturmschalen und Behälter werden durch Medien belastet. Flächen von Tiefgaragen, Parkdecks und Hallenfußböden werden durch Fahrzeuge direkt beansprucht. Decken und Fußböden müssen den Anforderungen nachfolgender Gewerke wie Estrich, Fliesen und Beschichtungen genügen.

Entsprechend den jeweiligen Anforderungen muss der Beton zusammengesetzt sein und darüber hinaus werden eine hohe Genauigkeit, eine gesteigerte bzw. besonders erhöhte Maßgenauigkeit oder auch eine besondere Struktur der Oberfläche gefordert, die durch Nachverdichten, Flügelglätten, Riffeln oder Besenstrich im noch frischen Beton erreicht wird. Besonders hohe Anforderungen werden an tapezier- und streichfähige Oberflächen gestellt, die neben einem geringen Porenanteil eine sehr hohe Planflächigkeit (DIN 18202, Tabelle 3, Zeile 7) aufweisen müssen. »Streichfertig« bedeutet in diesem Zusammenhang, dass die Poren verspachtelt und die Grate geschliffen sein müssen. Dieser Begriff und weitere wie »spachtelfähig«, »Teilspachtelung«, »tapezierfähig« oder »tapezierfertig« werden verwendet und bedürfen der Beschreibung.

Auch aus diesen Forderungen können sich bei geschalten Betonflächen besondere Ansprüche an die Schalungskonstruktion ergeben, wie hohe Tragfähigkeit und Steifigkeit, um die Verformungen aus dem Seitendruck des Frischbetons (Bd. 1 Abschnitt 4.1.5) geringer als üblich zu halten oder Verringerung der Schalungsstöße durch großflächige und glatte Schalhautoberflächen oder Schalhautmaterialien, mit denen mehrfache Einsätze möglich sind.

Eine weitere Anforderung an die Oberfläche des Betons ist, dass das Erscheinungsbild der Betonoberfläche einzelner Bauteile oder des gesamten Gebäudes ein bestimmtes Aussehen haben soll und vom Architekten geplant wird.

Wenn die Betonoberfläche ein vorausbestimmtes Aussehen haben und sehr wesentliche gestalterische Aufgaben erfüllen soll, wird heute allgemein der Begriff **Sichtbeton** gebraucht. Durch entsprechende Maßnahmen können Struktur und Farbe der Betonoberfläche beeinflusst und den Betonbauteilen ein individuelles Aussehen gegeben werden. Aufgrund der Bedeutung der Ansichtsflächen für die spätere Wirkung eines Betonbauwerkes wird auch die Bezeichnung **Architekturbeton** verwendet.

Architekturbeton ist eine internationale Formulierung für eine spezielle Art von Sichtbeton mit besonderen Anforderungen an Herstellung, Zusammensetzung und Erscheinungsbild. Bei der Herstellung von Architekturbeton wird meistens auf herkömmliche Schalung verzichtet oder sie wird nur als Unterkonstruktion genutzt. Zumeist werden bei bestimmten Oberflächenstrukturen speziell angelieferte Holzarten (z. B. Oregon Pine, Bild 2.38) [3.64] oder andere, dafür geeignete Materialien, wie z. B. Polyurethan [3.90], verwendet (Bild 3.31).

Nach [3.63] werden dem internationalen Begriff »Architekturbeton« (Architectural concrete) die Merkmale strukturierte Oberflächen, bestimmte Zementfarbtöne oder eingefärbte Zemente, nach Farbe ausgewählte Gesteinskörnungen, ausgewählte Brettstruktur, wenig Lunker, nachträgliche Veränderung der Fläche, zugeordnet.

Mit »Exposed concrete« werden Betonflächen gekennzeichnet, die der Witterung ausgesetzt sind, ihre Anforderungen zu Tragfähigkeit und Dauerhaftigkeit erfüllen, an die jedoch keine Anforderungen bezüglich einer »Anmutungsqualität« gestellt werden [3.63].

Damit werden zwei Kategorien sichtbar bleibender Betonflächen beschrieben.

Bei sehr starker Profilierung der Betonoberfläche durch spezielle Schalelemente oder nachträgliche Bearbeitung wird teilweise auch der Ausdruck Strukturbeton verwendet.

Diese Unterscheidung ist nicht gegeben, wenn Sichtbeton üblicherweise als ein Beton bezeichnet wird, der sichtbar bleibt und dessen Aussehen durch Anforderungen beschrieben werden muss.

Die DIN 18217 «Betonflächen und Schalungshaut« unterscheidet »Betonflächen ohne besondere Anforderungen«, »Betonflächen mit Anforderungen an das Aussehen« und »Betonflächen mit technischen Anforderungen«.

Die Betonflächen mit Anforderungen an das Aussehen werden eingeteilt nach der Art der Herstellung des Aussehens

- »mit Schalungshaut gestaltet«,
- durch »Bearbeitung der Betonflächen« und
- durch« nachträgliche Behandlung der Betonflächen«.

Begriffe und Anforderungen außerhalb der DIN zu »Betonflächen mit technischen Anforderungen« sind in [3.70] erläutert.

Die DIN 1045-3 (3.4) erläutert den Begriff »Beton mit gestalteten Ansichtsflächen« als einen Beton mit in der Projektbeschreibung angegebenen Anforderungen an das Aussehen. Im Abschnitt 4.2.4 wird gefordert, dass die für die Bauausführung erforderlichen Angaben insbesondere auch für Beton mit gestalteten Ansichtsflächen in der Baubeschreibung erläutert und enthalten sein müssen. Im Abschnitt 5.3 (4) wird bezüglich der Anforderungen an die Schalhaut auf das DBV/VDZ Merkblatt »Sichtbeton« verwiesen.

Das DBV/VDZ-Merkblatt »Sichtbeton« beschreibt den Begriff »Sichtbeton« als den »*nach der Fertigstellung sichtbaren Teil des Betons, der die Merkmale der Gestaltung und der Herstellung erkennen lässt und der die architektonische Wirkung eines Bauteils oder Bauwerks maßgebend bestimmt*« [3.60].

Die Anforderungen an Sichtbetonflächen sind vielfältig, da es je nach eingesetzter Schalhaut verschiedene Möglichkeiten der Gestaltung gibt.

Grundsätzlich sollte davon ausgegangen werden, dass nur solche Anforderungen gestellt werden, die auch realisiert werden können. Damit überhaupt gesagt werden kann, was realisierbar ist, muss bekannt sein, welche Einflüsse auftreten und wie sie wirken.

Bild 3.31 Wandschalung mit NOEplast-Strukturmatrize [3.90]

3.7.3 Durch die Schalhaut gestaltete Betonoberflächen (Sichtbeton)

3.7.3.1 Anforderungen an Sichtbetonoberflächen

In der Vergangenheit wurden beispielgebende Gebäude und Bauteile aus Sichtbeton errichtet. Jedoch gab es häufig unterschiedliche Auffassungen zur erreichbaren oder erwarteten **Sichtbetonqualität**, die dann vor allem bei der Abnahme deutlich wurden. Die Ursachen liegen in einer unbegründeten Erwartung, einer nicht ausreichenden Beschreibung dieser Erwartung und sind in der Tatsache begründet, dass die Merkmale des Sichtbetons noch nicht quantitativ bewertet werden konnten und auch noch nicht umfassend und losgelöst von subjektivem Empfinden bewertbar sind.

Einflüsse an das Aussehen der Betonfläche

Den Haupteinfluss auf das Aussehen der Betonfläche hat die Schalhaut. Die Betonfläche ist das Abbild der Schalhaut, im Zusammenwirken mit dem Trennmittel oder dem Verhalten des Betons an der mit Trennmittel behandelten Schalung (Grenzflächeneigenschaften des Systems »Frischbeton-Schalung« [3.63]).

Einfluss haben auch die Zusammensetzung des Frischbetons, die Verarbeitung und die Bedingungen der Erhärtung.

Von entscheidender Bedeutung für den farblichen Eindruck ist die Menge und Verteilung des Anmachwassers an der Grenzfläche zwischen Schalhaut und Frischbeton sowie deren Veränderungen während des Ansteifens und in der Frühphase der Erhärtung. Grundsätzlich gilt, dass ein höherer w/z-Wert eine hellere Betonoberfläche ergibt, ein niedriger w/z-Wert dagegen zu einer dunkleren Färbung führt. Inwieweit der Hydratationsgrad einen Einfluss auf die Färbung hat, ist noch nicht geklärt.

Eine Gleichmäßigkeit in der Färbung und der Oberflächenstruktur kann nur dann erhalten werden, wenn auch die Herstellungsbedingungen unverändert die gleichen bleiben. Sichtbetonflächen stellen damit Anforderungen an das architektonische Konzept, an die Planung der Schalungsarbeiten, an die Auswahl der Zusammensetzung des Betons, an die Ausführung der Betonarbeiten und an die Nachbehandlung.

Die Anhäufung von Bewehrung und die Anordnung von haustechnischen Leitungen können das Schwingungsverhalten beim Verdichten beeinflussen, dabei zu unterschiedlicher Ausbildung des Mikrogefüges und damit zu Unterschieden in der Farbtönung führen [3.63].

Eine Vergabe sollte deshalb auch nur an erfahrene Unternehmen mit entsprechendem Fachpersonal erfolgen.

Die zahlreichen und komplexen Einflüsse auf das Aussehen der Betonfläche sind nicht alle steuerbar und vorher zu bestimmen, so dass es schwierig ist, das gewünschte Aussehen auch zielsicher zu erreichen.

3.7.3.2 Grundlagen der Planung von Sichtbeton

3.7.3.2.1 Das Sichtbetonteam

An der Herstellung von Bauteilen in Sichtbeton sind der Bauherr, der Architekt, der Tragwerksplaner, der Baubetrieb mit seinen Subunternehmern Schalung, Bewehrung, Beton und den Zulieferern Schalung und Transportbeton sowie ein Betoningenieur beteiligt. Deren aller Arbeiten sollten koordiniert und damit ein **»Sichtbetonteam«** gebildet werden. Geplant werden soll, was machbar ist. Besondere und neue Anforderungen müssen so zeitig beschrieben, bekannt gemacht und nach Möglichkeit abgestimmt werden, dass die weiteren Planungs- und Vorbereitungsschritte bauablaufkonform erfolgen können. Dem steht jedoch der Vertragsablauf entgegen. In den Anfängen der Planung des Architekten ist der Ausführende noch nicht bekannt. Auch gewisse Regelungen zur Arbeitsteilung in der Zielvorgabe und zum Weg dazu (der Planer gibt das Ziel vor und es ist Sache des Ausführenden, wie das Ziel erreicht wird), müssen anders ausgelegt werden. Lösungsvorschläge gibt es, hier wird der Betoningenieur als Leiter eines Sichtbetonteams und als Koordinator gesehen. Der Bauherr sollte einen Auftrag mit dieser Aufgabe, z. B. an ein erfahrenes Ingenieurbüro, erteilen. Meist war bisher wohl der Architekt in dieser Rolle tätig, insbesondere dort, wo der Status des Bauwerks bezüglich seines Gesamtbildes, seiner Ausstrahlung und seiner Nutzung an den Namen des Architekten gebunden ist. Die Maßnahmen und Zuständigkeiten der Qualitätsüberwachung können ebenfalls in solch einem Sichtbetonteam mit festgelegt werden. Eine genaue Abgrenzung der Verantwortlichkeiten und der Entscheidungskompetenz der Beteiligten sollte getroffen werden, um Konflikte zu vermeiden [3.71].

3.7.3.2.2 Ausschreibung von Sichtbeton

Die Beschreibung von Bauleistungen ist in der VOB festgelegt. Wichtig für den Sichtbeton als eine Leistung, die »besondere Aufmerksamkeit erfordert«, sind die allgemeinen Forderungen.

VOB Teil A § 9 Beschreibung der Leistung, Allgemeines:

»(1) *Die Leistung ist eindeutig und so erschöpfend zu beschreiben, dass alle Bewerber die Beschreibung im gleichen Sinne verstehen müssen und ihre Preise sicher und ohne umfangreiche Vorarbeiten berechnen können.*
(2) Dem Auftragnehmer darf kein ungewöhnliches Wagnis aufgebürdet werden für Umstände und Ereignisse, auf die er keinen Einfluss hat und deren Entwicklung auf die Preise und Fristen er nicht im voraus schätzen kann.
(3.1) Um eine einwandfreie Preisermittlung zu ermöglichen, sind alle sie beeinflussenden Umstände festzustellen und in den Verdingungsunterlagen anzugeben.
(3.2) Erforderlichenfalls ist auch der Zweck und die vorgesehene Beanspruchung der fertigen Leistung anzugeben.«

VOB Teil C DIN 18331 (Januar 2005) für sichtbar bleibende Betonflächen:

»0.2 *Angaben zur Ausführung*
0.2.4 *Bei sichtbar bleibenden Betonflächen u. a.*

- Klassifizierung der Ansichtsflächen
- Oberflächentextur, erforderlichenfalls Beschreibung des Schalungs- und Schalhautsystems, Oberflächenausbildung nicht geschalter Teilflächen
- Farbtönung
- Flächengliederung
- Ausbildung von Fugen, Kanten, Ankern und Ankerlöchern sowie Schalungsstößen
- Anzahl der Erprobungsflächen, Auswahl der Referenzfläche«.

Bereits genannt wurde die DIN 18217, die Betonflächen mit Anforderungen an das Aussehen mit einer eindeutigen und praktisch ausführbaren Beschreibung zwingend gleichsetzt und Musterstücke als wirkungsvolle Hilfe nennt.
 In der DIN 1045-3 wird in Abschnitt 4.2.4 (1) u. a. auch für Beton mit gestalteten Ansichtsflächen eine Baubeschreibung mit den erforderlichen Angaben gefordert.
 Mit dem DBV/VDZ-Merkblatt »Sichtbeton« [3.60] sind klassifizierte Hinweise für die Planung, Ausschreibung, Ausführung und Abnahme gegeben. Es wurde angestrebt, die Anforderungen an Sichtbeton zu objektivieren und einen Weg zur messtechnischen Beschreibung und Bewertung von Betonflächen zu eröffnen. Die Einbindung des Merkblattes in den Bauvertrag ist erforderlich, wenn die Anforderungen nach dem Merkblatt beschrieben werden.
 Wenn auch eine Klassifikation von Sichtbeton mit den gestalterischen Vorstellungen des Architekten nur schwer in Übereinstimmung zu bringen ist, so ist es doch unbestritten, dass das Merkblatt mit den darin vorgenommenen Unterteilungen anwendbar ist [3.85].
 Speziell für Sichtbetonflächen von Fertigteilen aus Beton- und Stahlbeton hat die Fachvereinigung Deutscher Fertigteilwerke e. V. ebenfalls ein Merkblatt herausgegeben mit Hinweisen zur Planung, Ausschreibung, Ausführung und zur Beurteilung und Abnahmen [3.66]. Auf Mustertexte von Ausschreibungen wird auf [3.70] verwiesen.

3.7.3.2.3 Das DBV/VDZ-Merkblatt »Sichtbeton«

Anforderungen an den Sichtbeton und Sichtbetonklassen

Unterschieden werden die Anforderungen an Betonflächen nach

- geringen Anforderungen
- normalen gestalterischen Anforderungen
- besonderen gestalterischen Anforderungen.

Die besonderen gestalterischen Anforderungen werden nochmals unterteilt in hohe und in besonders hohe gestalterische Anforderungen. Diesen Unterscheidungen werden Sichtbetonklassen SB 1 bis SB 4 zugeordnet. Für die Sichtbetonklassen SB 3 und SB 4 wird für die Planung, Ausschreibung und Ausführung die Betreuung durch »Sonderfachleute« empfohlen.
 Die Merkmale für das Aussehen von Betonflächen bez. Textur, Porigkeit, Farbtongleichheit, Arbeits- und Schalhautfugen sowie Schalhautklassen sind ebenfalls in Klassen eingeteilt und den Sichtbetonklassen zugeordnet.
Die Sichtbetonklassen werden wie folgt beschrieben:

Sichtbetonklasse SB 1: Betonflächen mit geringen gestalterischen Anforderungen, z. B. Kellerwände oder Bereiche mit vorwiegend gewerblicher Nutzung
Sichtbetonklasse SB 2: Betonflächen mit normalen gestalterischen Anforderungen, z. B. Stützwände oder Publikumsbereich von Tiefgaragen
Sichtbetonklasse SB 3: Betonflächen mit hohen gestalterischen Anforderungen, z. B. Fassaden im Hochbau
Sichtbetonklasse SB 4: Betonflächen von besonders hoher gestalterischer Bedeutung, repräsentative Bauteile im Hochbau.

Für die Sichtbetonklasse SB 2 werden Probeflächen empfohlen, für die Sichtbetonklasse SB 3 werden sie dringend empfohlen und für die Sichtbetonklasse SB 4 für erforderlich gehalten.

Merkmale der Sichtbetonklassen

Die Merkmale der Sichtbetonklassen sind:

- Textur
- Porigkeit
- Farbtongleichheit
- Ebenheit
- Ausbildung und Aussehen von Arbeits- und Schalhautfugen
- Schalhautklassen.

Textur ist die geometrische Gestalt als Abweichung von der planen Ebene wie Rahmenabdruck, Versatz der Elemente, Grate und Zementleimaustritt in den Stößen der Schalelemente. Sie wird in drei Klassen T1, T2, T3 eingeteilt, beschrieben und teilweise mit Zahlen für zulässige Abweichungen belegt.

Die **Porigkeit** wird in vier Klassen eingeteilt, denen jeweils eine maximale Porenanteilfläche in einer Größe zwischen 2 und 15 mm zugeordnet wird. So wird für die Porigkeitsklasse ein maximaler Anteil von ca. 750 mm^2 zugelassen, was 0,3 % einer Prüffläche von 500 × 500 mm entspricht.

Die **Farbtongleichheit** wird in drei Klassen eingeteilt (FT1, FT2, FT3) und hinsichtlich zulässiger Hell-/Dunkelverfärbungen, Farbtonabweichungen, Wolkenbildungen, Unterschiede der Schalhaut, Abzeichnung von Schüttlagen und Verfärbungen verbal beschrieben. Eine messtechnische Erfassung und Auswertung wird in [3.76] und [3.77] beschrieben. Unzulässig sind in jeder Klasse der Farbtongleichmäßigkeit Rost- und Schmutzflecken. Unterschiedliche Arten und Vorbehandlung der Schalhaut sind in der Klasse FT3 nicht zulässig und Hell/Dunkelverfärbungen sind je nach Klasse unterschiedlich zulässig.

Die **Ebenheit** wird in die drei Klassen E1, E2 und E3 eingeteilt und nimmt Bezug auf die DIN 18202, Tabelle 3. Die Ebenheitsanforderungen der Zeilen 5 und 6 der Tabelle 3 in DIN 18202 sind bei sachgemäßem Einsatz des Schalmaterials ohne erhöhten Aufwand erreichbar. Zur Erfüllung der Ebenheitsanforderungen nach Zeile 7 dieser Tabelle können besondere Maßnahmen für den Versatz am Stoß der Schalhaut oder der Schalelemente erforderlich werden. Einflüsse aus Quellen und Schwinden der Schalhaut, aus Fertigungs- und Montagetoleranzen des Schalungssystems, aus der Ankerdehnung und aus der Montagegenauigkeit der Baustelle müssen nach Möglichkeit berücksichtigt werden. Es wird darauf verwiesen, dass Ebenheitsanforderungen nach Zeile 7 bezüglich dieser Maßnahmen gesondert zu vereinbaren, jedoch technisch nicht zielsicher erfüllbar sind.

Die **Arbeits- und Schalhautfugen** werden in drei Klassen beschrieben (AF1, AF2, AF3). Zugeordnet werden ihnen zulässige Maße des Versatzes zwischen den Flächen (10 mm für AF1 und AF2 und 5 mm für AF3 und AF4).

Die drei **Schalhautklassen** SK1, SK2 und SK3 werden in der Art beschrieben, ob Bohrlöcher, Nagel- und Schraublöcher, Beschädigungen der Schalhaut durch Innenrüttler, Kratzer, Betonreste, Zementschleier sowie ein Aufquellen der Schalhaut im Schraub- und Nagelbereich und Reparaturstellen zulässig oder nicht zulässig sind. Es wird der Hinweis gegeben, dass ein mehrfacher Einsatz der Schalhaut den Anforderungen an die Schalhautklasse SK3 nicht mehr genügt.

Das zu erwartende Abbild der Schalung auf die Ansichtsfläche kann durch **Schalungsmusterpläne** dargestellt werden. Zusätzliche Angaben beispielsweise zu Ankerkronen, Brettrichtung und Stößen sollten gemacht werden.

Beispiele sind im Merkblatt aufgeführt. Eine räumliche Darstellung würde den gewünschten Raumeindruck in etwa wiedergeben und die Baubeschreibung weiter vervollkommnen.

Die Anforderungen bzw. Merkmale werden hinsichtlich ihrer **Ausführbarkeit** durch eine Zuordnung in vermeidbar, eingeschränkt vermeidbar und technisch nicht oder nicht zielsicher herstellbar bewertet. **Vermeidbar** sind:

- Kiesnester und stark sichtbare Schüttlagen
- Häufung von Rostspuren an vertikalen Bauteilen und an Untersichten
- Betonnasen an Arbeitsfugen (Decke-Wand an der Außenseite, z. B. Treppenhaus)

- ungeordnete Schalungsanker
- unsaubere Kanten
- Versätze über 10 mm
- Ausblutungen an Stößen der Schalhaut und der Schalelemente, an Ankerlöchern und an Bauteilanschlüssen
- Schleppwasser (Wasserfahnen)
- stark unterschiedliche Textur und stark unterschiedlicher Farbton
- unsauberer und nicht einheitlicher Verschluss der Ankerlöcher.

Nicht völlig vermeidbar sind (Abweichungen, deren Vermeidung nur eingeschränkt erwartet werden kann):

- leichte Farbunterschiede aufeinanderfolgender Schüttlagen
- Porenanhäufung im oberen Teil von vertikalen Bauteilen
- Abzeichnung der Bewehrung oder des Grobkorns
- geringe Ausblutungen an Stößen der Schalhaut
- geringe Schleppwasserbildungen
- Wolkenbildungen und Marmorierungen
- einzelne Kalk- und Rostfahnen
- Rostspuren an Unterschichten.

Nicht zielsicher herstellbar sind:

- gleichmäßiger Farbton aller Ansichtsflächen im Bauwerk
- porenfreie Ansichtsflächen
- gleichmäßige Porenstruktur (Porengröße und Porenverteilung) in einer Einzelfläche sowie in allen Ansichtsflächen im Bauwerk
- keine Ausblühungen im Ortbeton
- scharfe Kanten
- Farbton- und Texturgleichheit an den Schalungsstößen.

Das Bestreben des Planenden ist häufig, keine Abweichungen zuzulassen und möglichst auch die als »nicht zielsicher erreichbar« bezeichneten Merkmale zielsicher zu fordern sowie nachzuweisen, dass sie woanders erreicht wurden. Dies betrifft die Porenfreiheit, die vollständige Farbgleichheit, das Erreichen eines bestimmten Farbtones und spitzwinklige Ecken. Auf diese Problematik sowie auf Rissbildung im Sichtbeton wird später noch eingegangen. Im genannten Merkblatt sind Risse im Sichtbeton nicht angesprochen.

3.7.3.2.4 Spezielle Angaben in Ausschreibungen für Fertigteile

Bei Fertigteilen sind vom Planer folgende Angaben speziell für Fertigteil erforderlich [3.72]:

- Fertigungsrichtung: Füllseite und Schalseite
- Oberflächenausbildung für die Füllseite: glatt, gescheibt, geglättet bearbeitet
- Produktionsverfahren: stehend, liegend, positiv, negativ
- Kantenausbildung: Dreikantleiste, Silikonfase, scharfkantig
- Details: Transportanker, Montagehülsen, Abstandhalter, Fugenausbildung.

Architektonische Gestaltung der Oberflächen der Betonbauteilen **3**

Beim Transport von Fertigteilen mit Sichtbetonanforderungen sind besondere Schutzvorkehrungen erforderlich, da Ausbesserungen vom Prinzip her nicht möglich sind.

Ein gleicher Farbton für Fertigteile und Ortbeton kann nicht gefordert werden. Wird er dennoch gefordert, müssen Bedenken angemeldet werden.

3.7.3.3 Ausführung von Sichtbetonbauteilen

3.7.3.3.1 Schalhaut und Betonfläche

Die einzelnen Schalhautmaterialien wirken in unterschiedlicher Weise auf die Betonoberfläche ein. Der Wasserhaushalt des Frischbetons wird je nach Eigenschaft der Schalhaut unterschiedlich beeinflusst, was maßgebliche Auswirkungen auf die Eigenschaft und das Aussehen der Betonfläche hat.

- **Nicht saugende Schalhaut** sind
    - kunstharzvergütete Sperrholzschalungen
    - glatte Kunststoffschalungen
    - Stahlschalungen
    - Kunststoffmatrizen.

    Diese Schalungen ermöglichen die Herstellung heller und nahezu spiegelglatter (häufig glänzender) Oberflächen. Mit ihnen sind jedoch keine lunkerfreien Oberflächen herstellbar, da die Luft bzw. das Überschusswasser selbst bei sachgemäßer Verdichtung kaum oder nur geringfügig abgeführt werden kann. Auswirkungen sind neben Lunkern auch unregelmäßige Verfärbungen, Wolkenbildungen und Marmorierungen der Oberfläche. Als Ursache ist die größere Oberflächenspannung zwischen Schalung und Wasser bei Verwendung von Trennmitteln zu sehen, die zu ungleichmäßig verteilten Wasseransammlungen führt.

    Kunststoffmatrizen verändern den äußeren Eindruck durch starke Strukturierung; zusätzlich treten bei Undichtigkeiten die Fugen deutlich hervor.

- **Saugende Schalhautmaterialien** sind Brettschalungen und Spanplatten.

    Brettschalungen weisen eine gewisse Saugfähigkeit auf, wirken dadurch wasserregulierend, gleichen Unterschiede im w/z-Wert aus und fördern eine gleichmäßigere Sichtfläche. Der bessere Entzug von Luft und/oder von Überschusswasser aus den Betonrandzonen ergibt lunkerarme Oberflächen (einzelne, wenige Lunker bei schnittrauem Holz, stärkere Lunkerbildung und einzelne Lunker bei gehobelten Brettern). Bei noch vorhandenem Holzzucker kann ein Absanden der Oberfläche auftreten.

    Bei sägerauem Brettmaterial verbleiben nach dem Ausschalen einzelne Holzfasern in der Betonoberfläche.

    Bei geringerem Saugvermögen (gehobelte Bretter) entstehen hellere, bei größerem Saugvermögen dunklere Betonoberflächen als Folge unterschiedlicher Hydratationsbedingungen des Zementes. Die Saugfähigkeit des Holzes ist dabei von der Struktur und Feuchte des Holzes sowie vom Gehalt an Holzinhaltsstoffen und von der Lagerung abhängig. Bei Spanplatten besteht die Gefahr starker Farbunterschiede.

- **Schalungseinlagen mit stark saugender Wirkung**
  sind filzartige bzw. textile Schalungsbahnen (Vliese) mit Drainwirkung. Diese führen das Überschusswasser in der Nähe der Schalhautoberfläche ab und senken dadurch den Wasserzementwert in der Betonrandzone ab. Als Folge ergeben sich dichte sowie fast lunkerfreie und nahezu einheitliche Oberflächen. Sie sind meist dunkler gefärbt. Die Verbesserung der Eigenschaften der Randzone der Betonbauteile ist auch für die Dauerhaftigkeit von großer Bedeutung.
  Nach dem Ausschalen zeigt sich die Oberfläche mit der textilen Struktur. Das Material muss genau eingelegt und befestigt werden. Es besteht die Gefahr der Faltenbildung und dass das Material beim Betonieren verrutscht.
- **Individuelle Schalhautmaterialien** sind sägeraue Brettschalung, sandgestrahlte, gehobelte und geflammte Schalungen und Strukturschalungen.
  Durch individuelle Schalhautmaterialien kann eine Strukturierung und damit eine Verbesserung des Aussehens der Betonoberflächen erreicht werden. Strukturierte Flächen sind unempfindlicher gegenüber kleinen optischen Fehlern als völlig glatte Betonflächen.
- **Sägeraue Brettschalung**
  Die Rauhigkeit und Maserung des Holzes prägt die Bauteiloberfläche.
  Im Brettabstand entstehen mehr oder weniger breite Schalungsgrate, die vielfach auch zur Erzielung eines bestimmten architektonischen Effektes genutzt werden.
- **Sandgestrahlte, gehobelte und geflammte Schalungen**
  Es können gleichmäßigere und glattere Betonoberflächen erzielt werden. Die besondere Holzstruktur wird deutlicher hervorgehoben, Äste zeichnen sich ab. Die Stöße können zur Gliederung der Bauteiloberfläche herangezogen werden.
- **Strukturschalungen**
  Mit Schalungsmatrizen (z. B. aus Polysulfid oder Silikonkautschuk) mit Profiltiefen bis 10 cm werden starke Strukturierungen ermöglicht. Die Matrizen werden als Serienmuster geliefert oder nach Vorgabe hergestellt und erlauben die vielfältige Gestal-

Bild 3.32 Fassadengestaltung mit Strukturschalungselementen

Architektonische Gestaltung der Oberflächen der Betonbauteilen   **3**

Bild 3.33 Strukturbeton unter Verwendung von Noppen-Matrizen (RECKLI 1997)

tung der Betonoberflächen. Durch PUR-Vergussmassen in flüssiger Form können auf der Baustelle und im Betonwerk individuelle Formen und Matrizen hergestellt werden, die vielfach anwendbar sind. Die Profiltiefen müssen bei der Betondeckung beachtet werden. Bild 3.32 und 3.33 zeigen Fassadengestaltungen unter Verwendung von Strukturschalungselementen.

Teure Vollkunststofftafeln in Sandwichbauweise wurden bei den Decken des Burj Dubai eingesetzt. Sie konnten 100-mal verwendet werden. Dadurch wurden Unterbrechungen vermieden, die aufgetreten wären, wenn ein Austausch der Schalelemente erforderlich gewesen wäre. Somit war ein höheres Bautempo möglich [3.63].

Die Tabelle 5 im DBV/VDZ-Merkblatt [3.60] nennt umfassend die Eigenschaften von verschiedenen Schalhäuten unterteilt in saugende, schwach saugende und nicht saugende Schalungen sowie in Merkmale und Textur der Betonoberfläche, bezüglich möglicher Auswirkungen auf die Betonoberfläche und Anhaltswerte für die Einsatzhäufigkeit.

Weitere und detaillierte Angaben sind den Unterlagen der Hersteller von Schalhaut und der Schalsysteme zu entnehmen.

Schalungsplanung / Aufbau und Vorbereitung der Schalung

Die Wirkung der Ansichtsflächen wird nicht nur durch die Art der Schalhaut, sondern maßgeblich auch durch die Ausbildung und Lage der Stöße der Schalhaut bzw. der Schalelemente sowie durch die Art und die Anordnung der Schalungsanker u. ä. bestimmt. Daraus ergibt sich zwingend eine sorgfältige Schalungssplanung und eine Abstimmung mit der Planung des Architekten.

Gestaltungselemente sind:

- die Lage und Anordnung der Schalelemente
- die Verteilung von Ankerstellen
- die Anordnung der Ankerstellen in Vertiefungen oder Schattenzonen bzw. Hüllrohren
- die Behandlung der Ankervertiefungen (verstöpseln, vertieft oder bündig verspachteln)
- die Lage von Arbeits- oder Bauteilfugen (in Kannelierungen mit Schattenwirkung)
- Einlage von Trapezleisten in die Schalung.

Dadurch können die optisch nachteiligen Wirkungen der Arbeitsmittel oder des Arbeitsablaufes kaschiert werden. Andererseits können Fugen bewusst auch als Gestaltungselemente besonders hervorgehoben werden.

Die Darstellung in Schalungsmusterplänen als Gestaltungsgrundlage wird im DBV/VDZ-Merkblatt mit je einem Beispiel für eine Rahmenschalung und für eine Trägerschalung näher erläutert.

Zur Einhaltung der Toleranzen sind hinreichend steife Schalungskonstruktionen einzusetzen, die auch verhindern, dass durch das Mitschwingen der Schalhautoberflächen beim Verdichten der Wasser-Zement-Wert örtlich verändert wird und damit ungleiche Erhärtungsbedingungen entstehen. Wenn keine Abstimmung mit dem Frischbetoneinbau vorgenommen wird, können Anker zu hoch und bis zur Fließgrenze belastet werden. Die Folge sind entsprechende Verformungen der Schalungen und damit der Betonoberfläche.

Kanten der Betonbauteile müssen ausführbar gestaltet werden; z.B. scharfe Kanten und Kanten an spitzwinklig zulaufenden Wänden sind ohne Ausbruchstellen sehr schwer oder nicht herstellbar. Spitze Ecken sind ein Streitthema zwischen dem Architekten und dem Betontechnologen. Spitze Ecken sind ausgeführt worden. Der Betontechnologe befürwortet das nicht mit der Begründung, dass die Ecke nur aus Zementleim besteht und grundsätzlich der Betonstruktur widerspricht.

Vertikale, zum Beton hin geneigte Schalungen sowie horizontale Vorsprünge auf der Schalhaut und Einbauteile behindern das Entlüften des Frischbetons während der Verdichtung und führen zu größeren Ansammlungen von Lunkern an der Betonoberfläche. Das ist auch nicht durch viele Entlüftungsöffnungen und schon gar nicht durch übermäßiges Rütteln oder Außenrüttler zu verhindern. An Einbauteilen können sich darüber hinaus kleinere Wassersäcke, d.h. größere Fehlstellen bilden.

Beim Aufbau der Schalung ist zu vermeiden, dass alte, wiederholt eingesetzte und neue Schalungshautmaterialien zusammen verwendet werden; ein gleicher Abnutzungsgrad in der Schalungsfläche ist anzustreben, die maximale Einsatzzahl ist zu beachten.

Schalungsmaterial aus frischem Holz, das bisher noch nicht verwendet wurde, besitzt verzögernd wirkende Inhaltsstoffe und ist deshalb durch Auftragen und Entfernen von Zementleim vor dem Einsatz »vorzunutzen« bzw. zu »künstlich zu altern«.

Ein Auslaufen von Zementleim beim Betonieren ist durch dichte Schalungsstöße zu verhindern. Bei Brettschalung ist die Dichtigkeit über die zweckmäßige Spundung zu erreichen. Die Spundung durch Nut und Feder ist ausreichend. Es muss aber darauf geachtet werden, dass diese durch wiederholten Einsatz beschädigt werden. Eine Wechselfalzspundung ist einfach und bleibt auch bei Verschiebungen dicht.

Eine Brettschalung muss vor dem Betonieren gleichmäßig gewässert werden, um Verkürzungen durch Austrocknen und damit das Öffnen der Fugen zu vermeiden.

Bei Vorsatzschalungen und großflächigen Elementen sind die Schalungsstöße durch Moosgummistreifen oder Kunststoffbänder (bei kunstharzbeschichteter Schalhaut) abzudichten. Das Material für die Abdichtungen muss bei niedrigen Temperaturen flexibel sein, sehr gut haften und keine Spuren auf dem Beton hinterlassen.

Wichtige Grundregeln für den Einsatz der Schalung für Sichtbeton sind:

- Die Schalung muss ordentlich gelagert werden und u. U. sogar vor Witterungseinflüssen geschützt bzw. so gelagert werden, dass Einflüsse, z. B. durch Sonneneinstrahlung nicht ungleichmäßig einwirken.
- Vor dem Einsatz ist das Material auf seinen ordnungsgemäßen Zustand zu prüfen. Als eine Prüfmethode für den Zustand der Schalhaut wird das Testtinten-Schnellprüfverfahren beschrieben [3.63].
- Bauseitig geschnittene Kanten müssen behandelt werden. Unbehandelte Schnittkanten saugen Wasser, können aufquellen und es kann ein dunkler Streifen im Beton entstehen. Es sollten Lacke verwendet werden, die vom Hersteller der Schalhaut empfohlen sind.
- Saugende Schalhaut muss vorbehandelt werden. Wie und womit richtet sich nach der Art der Schalhaut und der Zahl der vorhergehenden Einsätze. Eine Handlungsvorschrift muss vorliegen.
- Die Schalhaut sollte nicht unterschiedlich alt und nicht verschieden oft eingesetzt sein. Werden Schaltafeln mehrmals eingesetzt, führt dies zu Veränderungen der Oberfläche der Schalhaut. Seitens der Hersteller werden Schalhaut und Schaltafeln in einmaligen und mehrmaligen Einsatz sowie für hohe Einsatzzahlen eingeteilt.
Einsatzzahlen bzw. Anhaltswerte für die Einsatzhäufigkeit der einzelnen Schalhautarten sind in der Tabelle 5 des Merkblattes [3.60] aufgeführt.
- Die Schalhaut ist vor der Wiederverwendung und dem Auftrag des Trennmittels gründlich zu reinigen. Staub, Rost und andere Verunreinigungen, die nicht rechtzeitig entfernt wurden, haften im Trennmittel und sind nach dem Ausschalen in der Betonoberfläche wiederzufinden.

Auf der Baustelle müssen auch die Arbeitsanweisungen der Schalungshersteller für den Einsatz von Schalungen und insbesondere die für den Einsatz von Schalungen für Sichtbeton beachtet werden.

Durchbiegung

Zur Berechnung von Durchbiegungen wird auf [3.70] verwiesen. Seitens der Schalhauthersteller erfolgt eine Zuordnung der Schalsysteme zu den Sichtbetonklassen und somit auch zu den Klassen der Anforderungskriterien. Damit wird angegeben, mit welchem Schalsystem die Ebenheitsanforderungen nach DIN 18202, Tabelle 3, Zeile 5 (Ebenheitsklasse E1) bzw. Zeile 6 (Ebenheitsklasse E2 und E3) erfüllt werden können. Höhere Ebenheitsanforderungen müssen gesondert vereinbart werden. Sie erfordern entsprechend konstruierte Schalungen und sind dennoch technisch nicht zielsicher erfüllbar.

Trennmittel

Ursachen für unbefriedigende Sichtbetonflächen werden häufig im Trennmittel gesehen. Das Trennmittel beeinflusst die Qualität der Sichtbetonfläche maßgeblich.

Das richtige Trennmittel gezielt einzusetzen, ist noch schwierig. Eine neu entwickelte Prüfmethode ist der Wassersaumtest [3.63], auf den später eingegangen wird. Die meistens angewandte Prüfmethode für das geeignete Trennmittel ist noch die Erfahrung und das Ergebnis der Erprobungsflächen. Andere Bedingungen können jedoch abweichende Ergebnisse ergeben.

Trennmittel sollen den Verbund zwischen Schalhaut und Beton verhindern.

Trennmittel werden als Öle, Lacke, Wachslösungen, Polymere und Öl-Wasser-Emulsionen angeboten (Bd. 1 Abschnitt 4.1.2). Am besten haben sich abtrocknende Trennmittel bewährt, da sie gegen mechanische Beanspruchungen, wie sie beim Einbau der Bewehrung auftreten und gegen Verstaubung weniger anfällig sind.

Ein schnell antrocknendes Trennmittel verhindert das Anhaften von Schmutz, wie Rost und Staub. Eine geringe Klebrigkeit begünstigt das Aufsteigen der Luft- und Wasserporen beim Verdichten an vertikalen und geneigten Schalungen.

Für kunststoffvergütete Schaltafeln sind vor allem Mineralöle mit Additiven, bei Stahloberflächen Polymere und Wachse geeignet.

Bei saugender Brettschalung sind Mineralöle mit Trennzusätzen zweckmäßig.

Beim Einsatz von Matrizen sind die durch den Hersteller empfohlenen bzw. gelieferten Trennmittel zu verwenden (z.B. lösemittelhaltige Trennmittel mit Additiven). Ein Trennmittelüberschuss ist bei Strukturschalungen besonders problematisch und deshalb vor dem Betonieren zu entfernen.

Geeignete Trennmittel sind farblos und nicht verschmutzt. Im Zweifelsfall sind Trennmittel auf Eignung zu prüfen. Sicherheit kann nur ein Vorversuch erbringen, der vor allem bei sehr hellen Betonen unumgänglich ist.

Wenig bekannt ist, welchen Einfluss das Trennmittel auf die Farbe des Betons ausübt. Nach [3.71] beeinflusst das Trennmittel die Farbe des Betons erheblich. Versuche mit verschiedenen Trennmitteln und mit gleichen Rezepturen, gleicher Schalung, gleicher Verdichtungsintensität und gleicher Temperatur haben unterschiedliche Betonfarben ergeben.

Trennmittel sind auf nicht saugenden Schalungen dünn und gleichmäßig aufzutragen. Örtliche Anreicherungen sind unbedingt zu vermeiden bzw. mittels Hartgummiabstreifer zu entfernen.

In [3.78] werden zum Auftrag von Trennmitteln die folgenden Hinweise gegeben:

- Lösungsmittelfreie Trennmittel: Viskosität bei ca. $20\,mm^2/s$ (20 °C) feiner Auftrag kaum möglich
- Lösungsmittelhaltige Trennmittel: Viskosität bei ca. $1-2\,mm^2/s$ (20 °C) – feiner Auftrag möglich, da Reduktion der Auftragsstärke durch Verdunsten des Lösungsmittels um ca. 50–80 %
- Wässrige Trennmittelemulsionen: feiner Auftrag möglich. Nach Verdunsten des Wassers bleibt ein dünner Trennfilm.

Beim unmittelbaren Arbeitsgang »Trennmittelauftrag« sollte beachtet werden:

- Es muss geprüft werden, ob das vorhandene Trennmittel mit dem vorgesehenen übereinstimmt.
- Der Zustand des Prüfgerätes ist zu überprüfen (Sauberkeit, Düse, Pumpendruck).
- Das Trennmittel ist durchzumischen.
- Den Auftrag des Trennmittels sollte immer die gleiche Arbeitskraft vornehmen.
- Der Zeitabstand des Aufbringens des Trennmittels vor dem Betonieren sollte wenn möglich gleich sein.
- Ein einheitliches Sprühbild ist anzustreben.
- Es darf nicht zuviel aufgetragen werden.
- Die eingesprühte Schalhaut darf nicht betreten werden.
- Die Bewehrung darf die eingesprühte Schalhaut nicht berühren.

Für Strukturmatrizen gibt es spezielle Trennwachse.
Ergänzungen zu Trennmitteln siehe Bd. 1 Abschnitt 4.1.2.

Ausbildung von Stößen und Fugen

Arbeitsfugen müssen bei der Anforderung Sichtbeton so ausgebildet werden dass keine Absätze entstehen und Zementleim auslaufen kann. Aufstellflächen müssen dicht und eben sein. Wandschalungen auf Deckenaußenseiten dürfen keinen Zementleim durchlassen, obwohl dort der Frischbetondruck und damit die Verformung am größten ist. Gleiches gilt für Betonierabschnitte »Wand an Wand«. Erforderlich sind größere Anspannungen der Schalung (Vorspannung, denn Verformung tritt immer ein). Werden Leisten bei horizontalen Arbeitsfugen verwendet und werden diese belassen, muss dies bei der Betondeckung berücksichtigt werden. Sie müssen also bereits in der Planung enthalten sein. Verwiesen werden muss auch auf die sichtbetongerechte Herstellung von Schalungselementen, die handwerklich hergestellt werden. Hier werden die Besonderheiten der Genauigkeit und der Tragfähigkeit oft nicht genügend beachtet.

3.7.3.3.2 Anordnung und Einbau der Bewehrung

Die allgemeinen Bewehrungsregeln gemäß Bd. 1 Abschnitt 4.2 müssen eingehalten werden. Einige Grundsätze sowie Besonderheiten für Sichtbetonflächen werden folgend genannt:

- Die Mindestabmessungen für Bauteile müssen eingehalten werden.
- Die Öffnungen zum Einbringen und zum Verdichten des Betons in der Bewehrung müssen vorhanden sein.
- Die Anordnung der Einbauteile muss das Einbringen und Verdichten des Betons ermöglichen.
- Flugrost an der Bewehrung wird durch Regenwasser abgewaschen, so dass sich die Matten an den Deckenunterseiten abzeichnen können, insbesondere dann, wenn die Bewehrung vor dem Anbringen der Abstandhalter direkt auf die Schalung abgelegt wird.

- Es sind geeignete Abstandhalter zu verwenden. Abstandhalter dürfen die Ansichtsfläche nur unwesentlich beeinflussen. Linienförmige Unterstützungselemente sind demnach ungeeignet und durch punktförmige Betonabstandshalter oder Abstandsböcke zu ersetzen, die kunststoffummantelte Füße besitzen müssen. Durch die höhere Punktlast besteht jedoch die Gefahr, dass Abdrücke auf der Schalhaut eher sichtbar werden. Kleinere Abstände der Abstandhalter als sonst üblich könnten erforderlich werden.
- Abstandhalter aus Beton wird wegen der Gleichheit des Materials der Vorzug gegeben.
- Sondermaßnahmen sind erforderlich, wenn keine Abstandhalter verwendet werden sollen. Die Bewehrung kann dann an den Mauerstärken oder an Abstandbolzen befestigt werden. Diese werden an einer Schalungsseite befestigt. Horizontale Bewehrung für Decken oder horizontal gefertigte Fertigteile werden durch traversenähnliche Konstruktionen angehängt.
- Abstandhalter an Strukturmatrizen dürfen diese nicht beschädigen und müssen an den Hochpunkten angeordnet werden.

3.7.3.3.3 Zusammensetzung und Einbau des Betons

Neben den bekannten Forderungen an einen richtig zusammengesetzten und ordnungsgemäß eingebauten, verdichteten und nachbehandelten Beton sind folgende Hinweise zu beachten:

Zusammensetzung des Betons

Die Einflussgrößen des Betons auf sein Aussehen sind in erster Linie die Gleichmäßigkeit der Zusammensetzung und weiterhin die Eigenschaften der Bestandteile, der Zusammensetzung der Bestandteile, der w/z-Wert, der Mischvorgang, alle weiteren technologischen Vorgänge und die Nachbehandlung, also der gesamte Betonprozess. Dieser muss bei Einhaltung aller Regeln gleichmäßig ablaufen. Schon geringe Abweichungen in der Zusammensetzung können zu einem ungleichmäßigen Aussehen der Betonfläche führen.

Das Aussehen der unbearbeiteten Betonoberflächen wird durch den Zementstein und in geringerem Maße durch die eingelagerten Gesteinskörnungen bestimmt. Die Farbe des Zementsteines ist von der Zementart, ggf. von den Zusatzstoffen, vom Mehlkorn aus der Gesteinskörnung, dem Wasserzementwert und dem Hydratationsgrad des Zementes abhängig.

Der Zement ist, je nach Zementart und Herstellungswerk, grau mit unterschiedlichen Tonabstufungen. Portlandzemente sind mittelgrau, Hochofenzemente hellgrau, Portlandzemente mit hohem Sulfatwiderstand dunkelgrau. Abweichend davon ist der Portlandölschieferzement rotbraun. Dunkle Betonflächen können mit einem dunklen (schwarzgrauen) Zement mit hohem Anteil an Calziumaluminatferrit erzielt werden [3.63].

Durch die Auswahl der Zementart kann eine, wenn auch bescheidene farbliche Wirkung erzielt werden. Durch Verwendung von Pigmenten kann ein Farbeindruck erreicht werden; die Farben erscheinen aber grau unterlegt, d. h. gedeckt bis erdfarben.

Für helle und farbige Betonflächen wird Weißzement empfohlen. Entweder wird damit ein weißer Beton hergestellt, bei dem auch farbige Gesteinskörnungen besonders zur

Geltung kommen, und/oder die weiße Zementsteinmatrix wird eingefärbt; dabei werden Oberflächen mit klaren, kräftigen Farben ohne Grauschleier erhalten.

Wird ein bestimmter Zement ausgewählt, muss dieser Vorgang in die Vertrags- und Auftragsgestaltung eingeordnet werden.

Das gilt auch für die anderen Bestandteile.

Die Gesteinskörnung hat ebenfalls eine Eigenfarbe, die jedoch nur bei nachträglich bearbeiteten Betonflächen sichtbar wird, wenn neben dem üblichen Quarzsand nur bestimmte farbige grobe Gesteinskörnungen verwendet werden. Die Farbpalette der Gesteinskörnungen reicht von weißem Kalkstein und Marmor bis zum schwarzen Basalt.

Wenn auch die feine Gesteinskörnung eine bestimmte Eigenfarbe besitzt, können auch geschalte Flächen in einer Farbtönung hergestellt werden, die vom üblichen Grau abweicht. Dies können Sande mit Eigenfärbung wie grobes Gesteinsmehl, z. B. rötliches Porphyrmehl oder rötliches Ziegelmehl sein.

Zur besonderen Gestaltung wurde auch Glas eingesetzt. Glas ist jedoch nicht beständig gegenüber Laugen (AKR). Korngrößen unter 70 mm sollen jedoch gemäß Untersuchungen von Kojima keine Schäden gezeigt haben [3.63].

Zusatzmittel und Zusatzstoffe sollten sich mit ihrer Eigenfarbe der gewünschten Farbtönung der Betonfläche ebenfalls anpassen, was für sehr helle und farbige Flächen wichtig ist.

Da niedrige w/z-Werte dunklere Flächen ergeben als hohe w/z-Werte, muss beim Einsatz von Farbpigmenten darauf geachtet werden, dass ein niedriger w/z-Wert eingehalten wird, damit die gewünschte Farbe auch in der gewünschten Intensität erreicht wird.

Allgemein kann gesagt werden, dass es keine spezielle Zusammensetzung für Sichtbeton gibt, mit Ausnahme wenn SVB eingesetzt wird. Einige Grundregeln sollen hier aufgeführt bzw. wiederholt werden:

- Die Sieblinie muss im günstigen Bereich liegen (A/B, nahe B)
- Der Mehlkornanteil soll hoch sein.
- Der Zementgehalt sollte erfahrungsgemäß mindestens 300 bis 320 kg/m³ betragen. Damit müsste die Druckfestigkeitsklasse C30/37 erreicht werden. Wenn die Druckfestigkeitsklasse C25/30 eingesetzt werden soll, damit die Druckfestigkeit begrenzt bleibt, sollten Eignungsversuche durchgeführt werden.
- Der w/z-Wert darf nur geringe Abweichungen haben. In [3.60] wird angegeben, dass bereits eine Änderung des w/z-Wertes um 0,02 einen sichtbaren Farbunterschied hervorruft.
- Der Gesamtwassergehalt ist möglichst niedrig zu halten.
- Restwasser und Restbeton sollten nicht verwendet werden.
- Die Konsistenz muss gleichmäßig sein. Das Ausbreitmaß sollte mit 2 cm eingehalten werden.
- Verzögernde Zusatzmittel dürfen nicht zum Einsatz kommen, da infolge langsamerer Erstarrung längere Zeit Wasserwanderungen in das Bauteilinnere ermöglicht werden und sich örtlich dunklere Flächen abzeichnen; verstärkt wird diese Erscheinung bei niedrigeren Temperaturen und der Neigung der Mischung zum Absondern von Wasser.

- Der Beton darf nicht zum Bluten neigen. Entsprechende Untersuchungen sind im Rahmen der Erstprüfungen durchzuführen. Bei der Prüfung des Ausbreitmaßes darf sich am Rand des ausgebreiteten Betons kein Wasserrand bilden. Auch darf sich an der Oberfläche des eingebauten und verdichteten Betons kein Wasser absondern. Dieser Beton ist für die Anforderung »Sichtbeton« nicht geeignet. Der Bluteimertest und der Wassersaumtest sind spezielle und erweiterte Prüfverfahren.
- Es sind Sande mit geringer Schwankung im Feinsandbereich und von gleicher Herkunft zu verwenden. Flugasche muss aus dem gleichem Kraftwerk und möglichst aus der gleichen Lieferung stammen. Vorgenannte Anforderungen ziehen zwangsläufig nach sich, dass die Gesteinskörnungen bevorratet werden.
Die Gesteinskörnung muss aus mehreren Korngruppen bestehen. Um die Verarbeitbarkeit zu verbessern, sollte möglichst rundes Korn verwendet werden.
- Das Transportbetonwerk muss über die Lieferung von Sichtbeton informiert sein. Es muss in die Vorbereitung der Bauaufgabe einbezogen werden.
- Erprobungsflächen sollten hergestellt werden, auch wenn diese nicht ausgeschrieben sind. Wenn Sichtbetonanforderungen in den oberen Geschossen bestehen, können bereits Bauteile im Kellergeschoss mit der Sichtbetonrezeptur ausgeführt und ausgewertet werden.
Erprobungsflächen dienen allgemein der Vorbereitung der Ausführung von Sichtbetonflächen, dem Nachweis, dass die Schalung, Trennmittel und Betonzusammensetzung den Anforderungen genügen, zur erforderlichen Erkennung von Veränderungen sowie zur Schulung und Einweisung [3.60].
- Sichtbeton als zugesicherte Eigenschaft durch den Betonhersteller infolge der Bewertung der hergestellten Fläche und daraus festgestellter Mängel kann nicht gefordert werden. Es kommt auf die Zusammenarbeit an. Die Betonzusammensetzung, die Eignungsversuche, spezielle Eignungsversuche, die Festlegung der Frischbetoneigenschaften, der Nachweis, dass die Zusammensetzung eingehalten wurde, die Prüfung der Eigenschaften und damit der Nachweis, dass die festgelegten Eigenschaften vorhanden sind, müssen die Anforderungen an den Sichtbeton seitens des Betons erfüllen.

Betonherstellung

Beim Mischen darf die Zugabefolge der Bestandteile nicht verändert werden und die Mischzeit soll gleich bleiben. Die Mischzeit soll mindestens 3 min betragen [3.63]. Empfohlen werden folgende Reihenfolge und Zeiten [3.63]: Gesteinskörnung und Pigmente 30–45 s, Zement, Zusatzstoffe 30–45 s, Wasser 60–120 s, Zusatzmittel 60–90 s. Andere Angaben zur Mischzeit sind abweichend. Nach [3.60] soll eine Mischzeit von 1 min nicht unterschritten werden. Andere Angaben beschränken die Mischzeit auf 2 min. Die Durchmischung im Fahrmischer darf nicht angerechnet werden.

Die Temperatur während der Erhärtung kann Einfluss auf die Farbgebung haben, was sich aus der unterschiedlichen Geschwindigkeit der Bildung der kristallinen Phasen bei unterschiedlichen Temperaturen erklärt.

Architektonische Gestaltung der Oberflächen der Betonbauteilen **3**

Betontransport und Betonförderung

Es sollten kurze Transportzeiten angestrebt werden. In der Nähe liegende Transportbetonwerke sind zu bevorzugen. Lieferzeiten und Abstände der Lieferungen müssen mit dem Transportbetonwerk abgesprochen werden.

Wartezeiten auf der Baustelle sind kurz zu halten. Eine längere Verweilzeit in der Trommel des Fahrmischers führt zu einer Zunahme des Feinstoffanteiles und des Vorhydratationsgrades mit den daraus resultierenden Farbunterschieden.

Beim Einbau mit Schüttrohren muss darauf geachtet werden, dass keine Entmischungen auftreten. Voraussetzung dafür ist die richtige Fallhöhe und ein geeigneter Aufbau der Bewehrung mit Rüttelöffnungen.

Bei Entleerung des Kübels muss beachtet werden, dass durch den Aufprall auf den Schaltafeln Trennmittel entfernt und ein örtlicher Farbunterschied hervorgerufen werden kann.

Der Transport von Fertigteilen erfordert Vorrichtungen zur Vermeidung von Beschädigungen.

Betoneinbau

Die Regeln für den Betoneinbau und für das Verdichten müssen eingehalten werden und einhaltbar sein. Der Betoneinbau erfordert:

- Der Einbau des Frischbetons muss zügig und kontinuierlich erfolgen.
- Die Fallhöhe muss gering gehalten werden. Der Endschlauch der Autobetonpumpe bzw. der Auslaufschlauch des Krankübels muss in die Schalung eingeführt werden können.
- Wenn der Endschlauch oder das Schüttrohr immer kurz über der Betonoberfläche endet, wird vermieden, dass die Schalungsteile, die erst später mit Beton gefüllt werden, mit dem Beton oder Zementleim in Berührung kommen, somit nicht verschmutzen und später keine beeinträchtigte Sichtbetonfläche ergeben.
- Es muss frisch auf frisch betoniert werden.
- Der Beton muss in gleichmäßigen Schüttlagen eingebracht werden.
- Der Rüttler muss in die untere bereits verdichtete Schicht eintauchen.
- Die Höhe der Schüttlage sollte 50 cm nicht überschreiten, besser sind 30 cm. Betonierpausen und anschließend größere Betonierhöhen führen zu Schalhautverformungen und Ansätzen.
- Es muss beachtet werden, dass die kreisförmig angenommenen Wirkbereiche der Rüttler sich auch überschneiden.
- Wenn Innenrüttler zu nahe an der Schalhaut gehalten werden, sind dort vertikale Wasserbewegungen festzustellen (Mindestabstand 15 cm). Schwingt die Schalhaut oder Bewehrung mit, treten Entmischungen und wasserreichere Randzonen auf, die durch ein geringes Wasserhaltevermögen gefördert werden. In beiden Fällen sind Farbunterschiede die Folge.
- Durch Nachverdichtung können einzelne Wassersträhnen und die entmischten Zonen im jeweils obersten Wandansatz beseitigt werden.
- Für komplizierte Bauteile ist ein Betonierplan zu erstellen (siehe Abschnitt 3.4).

- Eine Havarielösung ist einzurichten (Mischwerk, Fahrmischer, Betonpumpe, Kran, Rüttler, Stromversorgung). Eine Unterbrechung des Betonierens eines Bauteils darf es nicht geben.
- Der Betoneinbau in Strukturmatrizen erfordert eine spezielle Sorgfalt.

3.7.3.3.4 Ausschalen und Nachbehandlung

Die ausreichende und in der Fläche gleichmäßige Nachbehandlung des Betons ist zu sichern. Äquivalente Standzeiten der Bauteile in der Schalung sind anzustreben und dazu übereinstimmende Erhärtungsbedingungen zu schaffen. Die jeweiligen Erhärtungstemperaturen sind zu beachten. Bei intensiver Sonneneinstrahlung sind zusätzliche Abdeckungen anzubringen. Insbesondere hölzerne Schalungsflächen sind vor direkter Sonneneinwirkung zu schützen, da Temperaturunterschiede Verfärbungen verursachen können.

Nach neueren Erkenntnissen ist der Ausschalzeitpunkt in Abhängigkeit von den klimatischen Verhältnissen von erheblichem Einfluss auf die Sichtbetonfläche. Grundsätzlich muss eine gewisse Festigkeit insbesondere für Ecken und Kanten vorhanden sein. Jedoch sollte der Beton nicht länger als erforderlich in der Schalung verbleiben, da sich sonst intensivere Farbtönungen und damit auch größere Unterschiede ausbilden [3.63]. Sind helle Flächen geplant, sollte möglichst früh ausgeschalt werden. Um Farbunterschiede zu vermeiden oder möglichst gering zu halten, sollten alle Bauteile mit der gleichen Reife ausgeschalt werden.

Bei Regenwetter sollte nicht ausgeschalt werden.

Witterungsbedingungen beeinflussen die weitere Hydratation der Randzone und die Färbung sehr wesentlich. Warmes, trockenes Wetter führt zu einem anderen farblichen Eindruck, als kühle und feuchte Umgebungsbedingungen. Insofern sind jahreszeitlich bedingte Oberflächenfarben erklärlich. Bei längerer Bauzeit können sichtbare Unterschiede auftreten.

3.7.3.3.5 Das System »Frischbeton-Trennmittel-Schalhaut«

Um Einflüsse in größeren Zusammenhängen zu erkennen und daraus Handlungsregeln zu formulieren wurde 2004 ein Verbundforschungsprojekt an verschiedenen Forschungsstandorten begonnen [3.65]. Die 2004 bis 2006 durchgeführten Arbeiten werden seit 2008 in dem Verbundforschungsprojekt »Neue Sichtbetontechnologie« fortgesetzt. Ziel ist eine Klärung der komplexen Zusammenhänge zwischen Zementeigenschaften, Betonzusammensetzung, Betonverarbeitung, Eigenschaften der Schalhaut und der Trennmittel sowie der Qualität der Betonoberfläche mit der Anforderung als Sichtbeton bezüglich der Porigkeit und der Grauwertunterschiede.

3.7.3.3.6 Besondere Prüfungen für Sichtbeton

Besondere Prüfungen für Sichtbeton sind der Wassersaumtest, der Einsatz von Testtinten und der Bluteimertest ([3.63] und [3.67]).

Der **Wassersaumtest** dient zur schnellen Beurteilung der Wechselwirkung zwischen Schalhaut, Trennmittel und Zementleim. Nachdem Trennmittel auf eine Schalhautprobe mit 20 × 20 cm Größe aufgebracht wurde, wird ein Zementleim nach einer Liegezeit von

15–20 Minuten mit ca. 40 mm Durchmesser aufgebracht. Ein sich bildender Wassersaum gibt Hinweise auf das Verhalten des Betons an der Schalung. Der Zementleim hat den w/z-Werts der vorgesehenen Betons. In der Zeit von wenigen Sekunden bis zu einigen Minuten kommt es zur Bildung eines Wassersaumes am Rand des Zementleimkuchens. Der Wassersaum besteht aus Porenlösung und verflüssigtem Zementleim und kann zwischen 0,2 und 25 mm breit sein. Gebildet wird er aus der Wassersorptionskraft der entsprechenden Teile des Trennmittels. Es werden hydrophob-hydrophil und hydrophob eingestellte tensidhaltige Trennmittel unterschieden. Eine geringe Porigkeit ist zu erwarten, wenn ein Wassersaum auftritt, da eine Reaktion mit der Porenlösung verbunden mit einer Senkung der Oberflächenspannung der Schalhaut eintritt.

Mit dem **Einsatz von Testtinten** soll die Benetzbarkeit der Schalhaut als Maß für eine Änderung der Eigenschaft nach mehreren Einsätzen geprüft werden. Eingesetzt werden Testtinten nach DIN 53364, wie sie für die Prüfung der Benetzbarkeit von Polymeroberflächen verwendet werden. Es kommen unterschiedliche Tinten zum Einsatz. Die Tinte wird als Strich auf die Schalhaut aufgetragen. Beurteilt wird, ob der Strich durchgehend die Schalhaut benetzt oder unterbrochen wird. Die jeweilige Tinte besitzt einen Wert für die Oberflächenenergie. Der durchgehende Strich bedeutet, dass die Oberflächenenergie der Schalhaut größer als die der Tinte ist. Es werden nacheinander die verschiedenen Tinten aufgetragen, bis der Strich unterbrochen wird. Unterschiede zwischen neuen Polymeroberflächen und solchen nach 25 Einsätzen konnten nachgewiesen werden. Die Oberflächenenergie von zwei verschiedenen Oberflächen lag einmal bei 34 und 72 mN/m und bei 32 und 34 mN/m. Das bedeutet, dass beide Oberflächen bei gleichem Alter mit 25 Einsätzen sehr unterschiedliche Eigenschaften aufweisen. Die Werte für die Oberflächenenergie sind den Tinten zugeordnet. Angestrebt werden soll mit dieser Prüfmethode, dass Schalhaut mit gleichen Oberflächeneigenschaften ausgewählt werden kann.

Mit dem **Bluteimertest** soll die Wasserabsonderung des Frischbetons mit dem Ziel, Schleppwassereffekte zu vermeiden, geprüft werden. Die abgesonderte Wassermenge einer Frischbetonprobe wird in Abständen von einer Stunde gemessen, bis die abgesonderte Menge nicht mehr zunimmt. Die Probe befindet sich in einem 10 l-Eimer mit Deckel. Die Probe wird verdichtet, bei F4 ist Aufstampfen ausreichend. Die Masse wird ermittelt. Das Wasser wird durch Schrägstellen des Eimers gesammelt und mit einer Saugflasche abgezogen, gemessen und wieder zurückgegeben. Die Temperaturen werden ebenfalls gemessen. Eine Wassermenge bis 0,1 Vol.-% lässt erwarten, dass keine Schleppwassereffekte auftreten.

3.7.4 Nachträglich bearbeitete und behandelte Betonflächen

Betonflächen als Sichtbeton nach dem Erhärten herzustellen kann durch Auswaschen, Strahlen, Flammstrahlen, Stocken, Spitzen, Scharrieren, Schleifen und Polieren erfolgen. Dadurch wird die obere Zementleimschicht beseitigt, die Gesteinskörnung wird sichtbar und trägt maßgebend zur Wirkung der Sichtbetonfläche bei. Somit ist auch bei nachträglich bearbeiteten und behandelten Betonflächen die Zusammensetzung des Betons so zu planen und zu prüfen, dass die gewünschte Wirkung erreicht wird. Im Abschnitt 3.7.2 wurde auf die Eigenfarbe von Gesteinskörnungen hingewiesen.

Die Verfahren zur nachträglichen Bearbeitung von Betonflächen sind in DIN 18500 aufgeführt.

Das Strahlen mit einem Strahlmittel oder mit einem Gemisch aus Wasser und Sand ist eine häufig angewandte Methode mit der Zielstellung, den Farbton zu vereinheitlichen. Von Nachteil kann sein, dass Lunker und Risse deutlicher sichtbar werden. An Kanten und Ecken muss vorsichtig gearbeitet werden. Das Betonalter sollte zwischen 10 und 20 Tagen betragen.

Bild 3.28 zeigt eine gestrahlte Betonfläche neben einer durch die Schalung profilierte Betonfläche eines Widerlagers. Beim Flammstrahlen wird die Oberfläche durch Hitze entfernt. Meist ist eine manuelle Säuberung erforderlich.

Durch Waschen der Betonfläche im noch nicht erhärteten Zustand wird die oberste Zementleimschicht beseitigt. Dabei wird in der Regel die Schalhaut mit einem Verzögerer behandelt. Es wird zwischen Auswaschen (tiefer als 2 mm) und Feinwaschen (höchstens 2 mm) unterschieden. Erprobungen sind erforderlich. Die Anwendung erfolgt in der Vorfertigung unter Verwendung eines Vorsatzbetons und eines Konstruktionsbetons. Bild 3.35 zeigt ein Fassadenteil bei dem sehr grobe Gesteinskörner in ein Lehmbett gelegt wurden, der Beton aufgebracht und nach dem Wenden und Ausschalen die Lehmschicht beseitigt wurde. Das Element wurde vor 50 Jahren gefertigt und eingebaut.

Absäuern ist das Auswaschen mit verdünnter Salzsäure 1:10. Der Effekt entspricht einem leichten Sandstrahlen. Vor- und Nachbehandlung mit reichlich Wasser ist erforderlich.

Spitzen, Stocken und Scharrieren sind handwerkliche Tätigkeiten, die durch Betriebe mit entsprechender Erfahrung ausgeführt werden. Kanten können präzise bearbeitet werden. Sie werden angewandt, um Betonflächen zum einen lebendiger zu machen und zum anderen die Farbgleichheit zu verbessern.

Spitzen erfolgt mit einem Spitzeisen, das keine sichtbaren Hiebe hinterlässt. Es wird eine raue Oberfläche hergestellt und zwischen feiner und rauer Oberfläche unterschieden. Die Flächen werden als rustikal bewertet.

Das Stocken erfolgt mit dem Stockhammer, der pyramidenartige Zähne besitzt und unterschiedlich raue Flächen erzeugt, die durch die Größe der Zähne und den Abstand der Zähne bestimmt werden. Das Korngerüst wird weitgehend sichtbar. Herstellbar sind verschiedene Stufen der Feinheit. Grob unterschieden wird Feinstocken und Grobstocken.

Scharrieren erfolgt mit dem Scharriereisen. Es erzeugt parallele Linien auf der Betonfläche. Die Gesteinsstruktur wird je nach Feinheit sichtbar. Das Scharrieren kann auch maschinell durchgeführt werden.

Schleifen ist eine Möglichkeit, repräsentative Betonflächen herzustellen. Diamantschleifmaschinen bestehen aus dem senkrecht angeordneten Motor und den satellitenartig angeordneten Schleiftellern. Der Glanz kann in verschiedenen Stufen erreicht werden, bis hin zum Hochglanz mit repräsentativer Ausstrahlung. Ein großes Anwendungsgebiet sind Terrazzofußböden sowie Terrazzofliesen und Zementfliesen mit komplizierten Mustern und Ornamenten.

Bruchraue Betonsteine werden hergestellt, indem größere Elemente gespalten werden. Die Bruchfläche ist die gewünschte Sichtfläche.

Fotobeton ermöglicht neben künstlerischen Farbkompositionen u. a. Kopien von Gemälden auf Betonflächen. Das Bild wird erzeugt durch unterschiedliche Rauigkeiten

Architektonische Gestaltung der Oberflächen der Betonbauteilen | 3

Bild 3.34 Fotobeton der Fassade der Fachschulbibliothek Eberswalde (Bauberatung Zement 1999, Brandenburgischer Architekturpreis 1999)

Bild 3.35 Fassadenplatte in Waschbeton von 1962

Bild 3.36 Farblich gestaltete Betonfläche im Zugang zu einer Tiefgarage

des Betons, die wiederum durch Auswaschungen der Zementleimschicht in unterschiedlicher Tiefe erzeugt werden. Die unterschiedliche Tiefe wird ermöglicht durch unterschiedliche Auftragsstärke des vorher aufgetragenen Verzögerers. Die Beziehung der unterschiedlichen Verzögerermenge zur Bilddarstellung über die Graustufeneinteilung erfolgt rechentechnisch, der Auftrag erfolgt mechanisch auf Trägerfolien. Die Auswaschtiefen sind gering [3.87] (Bild 3.34).

Die malermäßige Behandlung von Betonflächen wird in der Regel nicht mit dem Begriff »Sichtbeton« in Verbindung gebracht. Es hat sich jedoch auch gezeigt, dass mit einer Farbgestaltung gleichzeitig eine gut ausgeführte Betonfläche eine Aufwertung erfährt. Bild 3.36 zeigt eine so gestaltete Betonfläche im Zugang einer Tiefgarage.

3.7.5 Verwendung eingefärbter Betonmischungen

Dadurch, dass er farblich an ein weiterreichendes Gestaltungskonzept angepasst werden kann, macht sich Beton für den Planer und insbesondere für den Architekten interessanter [3.71].

Farbiger Beton wird mit Hilfe von Farbpigmenten hergestellt. Farbpigmente sind Farbmittel, deren Begriffe die DIN 55943 regelt.

Die DIN EN 12878 nennt die Anforderungen und die Prüfverfahren für Pigmente, die zum Einfärben von Baustoffen und Zement/Kalkmischungen verwendet werden. Nachzuweisen sind die Farbstärke, die Farbbeständigkeit, die Lichtbeständigkeit und die Temperaturbeständigkeit. Farbpigmente gelten als Zusatzstoffe. Ihr Wasseranspruch muss bei der Mischungsberechnung berücksichtigt werden.

Farbpigmente müssen folgende Anforderungen für den Einsatz im Beton erfüllen:

- Sie müssen alkalibeständig sein.
- Sie müssen wetterstabil und lichtecht sein.
- Sie dürfen sich im Zugabewasser nicht auflösen.
- Sie müssen sich in den Zementstein fest einbinden.

Unterschieden werden organische und anorganische Farbpigmente. Anorganische Pigmente sind dauerhafter und farbstärker und werden vorwiegend im Beton eingesetzt. Das dauerhafte Einfärben des Betons bietet sich sowohl für unbearbeitete als auch für bearbeitete Oberflächen an. Haupteinsatzgebiet sind Betondachsteine. Weiterhin werden sie für Pflastersteine, Betonmauersteine, Betonfertigteile, Mörtel und Putze sowie Elemente aus Faserzement verwendet. Die Anwendungen im Ortbeton sind Einzelfälle. Bild 3.37 und Bild 3.38 zeigen Beispiele für eingefärbten Sichtbeton.
Eisen-, Chrom-, Nickel- und Kobaltverbindungen sind die Herstellungsgrundlage. Hinsichtlich der Farbgebungen können folgende Verbindungen genannt werden:

- Eisenoxid für gelb, ocker, orange, rot, ziegelrot, braun, grün, schwarz
- Chromoxid für grün
- Oxidgemische (Si, Al, Na) + Schwefel für grün
- Kobalt für blau
- Titandioxid für weiß
- Ruß für schwarz.

Kobaltaluminiumoxid ist teuer und wenig wirksam. Nach Alternativen wird noch gesucht.
Die Pigmente werden als Pulver, als Suspensionen (Slurry) und als Granulate angeboten. Sie enthalten einen Zusatz von Netz- und Dispergierungsmitteln.
Als neue Lieferform ist ein so genanntes Kontaktpigment im Angebot, bei dem pulverförmige Eisenoxide unter Verwendung eines Bindemittels zu einem körnigen Schüttgut mit günstigem Fließ- und Dispergierungsverhalten verarbeitet wurden.
Die Farbintensität steigt zunächst mit der Pigmentierung kontinuierlich an, erreicht dann aber eine Sättigung und nimmt bei weiter steigendem Gehalt nicht mehr zu. Diese Grenzwerte sind von der Farbe und dem Produkt abhängig und liegen im Bereich von 4 bis 7 % der Bindemittelmasse; die Dosierung wird mit 2 bis 6 % empfohlen. Im Mittel beträgt die Zugabemenge 5 % auf den Zementgehalt oder 80 g auf einen Liter Wasser.
Auch bei intensivem Mischen sind verschiedene Farbnuancen und Flecke bzw. Wolkenbildungen auf der Betonfläche nicht zu vermeiden, weil örtliche Wasseranreicherungen nicht auszuschließen sind. Farbtonschwankungen werden auch durch Änderung des Bindemittels und des w/z-Wertes hervorgerufen. Nur bei sehr gleichen Herstellungsbedingungen, wie beispielsweise bei der Betonfertigteilherstellung, kann ein gleichmäßiger Farbton erreicht werden.
Der wird bei gleichem Pigment mit steigendem w/z-Wert und mit intensiverer Verdichtung (höherem Druck) heller und brillanter.
Durch zu nasse und zu kalte Nachbehandlung kann das Erscheinungsbild sehr negativ beeinflusst werden. Umlufttrocknung bei 40 °C (Vorfertigung) wäre für den Farbeindruck besonders geeignet.
Eine Besonderheit ist durchscheinender oder **transluzenter Beton**. Dabei werden optische Fasern verwendet. Der Anteil beträgt 5 % des Betonvolumens. Der Faserdurchmesser liegt zwischen 2 µm und 2 mm. Die Herstellung erfolgt als Fertigteile. Anwendungen sind aus Ungarn unter der Bezeichnung »Litraton« für solitäre Skulpturen im öffentlichen Stadtraum bekannt [3.71].

Der Einsatz von **Glas** führte zu der Materialbezeichnung »Verrazzo«. Der verwendete NA-Zement soll für die Beständigkeit des Glases ausreichen. Erreicht wurden hohe Festigkeiten, woraus sich Bauelemente bis 3 mm Stärke herstellen ließen [3.71].

Es sind Architekten, die sich mit dem Beton und dabei insbesondere mit dem Sichtbeton als Verbundwerkstoff, d. h. mit dem Mischen und Experimentieren mit anderen Materialien beschäftigen und damit weitere Erscheinungsformen für den Beton eröffnen.

Bild 3.37 Sichtbeton mit Farbpigmenten – »Blaues Haus« in Berlin (Bauberatung Zement Berlin 1999)

Bild 3.38 Schwarz eingefärbter Beton einer Außenanlage

3.7.6 Beurteilung und Abnahme von Sichtbetonflächen

3.7.6.1 Leistungsbeschreibung, Vertrag und Abnahmekriterien

Die Leistungsbeschreibung soll alle Anforderungen enthalten, die das Aussehen der Betonflächen bestimmen. Dann ist für die Beurteilung und Abnahme von Sichtbetonflächen die Leistungsbeschreibung maßgebend.

Dazu gehören die Oberflächenstruktur (Schalhaut, nachträgliche Bearbeitung), die Flächengliederung (Schalungsstöße, Fügen, Vertiefungen), die Ebenheit und die Schalungsausbildung (Ankerlöcher, Konenverschluss) sowie die farbliche Gestaltung (Zementfarben, Pigmente). Die Beschreibung der Sichtbetonflächen muss ausführlich und ausreichend im Sinne der VOB, Teil A, § 9, sein, Missverständnissen vorbeugen und eine zweifelsfreie Grundlage für die Erarbeitung des Angebotes darstellen. Nur dadurch sind die Vorbedingungen gegeben, dass die Betonoberfläche ein Erscheinungsbild aufweist, welches auch erwartet wurde [3.71].

Konstruktive und gestalterische Vorgaben, wie z.B. Fugenverlauf und Unterteilung der Bauteilflächen sind durch gesonderte Planunterlagen zweifelsfrei zu dokumentieren.

Die Ebenflächigkeit richtet sich nach DIN 18 202, Tabelle 3, Zeile 6; abweichend davon kann auch mit erhöhen Anforderungen nach Zeile 7 vereinbart werden.

Bindende Festlegungen hinsichtlich der Zusammensetzung und Verarbeitung des Betons sollten in die Ausschreibung nur dann aufgenommen werden, wenn diese für die gestaltete Betonoberfläche von unmittelbarer Bedeutung sind. Das können Gesteinskörnungen aus bestimmten Vorkommen sein, wie beim Deutschen Historischen Museum.

Im Abschnitt 3.7.3.2 wurde eingehend auf die Leistungsbeschreibung eingegangen.

Wenn Referenzflächen hergestellt und als Zielstellung vereinbart wurden, müssen diese in die Beurteilung einbezogen werden. Beim Vergleich mit Referenzflächen ist zu bedenken, dass hergestellte Ansichtsflächen dem Muster niemals vollkommen gleich, sondern nur ähnlich sein können. Eine einzige Referenzfläche kann es nicht geben, da die Wiederholbarkeit eines punktuellen Ergebnisses nicht möglich ist.

Erstes Kriterium sollte der Gesamteindruck sein. Dieser kann nur subjektiv sein. Einzelkriterien sollten erst der Bewertung unterzogen werden, wenn der Gesamteindruck nicht positiv ist. Es ist durchaus denkbar, dass ein hervorragender Gesamteindruck mit Betonflächen verbunden ist, die mit Mängeln behaftet sind. Die Beurteilung über eine Summe von Einzelkriterien ist nicht sinnvoll. [3.85].

Der Betrachtungsabstand und die Lichtverhältnisse sollten die üblichen sein [3.60].

Es liegt nahe, dass hier das Subjektive zunächst überwiegt. Der übliche Betrachtungsabstand für ein Gebäude kann weniger genau beschrieben werden als der für ein Bauteil. Die Lichtverhältnisse sind sehr verschieden, so dass auch hier nur ein Hinweis gegeben werden kann. Deshalb sollten für weitergehende Bewertungen die Einzelkriterien, die für einen Sichtbeton gelten und in der Aufgabenstellung genannt und in der Leistungsbeschreibung festgelegt sind, herangezogen werden.

Die Leistungsbeschreibung gemäß [3.60] ermöglicht eine Bewertung der Anforderungen nach Art und nach Klassen. Weiterhin kann die dort erfolgte Gliederung der Anforderungen in Stufen der Erfüllbarkeit für die Bewertung herangezogen werden. Obwohl das DBV/VDZ-Merkblatt [3.60] in der DIN 1045-3 genannt ist, hat es nicht den Status einer Vorschrift. Anforderungen an den Sichtbeton können auch individuell beschrieben werden. Das Merkblatt hat jedoch den Charakter einer Leitwirkung [3.63] und sollte für die Bewertung auch herangezogen werden, wenn die Baubeschreibung in anderer Form vorliegt.

Auch bei sorgfältiger Bauausführung kann es zu Fehlstellen kommen. DIN 18 217 lässt für derartige Flächen eine material- und fachgerechte Ausbesserung zu. Auch bei größtem handwerklichem Geschick bleiben diese Ausbesserungsstellen in der Regel sichtbar. Es ist deshalb sinnvoll zu prüfen, ob auf eine Ausbesserung wegen geringer optischer Fehlstellen verzichtet werden kann. Ein Bewertungsschema wird in [3.70] beschrieben.

Unterschiede in den Beurteilungen und Bewertungen von Sichtbetonflächen haben es erforderlich gemacht, aus rechtlicher Sicht zahlreiche Stellungnahmen zu erarbeiten.

Wesentlich ist die vertragsrechtliche Auslegung, dass für nicht erfüllte, jedoch vereinbarte Eigenschaften zu haften ist, auch wenn diese nicht erfüllbar sind. Das hat nichts mit subjektiven Bewertungen von Sichtbetonflächen zu tun, sondern nur mit den vertraglich zugesicherten Eigenschaften und dem Vertragsabschluss [3.73]. Ist zum Beispiel eine hohe Genauigkeit für Sichtbetonflächen im Spritzbetonverfahren, eine Farbgleichheit und eine Frost-Tausalz-Beständigkeit vertraglich vereinbart, muss der Auftragnehmer für die zugesicherten Eigenschaften haften, auch wenn sie nicht einhaltbar sind und die Norm für Spritzbeton diese Eigenschaften als nicht ausführbar bezeichnet.

Die Erfüllbarkeit der in der Leistungsbeschreibung bzw. im Bauvertrag enthaltenen Forderungen ist sorgfältig zu prüfen. Sich widersprechende Forderungen sind unbedingt zu vermeiden, z. B. Einsatz einer glatten Schalung bei gleichzeitiger Erzielung porenarmer Oberflächen oder wie beim vorgenannten Beispiel zum Spritzbeton beschrieben.

Bei einer Reihe von Bauaufgaben gestalten sich die Ausschreibung und die Abnahme schwierig. Beispiele dafür sind kassettierte Deckenkonstruktionen, die zwischen Spiegel und Stegen keine einheitliche Färbung in der Fläche ergeben, oder die Ausführung von Brückenpfeilern in Gleitschalung, die Reibespuren aufweisen und, wenn diese unerwünscht sind, zum Austausch mit einer Kletterschalung zwingen würden.

Nur bedingt erfüllbar ist die Einhaltung eines bestimmten Porenanteils und einer gleichmäßigen Porengrößenverteilung, die Vermeidung von Ausblühungen und schwächeren Flecken.

Nicht erfüllbar sind Forderungen nach vollständiger farblicher Übereinstimmung der Sichtflächen des gesamten Bauwerkes und nach völlig porenfreien Oberflächen (siehe DBV/VDZ-Merkblatt im Abschnitt 10.7.3.2).

Im Abschnitt 3.7.3.2 zu Grundlagen der Planung wurde bereits auf die Vorschriften zur Beschreibung von vollständigen und nachvollziehbaren Anforderungen an sichtbare Betonflächen hingewiesen. Das Merkblatt »Sichtbeton« des DBV/VDZ wurde als wichtiges Hilfsmittel für die Planung, Ausschreibung, Vorbereitung, Ausführung sowie Bewertung und Abnahme beschrieben. Ausschreibungen können jedoch auch ohne Bezugnahme auf das Merkblatt beschrieben und vertraglich vereinbart werden.

3.7.6.2 Automatisierte Bildverarbeitung

In [3.76] und [3.77] wird ein bildanalytisch gestütztes Verfahren beschrieben, mit dem die Vermessung von Lunkern sowie die Beurteilung von Farbgleichheiten automatisiert und damit objektiviert und schnell durchgeführt werden kann. Verwendet wird eine hoch auflösende Digitalkamera, ein spezieller Markierungsrahmen und spezielle Bildanalyseprozeduren, die die Größe und die Verteilung der Lunker analysieren sowie Farbvergleiche zur Beurteilung von Farbhomogenitäten durchführen. Mit dem Einsatz dieses Verfahrens sollen Bewertungen von Sichtbetonflächen objektiviert werden und damit Konflikte bei Abnahmen von Sichtbetonflächen vermindert und möglichst vermieden werden. Zielstellung weiterer Untersuchungen ist es, unterschiedliche Parameter der Herstellungstechnologie zu variieren, um die Zusammenhänge zwischen Ausgangsstoffen und den Einflüssen aus der Herstellungstechnologie quantifizieren zu können.

3.7.6.3 Fehler, Abweichungen, Mängel

Der Vermeidung von Mängeln kommt beim Sichtbeton eine besondere Bedeutung zu, da eine Mängelbeseitigung schwierig ist. Da in den meisten Fällen das gewünschte Aussehen verändert wird, ist der Mangel damit nicht beseitigt.

Fehler, die vermeidbar sind und die zur Verweigerung der Abnahme führen können, sind: deutlich sichtbare Schüttlagen, Kiesnester, ausgelaufener Zementleim und Gratbildungen, unsaubere Ankerlöcher, Wolkenbildung und andere Verfärbungen, herausgebrochene Kanten und Ecken, Absätze zwischen Schalungselementen und Bauteilen, Absanden der Oberfläche (zu geringer Bindemittelgehalt), Abmehlen der Oberfläche (»verdursteter« Beton), Rissbildungen, Kalkaussinterungen (z. B. an schlecht verdichtetem Beton und Arbeitsfugen).

Im DBV/VDZ-Merkblatt [3.60] sind mit den Anforderungen an die Kriterien Textur, Porigkeit, Ebenheit und Arbeits- und Schalungsfugen sowie mit der Einteilung in Grade der Ausführbarkeit auch Abweichungen von den Anforderungen aufgeführt (Abschnitt 10.7.3.2). Die folgenden Ausführungen sind ergänzende Erläuterungen.

Die aufgeführten Abweichungen sind weitgehend bekannt und gelten für jede Betonfläche.

Nester und Fehlstellen sind eindeutig Mängel und dürfen an Sichtbetonflächen nicht vorkommen. Treten sie trotzdem auf, ist eine Ausbesserung möglich. Es muss versucht werden, eine Übereinstimmung der Farben zu erreichen.

Austretender Zementleim oder austretendes Wasser treten an Kanten, Ecken, Fugen, Aufstandsflächen von Wänden und Stützen und den Konen der Schalungsanker auf. Ungleiche Fugen und ausgelaufener Beton sind handwerkliche Fehler. Entmischungen des Betons, schlechte Verteilung, unzureichende Verdichtung, unzureichende Schalungskonstruktionen, zu weite Fugen und schlecht sitzende Ankerkonen müssen vermieden werden.

Bilden sich **Betongrate**, sind undichte und unsaubere Fugen die Ursache.

Lunker (vielfach wird auch der Begriff Poren verwendet) werden selbst bei sorgfältiger Arbeitsweise in geringerem Umfang auftreten. Die Erfüllung des Auftrages ist aber dadurch nicht infrage gestellt.

Lunker treten insbesondere bei geneigten unterschrittenen Schalungen und bei Deckschalungen auf. Auch wenn viele Öffnungen zum Entlüften in Deckschalungen angeordnet werden, sind Lunker nicht völlig zu vermeiden. Flächen ohne Lunker wurden mit SVB an geneigten Schalungen erreicht (Bild 3.26).

Größere Lunker mit mehreren Quadratzentimetern und einem Zentimeter tief sind auch technisch ein Mangel [3.79].

Risse finden im Zusammenhang mit dem Thema »Sichtbeton« in den Vorschriften und Merkblättern keine Erwähnung. Risse stören im Sichtbeton. Die üblichen Maßnahmen zur Rissbegrenzung seitens der Planung und der Ausführung müssen vorgenommen werden. Rissfreiheit ist nicht möglich und kann nicht gefordert werden. Die Wand des Kunstmuseums Lichtenstein ist vorgespannt [3.60].

Die **Betonierlagen** dürfen sich nicht abzeichnen. Der Betonierablauf muss so eingerichtet werden, dass die nächste Lage möglichst schnell wieder eingebracht werden kann. Schwierig gestaltet sich der Betonierablauf bei den Unterteilen von Brückenhohlkästen. Sohle und Wände sowie die Aussteifungen müssen gleichzeitig betoniert werden. Auch wenn »frisch auf frisch« eingehalten wird, sind die Pausen dazwischen lang und durch die meist schräge Wand lässt es sich nicht vermeiden, dass die Schalung mit Beton verschmutzt wird und die Schüttlagen sich abzeichnen. Sie dokumentieren aber einen ordnungsgemäßen Einbau (Bild 3.39). Der Einsatz von mehreren Autobetonpumpen könnte Abhilfe schaffen.

Schlieren, auch als Schleppwassereffekt oder als Wasserläufer bezeichnet, entstehen durch aufwärts wanderndes Wasser und sind auf Wasserabsonderung zurückzuführen. Das Zusammenhaltevermögen des Frischbetons ist unter den Erhärtungsbedingungen nicht ausreichend. Diese Erscheinung tritt besonders bei tiefen Temperaturen auf. Die Hydratation ist verzögert, so dass lokale Wasserabsonderungen auftreten können [3.82].

Marmorierungen entstehen durch örtlich unterschiedliche w/z-Werte, durch Betonierfugen mit längerer Pause und durch angetrockneten Zementleim.

Farbunterschiede sind nicht völlig zu vermeiden, da einige Witterungseinflüsse und Luftfeuchte nicht oder nur bedingt ausgeschlossen werden können. Wenn diese durch eine verstärkte Sonneneinstrahlung und Schattenwirkung auf die Brettschalhaut hervorgerufen wurden, kann die Verfärbung durch leichtes Abschleifen der obersten Schicht beseitigt werden.

Farbunterschiede entstehen auch durch unterschiedliche oder unterschiedlich oft verwendete Schalungsoberflächen. In diesem Fall sind die Grautonunterschiede klar abgegrenzt. Auch Betonierrichtungen bedingen unterschiedliche Grautöne. Selbst bei einheitlicher Farbwirkung je Bauteil, können in unterschiedlichen Ebenen hergestellte Bauteile unterschiedliche Farbtönung aufweisen [3.70].

Unterschiedliche Bewehrungskonzentrationen und unterschiedliche Betondeckungsmaße können ebenfalls Grautonschattierungen ergeben, da sich maßbedingte unterschiedliche Betonstrukturen ausbilden [3.70].

Abmehlen bzw. Absanden der Oberfläche

Bei unbeschichteten Holzoberflächen kommt es zu einer Reaktion zwischen dem Holzzucker und dem Zementleim. Der Holzzucker stört die Hydratation. Die oberste Zementleimschicht mehlt ab. Die Wirkung ist an Astbereichen größer, so dass es sein kann, dass nur dort die Erscheinung auftritt. Das Holz ist schwach sauer und hat im lebenden Stamm einen ph-Wert von 4–6. Nach längerer Lagerung soll die Behandlung mit Zementmilch wiederholt werden [3.81].

Fassadenverschmutzungen durch abfließendes Regenwasser haben ihre Ursache in fehlenden Abdeckungen oder nicht funktionierenden Tropfkanten. Abdeckungen können in der Regel noch angebracht werden. Die Planung sollte vor der Ausführung kontrolliert werden.

Verfärbungen sind Erscheinungen, die vom geplanten Farbbild abweichen. Sie können vielfältig auftreten.

Braune Verfärbungen sind an kunststoffvergüteten Schaltafeln aufgetreten. Rost kann die Ursache sein. In untersuchten Fällen wurde Rost ausgeschlossen und organische Bestandteile festgestellt, die der Phenolharzbeschichtung zugewiesen wurden [3.80]. Jedoch erfolgte dieser Nachweis nach einer Laborbelastung, die auf der Baustelle nur angenommen werden kann, so dass diese Ursache noch keine Übereinstimmung gefunden hat. Da jedoch auch Blasen festgestellt wurden, wird angenommen, dass eine ungenügende Aushärtung der Phenolharzschicht vorlag. Die Braunfärbung trat in Form von Tropfen- und Rinnenspuren auf, insbesondere dort, wo leichte Beschädigungen der Schalhaut aufgetreten waren. In einem anderen Fall wurden im Umkreis der Arbeitstelle keine Säge- und Schneidarbeiten durchgeführt, die Schalung per Hand intensiv gesäubert und ein wachsförmiges Trennmittel per Hand aufgetragen und verrieben. Die Farbspuren traten nicht mehr auf. Andererseits wird Wachs nicht empfohlen, da Schmutz eher anhaftet.

Braun-gelbliche Verfärbungen können die gleichen Ursachen wie vorher beschrieben, haben. Vermutet werden jedoch auch Reaktionen zwischen Schalhaut und Beton nach dem Lösen der Anker, die noch nicht hinreichend untersucht sind. Lösliche Eisenverbindungen in Gesteinskörnungen können auch zu Verfärbungen führen.

Blaufärbungen bzw. grünlich-blaue Färbungen treten bei frisch entschalten Flächen von hüttensandhaltigen Zementen auf. Ursache ist die Umwandlung von Sulfiden der Hochofenschlacke zu farbigen Metallsulfiden. Diese oxidieren jedoch an der Luft zu farblosen Metallverbindungen, wodurch die Blaufärbung wieder beseitigt wird [3.83].

Ausblühungen sind weiße, schleierartige bis fleckige Beläge. Sie sind Abscheidungen von in Wasser schwer löslichem Kalziumkarbonat. Kalziumkarbonat entsteht aus Wasser, Kohlendioxid und Kalziumhydroxid durch Lösung des Kohlendioxids der Luft im Porenwasser. Ausblühungen werden begünstigt, wenn Wasser am jungen Beton Zutritt hat. Das muss vermieden werden. Damit Regenwasser nicht eindringen kann, ist der Spalt zwischen Schalung und Betonwand abzudecken. Auch sollte nicht bei Regenwetter ausgeschalt werden. Die Betonfläche sollte nicht sofort nach dem Ausschalen mit Wasser besprüht werden. Bei niedrigen Temperaturen treten Ausblühungen häufiger auf. Das Entfernen von Ausblühungen muss sorgsam erfolgen. Schleierentferner enthalten verdünnte Säure, die nicht an der behandelten Fläche verbleiben darf [3.84]

Rostflecken entstehen aus der Bewehrung. Flugrost muss entfernt werden und es muss vermieden werden, dass von Anschlusseisen rostiges Wasser auf die fertiggestellte Betonfläche läuft.

Auf Rostflecken infolge **Pyrit** in der Gesteinskörnung wurde im Band 1, Abschnitt 1.2 hingewiesen.

Auf eine umfangreiche Zusammenstellung von aufgetretenen Abweichungen und Mängeln an Sichtbetonflächen mit zugeordneten gutachterlichen Stellungnahmen wird verwiesen [3.79].

Bild 3.39 Das Abzeichnen der Schüttlagen bei Brückenhohlkästen und veränderlichen Querschnitten ist kaum zu vermeiden. Sie dokumentieren einen ordnungsgemäßen Einbau

3.7.7 Nachträgliche Veränderungen der Betonoberfläche

Nachträgliche Veränderung der Betonoberfläche und Sichtbeton sind zunächst widersprüchlich. Einerseits kann der typische Sichtbetoncharakter verlorengehen, andererseits kann die Fläche »veredelt« werden.

Gründe für eine nachträgliche Veränderung können sein:

- Instandsetzung bestehender und älterer Betonflächen
- planmäßiger Schutz neuer Betonflächen
- Bearbeitung von fehlerhaft hergestellten Betonflächen
- gezielte Farbgestaltung von neuen Betonflächen
- künstlerische Farbgestaltung von neuen Betonflächen.

Verwendet werden hydrophobierende Imprägnierungen, Lasuren, Versiegelungen und Beschichtungen.

Die Instandsetzung bestehender und älterer Betonflächen ist ein eigenständiges Anwendungsgebiet. Bild 3.40 zeigt die Betonfläche eines Brückenbogens, bei dem nach der Instandsetzung durch Vernadelung, Rissverpressung und Anbringen des Korrosionsschutzes der Bewehrung durch eine Beschichtung ein einheitlicher Farbton hergestellt wurde.

Die Bearbeitung fehlerhafter Betonflächen ist eine Maßnahme, die nicht wünschenswert ist, d. h. die Fehler sollten nicht gemacht werden.

Mit Versiegelungen und Beschichtungen kann eine gezielte Farbgestaltung auch neu hergestellter Betonflächen durchgeführt werden. Dazu wäre nur eine eingeschränkte Anforderung an den Sichtbeton nötig.

Der Schutz neu hergestellter Betonflächen ist der einzig vertretbare Grund für eine nachträgliche Behandlung von »Sichtbeton« mit einem anderen Material. Um das Eindringen von Feuchtigkeit, Schmutz und Schadstoffen zu verhindern, können hydrophobierende Imprägnierungen, Lasuren (farblos, farbig), Versiegelungen und Beschichtungen aufgebracht werden. Der Schutz vor Schmiereien ist an Betonflächen, die mit viel Aufwand und Mühe hergestellt wurden, besonders wichtig.

Die nachträgliche Behandlung von Betonflächen sollte gemäß Richtlinie für Schutz und Instandsetzung von Betonbauteilen des DAfStB, Teil 2, Abschnitt 4, geplant werden. Die nachträglich mit **Oberflächenschutzsystemen** versehen Betonflächen weisen folgende Eigenschaften auf:

- **Hydrophobierende Imprägnierungen (OS 1)**
  Durch Imprägniermittel wird das Eindringen von Feuchtigkeit in die Betonrandzone verhindert; Regen perlt von der Fläche ab, einer frühzeitigen Verschmutzung der Betonoberfläche wird vorgebeugt. Das Aussehen der Ansichtsfläche des Betons wird nicht verändert. Die Wirksamkeit ist zeitlich begrenzt. Eine Wasserdampfdiffusion wird kaum behindert, so dass das Eindringen von Luftschadstoffen unter Umständen begünstigt wird. Hauptbindemittel der Imprägniermittel ist Silan und Siloxan.
- **Lasuren**
  Der Auftrag der farbigen oder farblosen Lasuren erfolgt in mehreren Schichten mit einzelnen Dicken ≤ 50 µm und ergibt matte oder glänzende Oberflächen. Mit geringen Pigmentierungen können auch Farbschwankungen in der Betonoberfläche ausgeglichen werden, ohne die Struktur optisch zu verändern. Durch Lasuren können aber Fugen und nachgearbeitete Oberflächenschäden besonders hervorgehoben werden.
- **Versiegelung (OS 2)**
  Die oberflächennahen Kapillarporen werden unter gleichzeitiger Bildung eines dünnen Oberflächenfilmes ausgefüllt. Die Versiegelung weist eine wasserabweisende und CO_2-bremsende Wirkung auf; eine farbige Gestaltung ist möglich. Die Versiegelung wird auch als Nachbesserungsmaßnahme bei zu geringer Betondeckung angewandt. Hauptbindemittel ist Akrylharz.
- **Beschichtungen (OS 4 und OS 5)**
  Beschichtungen sind nach dem Auftrocknen starr oder elastisch. Mit elastischen Beschichtungen können Risse bis zu Rissweiten von 0,2 mm überbrückt werden. Sie sind wasserabweisend und haben eine CO_2-bremsende Wirkung. Auch eine farbige Gestaltung ist möglich.
- **Starre Beschichtungen (OS 4)**
  Die starren Beschichtungen passen sich den Konturen des Untergrundes an. Die Poren der Betonfläche bleiben offen. Das Eindringen von Schadstoffen kann verhindert werden. Die Schichtdicke beträgt ca. 80 µm. Hauptbindemittel sind Alkydharz und PUR-Alkydharz.
- **Elastische Beschichtungen (OS 5)**
  Elastische Beschichtungen überdecken feine Konturen im Untergrund wie z. B. Brettstrukturen, die dann in der Regel nicht mehr erkennbar sind. Poren werden geschlossen. Rissüberbrückung gilt nach DAfStb-Richtlinie als sehr gering, Risse ≤ 0,2 mm

Bild 3.40 Beschichteter Brückenbogen nach der Instandsetzung der Tragfähigkeit

werden jedoch dauerhaft überbrückt. Die Schichtdicke beträgt ca. 300 μm. Hauptbindemittel sind Akryl-Dispersion und Propionat-Copolymer-Dispersion.
- **Schutzlasuren gegen Graffiti-Malereien**
Zur leichten Reinigung von verschmierten Außenflächen mithilfe von heißem Druckwasser werden Oberflächenschutzsysteme auf Polysaccharid-Basis eingesetzt, die eine gute Wasserdampfdurchlässigkeit aufweisen und darüber hinaus einen Schutz vor Frost-Tausalz-Einwirkung bieten.

Neu sind Imprägnierungen, Lasuren und auch Farben auf der Basis der Nanotechnologie. Diese Produkte reduzieren durch eine gleichmäßige Ausrichtung der schützenden Molekülgruppen die Wasseraufnahme und damit auch das Eindringen von Schmutzpartikeln. Die Oberflächenspannung ist kleiner als die der verschmutzenden Flüssigkeiten. Durch Zusatz von Pigmenten zu einem farblosen Imprägniermittel werden auch Farblasuren hergestellt. Anwendungsbeispiel ist ein Treppenhaus, in dem der grau belassene Beton als zu trist empfunden wurde [3.72]. Eine antimikrobielle Wirkung wird mit Silberionen erreicht, wodurch ein Schutz gegen Pilze und Algenbefall entsteht.

3.8 Literatur

[3.1] Theile, V.; Hildebrandt, H.; Brüggemann, H.-G.: Hochhausensemble mit projektbezogenen Sonderbetonen. Beton (1996), H. 9, S. 535–540.

[3.2] Mandry, W.: Über das Kühlen von Beton. Springer-Verlag, Berlin/Göttingen/Heidelberg, 1961.

[3.3] Wischers, G.: Betontechnische und konstruktive Maßnahmen gegen Temperaturrisse in massigen Bauteilen. beton 14 (1964), H. 1, S. 22–26 und H. 2, S. 65–73.

[3.4] United States Department of the Interior, Bureau of Reclamation: Concrete Manual, Denver, 1955.

[3.5] Gesetz zur Ordnung des Wasserhaushalts (Wasserhaushaltsgesetz WHG) vom 23.09.86, hier WHG §19.

[3.6] Richtlinie »Betonbau beim Umgang mit wassergefährdenden Stoffen«, Teile 1 bis 6, Deutscher Ausschuss für Stahlbeton, Berlin, 1996.

[3.7] Verordnung über Anlagen zum Lagern, Abfüllen und Umschlagen wassergefährdender Stoffe und die Zulassung von Fachbetrieben (Anlagenverordnung VAwS), (unterschiedliche VAwS in den einzelnen Bundesländern).

[3.8] Verwaltungsvorschrift zum Vollzug der Verordnung über Anlagen zum Umgang mit wassergefährdenden Stoffen (VVAwS), (unterschiedliche VVAwS in den einzelnen Bundesländern).

[3.9] Zum Eindringverhalten von Flüssigkeiten und Gasen in ungerissenen Beton, Eindringverhalten von Flüssigkeiten in Beton in Abhängigkeit von der Feuchte der Probekörper und der Temperatur, Untersuchungen der Dichte von Vakuumbeton gegenüber wassergefährdender Flüssigkeiten, Heft 445, Deutscher Ausschuss für Stahlbeton, Berlin, 1994

[3.10] Prüfverfahren und Untersuchungen zum Eindringen von Flüssigkeiten und Gasen in Beton sowie zum chemischen Widerstand von Beton, Untersuchungen zum Eindringen von Flüssigkeiten in Beton sowie zur Verbesserung der Dichtheit des Betons, Heft 450, Deutscher Ausschuss für Stahlbeton, Berlin, 1995

[3.11] Verbesserung der Undurchlässigkeit, Beständigkeit und Verformungsfähigkeit von Beton, Durchlässigkeit von überdrückten Trennrissen im Beton bei Beaufschlagung mit wassergefährdenden Flüssigkeiten, Untersuchungen zum Eindringen von Flüssigkeiten in Beton, zur Dekontamisation von Beton sowie zur Dichtheit von Arbeitsfugen, Heft 457, Deutscher Ausschuss für Stahlbeton, Berlin, 1996

[3.12] Auffangbauwerke, Zement-Merkblatt Tiefbau, Bundesverband der Deutschen Zementindustrie, 1999

[3.13] RILEM-Richtlinien für das Betonieren im Winter. Beton 4/1964, S. 141–147 und 7/1964, S. 176–179

[3.14] Jablinski, M.: Überwachung ausgewählter Bauprozesse – Praxiswissen für Bauleiter – Band 7. Verlagsgesellschaft Rudolf Müller GmbH & Co. KG Köln 2005

[3.15] Basalla, A.: Wärmeentwicklung im Beton. In: Zement-Taschenbuch 1964/65, S. 275–304. Bauverlag Wiesbaden 1963

[3.16] Springenschmid, R.: Betontechnologie für die Praxis. Bauwerk-Verlag GmbH, Berlin 2007

[3.17] Grübl. P., Weigler, H., Karl, S.: Beton. Verlag Ernst & Sohn, Berlin 2001

[3.18] Deutscher Ausschuss für Stahlbeton: Merkblatt für die Anwendung des Betonmischens mit Dampfzuführung (Juni 1974)

[3.19] Altner, W.; Reichel, W.: Betonschnellerhärtung. Verlag für Bauwesen, Berlin 1982

[3.20] Möller, G.: Early Freezing of Concrete. Swedish Cement & Concrete Research Institute, Applied Studies, No 5. Stockholm 1962

[3.21] www.bauwetter.de

[3.22] Canadian Standards Association: Concrete Materials and Methods of Concrete, Ottawa 1977

[3.23] Deutscher Beton- und Bautechnik-Verein (DBV): DBV-Merkblatt »Betonieren im Winter«; Fassung August 1999, redaktionell überarbeitet 2004

[3.24] Deutscher Betonverein: Betonhandbuch, 3., neu bearbeitete Auflage, Bauverlag GmbH Wiesbaden und Berlin 1995

[3.25] STLB-Standardleistungsbuch für das Bauwesen, Leistungsbereich 098 – »Winterbauschutz-Maßnahmen«

[3.26] Zement-Merkblatt Betontechnik B7, 01/2008, Bereiten und Verarbeiten von Beton

[3.27] www.cemex.de, Betonieren im Sommer bei hohen Temperaturen – Verarbeitungshinweise, CEMEX Anwendungstechnik

[3.28] Röhling, S.: Zwangsspannungen infolge Hydratationswärme. 2. Auflage, Verlag Bau + Technik GmbH 2009

[3.29] Pfeuffer, Markus; Kraus, Roland; Kohlhepp, Robert; Pultin, Anton: Kühlen des Frischbetons bei einer Autobahneinhausung. Beton 6/2002, S. 302–304

[3.30] Mack, H.-P.: Maschinentechnik bei einer Betonkühlung und -erwärmung. www.zement.at/service/literatur/temperatur_mack2005.pdf

[3.31] Deutscher Beton- und Bautechnik-Verein (DBV): DBV-Merkblatt »Betonschalungen und Ausschalfristen«; Fassung September 2006

[3.32] Schuster, F. O.: Entwicklung des Betonstraßenbaus in den westlichen Ländern der Bundesrepublik Deutschland von 1945 bis 1995. Kirchbaum Verlag, Bonn 1997

[3.33] Eifert, H.; Vollpracht, A.; Hersel, O.: Straßenbau heute – Betondecken, Verlag für Bau + Technik GmbH, Düsseldorf 1995

[3.34] Forschungsgesellschaft für Straßen und Verkehrswesen: Richtlinien für die Standdardisierung des Oberbaus von Verkehrsflächen (RStO 01), FGSV Verlag GmbH, 2001

[3.35] DIN EN 206-1 Beton – Festlegung, Eigenschaften, Herstellung und Konformität, 9/2005

[3.36] DIN 1045-2 Tragwerke aus Beton, Stahlbeton und Spannbeton, Beton – Festlegung, Eigenschaften, Herstellung und Konformität, 7/2005

[3.37] DIN EN 12350: Prüfung von Frischbeton, 3/2000

[3.38] DIN EN 12390: Prüfung von Festbeton, 2/2001

[3.39] Forschungsgesellschaft für Straßen und Verkehrswesen: Technische Lieferbedingungen für Baustoffe und Baustoffgemische für Tragschichten mit hydraulischen Bindemitteln und Fahrbahndecken aus Beton (TL Beton-StB 07), FGSV Verlag GmbH, 2007

[3.40] Vollpracht, A.: Fahrbahndecken aus Beton, Beton, 1993, H. 7, S. 342–346

[3.41] Forschungsgesellschaft für Straßen und Verkehrswesen: Technische Lieferbedingungen für Gesteinskörnungen im Straßenbau (TL Gestein-StB 04), FGSV Verlag GmbH, 2005

[3.42] Forschungsgesellschaft für Straßen und Verkehrswesen: Technische Lieferbedingungen für Fugenfüllstoffe in Verkehrsflächen (TL Fug-StB 07), FGSV Verlag GmbH, 2007

[3.43] Forschungsgesellschaft für Straßen und Verkehrswesen: Zusätzliche Technische Vertragsbedingungen und Richtlinien für Fugenfüllung in Verkehrsflächen (ZTV Fug-StB 05), FGSV Verlag GmbH, 2005

[3.44] Forschungsgesellschaft für Straßen und Verkehrswesen: Zusätzliche Technische Vertragsbedingungen und Richtlinien für den Bau von Tragschichten mit hydraulischen Bindemitteln und Fahrbahndecken aus Beton (ZTV Beton-StB 07), FGSV Verlag GmbH, 2007

[3.45] Bauberatung Zement: Walzbeton für Tragschichten und Tragdeckschichten, Verlag Bau + Technik GmbH, 2001

[3.46] Lohmeyer, G.; Ebeling, K.: Betonböden für Produktions- und Lagerhallen, Verlag Bau + Technik, Düsseldorf, 2006

[3.47] DBV-Merkblatt: Industrieböden aus Beton für Frei- und Hallenflächen, Merkblatt-Sammlung des DBV, 2004

[3.48] Eifert, H.: Straßenbau heute – Tragschichten, Schriftenreihe der Zement- und Betonindustrie, Verlag Bau + Technik, 2006

[3.49] DAfStb: Richtlinie Stahlfaserbeton, Deutscher Ausschuss für Stahlbeton, Entwurf 2007

[3.50] BIA-Handbuch: Sicherheitstechnisches Informations- und Arbeitsblatt 560 210, geprüfte Bodenbeläge, Positivliste. Erich-Schmidt-Verlag, 1995

[3.51] DAfStB-Richtlinie »Wasserundurchlässige Bauwerke aus Beton (WU-Richtlinie)«, 11.2003 und Berichtigung zur WU-Richtlinie, 03.2006

[3.52] Lohmeyer, G.; Ebeling, K.: Weiße Wannen – einfach und sicher«, Verlag Bau + Technik, Düsseldorf, 2009

[3.53] Edvardsen, C.: Wasserdurchlässigkeit und Selbstheilung von Trennrissen im Beton. DAfStb-Heft 455, Beuth Verlag Berlin, 1996

[3.54] Ripphausen, B.: Untersuchungen zur Wasserdurchlässigkeit und Sanierung von Stahlbetonbauten mit Trennrissen. RWT Aachen, 1989

[3.55] Meichsner, H.: Über die Selbstdichtung von Trennrissen in Beton. Beton- und Stahlbetonbau 87(1992), Heft 4, S. 95–99

[3.56] Bose, T.; Kampen, R.: Wasserundurchlässige Bauwerke, Zement-Merkblatt Hochbau H 10, Verein Deutscher Zementwerke, Düsseldorf, 1.2010

[3.57] DBV-Merkblatt: Hochwertige Nutzung in Untergeschossen – Bauphysik und Raumklima, 01/2009, Deutscher Beton- und Bautechnik-Verein e. V.

[3.58] Kramm, R.; Schalk, T.: Sichtbeton, Betrachtungen. Ausgewählte Architektur in Deutschland. Verlag Bau + Technik Düsseldorf 2007

[3.59] Rambow, R.; Sichtweisen auf Sichtbeton. In Ausgewählte Architektur in Deutschland, S. 85–92. Verlag Bau + Technik Düsseldorf 2007

[3.60] Deutscher Beton- und Bautechnik-Verein e. V. und Bundesverband der Deutschen Zementindustrie e. V.: Merkblatt Sichtbeton, Fassung August 2004, Eigenverlag

[3.61] Zement-Merkblatt Hochbau H 8, 1.2009: Sichtbeton – Techniken der Flächengestaltung. Verein Deutscher Zementwerke e. V.

[3.62] Schulz, J.: Sichtbeton-Atlas, Planung – Ausführung – Beispiele, Viehweg + Teubner / GWV Fachverlag GmbH Wiesbaden 2009

[3.63] Goldammer, K.-R.; Schmitt, R.; Schubert, K.: Sichtbeton und Schalungstechnik. Betonkalender 2010 (2), S. 2–70.

[3.64] Jablinski, M.; Damme, M.; Krimmling, J.; Preuß, A.: Überwachung ausgewählter Bauprozesse. Verlagsgesellschaft Rudolf Müller GmbH & Co.KG, Köln 2003

[3.65] DBV Tätigkeitsbericht 2005–2006. Kapitel 9 »Sichtbeton«

[3.66] Fachvereinigung Deutscher Betonfertigteil e. V.: Merkblatt Nr.1 über Sichtbetonflächen von Fertigteilen aus Beton und Stahlbeton, Fassung 06/2005

[3.67] DBV-Merkblatt »Besondere Frischbetonprüfungen«

[3.68] Güteschutzverband Betonschalungen e. V.: Merkblatt Mietschalungen Eigenverlag, Fassung 01/2006

[3.69] Güteschutzverband Betonschalungen e. V.: Empfehlungen zur Planung, Ausschreibung und zum Einsatz von Schalungssystemen bei der Ausführung von »Betonflächen mit Anforderungen an das Aussehen«. Güteschutzverband Betonschalungen e. V. Eigenverlag 06/2005

[3.70] Schulz, J.: Sichtbeton-Planung, Kommentar zur DIN 18217, Betonflächen und Schalungshaut. Friedrich & Sohn Verlag/GWV Fachverlage GmbH, Wiesbaden, 3. Auflage 2006

[3.71] Sichtbetonhandbuch 2006. 2. Internat. Sichtbeton-Forum 2006 Berlin. Verlag Bau + Technik GmbH Düsseldorf 2006, Bittis, A: Neuartige Betone bringen Licht ins Dunkel. S. 47–51
El Ahwany, C.: Beton und Farbe. S. 29–35
Schäfer, W.: Sichtbeton als Herausforderung an die Hersteller und Verarbeiter. S. 42–46
Keller, N.: Sichtbeton und Vertragsrecht. S. 52–56

[3.72] Sichtbetonhandbuch 2007. 3. Internat. Sichtbeton-Forum 2007 Berlin. Verlag Bau + Technik GmbH Düsseldorf 2007
Wochner, W.: Sichtbeton mit Fertigteilen, Vereinbarung einer Bemusterung. S. 8–12
Wagener, S.: Farbliche Gestaltung von Sichtbeton mittels multifunktionaler Lasur am Beispiel der Alsenblöcke in Berlin. S. 36–38

[3.73] Sichtbetonhandbuch 2008. 4. Internat. Sichtbeton-Forum 2008 Berlin. Verlag Bau + Technik GmbH Düsseldorf 2008
Neumeier, B. R.; Fuhrmann Wallenfels Binder: Sichtbeton – Mangel und Haftung aus rechtlicher Sicht. S. 37–40

[3.74] Pfeifer, G.; Liebers, A.M.; Brauneck, P.: Sichtbeton, Technologie und Gestalt, Verlag Bau + Technik GmbH 2006

[3.75] Baus, U.: Sichtbeton, Architektur, Konstruktion, Detail. DVA München 2007

[3.76] Hoske, P.; Stanke, G.; Herr, R.: Bildgestützte Bewertung von Betonflächen. Betonwerk + Fertigteiltechnik Nr. 07/06 Juli 2006

[3.77] Damme, D.; Hoske, P.; Stanke, G.; Weigel, M.: Objektiviertes Beurteilungsverfahren für Sichtbeton mitttels automatisierter Bildverarbeitung unter Berücksichtigung von Beleuchtungsvariationen.
http//e-pub.uni-weimar.de/volltexte/2005/376//pdf/M_29pdf

[3.78] Güteschutzverband Betonschalungen e.V. GSV-Richtlinie »Handhabungs- und Pflegehinweise für Schalungssysteme«, Fassung Oktober 2003

[3.79] Schulz, J.: Sichtbeton-Mängel; Gutachterliche Einstufung, Mängelbeseitigung, Betoninstandsetzung. Friedrich Viehweg & Sohn Verlag/GWV Fachverlage GmbH, Wiesbaden 2004

[3.80] Fiala, H.; Raddatz, J.: Braune Verfärbungen auf Sichtbetonflächen. Beton-Information 2-2003. Verlag Bau + Technik GmbH Düsseldorf

[3.81] PERI-Schalungstechnik – Sichtbeton. Peri GmbH Schalung Gerüstbau Engineering Weißenborn

[3.82] Readymix-Zement-Forum 4/2004, S. 8–10

[3.83] Blaufärbung von Betonoberflächen. BetonMarketing 11-2002

[3.84] Zementmerkblatt B27, 12.2003: Ausblühungen / Entstehung, Vermeidung, Beseitigung

[3.85] Expertenforum Beton 2007; Sichtbeton – Architektur pur. Zement + Beton Handels- und Werbegesellschaft m.b.H. Wien
Grobbauer, M.: Definition von Sichtbeton – eine Herausforderung; S. 3–8
Peck, M.: Sichtbeton im Spannungsfeld von Einzelkriterien und Gesamteindruck; S. 10–11

[3.86] PERI, Schalungstechnik Sichtbeton

[3.87] Beton, 6/2000, S. 340: Moderne Höhlenzeichnungen: Tiermotive auf der Fassade aus Beton

[3.88] Harcenko, J.; Pantschenko, A.; Stark, J.; Fischer, H.-B.: Sandbeton für monolitischen Häuserbau am Polarkreis. Internationale Baustofftagung ibausil Weimar 2006

[3.89] Ulbrich, D.: Thermische Vorspannung von Staumauern. Diplomarbeit TU München, Lehrstuhl für Wasserbau und Wasserwirtschaft, 19.09.2007;
www.d-ulbrich.de/?download=Diplomarbeit.pdf

[3.90] NOE report 148 (2012). NOE-Schaltechnik; Georg Meyer-Keller GmbH + Co. KG, 73079 Süssen

4 Zusammenstellung der Normen, Vornormen und Normentwürfe

4.1 Normen für die Betonausgangsstoffe

4.1.1 Zement

DIN EN 197-2011-11	Zement – Teil 1: Zusammensetzung, Anforderungen und Konformitätskriterien von Normalzement
DIN EN 197-2:2000-11	Zement – Teil 2: Konformitätsbewertung
DIN 1164-10:2004-08 + Berichtigung 1	Zement mit besonderen Eigenschaften – Teil 10: Zusammensetzung, Anforderungen und Übereinstimmungsnachweis von Normalzement mit besonderen Eigenschaften
DIN 1164-11:2003-11	Zement mit besonderen Eigenschaften – Teil 11: Zusammensetzung, Anforderungen und Übereinstimmungsnachweis von Zement mit verkürztem Erstarren
DIN 1164-12:2005-06	Zement mit besonderen Eigenschaften – Teil 12: Zusammensetzung, Anforderungen und Übereinstimmungsnachweis von Zement mit einem erhöhten Anteil an organischen Bestandteilen
DIN EN 14216:2004-08	Zement – Zusammensetzung, Anforderungen und Konformitätskriterien von Sonderzement mit sehr niedriger Hydratationswärme
DIN-Fachbericht 197:2001	Leitlinien für die Anwendung von EN 197-2: Zement – Teil 2: Konformitätsbewertung

4.1.2 Gesteinskörnungen

DIN EN 12620:2008-07 + A1:2008	Gesteinskörnungen für Beton
DIN 4226-100:2002-02	Gesteinskörnmungen für Beton und Mörtel – Teil 100: Rezyklierte Gesteinskörnungen
DAfStb Beton, Rezyklierte Gesteinskörnungen:2004-10	DAfStb-Richtlinie – Beton nach DIN EN 206-1 und DIN 1045-2 mit rezyklierten Gesteinskörnungen nach DIN 4226-100 – Teil 1: Anforderungen an den Beton für die Bemessung nach DIN 1045-1
DIN EN 13055-1:2002-08 + Berichtigung 1:2004-12	Leichte Gesteinskörnungen – Teil 1: Leichte Gesteinskörnungen für Beton, Mörtel und Einpressmörtel

4.1.3 Wasser und Betonzusätze

DIN EN 1008:2002-10	Zugabewasser für Beton – Festlegung für die Probenahme, Prüfung und Beurteilung der Eignung von Wasser, einschließlich bei der Betonherstellung anfallendem Wasser, als Zugabewasser für Beton
DIN EN 934-1:2008-04	Zusatzmittel für Beton, Mörtel und Einpressmörtel – Teil 1: Gemeinsame Anforderungen
DIN EN 934-2:2009-09	Zusatzmittel für Beton, Mörtel und Einpressmörtel – Teil 2: Betonzusatzmittel – Definitionen, Anforderungen, Konformität, Kennzeichnung und Beschriftung

DIN EN 934-3:2006-01	Zusatzmittel für Beton, Mörtel und Einpressmörtel – Teil 3: Zusatzmittel für Mauermörtel – Definitionen, Anforderungen, Konformität, Kennzeichnung und Beschriftung
DIN EN 934-4:2009-09	Zusatzmittel für Beton, Mörtel und Einpressmörtel – Teil 4: Zusatzmittel für Einpressmörtel für Spannglieder – Definitionen, Anforderungen, Konformität, Kennzeichnung und Beschriftung
DIN EN 934-5:2008-02	Zusatzmittel für Beton, Mörtel und Einpressmörtel – Teil 5: Zusatzmittel für Spritzbeton – Begriffe, Anforderungen, Konformität, Kennzeichnung und Beschriftung
DIN EN 934-6:2006-03	Zusatzmittel für Beton, Mörtel und Einpressmörtel – Teil 6: Probenahme, Konformitätskontrolle und Bewertung der Konformität
DIN V 18998:2002-11 + A1:2003-05	Beurteilung des Korrosionsverhaltens von Zusatzmitteln nach der Normenreihe DIN EN 934
DIN EN 450-1:2008-05	Flugasche für Beton – Teil 1: Definitionen, Anforderungen und Konformitätskriterien
DIN EN 450-2 2005-05	Flugasche für Beton – Teil 2: Konformitätsbewertung
DIN EN 12878:2006-05	Pigmente zum Einfärben von Zement- und / oder kalkgebundenen Baustoffen – Anforderungten und Prüfverfahren
DIN EN 13263-1:2009-07	Silikastaub für Beton – Teil 1: Definitionen, Anforderungen und Konformitätskriterien
DIN EN 13263-2:2009-07	Silikastaub für Beton – Teil 2: Konformitätsbewertung
DIN EN 14889-1:2006-11	Fasern für Beton – Teil 1: Stahlfasern – Begriffe, Festlegungen und Konformität
DIN EN 14889-2:2006-11	Fasern für Beton – Teil 2: Polymerfasern – Begriffe, Festlegungen und Konformität
DIN EN 15167-1:2006-12	Hüttensandmehl zur Verwendung in Beton, Mörtel und Einpressmörtel – Teil 1: Definitionen, Anforderungen und Konformitätskriterien
DIN EN 15167-2:2 DIN 51043:1979-08	Traß; Anforderungen, Prüfung
DIN V 20000-100:2002-11	Anwendung von Bauprodukten in Bauwerken Teil 100: Betonzusatzmittel nach DIN EN 934-2:2002-02
DIN V 20000-101:2002-11	Anwendung von Bauprodukten in Bauwerken Teil 101: Zusatzmittel für Einpressmörtel für Spannglieder nach DIN EN 934-4:2002-02

4.1.4 Betonstahl

DIN 488-1:2009-08	Betonstahl – Teil 1: Stahlsorten, Eigenschaften, Kennzeichnung
DIN 488-2:2009-08	Betonstahl – Stabstahl
DIN 488-3:2009-08	Betonstahl – Betonstahl in Ringen, Bewehrungsdraht
DIN 488-4:2009-08	Betonstahl – Betonstahlmatten
DIN 488-5:2009-08	Betonstahl – Gitterträger
DIN 488-6:2009-08	Betonstahl Teil 6: Übereinstimmungsnachweis

4.2 Normen für Beton, Stahlbeton und Spannbeton

DIN EN 206-1:2001-07 +A1:2004-10 +A2:2005-09	Beton – Teil 1: Festlegung, Eigenschaften, Herstellung und Konformität

DIN 1045-1:2008-08	Tragwerke aus Beton, Stahlbeton und Spannbeton – Teil 1: Bemessung und Konstruktion
DIN 1045-2:2008-08	Tragwerke aus Beton, Stahlbeton und Spannbeton – Teil 2: Beton – Festlegung, Eigenschaften, Herstellung und Konformität; Anwendungsregeln zu DIN EN 206-1
DIN 1045-3:2008-08	Tragwerke aus Beton, Stahlbeton und Spannbeton – Teil 3: Bauausführung
DIN 1045-4:2001-07	Tragwerke aus Beton, Stahlbeton und Spannbeton – Teil 4: Ergänzende Regeln für die Herstellung und die Konformität von Fertigteilen
DIN 1055-100:2001-03	Einwirkungen auf Tragwerke, Teil 100: Grundlagen der Tragwerksplanung – Sicherheitskonzept und Bemessungsregeln
DIN 18200: 2000-05	Übereinstimmungsnachweis für Bauprodukte – Werkseigene Produktionskontrolle, Fremdüberwachung und Zertifizierung von Produkten
DIN EN 206-9:2010-09	Beton – Teil 9: Ergänzende Regeln für selbstverdichtenden Beton (SVB)
DIN 4235-1:1978-12	Verdichten von Beton durch Rütteln; Rüttelgeräte und Rüttelmechanik
DIN 4235-2:1978-12	Verdichten von Beton durch Rütteln; Verdichten mit Innenrüttlern
DIN 4235-3:1978-12	Verdichten von Beton durch Rütteln; Verdichten bei der Herstellung von Fertigteilen mit Außenrüttlern
DIN 4235-4:1978-12	Verdichten von Beton durch Rütteln; Verdichten von Ortbeton mit Schalungsrüttlern
DIN 4235-5:1978-12	Verdichten von Beton durch Rütteln; Verdichten mit Oberflächenrüttlern
DIN EN 1635:199:06	Ausführung von besonderen geotechnischen Arbeiten (Spezialtiefbau)- Bohrpfähle
DIN EN 1536 (E):2009-01	Ausführung von besonderen geotechnischen Arbeiten (Spezialtiefbau)- Bohrpfähle
DIN EN 14487-1:2006-03	Spritzbeton – Teil 1: Begriffe, Festlegungen und Konformität
DIN EN 14487-2:2007-01	Spritzbeton – Teil 2: Ausführung
DIN 18551:2005-01	Spritzbeton – Anforderungen, Herstellung, Bemessung und Konformität
DIN 18551 (E):2007-07	Spritzbeton – Nationale Anwendungsregel zur Reihe DIN EN 14487 und Regeln für die Bemessung von Spritzbetonkonstruktionen
DIN 18217:1981-12	Betonflächen und Schalungshaut
DIN 18218:2010-01	Frischbetondruck auf lotrechte Schalungen

4.3 Richtlinien, zusätzliche Vorschriften

ZTV-W LB 215:2004-12 + 1. Änderung:2008-12	Zusätzliche Technische Vertragsbedingungen im Wasserbau für im Wasserbauwerke aus Beton und Stahlbeton, Bundesministerium für Verkehr, Bau- und Wohnungswesen, Bundesanstalt für Wasserbau
ZTV-Ing.: 2007-12	Zusätzliche Technische Vertragsbedingungen und Richtlinien für Ingenieurbauten, Stand Dezember 2007, Teil 3 Massivbau, Bundesministerium für Verkehr, Bau- und Wohnungswesen, Bundesanstalt für Straßenwesen
DAfStb Alkalirichtlinie: 2007-02	DAfStb-Richtlinie »Vorbeugende Maßnahmen gegen schädigende Alkalireaktion im Beton«
DAfStb Verzögerter Beton: 2006-06	DAfStb-Richtlinie »Beton mit verlängerter Verarbeitungszeit (Verzögerter Beton); Erstprüfungprüfung, Herstellung, Verarbeitung und Nachbehandlung«
DAfStb Massige Bauteile aus Beton:2010-04	DAfStb-Richtlinie Massige Bauteile aus Beton

DAfStb Wassergefährdende Stoffe:2004-10	DAfStb-Richtlinie – Betonbau beim Umgang mit wassergefährdenden Stoffen
DAfStb Wasserundurchlässige Bauwerke:2003-11	DAfStb-Richtlinie – Wasserundurchlässige Bauwerke aus Beton (WU-Richtlinie)
DAfStb Heft 555:2006	Erläuterungen zur DAfStb-Richtlinie wasserundurchlässige Bauwerke aus Beton
DAfStb-Stahlfaserbeton: 2010-03	DAfStb-Richtlinie Stahlfaserbeton
DAfStb Selbstverdichtender Beton:2003-11	DAfStb-Richtlinie – Selbstverdichtender Beton (SVB-Richtlinie)

4.4 Prüfnormen und Prüfvorschriften

4.4.1 Zement

DIN EN 196-1:2005-05	Prüfverfahren für Zement – Teil 1: Bestimmung der Festigkeit
DIN EN 196-2:2005-05	Prüfverfahren für Zement – Teil 2: Chemische Analyse von Zement
DIN EN 196-3:2009-02	Prüfverfahren für Zement – Teil 3: Bestimmung der Erstarrungszeiten und der Raumbeständigkeit
DIN-Fachbericht CEN/TR 196-4:2007-11	Prüfverfahren für Zement – Teil 4: Quantitative Bestimmung der Bestandteile
DIN EN 196-5:2005-05	Prüfverfahren für Zement – Teil 5: Prüfung der Puzzolanität von Puzzolanzement
DIN EN 196-6:2009-02	Prüfverfahren für Zement – Teil 6: Bestimmung der Mahlfeinheit
DIN EN 196-7:2007-03	Prüfverfahren für Zement – Teil 7: Verfahren für die Probenahme und Probenauswahl von Zement
DIN EN 196-8:2010-07	Prüfverfahren für Zement – Teil 8 Hydradationswärme; Lösungsverfahren
DIN EN 196-9:2009-10	Prüfverfahren für Zement – Teil 9: Hydratationswärme – Teiladiabatisches Verfahren
DIN EN 196-10:2006-10	Prüfverfahren für Zement – Teil 10: Bestimmung des Gehaltes an wasserlöslichem Chrom (VI) in Zement.

4.4.2 Gesteinskörnungen

DIN EN 932-1:1996-11	Prüfverfahren für allgemeine Eigenschaften von Gesteinskörnungen – Teil 1: Probenahmeverfahren
DIN EN 932-2:1999-03	Prüfverfahren für allgemeine Eigenschaften von Gesteinskörnungen – Teil 2: Verfahren zum Einengen von Laboratoriumsproben
DIN EN 932-3:2003-12	Prüfverfahren für allgemeine Eigenschaften von Gesteinskörnungen – Teil 3: Durchführung und Terminologie einer vereinfachten petrografischen Beschreibung
EDIN EN 932-5:2009-08	Prüfverfahren für allgemeine Eigenschaften von Gesteinskörnungen – Teil 5: Allgemeine Prüfeinrichtung und Kalibrierung
DIN EN 933-1:2006-01	Prüfverfahren für geometrische Eigenschaften von Gesteinskörnungen – Teil 1: Bestimmung der Korngrößenverteilung – Siebverfahren
DIN EN 933-2:1996-01	Prüfverfahren für geometrische Eigenschaften von Gesteinskörnungen – Teil 2: Bestimmung der Korngrößenverteilung, Analysensiebe, Nennmaße der Sieböffnungen

DIN EN 933-3:2003-12	Prüfverfahren für geometrische Eigenschaften von Gesteinskörnungen – Teil 3: Bestimmung der Kornform, Plattigkeitskennzahl
DIN EN 933-4:2008-06 + Berichtigung 1:2008-09	Prüfverfahren für geometrische Eigenschaften von Gesteinskörnungen – Teil 4: Bestimmung der Kornform, Kornformkennzahl
DIN EN 933-5:2005-02	Prüfverfahren für geometrische Eigenschaften von Gesteinskörnungen – Teil 5: Bestimmung des Anteils an gebrochenen Körnern in groben Gesteinskörnungen
DIN EN 933-6:2002-02 + Berichtigung 1:2004-09	Prüfverfahren für geometrische Eigenschaften von Gesteinskörnungen – Teil 6: Fließkoeffizient von Gesteinskörnungen
DIN EN 933-7:1998-05	Prüfverfahren für geometrische Eigenschaften von Gesteinskörnungen – Teil 7: Bestimmung des Muschelschalengehalts
DIN EN 933-8:2009-01	Prüfverfahren für geometrische Eigenschaften von Gesteinskörnungen – Teil 8: Beurteilung von Feinanteilen, Sandäquivalent-Verfahren
DIN EN 933-9:2009-10	Prüfverfahren für geometrische Eigenschaften von Gesteinskörnungen – Teil 9: Beurteilung von Feinanteilen – Methylenblau-Verfahren
DIN EN 933-10:2009-10	Prüfverfahren für geometrische Eigenschaften von Gesteinskörnungen – Teil 10: Beurteilung von Feinanteilen – Kornverteilung von Füller (Luftstrahlsiebung)
DIN EN 933-11:2009-07	Prüfverfahren für geometrische Eigenschaften von Gesteinskörnungen – Teil 11: Einteilung der Bestandteile in grober recyklierter Gesteinskörnung
EDIN EN 1097-1:2010-06	Prüfverfahren für mechanische und physikalische Eigenschaften von Gesteinskörnungen – Teil 1: Bestimmung des Widerstandes gegen Verschleiß (Micro-Deval)
DIN EN 1097-2:2010-06	Prüfverfahren für mechanische und physikalische Eigenschaften von Gesteinskörnungen – Teil 2: Verfahren zur Bestimmung des Widerstandes gegen Zertrümmerung
DIN EN 1097-3:198-06	Prüfverfahren für mechanische und physikalische Eigenschaften von Gesteinskörnungen – Teil 3: Bestimmung von Schüttdichte und Hohlraumgehalt
DIN EN 1097-5:2008-06 + Berichtigung 1:2008-09	Prüfverfahren für mechanische und physikalische Eigenschaften von Gesteinskörnungen – Teil 5: Bestimmung des Wassergehaltes durch Ofentrocknung
DIN EN 1097-6:2005-12 + Berichtigung 1:2008-08	Prüfverfahren für mechanische und physikalische Eigenschaften von Gesteinskörnungen – Teil 6: Bestimmung der Rohdichte und der Wasseraufnahme
DIN EN 1097-7:2008-06 + Berichtigung 1:2008-09	Prüfverfahren für mechanische und physikalische Eigenschaften von Gesteinskörnungen – Teil 7: Bestimmung der Rohdichte von Füller – Pyknometer-Verfahren
DIN EN 1097-8:2009-10	Prüfverfahren für mechanische und physikalische Eigenschaften von Gesteinskörnungen – Teil 8: Bestimmung des Polierwertes
DIN EN 1097-9:2005-10	Prüfverfahren für mechanische und physikalische Eigenschaften von Gesteinskörnungen – Teil 9: Bestimmung des Widerstandes gegen Verschleiß durch Spikereifen – Nordische Prüfung
DIN EN 1097-10:2003-03	Prüfverfahren für mechanische und physikalische Eigenschaften von Gesteinskörnungen – Teil 10: Bestimmung der Wassersaughöhe
DIN 1100: 2004-05	Hartstoffe für Zementgebundene Hartstoffestriche – Anforderungen und Prüfverfahren
DIN EN 1367-1:2007-06	Prüfverfahren für thermische Eigenschaften und Verwitterungsbeständigkeit von Gesteinskörnungen – Teil 1: Bestimmung des Widerstandes gegen Frost-Tau-Wechsel

| DIN EN 1367-2:2010-02 | Prüfverfahren für thermische Eigenschaften und Verwitterungsbeständigkeit von Gesteinskörnungen – Teil 2: Magnesiumsulfat-Verfahren |
| DIN EN 1367-3:2001-06 + Berichtigung 1:2004-09 | Prüfverfahren für thermische Eigenschaften und Verwitterungsbeständigkeit von Gesteinskörnungen – Teil 3: Kochversuch für Sonnenbrand-Basalt |

4.4.3 Betonzusätze und Betonstahl

DIN EN 480-1:2007-01 + A1:2010-11	Zusatzmittel für Beton, Mörtel und Einpressmörtel – Prüfverfahren – Teil 1: Referenzbeton und Referenzmörtel für Prüfungen
DIN EN 480-2:2006-02	Zusatzmittel für Beton, Mörtel und Einpressmörtel – Prüfverfahren – Teil 2: Bestimmung der Erstarrungszeit
DIN EN 480-4:2006-03	Zusatzmittel für Beton, Mörtel und Einpressmörtel – Prüfverfahren – Teil 4: Bestimmung der Wasserabsonderung des Betons (Bluten)
DIN EN 480-5:2005-12	Zusatzmittel für Beton, Mörtel und Einpressmörtel – Prüfverfahren – Teil 5: Bestimmung der kapillaren Wasseraufnahme
DIN EN 480-6:2005-12	Zusatzmittel für Beton, Mörtel und Einpressmörtel – Prüfverfahren – Teil 6: Infrarot-Untersuchungen
DIN EN 480-8:2010-11	Zusatzmittel für Beton, Mörtel und Einpressmörtel – Prüfverfahren – Teil 8: Bestimmung des Feststoffgehaltes
DIN EN 480-10:2010-01	Zusatzmittel für Beton, Mörtel und Einpressmörtel – Prüfverfahren – Teil 10: Bestimmung des wasserlöslichen Chloridgehaltes
DIN EN 480-11:2005-12	Zusatzmittel für Beton, Mörtel und Einpressmörtel – Prüfverfahren – Teil 11: Bestimmung von Luftporenkennwerte in Festbeton
DIN EN 480-12:2005-12	Zusatzmittel für Beton, Mörtel und Einpressmörtel – Prüfverfahren – Teil 12: Bestimmung des Alkaligehaltes von Zusatzstoffen
EDIN EN 480-13:2009-05 + A1 (2010/11)	Zusatzmittel für Beton, Mörtel und Einpressmörtel – Prüfverfahren – Teil 13: Referenz-Baumörtel für die Prüfung von Zusatzmitteln für Mauerwerksmörtel
DIN EN 480-14:2007-03	Zusatzmittel für Beton, Mörtel und Einpressmörtel – Prüfverfahren – Teil 14: Bestimmung des Korrosionsverhaltens von Stahl in Beton – Elektrochemische Prüfung bei gleichbleibendem Potenzial
DIN EN 451-1:2004-05	Prüfverfahren für Flugasche – Teil 1: Bestimmung des freien Calciumoxidgehalts
DIN EN 451-2:1995-01	Prüfverfahren für Flugasche – Teil 2: Bestimmung der Feinheit durch Nasssiebung
EDIN EN 10218-1:2008-06	Stahldraht und Drahterzeugnisse – Allgemeines – Teil 1: Prüfverfahren
EDIN EN 15630-1:2008-06	Stähle für die Bewehrung und das Vorspannen von Beton – Prüfverfahren – Teil 1: Bewehrungsstäbe, -walzdraht und -draht

4.4.4 Frischbeton

DIN EN 12350-1:2009-08	Prüfung von Frischbeton – Teil 1: Probenahme
DIN EN 12350-2:2009-08	Prüfung von Frischbeton – Teil 2: Setzmaß
DIN EN 12350-3:2009-08	Prüfung von Frischbeton – Teil 3: Vebe-Prüfung
DIN EN 12350-4:2009-08	Prüfung von Frischbeton – Teil 4: Verdichtungsmaß
DIN EN 12350-5:2009-08	Prüfung von Frischbeton – Teil 5: Ausbreitmaß
DIN EN 12350-6:2009-08	Prüfung von Frischbeton – Teil 6: Frischbetonrohdichte

DIN EN 12350-7:2009-08	Prüfung von Frischbeton – Teil 7: Luftgehalt, Druckverfahren
DIN EN 12350-8:2010-12	Prüfung von Frischbeton – Teil 8: Selbstverdichtender Beton – Setzfließversuch
DIN EN 12350-9:2010-12	Prüfung von Frischbeton – Teil 9: Selbstverdichtender Beton – Auslauftrichterversuch
DIN EN 12350-10:2010-12	Prüfung von Frischbeton – Teil 10: Selbstverdichtender Beton – L-Kasten-Versuch
DIN EN 12350-11:2010-12	Prüfung von Frischbeton – Teil 11: Selbstverdichtender Beton – Bestimmung der Sedimentationsstabilität im Siebversuch
DIN EN 12350-12:2010-12	Prüfung von Frischbeton – Teil 12: Selbstverdichtender Beton – Blockierring-Versuch
DIN EN 13813: 2003-01	Estrichmörtel und Estriche – Estrichmörtel und Estrichmassen – Eigenschaften und Anforderungen
DBV-Merkblatt:2007-06	»Besondere Verfahren zur Prüfung von Frischbeton« – Sedimentationsstabilität, Blutneigung (Eimerverfahren) Wassergehalt von Frischbeton, Darrversuch Wassergehalt von Frischbeton, Mikrowellenverfahren Beurteilung der Einbaubarkeit

4.4.5 Festbeton, Faserbeton, Beton in Bauwerken

DIN EN 12390-1:2001-02	Prüfung von Festbeton – Teil 1: Form, Maße und andere Anforderungen für Probekörper und Formen
DIN EN 12390-2:2009-08	Prüfung von Festbeton – Teil 2: Herstellung und Lagerung von Probekörpern für Festigkeitsprüfungen
DIN EN 12390-3:2009-07	Prüfung von Festbeton – Teil 3: Druckfestigkeit von Probekörpern
DIN EN 12390-4:2000-12	Prüfung von Festbeton – Teil 4: Bestimmung der Druckfestigkeit, Anforderungen an Prüfmaschinen
DIN EN 12390-5:2009-07	Prüfung von Festbeton – Teil 5: Biegezugfestigkeit von Probekörpern
DIN EN 12390-6:2010-09	Prüfung von Festbeton – Teil 6: Spaltzugfestigkeit von Probekörpern
DIN EN 12390-7:2009-07	Prüfung von Festbeton – Teil 7: Dichte von Festbeton
DIN EN 12390-8:2009-07	Prüfung von Festbeton – Teil 8: Wassereindringtiefe unter Druck
V DIN CEN/TS 12390-9: 2006-08	Prüfung von Festbeton – Teil 9: Frost- und Frost-Tausalz-Widerstand; Abwitterung
V DIN CEN/TS 12390-10: 2007-12	Prüfung von Festbeton – Teil 10: Bestimmung des relativen Karbonatisierungswiderstandes von Beton
DIN SPEC 1176 (DIN CEN/: TS 12390-11:2010-05	Prüfung von Festbeton – Teil 11: Bestimmung des Chloridwiderstandes von Beton – Einseitig gerichtete Diffusion
DIN-Fachbericht CEN/TR 15177	Prüfung des Frost-Tauwiderstandes von Beton – Innere Gefügestörung
DIN 1048-5:1991-06	Prüfverfahren für Beton. Festbeton, gesondert hergestellte Probekörper
DIN EN 1338: 2010-08	Pflastersteine aus Beton – Anforderungen und Prüfverfahren
DIN EN 1340: 2003-08	Bordsteine aus Beton – Anforderungen und Prüfungen
DIN EN 14845-1:2007-09	Prüfverfahren für Fasern in Beton – Teil 1: Referenzbetone
DIN EN 14845-2:2006-11	Prüfverfahren für Fasern in Beton – Teil 2: Einfluss auf den Beton
DIN EN 14651:2007-12	Prüfverfahren für Beton mit metallischen Fasern – Bestimmung der Biegezugfestigkeit (Proportionalitätsgrenze, residuelle Biegezugfestigkeit)

DIN EN 14721:2007-12	Prüfverfahren für Beton mit metallischen Fasern Bestimmung des Fasergehaltes in Frisch- und Festbeton
DIN EN 12504-1:2009-07	Prüfung von Beton in Bauwerken – Teil 1: Bohrkernproben; Herstellung, Untersuchung und Prüfung der Druckfestigkeit
DIN EN 12504-2:2001-12	Prüfung von Beton in Bauwerken – Teil 2: Zerstörungsfreie Prüfung; Bestimmung der Rückprallzahl
DIN EN 12504-4:2004-12	Prüfung von Beton in Bauwerken – Teil 4: Bestimmung der Ultraschallgeschwindigkeit
DIN EN 13791:2008-05	Bewertung der Druckfestigkeit von Beton in Bauwerken oder in Bauwerksteilen
DIN EN 13892-3:2004-07	Prüfverfahren für Estrichmörtel und Estrichmassen – Teil 3: Bestimmung des Verschleißwiderstandes nach Böhme
DIN EN 13892-4:2003-02	Prüfverfahren für Estrichmörtel und Estrichmassen – Teil 4: Bestimmung des Verschleißwiderstandes nach BCA
DIN EN 13892-5:2003-09	Prüfverfahren für Estrichmörtel und Estrichmassen – Teil 5: Bestimmung des Widerstandes gegen Rollbeanspruchung von Estrichen für Nutzschichten
DIN EN 14630:2007-01	Produkte und Systeme für den Schutz und die Instandhaltung von Betontragwerken – Prüfverfahren – Bestimmung der Karbonatisierungstiefe im Festbeton mit der Phenolphtalein-Prüfung
DIN 18560-7:2004-04	Estriche im Bauwesen, Teil 7 Hochbeanspruchte Estriche (Industrieestriche)
DIN 18200: 2000-05	Übereinstimmungsnachweis für Bauprodukte – Werkseigene Produktionskontrolle, Fremdüberwachung und Zertifizierung von Produkten
DIN 52100-2 2007:06	Naturstein – Gesteinskundliche Untersuchungen – Allgemeines und Übersicht
DIN 52108: 2010-05	Prüfung anorganischer nichtmetallischer Werkstoffe – Verschleißprüfung mit der Schleifscheibe nach Böhme – Schleifscheiben-Verfahren

4.5 Sonstige Normen

ASTM C403 / C403M – 08	Standard Test Method for Time of Setting of Concrete Mixtures by Penetration Resistance
ASTM C 457 Ausgabe 2010	Standard Test Method for Microscopical Determination of Parameters of the Air-Void System in Hardened Concrete
ASTM-C 131:2006	Standard Test Method for Resistance to Degradation of Small Size Coarse Aggregate by Abrasion an Impact in the Los Angeles Machine (Los Angeles Test für feine Gesteinskörnung)
ASTM-C-418:2005	Test Method for Abrasion Resistance of Concrete by Sandblasting (Sandstrahlverfahren)
ASTM-C-535:2009	Standard Test Method fpr Resistance to Degradation of Large Size Coarse Aggregate by Abrasion and Impact in the Los Angeles Machine (Los Angeles-Test für grobe Gesteinskörnung)
ASTM-C-779-2005	Standard Test for Abrasion Resistance of Horizontal Concrete Surfaces (Stachelwalzenverfahren)

Sachregister

A

Abnahme 287
Absanden 290
Architekturbeton 261
Ausblühungen 291
Ausschalfestigkeit 226
Ausschreibung 264
Auswaschversuch 173

B

Bemessung im Brandfall 92
Beschichtungen 293
Besonderheiten des hochfesten Betons 15
Betonarbeiten im Sommer 233
Betonarbeiten im Winter 214
Betonböden 249
Betondeckung 116
Betonieren bei heißem Wetter 238
Beton, Reißneigung 18
Beton, Schwinden 18
Betonspritzmaschinen 125
Beton, Verformungsverhalten 17
Beton, Zusammensetzung 19
Bildverarbeitung 288
Bohrpfahlbeton 151
Bohrpfähle 146
Bohrpfahlwände 146
Brand- und Feuerwiderstand 88

C

Colcrete-Verfahren 140
Contractor-Verfahren 138

D

Dampfmischen 219
Dichtigkeit 208
Dichtstromförderung 124
Dünnstromförderung 124

E

Einbau der Bewehrung 275
Einwirkung tiefer Temperaturen 213
Elektroerwärmung des Frischbetons 219
Elementwände 206
Erwärmung des Betons 220
extrem hohe Temperaturen 88

F

Fahrbahndecken aus Beton 240
farbiger Beton 284
Farbpigmente 284
Faserarten 65
Faserbeton 62
Faserbeton, Rissbildung 68
Fasergehalte 73
Faserlänge 74
FDE-Beton 30
Feuerbeton 94
Feuerwiderstandsdauer 92
Feuerwiderstandsklassen 91
flüssiger Stickstoff 238
Flüssigkeitsdichte Beton 26
Folgen der Einwirkung des Winterwetters 212
Frankipfahl 144
Frischbetondruck 159
Frischbetontemperatur 196, 217, 235
Fugenausbildung 202
Fugen in Betonböden 253

G

Gefrierbeständigkeit 225
gefügedichter Leichtbeton 34
Genauigkeit und Ebenflächigkeit 117
Glasfaserbeton 79
Glasfasern 67
Gleitbauverfahren 155
Gleitprozess 155
Gleitschalungsfertiger 246

H

haufwerksporiger Leichtbeton 34
hochduktiler Beton 83
hochfester Beton 15
hochfester FDE-Beton 32
Hop-Dobber 138
hydrophobierende Imprägnierungen 293
Hydroventil-Verfahren 139

K

Kegelauslaufversuch 173
Kohlenstofffasern 67
konstruktiver Leichtbeton 33, 37
Kritische Temperaturdifferenz 228
Kübel-Verfahren 140
Kühlung des erhärtenden Betons 197
Kunststofffasern (Polymerfasern) 66
kunststoffmodifizierter FDE-Beton 32

L

Lasuren 293
Leichtbeton 33
Leichtbeton, Korrosionsverhalten 53
Leichtbeton, Schwinden und Kriechen 42
Leichtbeton, Verarbeitung 46
leichte Gesteinskörnung 36
leichtverdichtbarer Beton 161
Leistungsklassen 75
L-Kasten-Versuch 170

M

Mängel 289
Massenbeton 189
Massenbetonbau 189
Massenbeton, Betonierabschnitte 193
Massenbeton, Zusammensetzung 192
Merkmale der Sichtbetonklassen 266
Mikroluftporen 245
Mikropfähle 145
Mindesteinbautemperatur 215

N

Nachbehandlung 22
nachträglich bearbeitete und behandelte Betonflächen 281
Nachweise und Prüfungen 119
Nassspritzverfahren 122
Nutzungsklassen 198

O

Oberfläche von Betonböden 254
Ortbetonrammpfähle 143

P

Pfahl-Integritätsprüfungen 154
Pfahlsysteme 143
Polymerfaser 63
Porenbeton 34, 51
Porenleichtbeton (Schaumbeton) 35
Prepaktverfahren 140
Pumpverfahren 139

Q

Qualitätssicherung 23
Quer- und Längsscheinfugen 247

R

Reactive Powder Concrete 200 25
Rostflecken 291
Rückprall 109

S

Schalhautmaterialien 269
Schalungsplanung 271
Schalungsreibung 159
Schraubpfähle 145
Schutzlasuren 294
Schwerbeton 55
Schwerbeton, Gesteinskörnung 59
Sedimentationsrohr 173
Sedimentationsstabilität 170
Selbstheilung der Risse 205
selbstverdichtender Beton 163
selbstverdichtender Faserbeton 169
selbstverdichtender Konstruktionsleichtbeton 49
selbstverdichtender Leichtbeton 169
Setzfließversuch mit Blockierring 170
Setzfließversuch ohne Blockierring 169
Sichtbeton 256
Sichtbetonklassen 266
Sichtbetonqualität 263
Sichtbetonteam 264
Sichtbeton, Zusammensetzung 276
Silikastaub 21
Splittereis 236
Spritzbeton 101
Spritzbeton, Ausgangsstoffe 106
Spritzbetonklassen 108
Spritzbetonschicht 110
Spritzdüsen 125
Spritznebel 120
Stahlfaser 63
Stahlfaserbeton 75
Steigerung der Druckfestigkeit 16
Strahlenschutzbeton 55
Straßenbeton 240
Straßenbeton, Herstellung und Einbau 245
Straßenbeton, Zusammensetzung 244
SVB, Abnahme und Prüfung 178
SVB, Anwendung 167
SVB, Einbau 181
SVB, Frischbetonseitendruck 182
SVB, Frisch- und Festbetoneigenschaften 166

T

Temperaturen bis 250 °C 84
Temperaturentwicklung 23
textilbewehrter Beton 81
Trennmittel 274
Trichterauslaufversuch 170
Trockenspritzverfahren 122

U

U-Box-Versuch 170
ultrahochfester Beton 24
Unterwasserbetonieren 134
unverrohrte Bohrpfähle 148

V

Vakuumbehandlung 130
Vakuumieren des Betons 129
Verdrängungspfähle 145
Verfärbungen 291
Verkehrsfreigabe 248
verrohrte Bohrpfähle 148
Versiegelung 293
Verstärkung und Instandsetzung 108

W

Walzbeton 248
Warmbeton 219
wärmedämmender Leichtbeton 49
Wärmeentwicklung 190
Wärmeverlust 220
Wassereindringtiefe 27
Wassereindringwiderstand 26
wassergefährdende Stoffe 208
wasserundurchlässige Bauwerke 198
wasserundurchlässiges Betonbauwerk 28
Winterbaumaßnahmen 211
Winterbetoniermethode 223
WU, Bauausführung und Überwachung 204
WU, Konstruktion 200

Z

Zellulosefasern 67
Zusammensetzung für den Winterbeton 216

Betonbau

Band 1: Zusammensetzung – Dauerhaftigkeit – Frischbeton

Stefan Röhling, Helmut Eifert, Manfred Jablinski
2012, 446 Seiten, zahlr. Abb. u. Tab., Geb.
ISBN 978-3-8167-8644-3
E-Book: ISBN 978-3-8167-8761-7
BuchPlus: ISBN 978-3-8167-8882-9

Der Betonbau wurde in den letzten Jahrzehnten durch eine Reihe von bedeutsamen Veränderungen und innovativen Entwicklungen geprägt. Diese Änderungen rücken vor allem die Qualitätssicherung immer weiter in den Mittelpunkt und fordern von allen Beteiligten ein umfassendes Wissen.

Im ersten Band wird auf die Zusammensetzung, Klassifizierung und die Dauerhaftigkeit des Betons, den Schalungs- und Bewehrungsbau, die Herstellung und Verarbeitung von Frischbeton sowie die Maßnahmen zur Qualitätssicherung detailliert eingegangen. Ergänzend werden wichtige Vorschriften auszugsweise wiedergegeben.

Band 2: Hydratation – junger Beton – Festbeton

Stefan Röhling
2012, 440 Seiten, zahlr. Abb. u. Tab., Geb.
ISBN 978-3-8167-8645-0
E-Book: ISBN 978-3-8167-8762-4
BuchPlus: ISBN 978-3-8167-8883-6

Alle Eigenschaften des Betons haben ihre Ursache in der Entstehung und der Struktur des Zementsteins. Aus diesem Grund widmet sich Band 2 den Hydratationsvorgängen und den Strukturentwicklungen im Beton. Auch das Thema der Erhärtung und Entwicklung der Betoneigenschaften behandelt der Autor ausführlich. Beanspruchungen aus Zwang, Schwinden und Kriechen sowie die verschiedenen Maßnahmen zur Verminderung und Vermeidung von Rissen runden die Thematik ab. Ergänzend werden wichtige Vorschriften auszugsweise wiedergegeben.

Fraunhofer IRB▪Verlag
Der Fachverlag zum Planen und Bauen

Nobelstraße 12 · 70569 Stuttgart · Tel. 0711 9 70-25 00 · Fax -25 08 · irb@irb.fraunhofer.de · www.baufachinformation.de

Risse in Beton und Mauerwerk

Ursachen

Sanierung

Rechtsfragen

Heinz Meichsner, Katrin Rohr-Suchalla
2., überarb., erw. Aufl. 2011,
317 Seiten, zahlr. meist farb. Abb., Tab., Geb.
ISBN 978-3-8167-8239-1

Risse in Beton- und Mauerwerksbauten sehen oft harmlos aus, können aber das ganze Bauwerk ruinieren. Damit Risse gar nicht erst entstehen, werden die baustofftechnischen, statischen und konstruktiven Grundlagen, die zu beachten sind, erläutert.

Der Autor beschreibt die verschiedenen Ursachen der Rissentstehung, die unterschiedlichen Schadensbilder, Möglichkeiten der Rissvermeidung sowie die Verfahren der Risssanierung. Ein eigener Abschnitt befasst sich mit den rechtlichen Problemen wie Haftungs- und Gewährleistungsfragen.

Das Buch bietet eine umfassende und anschauliche Darstellung der gesamten Rissproblematik im Massivbau und hilft bei einer schadenfreien Planung und Ausführung und der Versachlichung in Streitfragen.

Fraunhofer IRB Verlag
Der Fachverlag zum Planen und Bauen

Nobelstraße 12 · 70569 Stuttgart · Tel. 0711 9 70-25 00 · Fax -25 08 · irb@irb.fraunhofer.de · www.baufachinformation.de